中 国 国 家 标 准 汇 编

628

GB 31062～31101

（2014年制定）

中国标准出版社　编

中国标准出版社

北　京

图书在版编目(CIP)数据

中国国家标准汇编:2014 年制定.628:
GB 31062～31101/中国标准出版社编.—北京:
中国标准出版社,2015.12
ISBN 978-7-5066-7997-8

Ⅰ.①中… Ⅱ.①中… Ⅲ.①国家标准-
汇编-中国-2014 Ⅳ.①T-652.1

中国版本图书馆 CIP 数据核字(2015)第 184064 号

中国标准出版社出版发行
北京市朝阳区和平里西街甲 2 号(100029)
北京市西城区三里河北街 16 号(100045)

网址 www.spc.net.cn
总编室:(010)68533533 发行中心:(010)51780238
读者服务部:(010)68523946

中国标准出版社秦皇岛印刷厂印刷
各地新华书店经销

*

开本 880×1230 1/16 印张 35 字数 1 078 千字
2015 年 12 月第一版 2015 年 12 月第一次印刷

*

定价 220.00 元

出 版 说 明

1.《中国国家标准汇编》是一部大型综合性国家标准全集。自1983年起，按国家标准顺序号以精装本、平装本两种装帧形式陆续分册汇编出版。它在一定程度上反映了我国建国以来标准化事业发展的基本情况和主要成就，是各级标准化管理机构，工矿企事业单位，农林牧副渔系统，科研、设计、教学等部门必不可少的工具书。

2.《中国国家标准汇编》收入我国每年正式发布的全部国家标准，分为“制定”卷和“修订”卷两种编辑版本。

“制定”卷收入上一年度我国发布的、新制定的国家标准，顺延前年度标准编号分成若干分册，封面和书脊上注明“20××年制定”字样及分册号，分册号一直连续。各分册中的标准是按照标准编号顺序连续排列的，如有标准顺序号缺号的，除特殊情况注明外，暂为空号。

“修订”卷收入上一年度我国发布的、被修订的国家标准，视篇幅分设若干分册，但与“制定”卷分册号无关联，仅在封面和书脊上注明“20××年修订-1,-2,-3,……”字样。“修订”卷各分册中的标准，仍按标准编号顺序排列(但不连续)；如有遗漏的，均在当年最后一分册中补齐。需提请读者注意的是，个别非顺延前年度标准编号的新制定的国家标准没有收入在“制定”卷中，而是收入在“修订”卷中。

读者配套购买《中国国家标准汇编》“制定”卷和“修订”卷则可收齐由我社出版的上一年度我国制定和修订的全部国家标准。

3. 由于读者需求的变化，自1996年起，《中国国家标准汇编》仅出版精装本。

4. 2014年我国制修订国家标准共1 611项。本分册为“2014年制定”卷第628分册，收入国家标准GB 31062～31101的最新版本。

中国标准出版社
2015年8月

目　　录

ICS 83.040
G 32

中华人民共和国国家标准

GB/T 31062—2014

聚合物多元醇

Polymeric polyols

2014-12-22 发布　　2015-06-01 实施

中华人民共和国国家质量监督检验检疫总局
中国国家标准化管理委员会　发布

前　言

本标准按照 GB/T 1.1—2009 给出的规则起草。

本标准由中国石油和化学工业联合会提出。

本标准由全国塑料标准化技术委员会聚氨酯塑料分技术委员会(SAC/TC 15/SC 8)归口。

本标准负责起草单位:山东蓝星东大化工有限责任公司。

本标准参加起草单位:江苏钟山化工有限公司、山东东大一诺威聚氨酯有限公司、绍兴恒丰聚氨酯实业有限公司、上海东大化学有限公司、山东东大一诺威新材料有限公司、江苏长华聚氨酯科技有限公司。

本标准主要起草人:郭辉、李兆星、戚莉、高旭平、王松、裴天均、李健、李心强、徐业峰、徐一东、史淑慧、刘小会。

聚合物多元醇

1 范围

本标准规定了聚合物多元醇的命名、要求、试验方法、检验规则、标志、包装、运输和贮存。

本标准适用于由聚醚多元醇与苯乙烯、丙烯腈等合成制得的聚合物多元醇。

2 规范性引用文件

下列文件对于本文件的应用是必不可少的。凡是注日期的引用文件，仅注日期的版本适用于本文件。凡是不注日期的引用文件，其最新版本（包括所有的修改单）适用于本文件。

GB/T 6680—2003 液体化工产品采样通则

GB/T 8170—2008 数值修约规则与极限数值的表示和判定

GB/T 12008.2—2010 塑料 聚醚多元醇 第2部分：规格

GB/T 12008.3—2009 塑料 聚醚多元醇 第3部分：羟值的测定

GB/T 12008.5—2010 塑料 聚醚多元醇 第5部分：酸值的测定

GB/T 12008.7—2010 塑料 聚醚多元醇 第7部分：黏度的测定

GB/T 22313—2008 塑料 用于聚氨酯生产的多元醇 水含量的测定

3 命名规则

3.1 聚合物多元醇的命名

聚合物多元醇的命名由固定名称加特征项目组成，固定名称为聚合物多元醇，简称POP；特征项目组由两个字符组构成：字符组1：表示基础聚醚多元醇的羟值，用两位数字表示；字符组2：表示聚合物多元醇中含苯乙烯和丙烯腈的质量分数，用两位数字表示。聚合物多元醇的命名模式见表1。

表1 聚合物多元醇的命名模式

<table>
<tr><th colspan="3">命 名</th></tr>
<tr><td rowspan="2">固定名称</td><td colspan="2">特征项目组</td></tr>
<tr><td>字符组1</td><td>字符组2</td></tr>
</table>

3.2 产品的规格标记方法

产品的规格标记方法示例如下：

某聚合物多元醇，系以羟值（以KOH计）为56 mg/g聚醚多元醇为基础，由苯乙烯和丙烯腈聚合制得，其苯乙烯和丙烯腈的质量分数为45%，其标记方法表示为：

POP　56　45

固定名称：聚合物多元醇 —— POP

字符组 1：基础聚醚多元醇的羟值 —— 56

字符组 2：含苯乙烯和丙烯腈的总质量分数 —— 45

命名：聚合物多元醇 5645，简称 POP5645

3.3 聚合物多元醇规格及主要用途

本标准规定的聚合物多元醇规格及主要用途如表 2 所示，本标准的规格与以前所使用规格的对照参见附录 A。

表 2　聚合物多元醇规格及主要用途

规格	用途
POP3620	高回弹软泡、自结皮软泡等
POP3624	高回弹软泡、自结皮软泡等
POP3627	高回弹软泡、自结皮软泡
POP3630	高回弹软泡、自结皮软泡
POP3640	冷模塑、高回弹软泡、块泡等
POP3645	冷模塑、块泡
POP5642	块状高硬度软泡、热塑性泡沫
POP5645	块状超高硬度软泡、热模塑泡沫
POP4813	高回弹软泡
POP4013	高回弹软泡

4 要求

4.1 外观

聚合物多元醇为乳状白色、淡黄色至深黄色黏稠液体。

4.2 技术要求

理化性能应符合表 3 的规定。

表 3　聚合物多元醇的技术要求

规格	等级	羟值 (以 KOH 计) mg/g	固含量 %	黏度(25 ℃) mPa·s	水质量分数 %	pH 值	酸值 (以 KOH 计) mg/g	游离丙烯腈/苯乙烯 mg/kg
POP3620	优等品	26.0～30.0	18～22	1 700～2 500	≤0.05	6～9	≤0.10	≤10/50
	合格品				≤0.08			≤20/60
POP3624	优等品	25.0～29.0	23～25	≤3 500	≤0.05	6～9		≤10/50
	合格品				≤0.08			≤20/60
POP3627	优等品	23.0～27.0	26～28	≤3 500	≤0.05	5～8		≤10/50
	合格品				≤0.08			≤20/60
POP3630	优等品	22.0～26.0	28～32	≤5 000	≤0.05	5～8		≤10/50
	合格品				≤0.08			≤20/60
POP3640	优等品	20.0～23.0	38～42	≤7 000	≤0.05	6～9		≤10/50
	合格品				≤0.08			≤20/60
POP3645	优等品	19.0～23.0	43～47	≤8 500	≤0.05	5～8		≤10/50
	合格品				≤0.08			≤20/60
POP5642	优等品	28.0～32.0	40～44	≤5 000	≤0.05	5～8		≤10/50
	合格品				≤0.08			≤20/60
POP5645	优等品	26.0～30.0	43～47	≤6 500	≤0.05	6～9		≤10/50
	合格品				≤0.10			≤20/60
POP4813	优等品	46.0～50.0	12～14	800～1 200	≤0.08	6～9		≤10/30
	合格品				≤0.10			≤20/40
POP4013	优等品	38.5～42.5	12～14		≤0.08	6～9		≤10/30
	合格品				≤0.10			≤20/40

5　试验方法

5.1　外观的测定

将 50 mL 试样装入 50 mL 比色管中，从侧面观察。

5.2　羟值的测定

按 GB/T 12008.3—2009 中规定的方法进行，以方法 A 为仲裁法，其中试料称取量为 GB/T 12008.3—2009中 4.5.1 规定量的一半；在 GB/T 12008.3—2009 中 4.5.2，向每个试料和空白锥形瓶中准确量取 25 mL 邻苯二甲酸酐酰化试剂后，另加入 50 mL 吡啶。

5.3　水质量分数的测定

按 GB/T 22313—2008 中规定的方法进行。

5.4 黏度的测定

按 GB/T 12008.7—2010 中规定的方法 B 进行。

5.5 酸值的测定

按 GB/T 12008.5—2010 中规定的方法进行。

5.6 pH 值的测定

按 GB/T 12008.2—2010 附录 B 中规定的方法进行。

5.7 固含量的测定

5.7.1 方法概要

试样中的非固体组分经过乙醇溶液洗涤，在离心力的作用下分离，在真空恒温箱中干燥后称量计算出聚合物多元醇的固含量。

5.7.2 仪器与材料

本方法使用下列仪器与材料：

a) 高速离心机：0 r/min～16 500 r/min；

b) 无水乙醇：分析纯；

c) 刻度移液管：25 mL；

d) 真空干燥箱：−0.1 MPa；

e) 天平：感量 0.1 mg；

f) 真空泵。

5.7.3 试验步骤

称取样品 3 g～4 g，精确至 0.1 mg，放入 50 mL 离心管中。用 35 mL 无水乙醇洗涤样品，充分搅拌、溶匀；在约 9 000 r/min 转速下离心分离 1 h 后，将上层溶液倒出；重复洗涤、搅拌、离心分离、分液操作 2 次。将离心管置于 70 ℃～80 ℃、不大于−0.093 MPa 真空度的真空干燥箱中，干燥 12 h 取出冷却至室温，称取离心管中固体物的质量，计算出样品的固含量。

5.7.4 结果计算

固含量按式(1)计算，数值以百分数(%)计：

$$\omega=\frac{m}{m_1}\times 100\% \qquad \cdots\cdots(1)$$

式中：

ω ——试样固含量的数值，%；

m ——干燥后固体物质量的数值，单位为克(g)；

m_1 ——试样质量的数值，单位为克(g)。

5.7.5 允许差

同一操作者同一仪器重复性测定的两次结果之差不大于 1%，取两次测定结果的算术平均值作为测定结果。

5.8 游离丙烯腈、苯乙烯的测定

5.8.1 方法概要

采用气相色谱中顶空进样法测定聚合物多元醇样品中的丙烯腈、苯乙烯含量,使用外标法定量计算,检测下限为 1 mg/kg。

5.8.2 仪器和设备

本方法使用下列仪器和设备:

a) 气相色谱仪:配数据处理装置或色谱工作站,配有氢火焰检测器(FID);毛细管分流/不分流进样口;

b) 自动顶空进样器:2.5 mL 或 1 mL,分度值 0.001 mL;

c) 顶空瓶:20 mL,配有两面涂聚四氟乙烯硅胶垫和铝盖;

d) 分析天平:感量 0.1 mg;

e) 玻璃注射器:1 mL;

f) 聚乙烯瓶:100 mL;

g) 振荡机;

h) 真空泵;

i) 加热器。

5.8.3 测试条件

5.8.3.1 顶空条件

本方法的顶空条件为:

a) 顶空温度:120 ℃;

b) 顶空时间:20 min;

c) 样品质量:2 g。

5.8.3.2 色谱工作条件

本方法的色谱工作条件为:

a) 分流/不分流进样口温度:180 ℃;

b) 柱室温度:120 ℃;

c) 检测器温度:180 ℃;

d) 色谱柱:PEG20M, 0.32 mm×30 m×1 μm;

e) 检测器:FID;

f) 载气:高纯氮,流量 1.16 mL/min;

g) 燃气:高纯氢,流量 40 mL/min;

h) 助燃气:空气,流量 400 mL/min;

i) 分流比:1/19;

j) 顶空气进样量:1.000 mL。

以上色谱工作条件根据色谱柱不同,参数可有所调整。

5.8.4 试剂

本方法使用下列试剂:

a) 丙烯腈标样：色谱纯。

b) 苯乙烯标样：色谱纯。

c) 不含游离丙烯腈、苯乙烯的聚合物多元醇样品：在1 000 mL三口圆底烧瓶中加入500 g聚合物多元醇样品(选择黏度较小的产品)，一个孔插入搅拌，另一孔插入温度计，还有一孔与真空泵连接，在130 ℃～140 ℃温度和0.09 MPa～0.10 MPa真空度下，脱气4 h～6 h，去除样品中的游离丙烯腈和苯乙烯。按5.8.3的测试条件对脱气的聚合物多元醇进行顶空分析，在丙烯腈、苯乙烯保留时间处没有色谱峰出现即为不含游离丙烯腈、苯乙烯的聚合物多元醇样品，否则需要继续脱气。

d) 高纯氮气：99.999%。

e) 高纯氢气：99.999%。

f) 标准溶液制备：

 1) 标准贮备溶液：在清洁、干燥的100 mL聚乙烯瓶中加入约100 g不含游离丙烯腈、苯乙烯的聚合物多元醇样品，精确至0.000 1 g，分别加入丙烯腈0.2 g和苯乙烯0.2 g，精确至0.000 1 g。在振荡器上振动5 h，充分混匀，备用。此溶液游离丙烯腈、苯乙烯的含量为丙烯腈2 000 mg/kg、苯乙烯2 000 mg/kg。溶液贮存温度不大于6 ℃。

 2) 标准使用溶液：在6个清洁、干燥的100 mL聚乙烯瓶中加入约100 g不含游离丙烯腈、苯乙烯的聚合物多元醇样品，精确至0.000 1 g，分别加入上述标准贮备液0.5 g、1 g、2 g、3 g、4 g、5 g，均精确至0.000 1 g。在振荡器上振动5 h，充分混匀，备用。此标准使用溶液游离丙烯腈、苯乙烯的含量为10 mg/kg、20 mg/kg、40 mg/kg、60 mg/kg、80 mg/kg、100 mg/kg。

5.8.5 测定步骤

5.8.5.1 通则

所取样品应保存在密封瓶中，很少或没有顶空。样品装入顶空瓶后应马上检测。

5.8.5.2 制备标准曲线

在6个20 mL的顶空瓶中分别加入标准使用溶液各2 g，按5.8.3的测试条件进行顶空分析，记录丙烯腈和苯乙烯的色谱峰面积，分别以标准使用溶液中游离丙烯腈、苯乙烯含量为纵坐标，丙烯腈、苯乙烯的峰面积为横坐标按式(2)绘制回归曲线。

$$y = a + bx \qquad \cdots\cdots(2)$$

式中：

y——标准使用溶液中游离丙烯腈、苯乙烯含量的数值，单位为毫克每千克(mg/kg)；

a——回归曲线的截距；

b——回归曲线的斜率；

x——标准使用溶液在色谱工作站或数据处理机上记录的丙烯腈或苯乙烯的峰面积。

5.8.5.3 样品测定

在20 mL的顶空瓶中加入约2 g样品，精确至0.000 1 g，立即密封，按5.8.3的测试条件进行顶空分析，记录丙烯腈和苯乙烯的峰面积。

5.8.6 结果计算

根据峰面积和回归曲线得到样品的游离丙烯腈、苯乙烯含量。

两次平行检测的绝对差值不超过其算术平均值的5%，取其算术平均值作为测定结果。

6 检验规则

6.1 检验分类

本产品检验为型式检验和出厂检验。

6.2 型式检验

型式检验项目为4.1和4.2中的所有项目，有下列情况之一时，应进行型式检验：

a) 原料、配方、工艺有较大改变可能影响产品性能时；

b) 产品停产半年后，恢复生产时；

c) 正常生产时，每半年进行一次检验；

d) 出厂检验结果与上次型式检验结果有较大差异时；

e) 国家质量监督机构提出进行型式检验的要求时。

6.3 出厂检验

6.3.1 检验项目

出厂检验项目为4.1和4.2中除固含量外的所有项目。

6.3.2 批

同一工艺、同一配方、同一单元生产的或混合均匀的一贮槽聚合物多元醇为一批，每批不超过500 t。

6.3.3 抽样

采样方法按GB/T 6680—2003中的规定进行。取样管必须干燥、清洁。总取样量不得少于500 g，将取得的样品装入两瓶干燥、清洁的样品瓶中密封，样品瓶上贴有标签并注明产品名称、规格、批号、取样日期和取样人。一瓶供检验，另一瓶密封后保存备查。

6.4 判定规则和复验规则

按本标准进行检验的测试结果按GB/T 8170—2008中修约值比较法的规定进行修约。若检验结果均符合本标准的要求，则为合格。产品经检验如有一项不合格，允许自同批产品中重新抽取双倍量的样品对不合格项进行复检，复检结果若仍不合格，则判该批产品不合格。

7 标志、包装、运输、贮存

7.1 标志

本产品包装桶上应有明显而牢固的标志，其内容包括：产品名称、规格、等级、生产厂名、厂址、生产日期、批号、净质量、贮存期、本标准编号及质量合格标志。

7.2 包装

本产品包装容器为清洁干燥的油漆镀内膜铁桶，或其他形式的清洁包装容器。包装容器盖要严格密封，并有外封盖。每批产品应附有质量证明书。

7.3 运输

本产品可用一般交通工具运输，运输时应轻装、轻卸、不能倒置，应有防潮、防雨、防曝晒和防碰撞措施。

7.4 贮存

本产品宜贮存于阴凉、干燥、通风的仓库内，室外存放时应有防止日晒、雨淋措施。在符合本标准规定的贮运条件下，未经启封的产品，自生产之日起，贮存期为一年。

附 录 A
（资料性附录）
主要代表产品新旧规格的对照表

聚醚多元醇按本标准进行分类和命名得到的规格与以前所使用规格的对照见表 A.1。

表 A.1 新旧规格的对照表

本标准规格	主要代表产品以前所使用规格
POP3620	GP102
POP3624	POP36/28、GP104G、CHP-H28
POP3627	POP93/28、GP3630
POP3630	CHP-H30
POP3640	HPOP40
POP3645	H45、CHP-H45
POP5645	POP45 、GP2045、CHP-2045
POP4813	POP13A 、GP0313
POP4013	POP13B

ICS 83.140.01
G 40

中华人民共和国国家标准

GB/T 31063—2014

丁基橡胶药用瓶塞高压水溶出物

Extracables in aqueous autoclavates for pharmaceutical closures of butyl rubber

(ISO 8871-1:2003,Elastomeric parts for parenterals and for devices for pharmaceutical use—Part 1: Extractables in aqueous autoclavates,MOD)

2014-12-22 发布 2015-06-01 实施

中华人民共和国国家质量监督检验检疫总局
中国国家标准化管理委员会 发布

前言

本标准按照 GB/T 1.1—2009 给出的规则起草。

本标准使用重新起草法修改采用 ISO 8871-1:2003《非肠道的药用器械用弹性件　第 1 部分:高压水溶出物》。

本标准与 ISO 8871-1:2003 的技术性差异及其原因如下:

——关于范围,本标准做了具有技术性差异的调整,以适应我国的技术条件,调整的情况集中反映在第 1 章"范围"中,具体调整如下:

- 将 ISO 8871-1:2003 中的 1.1"本标准规定了弹性体的分类程序,弹性体主要包装和用于非肠道使用制剂有直接接触的医疗设备,包括水性制剂和使用前必须溶解的干性制剂。本标准规定了一系列通过测定高压水中的萃取物进行化学评估的比对试验方法(参见第 4 章)以及描述了弹性体在各个领域的应用。弹性体尺寸和功能特性在相关的国际标准中规定。本标准规定的性能要求为最低要求。"修改为"本标准规定了以丁基橡胶为主体材料制成的药用瓶塞高压水溶出物的化学要求与试验方法。本标准规定的性能要求是丁基橡胶药用瓶塞(以下简称瓶塞)高压水溶出物的最低要求。"(见 1.1);
- 删除了 ISO 8871-1:2003 中的 1.2"本标准适用于第 3 章规定的各类弹性体,然而对第 3 章列出的各项条款和设备具体要求规定见相关国际标准。一次性使用注射器弹性体不在本标准范围内,因为它们没有与注射制剂接触相当长的时间";
- 将 ISO 8871-1:2003 中的 1.3"前期的相容性研究是在最终确定可以使用前必须进行,但本标准中没有规定进行相容性研究的步骤。"修改为"本标准未规定瓶塞与预定药剂的相容性研究步骤。"(见 1.2);
- 增加了"本标准适用于丁基橡胶药用瓶塞。"(见 1.3)。

——关于规范性引用文件,本标准做了具有技术性差异的调整,删除了规范性引用文件中与丁基橡胶药用瓶塞无关的引用文件,调整情况集中反映在第 2 章"规范性引用文件"中,具体调整如下:

- 删除了 ISO 11040-2:1994《预充式注射器　第 2 部分:牙齿局部麻醉药套筒塞和盘片》;
- 删除了 ISO 11040-5:2001《预充式注射器　第 5 部分:血管注射器塞》。

——关于分类,根据国内丁基橡胶药用瓶塞的实际情况,删除了与丁基橡胶药用瓶塞无关的产品分类,调整情况集中反映在第 3 章"分类"中,具体调整如下:

- 删除了分类中"预充式注射器(见 ISO 11040-2、ISO 11040-5);
- 删除了分类中"药用器械用弹性件(包括手套和探针)";
- 将"冷冻干燥产品弹性体(见 ISO 8362-5、ISO 8536-6)"修改为"丁基橡胶冻干剂抗生素瓶塞(见 ISO 8362-5)、丁基橡胶冻干剂输液瓶塞(见 ISO 8536-6)"(见第 3 章)。

——关于要求,因本标准只规定丁基橡胶药用瓶塞的化学性能要求,在试验方法中规定了高压灭菌处理方法,本标准做了具有技术性差异的调整,调整情况集中反映在第 4 章"要求"中,具体调整如下:

- 删除了 ISO 8871-1:2003 中 4.1;
- 删除了 ISO 8871-1:2003 中 4.2 条中的分类及类型Ⅱ的化学要求(见第 4 章、表 1)。

——关于附录,因本标准只规定丁基橡胶药用瓶塞高压水溶出物的试验方法,本标准做了具有技术性差异的调整,在附录中删除了其他弹性体相应的内容(见 A.1.3、A.1.4、A.1.2.1.5、C.3、D.4、

H.3)。

本标准由中国石油和化学工业联合会提出。

本标准由全国橡胶与橡胶制品标准化技术委员会胶乳制品分技术委员会(SAC/TC 35/SC 4)归口。

本标准起草单位:江苏华兰药用新材料股份有限公司、深圳市医疗器械检验所、浙江省质量检测科学研究院、江阴出入境检验检疫局、国家乳胶制品质量监督检验中心、中国化工橡胶株洲研究设计院。

本标准主要起草人:华一敏、刘洪伟、蒙菊娥、朱银华、顾鹏斐、王晓炜、周劼、沈振、赵新建、朱莹莹、高乃东、张玉、邓一志、谢东丽。

丁基橡胶药用瓶塞高压水溶出物

1 范围

1.1 本标准规定了以丁基橡胶为主体材料制成的药用瓶塞高压水溶出物的化学要求与试验方法。本标准规定的性能要求是丁基橡胶药用瓶塞(以下简称瓶塞)高压水溶出物的最低要求。

1.2 本标准未规定瓶塞与预定药剂的相容性研究步骤。

1.3 本标准适用于丁基橡胶药用瓶塞。

2 规范性引用文件

下列文件对于本文件的应用是必不可少的。凡是注日期的引用文件,仅注日期的版本适用于本文件。凡是不注日期的引用文件,其最新版本(包括所有的修改单)适用于本文件。

ISO 8362-2 注射容器及附件 第2部分:注射瓶用瓶塞(Injection containers and accessories—Part 2: Closures for injection vials)

ISO 8362-5 注射容器及附件 第5部分:冻干剂注射瓶用瓶塞(Injection containers and accessories—Part 5: Freeze drying closures for injection vials)

ISO 8536-2 医用输液设备 第2部分:输液瓶用瓶塞(Infusion equipment for medical use—Part 2: Closures for infusion bottles)

ISO 8536-6 医用输液设备 第6部分:冻干剂输液瓶用瓶塞(Infusion equipment for medical use—Part 6: Freeze drying closures for infusion bottles)

3 分类

根据与其配套使用的产品或设备,适用于本标准的瓶塞分为:

——丁基橡胶抗生素瓶塞(见 ISO 8362-2);

——丁基橡胶输液瓶塞(见 ISO 8536-2);

——丁基橡胶冻干剂抗生素瓶塞(见 ISO 8362-5);

——丁基橡胶冻干剂输液瓶塞(见 ISO 8536-6)。

4 要求

瓶塞高压水溶出物的化学要求应符合表1中的规定。

瓶塞高压水溶出物的化学要求试验方法见附录A～附录J。

5 抽样

在每次交付的瓶塞中随机抽取样品,抽取的样品数应符合有关国际标准(见第3章)。

表 1 瓶塞高压水溶出物的化学要求

项 目	要 求	试验方法
浊度	浊度不大于参考悬浊液Ⅱ	附录 A 中 A.1
颜色	颜色不深于参考溶液 GY_5	附录 A 中 A.2
酸碱度	≤0.3 mL 氢氧化钠溶液[$c(NaOH)=0.01$ mol/L]或≤0.8 mL 盐酸[$c(HCl)=0.01$ mol/L]	附录 B
吸光度	≤0.2,在 220 nm～360 nm 范围内	附录 C
还原物	≤3.0 mL 硫代硫酸钠溶液[$c(Na_2S_2O_3)=0.01$ mol/L]	附录 D
可抽提重金属离子	≤2.0 mg/L	附录 E
可抽提 Zn^{2+}	≤5.0 mg/L	附录 F
可抽提 NH_4^+	≤2.0 mg/L	附录 G
蒸发残渣	≤2.0 mg/50mL	附录 H
挥发性硫化物	试液醋酸盐纸上的黑斑应不深于参照液醋酸盐纸上的黑斑(含 Na_2S 0.154 mg/20 cm^2)	附录 I
电导率(可选择的)	≤15 μS/cm	附录 J
如果对系统的控制适用,可制备空白溶液。但只有在相应的附录中提及应用空白进行校正结果时,才允许使用。		

6 仪器与试剂

6.1 仅使用认可的分析纯试剂。标准溶液的制备,参阅相关的附录。

6.2 使用通过蒸馏或其他任何合适的装置制备的纯化水,其电导率应小于 3.0 μS/cm。

注:国家药典规定的纯化水对应于 GB/T 6682 规定的一级水和二级水。

6.3 玻璃器皿应由硼硅酸盐玻璃制成。

7 试验溶液的制备

7.1 瓶塞应在交付状态进行处理。

7.2 将适量的瓶塞放入广口烧瓶中,每 150 cm^2 表面积的瓶塞加入 300 mL 的纯化水,用铝箔或倒立的硼硅酸盐烧杯盖住瓶口,称重,然后在高压蒸汽灭菌器中加热,20 min～30 min 内升温至(121±2)℃,并保持 30 min。大约 30 min 内冷却至室温。必要时,加入纯化水至原始质量(如果没有使用严实密封的容器)。

将溶液(溶液 S_1)摇匀后,立即与瓶塞分离。每次试验前,应摇匀溶液 S_1。

7.3 除不加瓶塞外,按与溶液 S_1 相同的方法制备空白溶液(溶液 S_0)。

7.4 用制得的溶液 S_1 和溶液 S_0 进行化学性能试验。

附　录　A
（规范性附录）
外观的测定

A.1　溶液 S_1 的浊度

A.1.1　原理

使用浊度计或目视比较法进行测定。

A.1.2　目视比较法

A.1.2.1　试剂

A.1.2.1.1　硫酸肼溶液

将 1.0 g 硫酸肼溶于水中，并稀释至 100 mL，静置 4 h～6 h。

A.1.2.1.2　六次甲基四胺溶液

在 100 mL 的具塞烧瓶中，将 2.5 g 六次甲基四胺溶于 25.0 mL 的水。

A.1.2.1.3　储备悬浊液

在装有六次甲基四胺溶液的烧瓶中加入 25.0 mL 硫酸肼溶液，混匀并静置 24 h。储备悬浊液在表面没有缺陷的玻璃容器中，可稳定保存 2 个月，使用前应搅拌均匀。若悬浮物附着在玻璃上应弃用。

A.1.2.1.4　标准悬浊液

将 15.0 mL 储备悬浊液用水稀释至 1 000 mL。标准悬浊液应临时制备，存放时间不得超过 24 h。

A.1.2.1.5　参照悬浊液

参照悬浊液的制备见表 A.1。参照悬浊液使用前应搅拌均匀。

表 A.1　参照悬浮液

单位为毫升

	Ⅰ	Ⅱ
标准悬浊液	5.0	10.0
水	95.0	90.0

A.1.2.2　步骤

应使用同规格的由中性玻璃制成的无色透明平底试管，且内径为 15 mm～25 mm。在试管中加入高度为 40 mm 的溶液 S_1，另外三根试管中分别加入相同高度的水、参照悬浊液Ⅰ和参照悬浊液Ⅱ（见表 A.1）。5 min 后，将试管置于黑色背景中，在散射日光下由上而下垂直观察对比溶液。光线条件应很容易地分辨出参照悬浊液Ⅰ和水、参照悬浊液Ⅰ和参照悬浊液Ⅱ。

A.1.3 浊度计测定

A.1.2.1.5 制备的参考悬浊液代表的范围如下：

——参照悬浊液Ⅱ：6 FTU[1)]。

为保证测量结果的准确性，应校正仪器。

A.1.4 结果的表示

报告结果为“符合”/“不符合”要求（见表 1）。

A.2 溶液 S_1 的颜色

A.2.1 试剂

A.2.1.1 黄色储备溶液

将 46 g 氯化铁溶解于约 900 mL 混合液[由 25 mL 浓盐酸（～36%）和 975 mL 水组成]中，并用该混合液稀释至 1 000 mL。滴定（见 A.2.1.2）并用同一混合液调节溶液中 $FeCl_3 \cdot 6H_2O$ 的浓度至 45.0 mg/mL，溶液应避光保存。

A.2.1.2 滴定

在 250 mL 具塞锥形烧瓶中，加入 10.0 mL 储备溶液、15 mL 水、5 mL 浓盐酸和 4 g 碘化钾，盖上具塞，暗处静置 15 min 后，加入 100 mL 水。用 0.1 mol/L 硫代硫酸钠滴定游离碘，接近滴定终点时，加入 0.5 mL 淀粉溶液（见 A.2.1.8）作指示剂。

1 mL 浓度为 0.1 mol/L 硫代硫酸钠相当于 27.03 mg $FeCl_3 \cdot 6H_2O$。

A.2.1.3 红色储备溶液

将 60 g 氯化钴溶解于约 900 mL 的混合液（由 25 mL 浓盐酸和 975 mL 水组成）中，并用该混合液稀释至 1 000 mL。滴定（见 A.2.1.4）并用同一混合液调节溶液中 $CoCl_2 \cdot 6H_2O$ 的浓度至 59.5 mg/mL。

A.2.1.4 滴定

在 250 mL 具塞锥形烧瓶中，加入 5.0 mL 储备溶液、5 mL 已稀释的双氧水和 10 mL 浓度为 300 g/L的氢氧化钠溶液，微沸 10 min，冷却后加入 60 mL 的稀硫酸（见 A.2.1.7）和 2 g 碘化钾。盖上具塞，轻轻摇动使沉淀物溶解。用 0.1 mol/L 硫代硫酸钠滴定游离碘，接近滴定终点时，加入 0.5 mL 淀粉溶液（见 A.2.1.8）作指示剂。溶液变为粉红色即为滴定终点。

1 mL 浓度为 0.1 mol/L 硫代硫酸钠相当于 23.79 mg $CoCl_2 \cdot 6H_2O$。

A.2.1.5 蓝色储备溶液

将 63 g 硫酸铜溶解于约 900 mL 的混合液（由 25 mL 浓盐酸和 975 mL 水组成）中，并用该溶液稀释至 1 000 mL。滴定（见 A.2.1.6）并用同一混合液调节溶液中 $CuSO_4 \cdot 5H_2O$ 的浓度至 62.4 mg/mL。

A.2.1.6 滴定

在 250 mL 具塞锥形烧瓶中，加入 10.0 mL 储备溶液、50 mL 水、12 mL 稀醋酸（～12%）和 3 g 碘化

1） 硫酸肼浊度单位。

钾。用 0.1 mol/L 硫代硫酸钠滴定游离碘，接近滴定终点时，加入 0.5 mL 淀粉溶液(见 A.2.1.8)作指示剂。溶液变为淡棕色即为滴定终点。

1 mL 浓度为 0.1 mol/L 硫代硫酸钠相当于 24.97 mg $CuSO_4 \cdot 5H_2O$。

A.2.1.7 稀硫酸

配制 98 g/L 的硫酸溶液。

A.2.1.8 淀粉溶液

将 1.0 g 可溶性淀粉与 5 mL 水混合研磨，边搅拌边将混合物倒入含有 10 mg 碘化汞的 100 mL 沸水中。

A.2.1.9 标准溶液

用上述三种储备溶液制备标准溶液(GY)，配比见表 A.2。

表 A.2 标准溶液 GY

单位为毫升

标准溶液	黄色储备溶液	红色储备溶液	蓝色储备溶液
GY(黄绿色)	9.6	0.2	0.2

A.2.1.10 参照溶液

用标准溶液制备参照溶液(GY_5)，配比见表 A.3。参照溶液应现配现用。

表 A.3 参照溶液 GY_5

单位为毫升

参照溶液	标准溶液	盐酸(10 g/L HCl)
GY_5	3.0	97.0

A.2.2 步骤

应使用同规格的由中性玻璃制成的无色透明平底试管，且内径(或外径)为 15 mm～25 mm。在一试管中加入高度为 40 mm 的溶液 S_1，另一试管中加入相同高度的参照溶液(见表 A.3)，将试管置于白色背景中由上而下垂直观察悬浊液，在散射日光下对比溶液。

A.2.3 结果表示

报告结果为“符合”/“不符合”要求(见表 1)。

附 录 B
（规范性附录）
酸碱度的测定

B.1 原理

根据瓶塞配方的组分，某些类型的瓶塞配方中含有可以作为酸或者碱的成分。如酸性或碱性物质被抽提后会使 pH 值发生变化，可能对药物的稳定性产生不利影响。用 pH 电极测定抽提液的电位就能确定 pH 值的变化，然而，在 pH 值约为 7 时的非缓冲溶液中测量电位可能会导致错误的结果。因此，建议用滴定法测定酸度或碱度。

B.2 试剂

B.2.1 溴百里酚蓝

将 50 mg 溴百里酚蓝溶解于混合液（由 4 mL 浓度为 0.02 mol/L 的氢氧化钠和 20 mL 浓度约为 96％乙醇组成）中，并用水稀释至 100 mL。

B.2.2 颜色变化

由黄色（pH 值 5.8）变为蓝色（pH 值 7.4），反之亦然。

B.2.3 灵敏度测试

将 100 mL 不含二氧化碳的水加至 0.3 mL 溴百里酚蓝溶液中，溶液应是黄色。加入体积不超过 0.1 mL的 0.02 mol/L 氢氧化钠，溶液颜色应变为蓝色。

B.3 步骤

将 0.1 mL 溴百里酚蓝溶液加入 20 mL 的待测溶液 S_1 中，用 0.01 mol/L 的氢氧化钠或0.01 mol/L 的盐酸进行滴定。

计算 20 mL 待测溶液 S_1 所消耗的氢氧化钠或盐酸的体积（保留一位小数），单位为毫升（mL）。

B.4 结果表示

报告结果为“符合”/“不符合”要求（见表 1）。

附 录 C
（规范性附录）
吸光度的测定

C.1 原理

丁基橡胶瓶塞的配方中含有促进剂或抗氧化剂，抽提液的紫外光谱主要是促进剂和抗氧化剂含量的函数。本试验适用于所有硫化橡胶产品，且通常使用抽提液进行试验。

C.2 步骤

溶液 S_1 制备后，应在 5 h 内进行试验。

若待测溶液 S_1 含有微粒，为避免微粒引起散射光干扰，用孔径约 0.45 μm 的滤膜过滤溶液 S_1。在 1 cm 的石英比色皿中加入溶液 S_1，而在参考比色皿中加入空白溶液 S_0，用紫外光谱仪测试并获得波长范围在 220 nm～360 nm 的光谱。

如有必要，应稀释待测溶液 S_1，记录稀释因子。

在评价溶液是否符合要求时，应使用稀释因子。

C.3 结果表示

报告的结果为曲线图，即吸光度（消光系数）相对于波长作曲线，以及“符合”/“不符合”要求（见表 1）。

附　录　D
（规范性附录）
还原物的测定

D.1　原理

根据橡胶的成分，其在水介质中进行抽提过程中可能会释放可被氧化的物质。瓶塞中最常见的可抽提物是硫化剂、促进剂及两者的反应产物，可能包括下列中一个或多个组分：硫磺、秋兰姆、亚磺酰胺、噻唑类、二硫代氨基甲酸盐、有机胺络合物、酚醛树脂和有机过氧化物。

模拟瓶塞暴露在高压蒸汽灭菌器中灭菌的条件进行还原物的抽提。

D.2　试剂

D.2.1　稀硫酸

配制 98 g/L 的硫酸溶液。

D.2.2　淀粉溶液

将 1 g 可溶性淀粉与 5 mL 水混合研磨，边搅拌边将混合物倒入含有 10 mg 碘化汞的 100 mL 沸水中。

D.3　步骤

制备的溶液 S_1 应在 4 h 内进行试验。在 20.0 mL 溶液 S_1 中加入 1 mL 稀硫酸和 20.0 mL 浓度为 0.002 mol/L 高锰酸钾溶液，煮沸 3 min，冷却后，加入 1 g 碘化钾或 2 mL 浓度为 10％的碘化钾溶液，加入 0.25 mL 淀粉溶液作为指示剂，立即用 0.01 mol/L 的硫代硫酸钠滴定。用同样的方法滴定 20.0 mL 空白溶液 S_0。

计算结果以溶液 S_1 和溶液 S_0 所消耗的滴定溶液的体积之差表示（保留一位小数），单位为毫升（mL）。

D.4　结果表示

报告结果为"符合"/"不符合"要求（见表 1）。

附 录 E
（规范性附录）
可抽提重金属离子含量的测定

E.1 原理

由于使用矿物填充料和某些金属氧化物作为硫化促进剂，瓶塞中通常含有可抽提的金属离子。橡胶制造商通过谨慎选择材料和全面检查供应的原材料可以控制重金属的含量。

模拟瓶塞暴露在高压蒸汽灭菌器中灭菌的条件进行重金属离子的抽提。

E.2 试剂

E.2.1 铅标准溶液

制备含铅浓度为 2.0 mg/L 的硝酸铅溶液。

E.2.2 硫代乙酰胺溶液

制备由 15 mL 浓度为 1 mol/L 的氢氧化钠、20 mL 甘油（85%）和 5 mL 水组成的混合液，取 1 mL 混合液，加入 0.2 mL 浓度为 40 g/L 的硫代乙酰胺溶液，水浴加热 20 s，应在使用前制备。

E.2.3 缓冲溶液，pH 值为 3.5

将 25.0 g 乙酸铵溶解于 25 mL 水中，加入 38.0 mL 盐酸（见 E.2.4）。如有必要，用稀盐酸（见E.2.5）或稀氨水（见 E.2.6）调节 pH 值。用水稀释至 100 mL。

E.2.4 盐酸

将 70 g 质量分数为 35%～37 %的浓盐酸用水稀释至 100 mL。

E.2.5 稀盐酸

将 20 g 质量分数为 35%～37 %的浓盐酸用水稀释至 100 mL。

E.2.6 稀氨水

将 41 g 质量分数为 25%～30 %的浓氨水用水稀释至 100 mL。

E.3 步骤

取 pH 值为 3.5 的缓冲溶液（见 E.2.3）2 mL，加入 12 mL 溶液 S_1 中，混合均匀。再加入 1.2 mL 的硫代乙酰胺（见 E.2.2），立即混合均匀。将 10 mL 铅标准溶液（见 E.2.1）与 2 mL 溶液 S_1 混合均匀后，按照同样的方法制备参考溶液。

2 min 后，溶液 S_1 所呈现的棕色，应没有参考溶液颜色深，参考溶液中重金属浓度相当于 2 mg/L。

E.4 结果表示

报告结果为“符合”/“不符合”要求(见表 1)。

附 录 F
（规范性附录）
可抽提锌离子的测定

F.1 原理

大部分橡胶配方中使用少量的氧化锌来促进硫化和提高某些物理性能，所以用水可抽提出锌离子。

F.2 步骤

F.2.1 将 1 mL 浓度为 0.01 mol/L 的盐酸加至 20 mL 溶液 S_1 中。

F.2.2 至少制备三个校准液（不含零点），具体方法：用 0.1 mol/L 盐酸和水稀释锌标准溶液（1 g/L 锌），使其酸度与溶液 S_1 相近。制备的校准溶液浓度要适当，应使溶液 S_1 中锌离子的浓度处于校准液浓度范围内。

F.2.3 采用锌空心阴极灯作为辐射源，在空气/乙炔火焰中，于 213.9 nm 波长处测量溶液 S_1 和校准液的吸光度。

如有必要，应稀释溶液 S_1，记录稀释因子。

如果适用，计算结果应考虑稀释因子。

计算结果为溶液 S_1 中锌离子的浓度（保留一位小数），单位为毫克每升（mg/L）。

F.3 结果表示

报告结果为“符合”/“不符合”要求（见表 1）。

附 录 G
（规范性附录）
可抽提铵离子含量的测定

G.1 原理

大部分常规天然橡胶配方中一般可观察到少量氨的浸出。这通常是由于天然异戊二烯聚合物中存在的蛋白质或者胺引起的。

模拟瓶塞暴露在高压蒸汽灭菌器中灭菌的条件进行铵离子的抽提。

G.2 试剂

G.2.1 氢氧化钠

制备浓度为 85 mg/mL 的氢氧化钠稀溶液。

G.2.2 碱性碘化汞钾

将 11 g 碘化钾和 15 g 碘化汞溶解于水中，并用水稀释至 100 mL。

使用前，将 1 体积的该溶液和相同体积的 250 g/L 的氢氧化钠溶液混合均匀。

G.3 步骤

使 5 mL 的溶液 S_1 呈碱性，如有必要，加入已知体积的氢氧化钠稀溶液（见 G.2.1），并用水稀释至 15 mL，然后加入 0.3 mL 碱性碘化汞钾。参考溶液的制备如下：在 10 mL 的标准氨溶液（含 1 mg/L NH_3）中加入与溶液 S_1 中体积相同的氢氧化钠（见 G.2.1），然后用水稀释至 15 mL，加入 0.3 mL 碱性碘化汞钾溶液（见 G.2.2）。将溶液 S_1 和参考溶液装入试管中并密封。

30 s 后，溶液 S_1 所呈现的黄色，应不比参照溶液的颜色深，这相当于溶液 S_1 中含有 2 mg/ L 的氨。

G.4 结果表示

报告结果为“符合”/“不符合”要求（见表 1）。

附 录 H
（规范性附录）
蒸发残渣的测定

H.1 原理

根据其成分，抽提时橡胶配方中可能释放不同含量的非挥发性固体物质。

模拟瓶塞暴露在高压蒸汽灭菌器中灭菌的条件抽提非挥发性固体物质。

非挥发性固体可由抽提液蒸发至干燥后剩余的质量确定。

H.2 步骤

将蒸发皿置于温度不超过105 ℃的条件下干燥，然后在干燥器中冷却称重至恒重。将已知体积(至少50.0 mL)的溶液 S_1 加至蒸发皿中，在温度不超过105 ℃的条件下蒸发至干燥后，在干燥器中冷却，并再次称重至恒重。

计算结果为每50 mL溶液 S_1 中残渣的质量(保留一位小数)，单位为毫克(mg)。

H.3 结果表示

报告结果为“符合”/“不符合”要求(见表1)。

附 录 I
（规范性附录）
挥发性硫化物的测定

I.1 原理

常规的硫化体系使用硫磺或含硫化合物为交联剂。使用硫磺或含硫化合物作为硫化剂的橡胶材料，处于水溶液尤其是pH值呈酸性介质中时，可能形成挥发性硫化物。释放的硫化物可通过与醋酸铅纸反应后目视检测。

I.2 试剂

I.2.1 柠檬酸

制备浓度为20 g/L的柠檬酸溶液。

I.2.2 醋酸铅纸

制备由1体积的稀醋酸（见I.2.5）和10体积的醋酸铅溶液（见I.2.4）组成的混合液，将约80 g/m^2的滤纸浸泡在该混合液中后，干燥并裁成与锥形瓶口尺寸相称的形状。

I.2.3 硫化钠（$Na_2S\cdot 9H_2O$）

I.2.4 醋酸铅溶液

用不含二氧化碳的水制备95 g/L的醋酸铅溶液。

I.2.5 稀醋酸

将12 g冰醋酸用水稀释至100 mL。

溶液中的$C_2H_4O_2$浓度为115 g/L～125 g/L（相对分子质量60.1）。

I.3 步骤

将总表面积为(20±2)cm^2的橡胶，如有必要可切碎，放入250 mL锥形烧瓶中，加入50 mL浓度为20 g/L柠檬酸溶液，用醋酸铅纸盖住瓶口，用一倒置的烧杯压住醋酸铅纸以保持纸的位置。放在高压蒸汽灭菌器中，在(121±2)℃加热30 min。纸上的黑色斑点不应比在同一时间、使用相同方法由参照溶液产生的斑点颜色更深，参照溶液由0.154 mg硫化钠（$Na_2S\cdot 9H_2O$）和50 mL浓度为20 g/L的柠檬酸组成。特别注意避免因硫化钠极易吸湿而导致结果错误。

I.4 结果表示

报告结果为“符合”/“不符合”要求（见表1）。

附 录 J
（资料性附录）
电导率的测定

J.1 原理

瓶塞置于水中抽提时，可能会释放增加抽提液电导率的物质。

J.2 步骤

J.2.1 制备的溶液 S_1 应在 4 h 内进行以下试验。

J.2.2 只能使用硼硅酸盐玻璃容器进行电导率的测定。

J.2.3 用纯水冲洗测量电极（铂电极或镀铂黑电极）数次，然后用空白溶液 S_0 冲洗两次。

J.2.4 在(20±1)℃测量空白溶液 S_0 的电导率，应小于 3.0 μS/cm。

J.2.5 用溶液 S_1 冲洗测量电极至少两次，然后测量溶液 S_1 的电导率。

J.2.6 若不是在 (20±1)℃进行测量，应校正温度。

J.3 结果表示

报告溶液 S_1 和溶液 S_0 的电导率，单位为微西门子每厘米(μS/cm)。

ICS 59.080.40
G 42

中华人民共和国国家标准

GB/T 31064—2014

橡胶或塑料涂覆织物　抗刺穿性测试方法

Rubber-or plastics-coated fabrics—Determination of puncture resistance

2014-12-22 发布　　2015-06-01 实施

中华人民共和国国家质量监督检验检疫总局
中国国家标准化管理委员会　发布

前　言

本标准按照 GB/T 1.1—2009 给出的规则起草。

本标准由中国石油和化学工业联合会提出。

本标准由全国橡胶与橡胶制品标准化技术委员会涂覆制品分技术委员会(SAC/TC 35/SC 10)归口。

本标准起草单位:中国人民解放军总后勤部油料研究所、凯迪西北橡胶有限公司、中橡集团沈阳橡胶研究设计院。

本标准主要起草人:杨建雄、王建超、许俊霞、付宝强、李飒。

橡胶或塑料涂覆织物　抗刺穿性测试方法

警告：使用本标准的人员应熟悉正规试验室操作规程。本标准无意涉及因使用本标准可能出现的所有安全问题。制定相应的安全和健康制度并确保符合国家法规是使用者的责任。

1　范围

本标准规定了橡胶或塑料涂覆织物抗刺穿性的方法。

本标准适用于单面或双面涂覆橡胶或塑料的涂覆织物。

2　规范性引用文件

下列文件对于本文件的应用是必不可少的。凡是注日期的引用文件，仅注日期的版本适用于本文件。凡是不注日期的引用文件，其最新版本(包括所有的修改单)适用于本文件。

GB/T 24133　橡胶或塑料涂覆织物　调节和试验的标准环境

3　术语和定义

下列术语和定义适用于本文件。

3.1

抗刺穿性　puncture resistance

涂覆织物耐外界尖锐物品刺(扎)透的能力。

3.2

刺锥　piercing instrument

用于测试涂覆织物抗刺穿性，外形似扩口平头螺丝刀的特制工具。

4　原理

利用刺锥按某一恒定速度垂直刺穿夹持在环形夹具上的圆形试样，记录刺穿涂覆织物所需的力值。

5　设备

5.1　恒速拉伸试验机

恒速拉伸试验机应装配能读出和记录将试样刺穿所施加力值的装置。施加力值应在拉伸试验机允许载荷的15%～85%。试验机应有B级测力精度。

5.2　刺锥

刺锥应由钢制作，最小硬度为60HRC。刺锥尺寸和结构见图1。

刺锥每使用500次或使用满一年，应用光学显微镜检查。当试样易造成刺锥损耗时，应增加检查频率。如果检查结果表明刺锥尺寸不符合图1要求,应更换刺锥。

单位为毫米

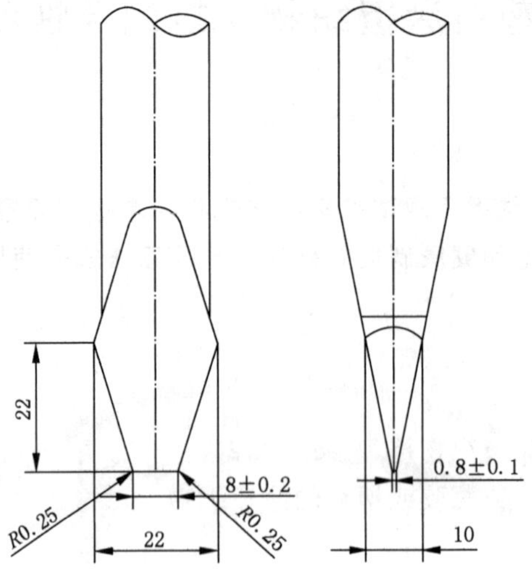

图1 刺锥结构及尺寸

5.3 环形夹具

环形夹具的内径分A型(76.5 mm)和B型(44.5 mm)两种,试样应用不小于M6的螺栓固定在环形夹具中,夹具应确保试样在试验中不滑移。环形夹具一端应与试验机的夹持端紧固连接,环形夹具结构见图2。优先选用A型夹具。

单位为毫米

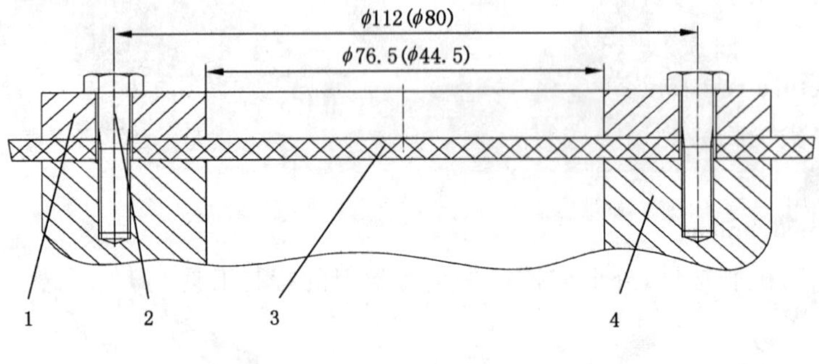

说明:

1——试样压盘;

2——8个均布的M6螺栓;

3——试样;

4——试样架。

图2 环形夹具及试样结构及尺寸

6 试样

6.1 试样数量

试样数量应不少于三个。

6.2 取样和试样的制备

试样应从距离涂覆织物边缘至少 10 cm 地方裁取，其位置要靠近横跨样品宽度的对角线，并均匀合理地间隔一定距离，以便能代表整个涂覆织物的宽度。试样外径应不小于环形夹具外径。

7 调节和试验环境

试样应放置在 GB/T 24133 规定的标准环境中进行调节与测试。调节时间应不少于 24 h。

注：如果试验结果是要代表制造和销售时的涂覆织物的性能，试验必须在制造之日起 3 个月之内进行。

8 试验程序

8.1 将试样夹持在环形夹具中，待测面面向刺锥。

8.2 分别将刺锥和环形夹具与试验机的上下夹持器相连，确保刺锥与试样表面垂直。刺锥平头端长度方向与试样经向成 45°、90°或 180°。

8.3 调整试验机速度为(500±50)mm/min 或(300±15)mm/min，优先选用(500±50)mm/min。

8.4 启动试验机，记录刺锥完全刺穿涂覆织物时的最大力值。

9 试验结果

涂覆织物的平均抗刺穿值为三个试样结果的算术平均值，单位为牛顿(N)。

10 试验报告

试验报告应至少包含下列内容：

a) 产品名称、编号、规格；
b) 本标准编号和名称；
c) 试样来源；
d) 试验条件(含刺锥平头长度方向与试样的角度)；
e) 试验结果；
f) 试验日期。

ICS 73.100.30;83.140.40
G 42

中华人民共和国国家标准

GB/T 31065—2014

钻井平台张紧器用耐火软管及软管组合件

Fire-resistant hose and hose assemblies for drilling platform tensioner

2014-12-22 发布　　2015-06-01 实施

中华人民共和国国家质量监督检验检疫总局
中国国家标准化管理委员会　发布

前　言

本标准按照 GB/T 1.1—2009 给出的规则起草。

本标准由中国石油和化学工业联合会提出。

本标准由全国橡胶与橡胶制品标准化技术委员会软管分技术委员会(SAC/TC 35/SC 1)归口。

本标准起草单位:山东悦龙橡塑科技有限公司、山东龙口特种胶管有限公司。

本标准主要起草人:杨鹏、徐锦诚、张德传、吴佩源、张祥利。

钻井平台张紧器用耐火软管及软管组合件

警告：使用本标准的人员应有正规实验室工作的实践经验，本标准并未指出所有可能的安全问题。使用者有责任采取适当的安全和健康措施，并保证符合国家有关法规规定的条件。

1 范围

本标准规定了钻井平台张紧器用耐火软管及软管组合件的术语和定义、型别、结构、尺寸及公差、要求、试验频次、标志、包装、贮存与运输。

本标准适用于环境温度为－20 ℃～＋85 ℃的钻井平台用耐火软管及软管组合件。

2 规范性引用文件

下列文件对于本文件的应用是必不可少的。凡是注日期的引用文件，仅注日期的版本适用于本文件。凡是不注日期的引用文件，其最新版本(包括所有的修改单)适用于本文件。

GB/T 528　硫化橡胶或热塑性橡胶　拉伸应力应变性能的测定

GB/T 1690　硫化橡胶或热塑性橡胶　耐液体试验方法

GB/T 3512　硫化橡胶或热塑性橡胶　热空气加速老化和耐热试验

GB/T 5563—2013　橡胶和塑料软管及软管组合件　静液压试验方法

GB/T 5565—2006　橡胶或塑料增强软管和非增强胶管　弯曲试验

GB/T 5755　钢丝绳芯输送带　绳与包覆胶粘合试验　原始状态下和热老化后试验

GB/T 7528　橡胶和塑料软管及软管组合件　术语

GB/T 9573　橡胶和塑料软管及软管组合件　软管尺寸和软管组合件长度测量方法

GB/T 10125　人造气氛腐蚀试验　盐雾试验

GB/T 14039　液压传动　油液　固体颗粒污染等级代号

GB/T 17489　液压颗粒污染分析　从工作系统管路中提取液样

GB/T 20082　液压传动　液体污染　采用光学显微镜测定颗粒污染度的方法

SY/T 5323　节流和压井系统

3 术语和定义

GB/T 7528 界定的术语和定义适用于本文件。

4 型别

根据输送介质不同，软管分为Ⅰ型和Ⅱ型两种：

——Ⅰ型用于输送水-乙二醇液压油；

——Ⅱ型用于输送矿物油或合成烃类液压油。

5 结构

5.1 软管

软管应由耐油或水的内衬层、织物增强层、钢丝或钢丝绳骨架层、以及耐火隔热阻燃的外覆层组成。必要时可在内衬层内增加镶衬层。

5.2 接头

接头(包括连接法兰)的材质及连接方式由供需双方商定,应符合经设计验证的图样。

5.3 软管组合件

软管组合件应由接头(包括连接法兰)和软管组成。

6 尺寸及公差

当按照 GB/T 9573 测量时,软管的尺寸及公差应符合表 1 给出的值。

软管组合件的长度可由供需双方商定。软管组合件的长度小于或等于 6 000 mm 时,公差应为 ±65 mm,软管组合件长度大于 6 000 mm 时,公差为软管长度的±1%。

表 1 尺寸及公差

公称内径	内径及公差 mm	
	Ⅰ型	Ⅱ型
102	105±1.6	102±1.6
152	155±1.6	152±1.6
203	207±1.6	203±1.6

7 要求

7.1 内衬层和外覆层的物理性能

软管的内衬层和外覆层的物理性能应符合表 2 给出的值。

表 2 内衬层和外覆层的物理性能

项 目		要求	试验方法
拉伸强度/MPa ≥		10	GB/T 528
拉断伸长率/% ≥		350	GB/T 528
热空气老化,70 ℃,72 h	拉伸强度变化率/%	−25～+25	GB/T 3512
	拉断伸长率变化率/%	−25～+25	
内衬层耐液体性能:体积溶胀/% ≤	2#标准油,100 ℃,7 d	40	GB/T 1690
	己二醇,100 ℃,7 d	40	

7.2 软管和软管组合件

7.2.1 静液压试验

当按 GB/T 5563 在附录 A 条件下进行试验时：

a) 软管的验证压力、最小爆破压力应符合表 3 给出的值；

b) 在最大工作压力下，软管组合件的长度变化率应不超过±1%；

c) 在最大工作压力下，软管组合件在任一方向上扭转不应超过 1°/m；

d) 在最大工作压力下，软管组合件在水平或垂直方向上变形移动应不超过相当于一个软管外径的距离；

e) 在验证压力下，软管组合件的长度变化率应不超过±2%。

表 3 软管的最大工作压力、验证压力和最小爆破压力

公称内径	最大工作压力 MPa	验证压力 MPa	最小爆破压力 MPa
102	21	42	63
152	21	42	63
203	21	42	63

7.2.2 最小弯曲半径

当按 GB/T 5565—2006 方法 A 进行试验时，将软管弯曲至表 4 给出的最小弯曲半径时，$T/D \geqslant 0.9$。

表 4 最小弯曲半径

公称内径	最小弯曲半径 m	
	Ⅰ型	Ⅱ型
102	1.8	1.2
152	2.0	1.4
203	2.2	1.6

7.2.3 常温下弯曲试验

在工作压力和常温下，弯曲软管组合件至最小弯曲半径，反复 100 次，软管组合件应无可见损坏、断裂或弯折。经按 GB/T 5563—2013 试验应无渗漏。

7.2.4 低温下弯曲试验

在无应力状态下，软管组合件在－25 ℃±2 ℃，调节 24 h。弯曲软管组合件至最小弯曲半径，反复 100 次，软管组合件应无可见损坏、断裂或弯折。

7.2.5 低频脉冲试验

封闭软管组合件一端，另一端连接高压水泵，在软管内部安装电加热装置，软管中使用水为加热介质，进水端有温度测量装置，温度应控制在100 ℃±3 ℃，脉冲压力不低于工作压力的90%，一个升高和降低压力的循环应在3 min～5 min内完成，经1 000次的低频脉冲压力试验后，软管组合件应无可见渗漏。

7.2.6 高频脉冲试验

软管组合件应进行高频脉冲试验。高频脉冲试验采用循环加热装置，软管中使用液压油为介质，液压油温度应控制在100 ℃±3 ℃，脉冲压力不低于工作压力的90%，一个升高和降低压力的循环应不超过10 s，经10 000次的高频脉冲压力试验后，软管组合件应无可见渗漏。

7.2.7 爆破压力试验

完成7.2.1～7.2.6试验后，按附录A进行爆破压力试验，软管组合件爆破压力应大于表3规定的值。

7.2.8 粘合强度试验

当按GB/T 5755试验时，混炼胶与钢丝或钢丝绳间粘合强度应大于1 000 N/12.5 mm，其中试样用与软管生产相同的混炼胶和公称直径3.5的钢丝绳，按与管体相同的硫化条件制造。

7.2.9 耐燃烧试验

当按SY/T 5323试验时，在不低于704 ℃温度和工作压力下，保持30 min，软管组合件应无泄漏。

7.2.10 内部清洁度试验

用适宜的液压油或清洗液清洗软管内腔，按GB/T 17489提取液样，按GB/T 20082用100倍光学显微镜，测定颗粒污染度，洁净度应符合GB/T 14039规定的7-8级。如果用液压油清洗，洁净度合格的液压油可以保存在管体内。

7.2.11 盐雾试验

当按GB/T 10125进行试验时，经过72 h的中性盐雾，金属接头应无任何部位出现红色铁锈。

7.2.12 定位彩条

在管体外表面，从一端到另一端与纵轴线平行铺设一条牢固的彩条。

7.2.13 外观

用目视和适当的量具检查时，软管和软管组合件的外观应符合表5的要求。

表5 软管和软管组合件外观要求

项 目	要 求
管体表面	不应有缺陷，不应有局部隆起
Ⅱ型内衬层	用窥镜检查，软管接头的扣合密封部位不应有任何缺陷
接头	表面应光滑，无杂质残留、生锈现象
外部防护	接头外露部分应涂防护漆，用电子测厚仪进行检测，漆膜总厚度不低于200 μm，法兰等外露件应镀锌处理，锌层厚度不低于150 μm，法兰盘有防护层

8 试验频次

型式试验和例行试验应符合附录B的规定。

型式试验是为确认经特定方法用特定材料制造的软管或软管组合件满足本标准要求而进行的试验。该试验应在最长每隔五年,或当制造方法或材料发生变化时重复进行。试验应在所有规格、所有类别和型别上进行,规格和结构相同者除外。

例行试验是发货之前在所有成品软管或软管组合件上进行的试验。

生产试验是在附录C中规定的为控制制造质量而更宜进行的试验。附录C中规定的频次仅作指南。

9 标志

9.1 软管

软管管体外覆层上,应有牢固、清晰的永久性标志,至少包括下列内容:

a) 制造厂的名称或商标;

b) 本标准编号;

c) 产品名称,公称内径;

d) 产品的型别;

e) 最大工作压力;

f) 制造年月和产品唯一性标识的序列号。

9.2 接头

接头上应有清晰、永久的生产厂的名称或商标和追溯序列号。

10 包装、贮存与运输

10.1 包装

10.1.1 采用涂塑编织布均匀包缠在管体上。

10.1.2 产品采用平直包装时,在搬运时应保证保持平直。盘卷包装时,盘卷内径应不小于软管内径的15倍,包装箱或包装物上应附有标志,包括以下内容:

a) 产品名称和公称内径;

b) 产品型别;

c) 装箱数量;

d) 厂名或商标和厂址等内容。

10.1.3 产品外包装箱或其他包装物内应附有产品说明书和合格证。

10.2 贮存与运输

10.2.1 在贮存和运输中,应避免阳光直射;防止机械损伤,并距热源1 m以外。

10.2.2 贮存时,库房内温度应保持在−18 ℃～40 ℃。

10.2.3 软管在运输中,应采用长箱平直运送或盘卷后的箱式运送,避免弯曲与挤压。

附 录 A
（规范性附录）
压力试验

A.1 静液压试验

A.1.1 将软管组合件展开，测量总长度 l_0。封闭一端，注入水，排除所有空气。

A.1.2 在每个接头的顶部做标记，供其后观测扭转用。

A.1.3 施加 3.5 MPa 压力，检查组合件是否泄漏。

A.1.4 将压力升到与所试验软管组合件等级相应的最大工作压力，保持最少 3 min。观察有无扭转、变形和泄漏，并记录。测量长度 l_1，并计算长度变化率$\frac{l_1-l_0}{l_0}$。

A.1.5 继续将压力升到与所试验的软管组合件等级相应的验证压力。达到压力的时间从 A.1.3 算起不应超过 30 min。

A.1.6 保持压力 3 min，观察有无变形和泄漏等失效现象，并记录。测量长度 l_2，并计算长度变化率$\frac{l_2-l_0}{l_0}$。

A.1.7 试验报告中应包括下列内容：

a） 所试验的软管组合件的完整标识；

b） A.1.1、A.1.3、A.1.4 和 A.1.6 的检查及测量结果。

A.2 爆破压力试验

A.2.1 将软管组合件放在一适当的地方（厚壁特制容器，或者大的开阔场地，软管组合件用砂袋围起来，尤其是在接头周围）尽可能平直地展开，封闭一端部，注入水，排除所有空气。

A.2.2 按 GB/T 5563—2013 中 7.3，以 0.15 MPa/s～0.5 MPa/s 的速率将压力升高，直到软管组合件失效。记录并报告失效部位和形式，以及失效瞬间的压力。

附 录 B
（规范性附录）
型式试验和例行试验

型式试验和例行试验见表 B.1。

表 B.1 型式试验和例行试验

性能	型式试验	例行试验
内衬层和外覆层的物理性能	X	N/A
软管和软管组合件		
尺寸及公差	X	X
静液压试验		
验证压力	X	X
最小爆破压力	X	N/A
最大工作压力下长度变化率	X	X
最大工作压力下扭转	X	X
最大工作压力下变形移动	X	X
验证压力下长度变化率	X	X
最小弯曲半径	X	N/A
常温下弯曲试验	X	N/A
低温下弯曲试验	X	N/A
低频脉冲试验	X	N/A
高频脉冲试验	X	N/A
爆破压力试验	X	N/A
粘合强度试验	X	N/A
耐燃烧试验	X	N/A
内部清洁度试验	X	X
盐雾试验	X	N/A
定位彩条	X	X
外观	X	X
X——适用； N/A——不适用 。		

附 录 C
（资料性附录）
生产试验

表 C.1 给出了从每批或每 10 批软管或软管组合件中选取的一根进行的生产试验的建议。一批规定为 5 000 m 软管或者 20 000 kg 内衬层或外覆层混炼胶。

表 C.1 生产试验

性能	生产试验	
	每批	每 10 批
内衬层和外覆层的物理性能	N/A	N/A
软管和软管组合件		
尺寸及公差	X	X
静液压试验		
验证压力	X	X
最小爆破压力	N/A	X
最大工作压力下长度变化率	X	X
最大工作压力下扭转	X	X
最大工作压力下变形移动	X	X
验证压力下长度变化率	X	X
最小弯曲半径	X	X
常温下弯曲试验	N/A	X
低温下弯曲试验	N/A	X
低频脉冲试验	N/A	N/A
高频脉冲试验	N/A	N/A
爆破压力试验	N/A	N/A
粘合强度试验	X	X
耐燃烧试验	N/A	X
内部清洁度试验	X	X
盐雾试验	N/A	N/A
定位彩条	X	X
外观	X	X
X——适用； N/A——不适用。		

ICS 27.140
K 55

中华人民共和国国家标准

GB/T 31066—2014

电工术语　水轮机控制系统

Electro-technical terminology—Control system for hydraulic turbines

2014-12-22 发布　　2015-06-01 实施

中华人民共和国国家质量监督检验检疫总局
中国国家标准化管理委员会　发布

前　言

本标准按照 GB/T 1.1—2009 给出的规则起草。

本标准由中国电器工业协会提出。

本标准由全国水轮机标准化技术委员会控制设备分技术委员会(SAC/TC 175/SC 1)归口。

本标准主要起草单位:哈尔滨大电机研究所、天津电气传动设计研究所、中国水利水电科学研究院自动化研究所、哈尔滨电机厂有限责任公司、东方电机控制设备有限公司、国网电力科学研究院电气控制研究所。

本标准主要起草人:朴秀日、刘卫亚、李晃、张建明、连希德、唐旭、蔡卫江。

电工术语　水轮机控制系统

1　范围

本标准规定了水轮机控制系统的专用术语。

本标准适用于制定水轮机控制方面的标准、编制技术文件及招投标文件，也适用于编写和翻译专业文献、教材及书刊等。

2　规范性引用文件

下列文件对于本文件的应用是必不可少的。凡是注日期的引用文件，仅注日期的版本适用于本文件。凡是不注日期的引用文件，其最新版本（包括所有的修改单）适用于本文件。

GB/T 9652.1—2007　水轮机控制系统技术条件

GB/T 9652.2—2007　水轮机控制系统试验

3　控制系统

3.1

水轮机控制系统　control system for hydraulic turbines

用来检测被控参量（转速、功率、水位、流量等）与给定参量的偏差，并将它们按一定特性转换成主接力器行程的一些设备所组成的系统。

3.2

被控制系统　controlled system

由水轮机控制系统控制的系统，它包括水轮机、引水和泄水系统、装有电压调节器的发电机及其所并入的电网。

3.3

水轮机调节系统　regulating system for hydraulic turbines

由水轮机控制系统和被控制系统组成的闭环系统。

3.4

有差调节　difference regulation; deviation regulation

水轮机控制系统处于自动调节状态下，永态差值系数大于零的调节方式。

3.5

无差调节　no-difference regulation; no-deviation regulation

水轮机控制系统处于自动调节状态下，永态差值系数等于零的调节方式。

3.6

随动系统　servo-system

自动跟踪控制装置输出，并转换、放大的位置反馈控制系统。

4 类型

4.1

调速器 governor

由实现水轮机调节及相应控制的机构和指示仪表等组成的一个或几个装置的总称。

4.1.1

机械液压调速器 mechanical hydraulic governor

测速、稳定及反馈信号用机械方法产生，经机械综合后通过液压放大部分实现驱动水轮机接力器的调速器。

4.1.2

电(气)液(压)调速器 electric-hydraulic governor

检测被控参量、稳定及反馈信号用电气方法产生，经电气综合、放大后通过电气转换和液压放大系统实现驱动水轮机接力器的调速器。

4.1.3

微机调速器 micro-computer based governor

以微机为核心进行测量、变换与处理的电液调速器。

4.1.4

双调整调速器 double regulating governor

实现转桨式[冲击式]水轮机导叶[喷针]及转轮叶片[折向器/偏流器]双重调整的调速器。

4.1.5

通流式调速器 governor without pressure tank; through flow type governor

由油泵直接向水轮机控制系统供油的调速器。

4.1.6

压力罐式调速器 governor with pressure tank

由压力罐(非隔离式蓄能器)向水轮机控制系统供油的调速器。

4.1.7

蓄能器式调速器 governor with accumulator

由蓄能器向水轮机控制系统供油的调速器。

4.1.8

水泵水轮机调速器 governor for pump-turbine

用于水泵水轮机控制的调速器。

4.1.9

操作器 position operator[gate operator]

不对机组施加自动调节作用，仅能实现机组启动、停机，并网后能使机组带上预定负荷，以及接受事故信号后能使机组自动停机的装置。

4.1.10

电子负荷调节器 electronic load controller

利用电子电路组成的，控制平衡负荷的调速器。

4.1.11

电动机式调速器 governor with motor driving gate operator

用电动机经减速装置来控制水轮机导水机构的调速器。

4.2

油压装置　oil pressure supply unit

提供油压能的装置。

5　控制功能

5.1

频率[转速]控制　frequency[speed] control

在孤立电网中或空载运行时，使机组频率[转速]与频率[转速]指令信号相一致。机组并入电网后，频率[转速]通过永态差值系数和控制系统的动态特性来影响电网频率的控制。

5.2

功率控制　power control

机组并网时，接收功率指令信号，并使功率跟踪于功率指令信号的控制。

5.3

开度控制　opening control

开度跟踪于开度指令信号的控制。

5.4

水位控制　level control

水位跟踪于水位指令信号的控制。

5.5

流量控制　flow control

流量跟踪于流量指令信号的控制。

5.6

浪涌控制　surge control

在低水头转浆式水轮机中，甩负荷时通过对水轮机导叶和转轮叶片特定的控制，以限制河流里的浪涌。

6　系统结构模式

6.1

比例-积分调速器　proportional-integral governor

PI 调速器　PI governor

能够实现比例-积分调节规律的调速器。

6.2

比例-积分-微分调速器　proportional-integral-derivative governor

PID 调速器　PID governor

能够实现比例-积分-微分调节规律的调速器。

6.2.1

串联 PID 调速器　series PID governor

以串联环节方式的结构实现 PID 调节规律的调速器。

6.2.2

并联 PID 调速器　parallel PID governor

以并联环节方式的结构实现 PID 调节规律的调速器。

6.3

缓冲型调速器　damping type governor

系统反馈环节中含有缓冲装置的调速器。

6.4

加速度-缓冲型调速器　acceleration-damping type governor

测频单元中包含有加速度环节的缓冲型调速器。

7　结构与部件

7.1

测速装置　speed sensing device

检测机组转速[转速偏差]并转变成相应输出量的装置。

7.1.1

(离心)飞摆　(centrifugal) pendulum

利用机械部件转动的方式检测转速偏差,并将其转变成相应机件位移输出的部件。

7.1.2

测频单元　frequency detector

利用模拟方式或数字方式检测转速,并将其转变成相应输出量的单元。

7.2

测速信号源　speed signal source

产生并提供频率[转速]信号的装置。如永磁发电机,发电机组的电压互感器,齿盘测速装置和超低频信号发生器等。

7.3

人工死区单元　artificial dead band module

在自动运行状态下,能人为地在规定的被控参量范围内使控制系统不起调节作用的单元。

7.4　电-液[电-机]转换装置

7.4.1

电液转换器　electro-hydraulic converter

将电气输入信号通过液压放大而转变成相应方向及流量输出,或相应机械位移输出的部件(包括位移式电液转换器、电液伺服阀、比例阀、电磁换向阀等)。

7.4.2

电机式转换装置　converter with electric motor

利用电机将调节信号转变成机械位移的装置。

7.5

配压阀　distributing valve

输出油流方向和流量随活塞移动的方向和位移大小而改变的阀。

7.5.1

引导阀　pilot distributing valve

控制辅助接力器或中间接力器动作的配压阀。

7.5.2

主配压阀　main distributing valve[control valve]

控制导叶[喷针]或轮叶[折向器/偏流器]接力器动作的配压阀。

7.6

缓冲装置　damping device

以接力器位移为输入信号，其输出信号与输入信号变化率有关，且与转速偏差信号进行比较的反馈校正装置。

7.6.1

缓冲器　dashpot

在机械液压调速器中，实现缓冲装置功能的机械部件。

7.6.2

电气缓冲单元　electrical damper module

实现缓冲装置功能的电气单元或程序模块。

7.7　开度限制装置

7.7.1

机械开度限制机构　mechanical opening limiter

用机械方法来实现限制导叶或喷针开度的机构。

7.7.2

电气开度限制单元　electrical opening limiter

实现限制导叶开度或喷针开度的电气单元或程序模块。

7.8　转速[功率]调整装置

7.8.1

转速调整机构　speed adjusting mechanism[speed changer]

在机械液压调速器中，当机组孤立运行时用来改变机组转速，而并联运行时用来改变机组输出功率的机构。

7.8.2

功率给定单元　power setting module

设定和改变机组输出功率的电气单元或程序模块。

7.8.3

频率给定单元　frequency setting module

设定和改变机组频率[转速]的电气单元或程序模块。

7.9

接力器　servomotor

供给某一操作机构液压操作力的装置。

7.9.1

辅助接力器　auxiliary servomotor

操作主配压阀的接力器，在水轮机控制系统处于稳定状态下，其活塞位置始终处在与主配压阀中间位置相对应的位置。

7.9.2

中间接力器　pilot servomotor

操作引导阀或主配压阀的接力器，在水轮机控制系统处于稳定状态下，其活塞可停留在符合规定的任意位置。

7.9.3 主接力器

7.9.3.1

导叶[喷针]接力器 guide vane [needle]servomotor

响应主配压阀的动作,供给导叶[喷针]操作力的接力器。

7.9.3.2

转轮叶片[折向器/偏流器]接力器 (runner) blade [deflector/cut in deflector] servomotor

响应主配压阀的动作,供给转轮叶片[折向器/偏流器]操作力的接力器。

7.10

协联装置 combination device

水轮机控制系统中用来保证各种运行水头下转轮叶片与导叶或折向器与喷针之间协联关系的机构、电气单元或程序模块。

7.11

综合放大单元 summation and amplification module

将多个电气信号综合、处理并进行放大的单元。

7.12

位移转换装置 displacement converter

将接力器[配压阀]的位移信号转换成相应电气[机械]信号的转换装置。

7.13

分段关闭装置 step closing device

由主接力器的预定位置开始直到全关闭位置(不包括接力器端部的延缓段),使主接力器速度改变的装置。

7.14 压力容器

7.14.1

压力罐 pressure tank

油与气体不隔离的压力容器,即非隔离式的压力罐体。

7.14.2

蓄能器 accumulator

气体与油液之间具有隔离件,使气体不易混入油液中的压力容器。

7.15

回油箱 sump tank

油压装置中收集无压油的箱体。

7.16

卸载阀 unloading valve

油泵启动或压力罐中压力达到正常工作油压上限时,将油泵出油排向回油箱,进行油泵组卸载的控制阀件。

7.17

安全阀 safety valve

当压力超过规定值时开启,进行卸压,用以保护液压系统安全的控制阀件。

7.18

组合阀 group valve

集卸载阀、安全阀和止回阀为一体的阀件组合。

7.19

压力罐补气装置　admission device of pressure tank

接受外界信号，对压力罐补充压缩空气，用以维持压力罐中空气和油的合适比例的装置。

7.20

油压装置控制柜　control cubicle of oil pressure supply unit

对油压装置中油泵电机和其他电气设备进行控制的控制柜。

8　运行与试验

8.1　运行方式

8.1.1

自动运行　automatic operation

由被控参量和[或]给定信号通过水轮机控制系统对水轮机进行自动控制的运行方式。

8.1.2

手动运行　manual operation

以手动方式通过有关部件来控制水轮机的运行方式。

8.1.3

限负荷运行　limited load operation

水轮机控制系统处于自动运行方式，但机组所带的负荷被开度限制装置限制的运行方式。

8.1.4

孤立运行　isolated operation

电网中只有一台或本台机组容量占当前电网容量比重相当大的运行方式。

8.1.5

并联运行　parallel operation

几台或多台机组同时向电网供电的运行方式。

8.2　运行状态

8.2.1

空载运行　no-load operation; idling operation

机组未并网，以规定转速运行的状态。

8.2.2

带负荷运行　load operation

机组并网并带负荷，以规定转速及规定电压的运行状态。

8.2.3

甩负荷　load rejection

机组突然甩去所带负荷的过渡过程。

8.2.4

稳定状态　steady state

机组在恒定的负荷、给定信号和水头下运行，水轮机调节系统的所有变量都处于平衡的运行状态。

8.2.5

小波动状态　small oscillation condition; small transient condition

水轮机调节系统经受较小的被控参量变化，水轮机控制系统各元件的输出量均未达到极限，且有关参量基本按线性变化的动态过程。

8.2.6

大波动状态　large oscillation condition; large transient condition

水轮机调节系统经受较大的被控参量变化，水轮机控制系统内任一元件的输出量达到饱和状态，且有关参量基本按非线性变化的动态过程。

8.2.7

工况转换　operation condition translation

调速器根据指令对机组运行工况进行转换的控制过程。如：发电→水泵，水泵→发电，发电→调相，调相→发电等。

8.3　检验性试验

8.3.1

型式试验　type test

按规定的试验方法对产品的样品进行试验，以证明样品符合标准或技术规范的全部要求。

8.3.2

出厂试验　workshop test

产品出厂时按照合同规定和有关标准所进行的试验。

8.3.3

验收试验　acceptance test

在用户（或其委托单位）和供货厂家共同参加下为验证产品符合合同及有关标准规定的质量要求和保证事项而进行的试验。

8.3.4

电站试验　field test

对已安装在电站现场的产品按合同规定或有关标准所进行的试验。

8.4　动态试验

8.4.1

空载扰动试验　no-load disturbing test

机组处于空载运行，依次改变各种调节参数，对水轮机控制系统施加频率阶跃扰动，根据水轮机调节系统动态品质选择水轮机控制系统空载运行调节参数的试验。

8.4.2

带负荷试验　load test

检验调节系统在各种负荷下运行及突变负荷时的调节性能，从而选定水轮机控制系统带负荷运行调节参数的试验。

8.4.3

甩负荷试验　load rejection test

机组突然甩去所带负荷，检验调节系统动态品质、水压变化和转速变化的试验。

9　性能与参数

9.1　一般术语

9.1.1

被控参量　controlled variable

$\boldsymbol{X}(\boldsymbol{X}_{n}, \boldsymbol{X}_{y}, \boldsymbol{X}_{PG}, \boldsymbol{X}_{q}, \boldsymbol{X}_{h})$

由水轮机控制系统控制的参量。

被控制参量可为转速 n、接力器行程 Y、发电机输出功率 P_G、水轮机流量 Q、水位 H 等，单位随被控制参量而改变。

相对偏差：$x=\frac{\Delta X}{X_r}$或 $x=\frac{\Delta X}{X_{max}}$（$x_n$，$x_y$，$x_{PG}$，$x_q$，$x_h$）

9.1.2 转速

9.1.2.1

转速　speed

n

机组的旋转速度，单位为转每分(r/min)。

9.1.2.2

频率　frequency

f

每秒钟的周数，单位为赫兹(Hz)。

9.1.2.3

额定转速　rated speed

$\boldsymbol{n_r}$

设计时选定的机组稳态转速，单位为转每分(r/min)。

9.1.2.4

相对转速　relative speed

$\boldsymbol{\frac{n}{n_r}}$

机组转速 n 与额定转速 n_r 之比。

9.1.2.5

转速偏差　speed deviation

$\boldsymbol{\Delta n}$

所取瞬间实际转速 n 与基准转速 n_0 之差，单位为转每分(r/min)。

$\Delta n=n-n_0$

9.1.2.6

转速相对偏差　relative deviation of speed

$\boldsymbol{x_n}$

转速偏差 Δn 与额定转速 n_r 的比值。

$x_n=\frac{\Delta n}{n_r}$

9.1.3 给定信号

9.1.3.1

给定信号［基准信号］　setting signal；setpoint；reference signal

$\boldsymbol{C(C_n,C_y,C_{PG},C_q,C_h)}$

在水轮机控制系统外部输入的基准信号。

给定信号可为转速 n、接力器行程 Y、发电机输出功率 P_G、水轮机流量 Q、水位 H 等。

9.1.3.2

给定信号偏差　setting signal deviation

$\boldsymbol{\Delta C(\Delta C_n,\Delta C_y,\Delta C_{PG},C_q,\Delta C_h)}$

实际给定信号 C 与基准值 C_0 之差。

$\Delta C = C - C_0$

9.1.3.3

给定信号相对偏差　relative deviation of setting signal

$\boldsymbol{c}(\boldsymbol{c}_{\mathrm{n}}, \boldsymbol{c}_{\mathrm{y}}, \boldsymbol{c}_{\mathrm{PG}}, \boldsymbol{c}_{\mathrm{q}}, \boldsymbol{c}_{\mathrm{h}})$

给定信号偏差 ΔC 与基准值 C_0 的比值。

$$c = \frac{\Delta C}{C_0}$$

9.1.4 接力器

9.1.4.1

接力器行程　servomotor stroke

$\boldsymbol{Y}$

接力器自全关位置移动到任意位置的位移，单位为米(m)、度(°)、弧度(rad)。

导叶接力器行程：Y_g

轮叶接力器行程：Y_r

喷针接力器行程：Y_n

折向器行程：Y_d

9.1.4.2

接力器最大行程　maximum servomotor stroke

$\boldsymbol{Y}_{\mathbf{max}}$

主接力器自全关位置到全开位置的行程，单位为米(m)、度(°)、弧度(rad)。

9.1.4.3

接力器相对行程　relative stroke of servomotor

接力器行程 Y 与其最大行程 Y_{max} 之比。

$$\frac{Y}{Y_{max}}$$

9.1.4.4

接力器行程偏差　servomotor stroke deviation

$\boldsymbol{\Delta Y}$

相对于某一选定的基准位置 Y_0 的接力器位移，单位为 米(m)、度(°)、弧度(rad)。

$\Delta Y = Y - Y_0$

9.1.4.5

接力器行程相对偏差　relative deviation of servomotor stroke

$\boldsymbol{y}$

接力器行程偏差 ΔY 与接力器最大行程 Y_{max} 的比值。

$$y = \frac{\Delta Y}{Y_{max}}$$

注 1：工程有时选取 $Y_0 = 0$，这时 $y = Y/Y_{max}$。

注 2：对开度控制，被控参量接力器行程相对偏差量为 x_y。

9.1.4.6

接力器容积　servomotor volume

$\boldsymbol{V}_{\mathbf{s}}$

接力器所能容纳的总的油体积，单位为立方米(m^3)。

导叶接力器容积：V_{sg}
轮叶接力器容积：V_{sr}
喷针接力器容积：V_{sn}
折向器容积：V_{sd}

9.1.5 主配压阀

9.1.5.1

搭叠量 overlap

λ

配压阀中阀盘厚度与控制窗口高度之差的一半(图 1)，即 $\lambda=(a-b)/2$。$\lambda<0$ 称负搭叠量；$\lambda>0$ 称正搭叠量；$\lambda=0$ 称零搭叠量，单位为毫米(mm)。

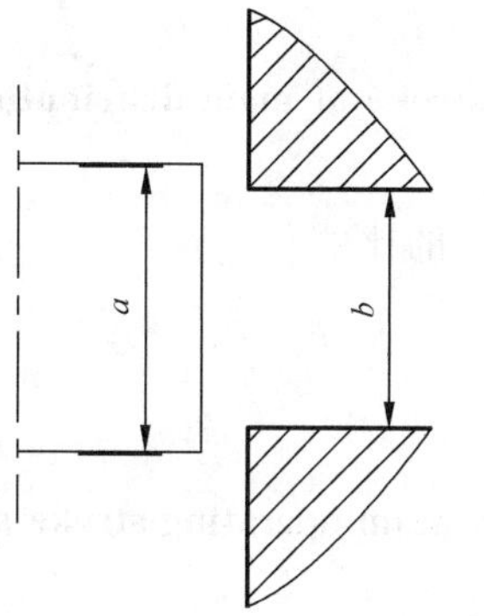

图 1

9.1.5.2

主配压阀活塞中间位置 neutral position of main distributing valve piston

接力器不动时的主配压阀所处的位置。

9.1.5.2.1

主配压阀活塞的几何中间位置 geometrical neutral position of main distributing valve piston

在几何上，所有搭叠量都相等（即 $\lambda_1=\lambda_2=\lambda_3=\lambda_4=\lambda$）时的主配压阀活塞的位置(图 2)。

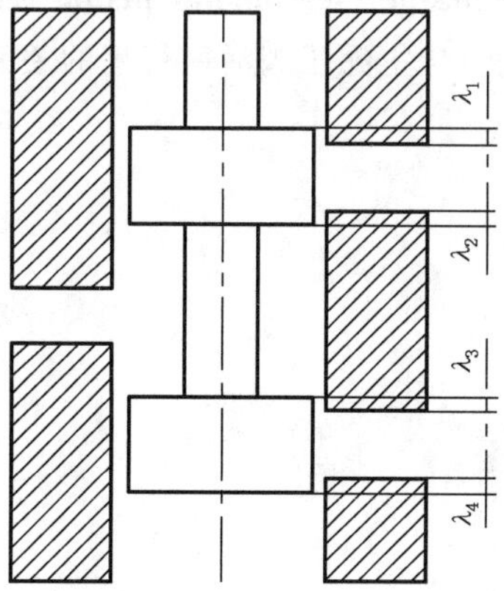

图 2

9.1.5.2.2

主配压阀活塞的实际中间位置 actual neutral position of main distributing valve piston

接力器带负载时的主配压阀活塞中间位置。

9.1.5.3 主配压阀活塞行程

9.1.5.3.1

主配压阀活塞行程 main distributing valve piston stroke

S

主配压阀活塞偏离几何中间位置的位移,单位为毫米(mm)。

9.1.5.3.2

主配压阀活塞最大行程 maximum stroke of main distributing valve piston

S_{max}

在线性条件下,输入信号(转速或中间接力器行程)相对偏差为1时的主配压阀活塞行程,单位为毫米(mm)。

9.1.5.3.3

主配压阀活塞相对行程 relative stroke of main distributing valve piston

s

主配压阀行程 S 与其最大行程 S_{max} 的比值。

$$s=\frac{S}{S_{max}}$$

9.1.5.3.4

主配压阀活塞最大工作行程 maximum operating stroke of main distributing valve piston

S_{max0}

主配压阀按调节保证要求所整定的限制行程,单位为毫米(mm)。

注:对于用节流孔整定接力器关闭时间的调速器,系指主配压阀结构所限定的行程。

9.1.5.4 主配压阀特性

9.1.5.4.1

压力增益曲线 pressure gain curve

在接力器不动情况下,接力器控制油管中所形成的压力与主配压阀活塞行程的关系曲线图3a)。

9.1.5.4.2

流量(接力器活塞速度)曲线 discharge (servomotor piston velocity) curve

配压阀输出流量(接力器活塞速度)与主配压阀活塞行程的关系曲线图3b)。

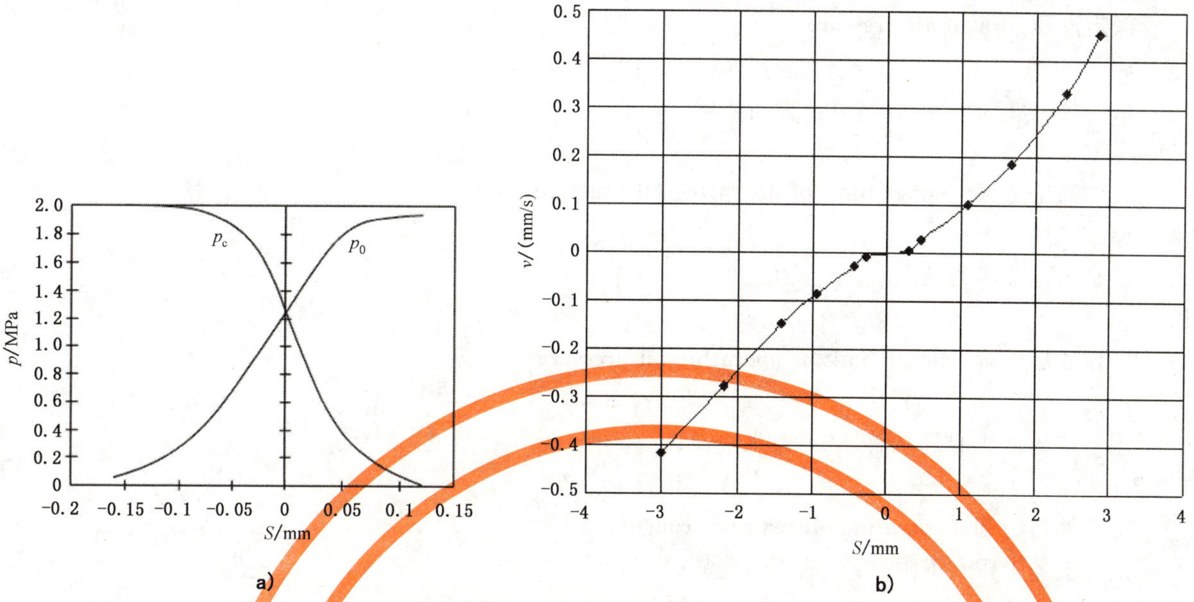

说明：

p_c——配压阀关闭腔中压力；

p_0——配压阀开启腔中压力。

图 3

9.1.5.5

主配压阀最大许用输油量　maximum allowable delivery of main distributing valve

在规定压力损失条件下，通过主配压阀控制接力器的最大输油量，单位为升每秒(L/s)。

9.1.6

调节系统总耗油量　general losing oil of governing system

在调速系统处于自动平衡状态下，系统的耗油总量，单位为升每秒(L/s)。

9.1.7　油压

9.1.7.1

工作油压　operating oil pressure

$\boldsymbol{p}_0$

正常条件下，水轮机控制系统工作的油压，单位为兆帕(MPa)。

9.1.7.2

名义工作油压　nominal operating oil pressure

$\boldsymbol{p}_n$

水轮机控制系统内工作油压上限与下限的平均值，单位为兆帕(MPa)。

9.1.7.3

设计油压　design oil pressure

$\boldsymbol{p}_D$

液压系统[压力容器]设计所取的油压值，单位为兆帕(MPa)。

9.1.7.4

额定油压　rated oil pressure

p_r

系统的工作油压标称值,单位为兆帕(MPa)。

9.1.7.5

工作油压上限　upper limit of operating oil pressure

p_{0max}

正常工作油压的最大值,单位为兆帕(MPa)。

9.1.7.6

工作油压下限　lower limit of operating oil pressure

p_{0min}

正常工作油压的最小值,单位为兆帕(MPa)。

9.1.7.7

工作油压范围　operating oil pressure range

工作油压上限与下限之差,单位为兆帕(MPa)。

9.1.7.8

事故低油压　tripping oil pressure

p_T

必须使机组紧急关闭的压力罐油压值,单位为兆帕(MPa)。

9.1.7.9

最低要求油压　minimum required oil pressure

p_R

机组事故低油压紧急停机后,压力罐中所必须保持的油压,单位为兆帕(MPa)。

9.1.7.10

蓄能器预充压力　precharged pressure of accumulator

p_P

蓄能器充油前,预先在蓄能器中充装气体的压力,单位为兆帕(MPa)。

9.1.8

压力容器容积　pressure vessel volume

V_0

压力容器所能容纳的压力油与压缩气体的体积,单位为立方米(m^3)。

9.1.8.1

可用油体积　usable oil volume

V_u

对应于工作油压下限和最低要求油压的油体积之差,单位为立方米(m^3)。

9.1.8.2

事故油体积　tripping oil volume

V_T

达到事故低油压时压力容器中所存的油体积,单位为立方米(m^3)。

9.1.8.3

剩余(不可用)油体积　residual (non-usable) oil volume

V_{res}

达到事故低油压并完成事故关闭后压力容器内所存的油体积,单位为立方米(m^3)。

9.2 输出功率

9.2.1

发电机输出功率　power output of the generator

$\boldsymbol{P}_{G}$

发电机输出的瞬时电功率，单位为千瓦（kW）。

9.2.2

发电机额定功率　rated power of generator

$\boldsymbol{P}_{Gr}$

在额定转速、额定输出电压、额定输出电流和规定的功率因数下，发电机的输出功率，单位为千瓦（kW）。

9.2.3

水轮机输出功率　power output of the turbine

$\boldsymbol{P}_{t}$

水轮机主轴输出的机械功率，单位为千瓦（kW）。

9.2.4

水轮机额定功率　rated power of the turbine

$\boldsymbol{P}_{tr}$

在额定水头，额定转速下水轮机连续发出的功率，单位为千瓦（kW）。

9.2.5

相对（输出）功率　relative power output

输出功率 P 与额定功率 P_{r} 之比。

$$\frac{P}{P_{r}}$$

9.2.6

输出功率偏差　power output deviation

$\boldsymbol{\Delta P}$

输出功率 P 相对于某一基准输出功率 P_{0} 之差，单位为千瓦（kW）；千伏安（kVA）。

$$\Delta P = P - P_{0}$$

9.2.7

输出功率相对偏差　relative deviation of power output

输出功率偏差 ΔP 与额定功率 P_{r} 之比。

$$\frac{\Delta P}{P_{r}}$$

注：对于功率调节，被控参量输出功率相对偏差量的符号为 x_{P}。

9.3 转矩

9.3.1

转矩偏差　torque deviation

$\boldsymbol{\Delta M}$

输出功率偏差除以瞬时角速度，单位为千瓦（kW）、弧度（rad）、秒（s）。

9.3.2

转矩相对偏差　relative deviation of torque

$\boldsymbol{m}$

转矩偏差 ΔM 与额定转矩 M_{r} 之比。

$m=\frac{\Delta M}{M_r}$

注：工程中有时选取 $P_{G0}=0$，这时 m 为相对转矩。

9.4 流量

9.4.1

流量偏差 discharge deviation

ΔQ

水轮机瞬间流量 Q 与某一基准流量 Q_0 之差，单位为立方米每秒(m^3/s)。

$\Delta Q=Q-Q_0$

9.4.2

流量相对偏差 relative deviation of discharge

q

水轮机流量偏差 ΔQ 与额定流量 Q_r 之比。

$q=\frac{\Delta Q}{Q_r}$

注：工程中有时选取 $Q_0=0$，这时 $q=\frac{Q}{Q_r}$。对于流量调节，被控参量流量相对偏差量的符号为 x_q。

9.5 水头

9.5.1

水头偏差 head deviation

ΔH

瞬间水头 H 与某一基准水头 H_0 之差，单位为米(m)。

$\Delta H=H-H_0$

9.5.2

水头相对偏差 relative deviation of head

h

水头偏差 ΔH 与水轮机额定水头 H_r 之比。

$h=\frac{\Delta H}{H_r}$

注：对水位调节，被控参量水头相对偏差量的符号为 x_h。

10 有关稳定运行的术语

10.1

零行程时的最大转速[相对转速] maximum speed [relative speed] at zero stroke

$n_{0max}\left[\frac{n_{0max}}{n_r}\right]$

接力器行程为零，转速给定信号为最大整定值及永态差值系数为规定值时，使水轮机控制系统处于平衡状态的转速[相对转速]值，单位为转每分(r/min)。

10.2

零行程时的最小转速[相对转速] minimum speed [relative speed] at zero stroke

$n_{0min}\left[\frac{n_{0min}}{n_r}\right]$

接力器行程为零，转速给定信号为最小整定值及永态差值系数为规定值时，使水轮机控制系统处于平衡状态的转速[相对转速]值,单位为转每分(r/min)。

10.3

零行程时的转速[相对转速]调整范围　speed [relative speed] adjusting range at zero stroke

零行程时的最大转速[相对转速]与最小转速[相对转速]之差。

10.4

最大行程时的最大转速[相对转速]　maximum speed [relative speed] at maximum stroke

$n_{ymax}[\frac{n_{ymax}}{n_r}]$

接力器行程为最大,转速给定信号为最大整定值及永态差值系数为规定值时,使水轮机控制系统处于平衡状态的转速[相对转速]值,单位为转每分(r/min)。

10.5

最大行程时的最小转速[相对转速]　minimum speed[relative speed] at maximum stroke

$n_{ymin}[\frac{n_{ymin}}{n_r}]$

接力器行程为最大,转速给定信号为最小整定值及永态差值系数为规定值时,使水轮机控制系统处于平衡状态的转速[相对转速]值,单位为转每分(r/min)。

10.6

水轮机控制系统静态特性　droop graph of turbine control system

当给定信号恒定时,水轮机控制系统处于平衡状态,被控参量相对偏差值与接力器行程相对偏差值的关系曲线图(图4)。

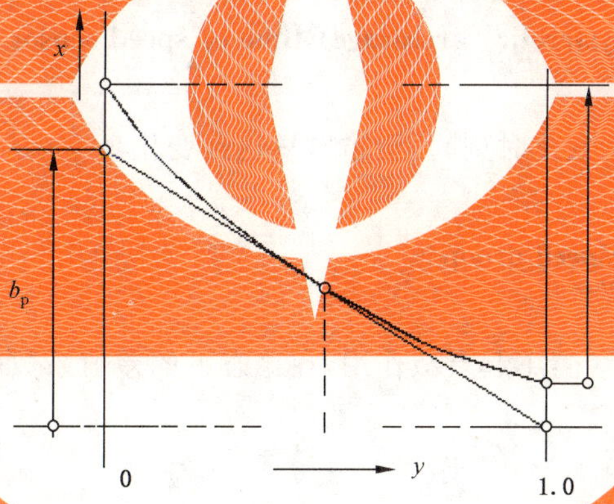

图 4

10.7

永态差值系数　permanent speed droop

$\boldsymbol{b_p}$

在水轮机控制系统静特性曲线图上,某一规定运行点处斜率的负数(图4)。

$$b_p = -\frac{dx}{dy}$$

当曲线图表示当给定信号恒定时,水轮机控制系统处于平衡状态,被控参量相对偏差值与输出功率相对偏差值的关系时,称为调差率[功率差值系数](speed regulation,power droop),量的符号为 e_p。

10.8

最大行程的永态差值系数　maximum stroke permanent speed droop

$\boldsymbol{b_s}$

在规定的给定信号下,从水轮机控制系统静特性曲线图上得出的接力器在全关和全开位置的被控参量相对偏差值之差(图 4)。

11 有关小波动状态的术语

11.1 测频装置

11.1.1

测速装置放大系数 speed sensor amplification

K_{xn}

测速装置输出量与转速相对值的关系曲线在额定转速点的斜率,单位为 mm/%;V/%。

注:工程上常以转速变化 1%时测速装置输出的变化量来表示测速装置放大系数。

11.1.2

频率[转速]测量分辨率 resolution of frequency[speed] measurement

r_{xn}

频率[转速]测量单元所能检测的被测输入信号的最小变化量,单位为赫兹(Hz)。

11.1.3

测频单元响应时间 response time of speed sensor

T_{rxn}

从测频单元输入量发生阶跃变化时刻起,至输出量达到变化量 95%的时间间隔,单位为秒(s)。

11.1.4

测频单元响应延滞时间 hysteretic (arrearage) time of speed sensor

T_{hxn}

从测频单元输入量发生阶跃变化时刻起,至输出量达到变化量 5%的时间间隔,单位为秒(s)。

11.2

暂态差值系数 temporary speed droop

b_t

永态差值系数为零时,缓冲装置不起衰减作用,在稳态下的差值系数(图 5)。

$$b_t=-\frac{dx}{dy}$$

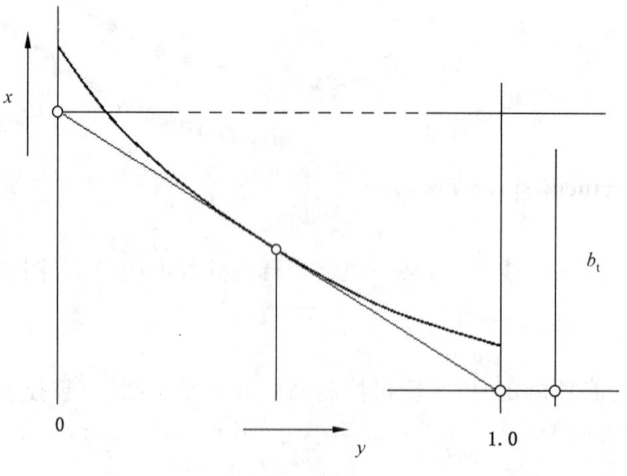

图 5

11.3

缓冲装置时间常数　time constant of damping device

T_d

输入信号停止变化后，缓冲装置输出信号衰减的时间常数(图 6)，单位为秒(s)。

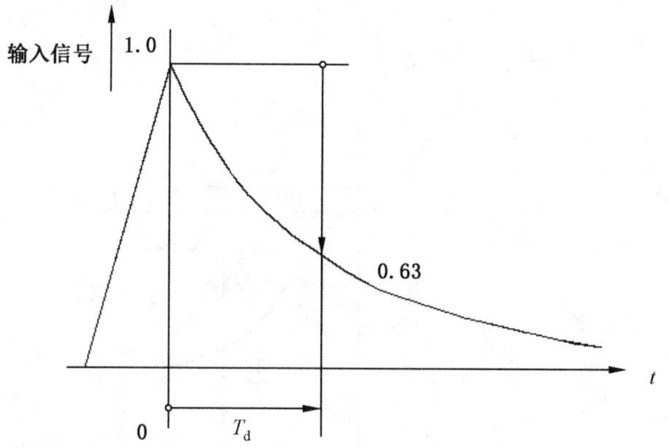

图 6

11.4

接力器响应时间常数　servomotor response time constant

T_y

主接力器带规定负荷，其速度 dy/dt 与主配压阀相对行程 s 关系曲线斜率的倒数(图 7)，单位为秒(s)。

$$T_y = \frac{ds}{d(dy/dt)}$$

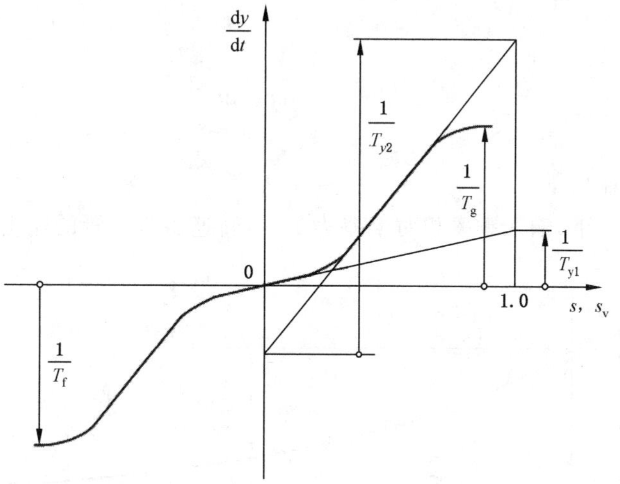

图 7

11.5

速动时间常数　promptitude time constant

T_x

对于一个永态差值系数为零的水轮机控制系统，主接力器速度 dy/dt 与给定的被控参量相对偏差

x 关系曲线斜率的负倒数(图 8),单位为秒(s)。

$$T_x = \frac{dx}{d(dy/dt)}$$

注: 对于缓冲型水轮机控制系统,速动时间常数 T_x 在数值上近似于暂态差值系数 b_t 与缓冲时间常数 T_d 的乘积。

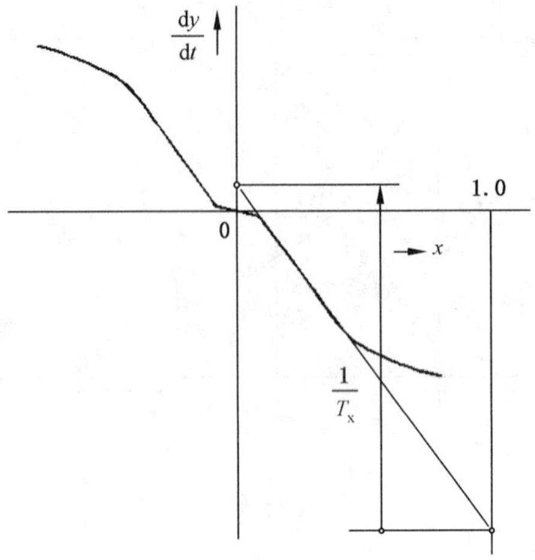

图 8

11.6

加速时间常数 derivative time constant [accelerating time constant]

T_n

在串联 PID 调速器中,转速微分装置输出量相对偏差 $\Delta V/V_{max}$ 与转速相对偏差变化率 dx_n/dt 之比的负数(图 9,输入阶跃转速相对偏差 x 后,测速装置和转速微分装置输出量相对偏差的变化过程曲线),单位为秒(s)。

$$T_n = -\frac{\Delta V/V_{max}}{dx_n/dt}$$

式中:

ΔV ——分装置的输出量;

V_{max} ——在线性条件下,输入频率相对偏差为 1 时,转速微分装置的输出量。

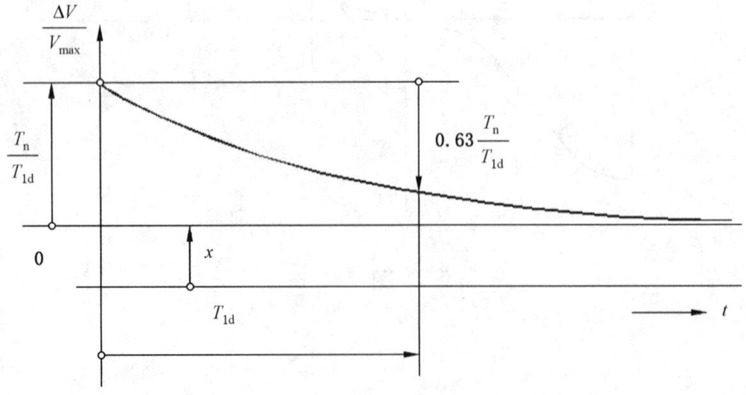

图 9

11.7

微分环节时间常数　time constant of derivative module

T_{1d}

在 PID 调速器中，微分环节的惯性时间常数（图 9），单位为秒（s）。

11.8

比例增益　proportional gain

K_P

对于永态差值系数和微分增益为零的水轮机控制系统，接力器行程相对偏差 y 与阶跃被控参量相对偏差 x 之比的负数（图 10，输入阶跃被控参量相对偏差 x 后，PID 调速器接力器行程相对偏差 y 的变化过程曲线）。

$$K_P = -\frac{y}{x}$$

在数值上，对于串联 PID 调速器 $K_P = \frac{T_n + T_d}{b_t \cdot T_d}$，对于 PI 调速器 $K_P \approx \frac{1}{b_t}$。

图 10

11.9

积分增益　integral gain

K_I

对于永态差值系数为零的水轮机控制系统，接力器速度 dy/dt 与给定的被控参量相对偏差 x 之比的负数（图 10），单位为 1/秒（s^{-1}）。

$$K_I = -\frac{dy/dt}{x}$$

在数值上，对于串联 PID 调速器和 PI 调速器 $K_I \approx \frac{1}{b_t \cdot T_d}$，在数值上近似于速动时间常数 T_x 的倒数。

11.10

微分增益　derivative gain

K_D

对于永态差值系数和比例增益为零的 PID 水轮机控制系统，接力器行程相对偏差 y 与给定的被控参量相对偏差变化率 dx/dt 之比的负数（图 10），单位为秒（s）。

$$K_D = -\frac{y}{dx/dt}$$

在数值上，对于串联 PID 调速器，$K_D \approx \frac{T_n}{b_t}$。

11.11

开环增益　opening loop gain

$\boldsymbol{K_{OP}}$

水轮机控制系统在开环状态下的增益。它在取值上等于各串联环节放大系数之积。

11.12

转速稳定性指数　speed stability index

$\boldsymbol{I_S}$

当机组孤立运行并带稳定负荷时，由水轮机控制系统所产生的水轮机转速持续振荡的峰-谷差值与额定转速之比。

11.13

功率稳定性指数　power stability index

$\boldsymbol{I_P}$

当发电机与其他发电机并联运行并带稳定负荷时，由水轮机控制系统所产生的输出功率持续振荡的峰-谷差值与额定输出功率之比。

12　有关非线性的术语

12.1

死区　dead band

$i_x(i_{xn}, i_{xP}, i_{xh})$

给定信号恒定时，不起调节作用的两个被控参量偏差相对值间的最大区间。

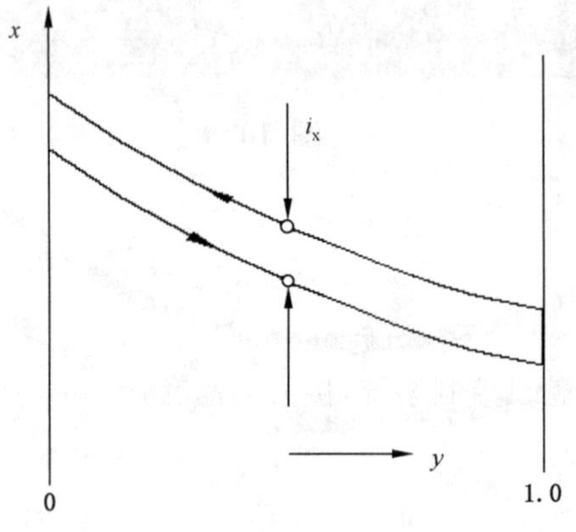

图 11

12.2

不灵敏度　insensitivity

死区的一半。

12.3

给定信号死区　setting signal dead band

$\boldsymbol{i_c}$

被控参量恒定时，不起调节作用的两个给定信号偏差相对值间的最大区间(图 12)。

12.4

给定信号不灵敏度 setting signal insensitivity

给定信号死区的一半。

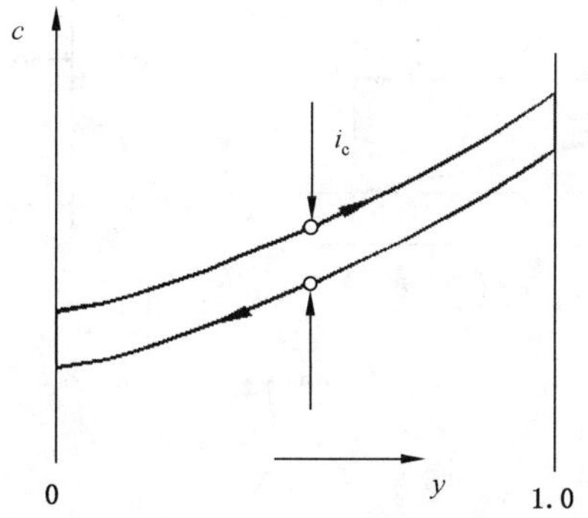

图 12

12.5

随动系统不准确度 servo-system inaccuracy

$\boldsymbol{i}_a$

随动系统中，对于所有不变的输入信号，相应输出信号的最大变化区间的相对值(图 13)。

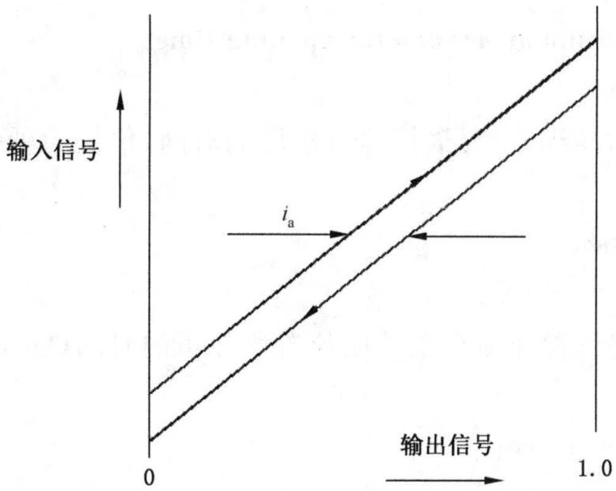

图 13

12.6

接力器不动时间 servomotor dead time

$\boldsymbol{T}_q$

给定信号按规定形式变化起至由此引起主接力器开始移动的时间(图 14)，单位为秒(s)。

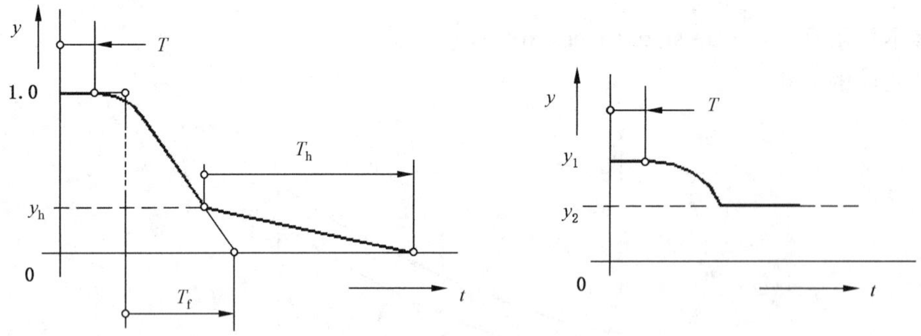

图 14

13 有关大波动状态的术语

13.1

接力器最短关闭时间 minimum servomotor closing time

$\boldsymbol{T}_{\mathrm{f}}$

在最大关闭速度下，主接力器走一次全行程所经历的时间（图 14），单位为秒（s）。

13.2

接力器最短开启时间 minimum servomotor opening time

$\boldsymbol{T}_{\mathrm{g}}$

在最大开启速度下，主接力器走一次全行程所经历的时间，单位为秒（s）。

13.3

延缓时间 cushioning time

$\boldsymbol{T}_{\mathrm{h}}$

接力器以延缓速度由规定位置开始至全关闭位置所经历的时间（图 14），单位为秒（s）。

13.4

接力器作用力 servomotor force

$\boldsymbol{F}$

当油压为最小规定压力时，使主接力器以最短的时间 T_{f} 关闭时的净作用力，单位为牛顿（N）。

注：当用引水管水压来产生关闭作用力时，应说明接力器作用力达到规定值所需的水头；对于用弹簧操作的接力器，它是当弹簧处于最大伸展位置所产生的净作用力。

13.5

接力器容量 servomotor capacity

$\boldsymbol{A}$

接力器作用力与接力器最大行程的乘积，单位为牛顿米（N·m）。

$A=FY_{\max}$

14 有关被控制系统的术语

14.1

水流惯性时间常数 water inertia time constant

$\boldsymbol{T}_{\mathrm{W}}$

在额定工况下，表征过水管道中水流惯性的特征时间，单位为秒（s）。

$$T_W = \frac{Q_r}{gH_r}\sum\frac{L}{S} = \sum\frac{LV}{gH_r}$$

式中：

S ——每段过水管道的截面积，单位为平方米（m^2）；

L ——相应每段过水管道的长度，单位为米（m）；

V ——相应每段过水管道内的流速，单位为米每秒（m/s）；

Q_r ——水轮机额定流量，单位为立方米每秒（m^3/s）；

H_r ——额定水头，单位为米（m）；

g ——重力加速度，单位为米每平方秒（m/s^2）。

14.2

机组惯性时间常数　unit inertia time constant; unit acceleration constant

T_a

机组在额定转速时的动量矩与额定转矩之比，单位为秒（s）。

$$T_a = \frac{J_{\omega r}}{M_r} = \frac{GD^2 n_r^2}{3\ 580 P_r}$$

式中：

$J_{\omega r}$ ——额定转速时机组的动量矩，单位为千克平方米每秒（$kg \cdot m^2/s$）；

M_r ——机组额定转矩，单位为牛顿米（N·m）；

GD^2 ——机组飞轮力矩，单位为千牛平方米（$kN \cdot m^2$）；

n_r ——机组额定转速，单位为转每分（r/min）；

P_r ——机组额定功率，单位为千瓦（kW）。

注：当 GD^2、P_r 和 n_r 分别采用 $t \cdot m^2$、kW 和 r/min 时，

$$T_a = \frac{GD^2 n_r^2}{365 P_r}$$

14.3

负载惯性时间常数　load inertia time constant

T_b

由电网引起的动量矩与额定转矩之比，单位为秒（s）。

14.4

管道反射时间　penstock reflection time

T_r

压力波在引水管内往返一次所经历的时间，单位为秒（s）。

$$T_r = \frac{2\sum L}{\alpha}$$

式中：

α ——压力波在每段引水管中的传播速度，单位为米每秒（m/s）；

L ——相应每段引水管的长度，单位为米（m）。

14.5

管道特性常数　penstock characteristic constant

h_W

水流惯性时间常数 T_W 与管道反射时间 T_r 之比。

$$h_W = \frac{T_W}{T_r}$$

14.6

水轮机转矩对转速的传递系数　transmission coefficient of turbine torque to speed

水轮机自调节系数　turbine self-regulation coefficient

$\boldsymbol{e}_{\mathbf{t}}$

水头和主接力器行程恒定时，水轮机转矩相对偏差值与转速相对偏差值的关系曲线在所取转速点的斜率(图 15)。

$$e_t = \frac{\partial m_t}{\partial x_n}$$

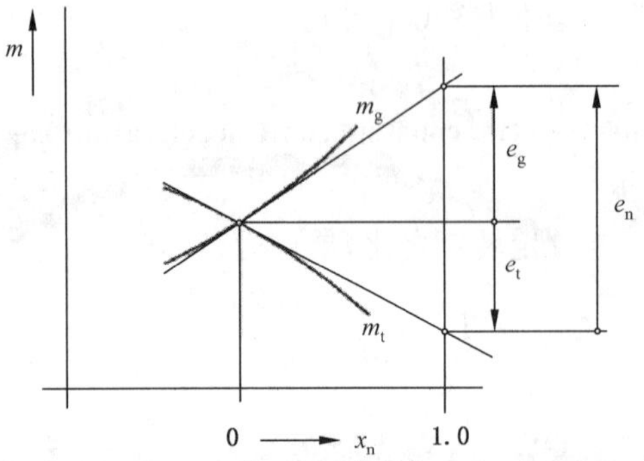

图 15

14.7

发电机负载转矩对转速的传递系数　transmission coefficient of generator load torque to speed

发电机负载自调节系数　generator load self-regulation coefficient

$\boldsymbol{e}_{\mathbf{g}}$

在规定的电网负载情况下，发电机负载转矩相对偏差值与转速相对偏差值的关系曲线在所取转速点的斜率(图 15)。

$$e_g = \frac{\partial m_g}{\partial x_n}$$

14.8

被控制系统自调节系数　controlled system self-regulation coefficient

$\boldsymbol{e}_{\mathbf{n}}$

在所取转速点的发电机转矩对转速的传递系数 e_g 与水轮机转矩对转速的传递系数 e_t 之差(图 15)。

$$e_n = e_g - e_t$$

14.9

电网负载特性系数　network load characteristic coefficient

$\boldsymbol{e}_{\mathbf{b}}$

电网负载的相对转矩变化 ∂m 与相对转速变化 ∂x_n 之比。

$$e_b = \frac{\partial m}{\partial x_n}$$

注：在实践中系数 e_b 用下式表示：

$$e_b = \frac{\Delta P_G / P_{G1}}{x_n} - 1$$

式中：

ΔP_G ——功率变化值；

P_{G1} ——电网所吸收的实际功率；
x_n ——相对转速变化。

14.10

水轮机转矩对水头的传递系数 transmission coefficient of turbine torque to head

***e*h**

转速和接力器行程恒定时，水轮机转矩相对偏差值 m_t 与水头相对偏差值 h 的关系曲线在所取水头点的斜率(图 16)。

$$e_h = \frac{\partial m_t}{\partial h}$$

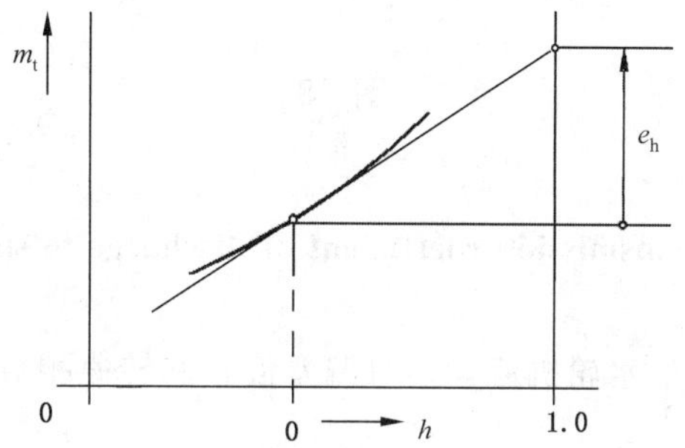

图 16

14.11

水轮机转矩对导叶[喷针]接力器行程的传递系数 transmission coefficient of turbine torque to gate[needle] servomotor stroke;turbine control transmission radio

***e*yg**

水头、转速和转轮接力器行程恒定时，水轮机转矩相对偏差值 m_t 与导叶[喷针]接力器行程相对偏差值 y_g 的关系曲线在所取导叶[喷针]接力器行程点的斜率(图 17)。

$$e_{yg} = \frac{\partial m_t}{\partial y_g}$$

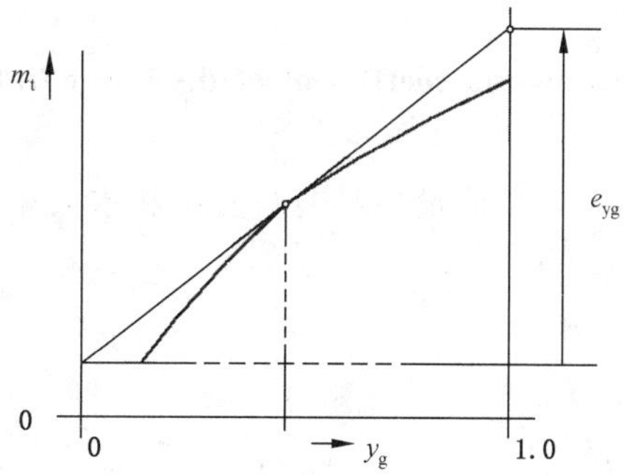

图 17

14.12

水轮机转矩对转轮叶片接力器行程的传递系数 transmission coefficient of turbine torque to blade servomotor stroke

***e*yr**

水头、转速和导叶[喷针]接力器行程恒定时，水轮机转矩相对偏差值 m_t 与转轮接力器行程相对偏差值 y_r 的关系曲线在所取转轮接力器行程点的斜率(图 18)。

$$e_{yr}=\frac{\partial m_t}{\partial y_r}$$

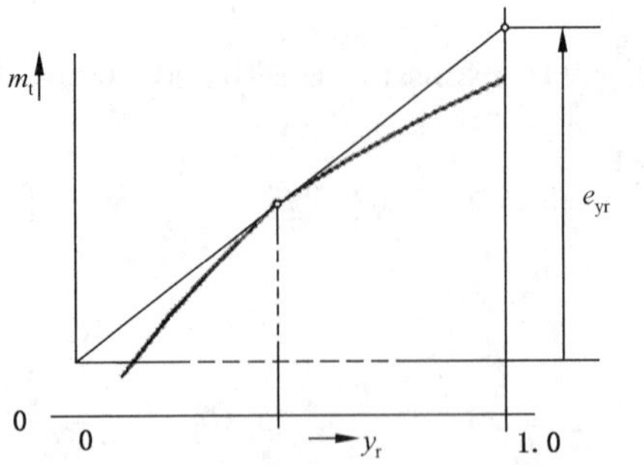

图 18

14.13

流量对转速的传递系数　transmission coefficient of discharge to speed

e_{qx}

水头和主接力器行程恒定时，水轮机流量相对偏差值 q 和转速相对偏差值 x_n 的关系曲线在所取转速点的斜率（图 19）。

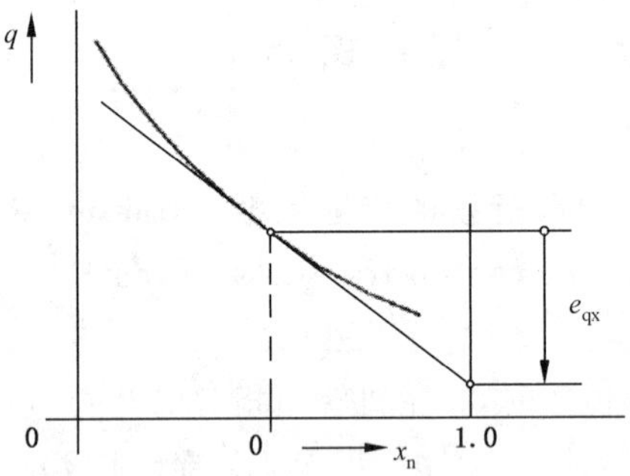

图 19

14.14

流量对水头的传递系数　transmission coefficient of discharge to head

e_{qh}

转速和主接力器行程恒定时，水轮机流量相对偏差值 q 和水头相对偏差值 h 的关系曲线在所取水头点的斜率（图 20）。

$$e_{qh}=\frac{\partial q}{\partial h}$$

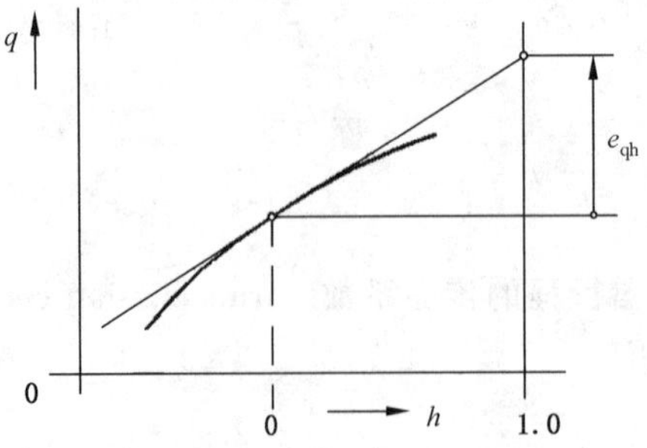

图 20

14.15

流量对导叶[喷针]接力器行程的传递系数　transmission coefficient of discharge to gate [needle] servomotor stroke

e_{qy}

水头、转速和转轮接力器行程恒定时，水轮机流量相对偏差值 q 与导叶[喷针]接力器行程相对偏差值 y_g 的关系曲线在所取导叶[喷针]接力器行程点的斜率(图 21)。

$$e_{qy}=\frac{\partial q}{\partial y_g}$$

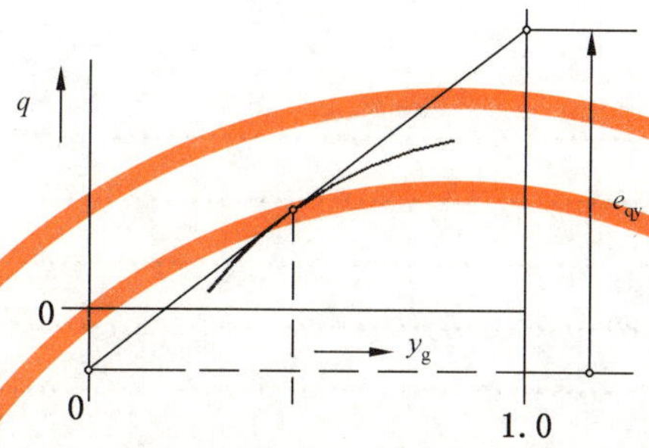

图 21

14.16

流量对转轮叶片接力器行程的传递系数　transmission coefficient of discharge to blade servomotor stroke

e_{qr}

水头、转速和导叶接力器行程恒定时，水轮机流量相对偏差值 q 与转轮接力器行程相对偏差值 y_r 的关系曲线在所取转轮接力器行程点的斜率(图 22)。

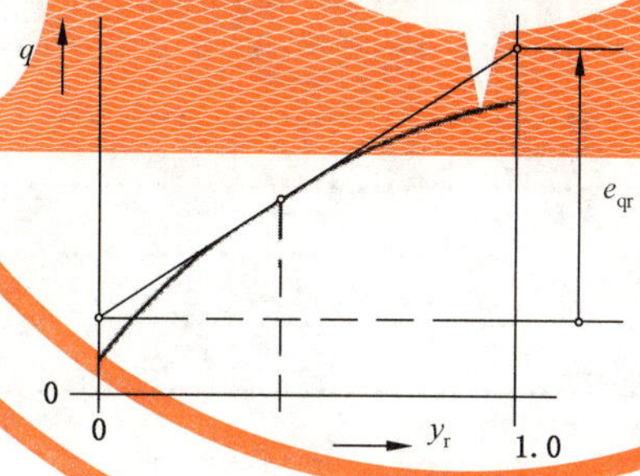

图 22

索　引

汉语拼音索引

A

B

C

D

E

F

G

H

J

K

L

M

W

X

Y

Z

英文对应词索引

A

C

N

O

P

R

S

T

U

W

ICS 93.040
P 28

中华人民共和国国家标准

GB/T 31067—2014

桥梁防雷技术规范

Technical code for protection of bridge against lightning

2014-12-22 发布　　　　2015-06-01 实施

中华人民共和国国家质量监督检验检疫总局
中国国家标准化管理委员会　发布

前　言

本标准按照 GB/T 1.1—2009 给出的规则起草。

本标准由全国雷电防护标准化技术委员会(SAC/TC 258)归口。

本标准主要起草单位:重庆市防雷中心。

本标准主要起草人:李良福、覃彬全、李家启、陈宏、曾理、任艳、糜翔、骆方、李黎、刘青松、余蜀豫、何静、杨磊、刘俊、林涛。

桥梁防雷技术规范

1 范围

本标准规定了桥梁防雷设计、施工、防雷工程质量检测与验收和维护与管理等内容。

本标准适用于新建、改建、扩建梁式桥、拱式桥、刚构桥、斜拉桥、悬索桥等钢结构或钢筋混凝土结构桥梁的防雷设计、施工、验收及防雷装置的维护与管理。

本标准不适用于木桥、圬工桥、立交桥、人行天桥、高架桥以及高速铁路桥防雷。

其他经评估存在雷电灾害风险的已建桥梁可参照本标准执行。

2 规范性引用文件

下列文件对于本文件的应用是必不可少的。凡是注日期的引用文件，仅注日期的版本适用于本文件。凡是不注日期的引用文件，其最新版本(包括所有的修改单)适用于本文件。

GB/T 18365 斜拉桥热挤聚乙烯高强钢丝拉索技术条件

GB 18802.1 低压电涌保护器(SPD) 第1部分：低压配电系统的电涌保护器 性能要求和试验方法

GB/T 18802.12 低压配电系统的电涌保护器(SPD) 第12部分：选择和使用导则

GB/T 18802.21 低压电涌保护器 第21部分：电信和信号网络的电涌保护器(SPD)——性能要求和试验方法

GB/T 18802.22 低压电涌保护器 第22部分：电信和信号网络的电涌保护器(SPD) 选择和使用导则

GB/T 21431 建筑物防雷装置检测技术规范

GB/T 21714.3 雷电防护 第3部分：建筑物的物理损坏和生命危险

GB/T 21714.4 雷电防护 第4部分：建筑物内电气和电子系统

GB 50057 建筑物防雷设计规范

GB 50300 建筑工程施工质量验收统一标准

GB 50303 建筑电气工程施工质量验收规范

GB 50343 建筑物电子信息系统防雷技术规范

GB 50601 建筑物防雷工程施工与质量验收规范

CJJ 2 城市桥梁工程施工与质量验收规范

CJJ 99 城市桥梁养护技术规范

GBJ 124 道路工程术语标准

JGJ 46 施工现场临时用电安全技术规范

3 术语和定义

GBJ 124、GB 50057、GB/T 21714.3 界定的以及下列术语和定义适用于本文件。

3.1

梁式桥 beam bridge

以梁或桁架梁作为上部结构主要承重构件的桥梁。

3.2

上承式拱桥 deck arch bridge

桥面系位于拱桥上部结构拱肋上部的桥梁。

3.3

中承式拱桥 half-through arch bridge

桥面系位于拱桥上部结构拱肋中部的桥梁。

3.4

下承式拱桥 through arch bridge

桥面系位于拱桥上部结构拱肋下部的桥梁。

3.5

斜拉索 stay cable

斜拉桥中连接索塔与桥面系的拉索。

3.6

主缆 main cable

悬索桥中通过索塔悬挂并锚固于两岸(或桥两端)的缆索(或链索)。

3.7

吊杆 suspender

悬索桥中连接主缆与桥面系的受拉构件或中、下承式拱桥中连接拱肋和桥面系的受拉构件,也称吊索。

3.8

低水位 low water level

桥梁下部水体在枯水季节的最低水位。

4 防雷设计

4.1 一般规定

4.1.1 桥梁防雷设计,应在认真调查桥梁所在地的地理、地质、土壤、气象、环境等条件和雷电活动规律的基础上,依据桥梁雷电灾害风险评估报告,按本标准和规范性引用文件的规定进行防雷设计,做到安全可靠、技术先进、经济合理。

4.1.2 桥梁防雷设计,应优先利用其自然构件(例如,互联钢筋、金属钢架、金属体等)作外部防雷装置(LPS),当无法利用其自然构件的,应专门设置LPS进行防雷保护。

4.1.3 桥梁防雷设计,除应符合本标准外,尚应符合国家现行有关标准的规定。

4.2 接闪器

4.2.1 桥梁易受直接雷击部位应设置接闪器。桥梁接闪器的材料、结构与最小截面见附录A。

4.2.2 悬索桥、斜拉桥索塔顶部应设置接闪器。接闪带应沿索塔顶部外沿明敷,接闪杆应有效保护索塔顶部航空障碍灯等相关附属设施,其高度应根据滚球法(滚球半径45 m)计算确定。

4.2.3 当索塔形式为H形、门形、菱形时,应在上横梁或顶横梁上部外沿处设置明敷接闪带。索塔接闪装置设置方法参见附录B。

4.2.4 悬索桥主缆和斜拉桥外缘斜拉索应明敷接闪带,抱箍式固定架间距不宜大于2 m,接闪带两端应分别与索塔和桥面防雷装置相连,并应考虑接闪带与主缆、斜拉索之间膨胀系数差异的影响。悬索桥可利用通过螺栓或焊接连接形成电气连通的主缆检修通道两侧金属护栏作为接闪带。

4.2.5 中、下承式拱桥应在拱肋顶部设置接闪杆,接闪杆高度不宜小于3 m,并沿拱肋外沿设置接闪带,当拱肋为钢结构时,可利用其钢架作为接闪带。

4.2.6 高出桥面的照明灯杆、栏杆等金属设施可利用其作为接闪装置,并应连接到桥梁主体接地装置上。

4.2.7 当斜拉桥和悬索桥的索塔高度超过桥梁闪电侧击高度时,应自该高度起每隔 10 m 沿索塔四周设置水平接闪带。桥梁闪电侧击高度计算方法见附录 C。

4.2.8 斜拉索、吊杆的高强度钢丝应设置高密度聚乙烯护套保护,其厚度应符合 GB/T 18365 的要求。

4.2.9 经雷电灾害风险评估认定,桥梁缆索护套、斜拉索和吊杆上的灯饰等附属设施存在较大风险时,宜在桥面横向外侧面设置防侧击雷的接闪带,可沿斜拉索、吊杆平行或垂直方向设置接闪带,其间距不应大于 10 m,并应考虑接闪带与主缆、斜拉索之间膨胀系数差异的影响。

4.2.10 当桥墩高度超过低水位 45 m 时,应自低水位 45 m 起每隔 12 m 沿桥墩四周设置水平接闪带,并应与桥墩引下线连接。

4.3 引下线

4.3.1 宜利用桥梁结构钢筋或钢结构作引下线,引下线上端应与接闪器等电位连接,中部与桥面等电位连接带连接,下端与承台下层钢筋、桩基内主筋连接,并在适当部位预留作为等电位连接和测试点的端子。桥梁引下线的材料、结构与最小截面见附录 A。桥梁整体防雷装置安装图参见附录 D。

4.3.2 利用桥墩钢结构或桥墩钢筋混凝土内钢筋作为引下线的,单个墩柱内引下线不应少于 2 根,并应沿墩柱四周均匀对称布置,其间距沿周长计算不应大于 18 m。当桥墩间距沿桥梁纵向大于 18 m 时,应在间距大于 18 m 的两端桥墩处增设 2 根引下线。

4.3.3 悬索桥、斜拉桥索塔应利用钢结构或钢筋混凝土内竖向钢筋作引下线,单个塔柱内引下线不应少于 4 根,并应沿塔身四周均匀对称布置。

4.3.4 当桥面主梁采用箱梁时,应利用钢筋混凝土箱梁内竖向钢筋作箱梁引下线,并与桥墩引下线连接。

4.3.5 当无法利用索塔或桥墩结构内钢筋作引下线时,应在塔身或墩身外侧专设引下线,并与桥梁接闪器、桥面等电位连接带和基础接地装置连接,引下线防接触电压和跨步电压措施应符合 GB 50057 的规定。

4.4 接地

4.4.1 应利用桥墩基础、桥台基础内的钢构体或钢筋混凝土内钢筋作为防雷接地装置,主桥各桥墩接地电阻不宜大于 10 Ω。当接地电阻大于 10 Ω 时,高土壤电阻率地区可参照 GB 50057,通过扩大接地装置所包围面积的方法,使防雷接地电阻达到要求。

设计时应首先计算利用桥墩基础作自然接地装置时的接地电阻,当接地电阻值不能满足设计要求时应增设人工接地体。桥梁接地电阻测试与计算方法参见附录 E。

4.4.2 利用桥梁基础内钢筋作接地装置的,应符合下列规定:

a) 利用敷设在基础混凝土中作为接地装置的普通钢筋单桩不得少于 2 根;

b) 利用基础混凝土中作为接地装置的竖向钢筋应每隔不大于 6 m 用箍筋焊接一次;

c) 当采用桩基础时,应利用钻孔桩、挖孔桩或管桩内 2 根直径不小于 16 mm 的主筋与桩基承台底部钢筋网连接。如采用钢桩,应将每根钢桩端部与桩基承台连接,其装设方法参见 F.1;

d) 当采用沉井或沉箱基础时,宜利用钢筋混凝土井壁四周竖向主钢筋与顶盖承台钢筋网连接。当井壁无钢筋或无法利用其钢筋时,应沿每个井孔井壁内侧敷设直径不小于 16 mm 的圆钢(或同等截面积可用作接地体的其他金属材料),并在每个井孔底部敷设基底水平接地板,该基底水平接地板与井壁内侧敷设的圆钢(或同等截面积可用作接地体的其他金属材料)连接,用作人工辅助接地体。当采用钢沉井时,应将钢沉井壁整体与顶盖承台连接,且连接点不得少于

2处，其装设方法参见F.2；

e) 当采用地下连续墙基础时，应利用墙体单元槽段内钢筋笼2根直径不小于16 mm的竖向主筋与顶板或帽梁钢筋连接，并与桥面主梁防雷装置连接，其装设方法参见F.3；

f) 承台顶部和底部钢筋网、顶板或帽梁上下层钢筋应相互电气连通，并与桥面主梁防雷装置连接。

4.4.3 采用桩基础时，宜在其底部设置基底水平接地板，其材质可采用镀锌钢板或铜板，并采取外表面涂防腐层等防腐措施。

4.4.4 当桥墩基础内钢筋经过环氧树脂防护，且混凝土包覆在绝缘的防水层内时，应沿墩身周围增设厚度不小于5 mm的人工接地铜板，其面积和数量应根据设计接地电阻值确定，铜板与基础接地引下线之间用截面积不小于100 mm^2 铜质连接带连接，连接点不宜小于4处。

4.4.5 当无法利用桥梁基础作接地装置或利用桥梁基础接地装置的工频接地电阻达不到要求时，水体中的桥墩可按照4.4.4规定敷设人工接地体，陆地的桥墩应按照GB 50057中接地装置的要求敷设人工接地体，人工接地体应与桥墩引下线连接。

4.5 防雷等电位连接

4.5.1 桥梁的金属构件之间应进行等电位连接，并应符合GB 50057中等电位连接和本标准的规定。

4.5.2 桥面布置与构造的等电位连接应符合下列规定：

a) 桥面纵向两侧应设置截面积不小于100 mm^2，厚度不小于4 mm的热镀锌扁钢，作为桥面等电位连接带，并与桥墩引下线连接。两侧的等电位连接带之间应每隔25 m采用截面积不小于100 mm^2，厚度不小于4 mm的热镀锌扁钢作等电位连接，桥面伸缩缝两侧的等电位连接带应作U形自由变形处理；

b) 桥面上的灯杆、广告牌、爬梯、电梯架、交通指示牌等附属金属设施应与桥面等电位连接带连接；

c) 防撞护栏、桁架、金属栏杆、金属隔离带、行车架等纵向通长金属物应沿桥面纵向每隔25 m与等电位连接带连接，并应在首末端作接地处理；

d) 桥面通长布设的各类电力、通信、信号等金属线缆或金属管道应与等电位连接带连接。

4.5.3 桥面等电位连接带应在桥墩位置相应处和桥梁纵向每隔不大于30 m与主梁、钢筋混凝土箱梁、钢箱梁、钢桁梁作连接。

4.5.4 主缆、斜拉索、吊杆与索塔或主梁锚固处的金属锚具应就近与已接地的桥梁金属体作连接。

4.5.5 加劲钢箱梁的接头处应采取等电位连接措施，地锚式悬索桥主钢缆和钢箱梁与大地相连的锚锭应与接地装置连接。

4.6 电气和电子系统

4.6.1 桥梁及其附属工程供电变压器高、低压端应分别安装适配的避雷器和电涌保护器(SPD)，并做好接地。低压配电系统的电涌保护器(SPD)应符合GB 18802.1的要求，选择和使用应符合GB/T 18802.12的规定。

4.6.2 引入桥梁的低压配电线路宜全线采用电缆直接埋地敷设。如条件限制，可采用架空线，并应使用一段金属铠装电缆或护套电缆穿钢管直接埋地引入，其埋设长度不应小于$2\sqrt{\rho}$，且在架空线与电缆转接处应装设电涌保护器(SPD)。

注：ρ 为埋电缆处的土壤电阻率(单位为 Ωm)。

4.6.3 桥梁收费系统、安防系统等电子系统的防雷设计应符合GB 50343、GB/T 21714.4的规定。

5 防雷施工

5.1 一般规定

5.1.1 桥梁的防雷施工，应根据经设计审核合格后的施工文件进行施工。

5.1.2 桥梁工程防雷中使用的防雷产品应符合 GB 50601 的规定，并应通过相关法定机构检验和备案。

5.1.3 从事桥梁防雷工程的施工单位应取得相应的施工资质，并在资质等级许可的范围内从事防雷工程的施工。施工人员、资质和计量器具应符合 GB 50601 的规定。

5.1.4 桥梁防雷施工，除应符合本标准外，尚应符合国家现行有关标准的规定。

5.2 接闪器

5.2.1 敷设在索塔上的明敷接闪带宜采用与索塔顶部同材质的金属材料，其材料、规格和最小截面应符合附录 A 的要求。明敷接闪带应沿索塔外缘敷设，在转角处应随形弯曲，弯曲角度不应小于 120°，安装应平正顺直，固定点支持件间距均匀、固定可靠，每个支持件应能承受大于 49 N(5 kg)的垂直拉力。固定支架高度不宜小于 150 mm，固定支架的间距不应大于 2 m，固定支架应均匀，支架离外沿距离宜不大于 10 mm。

5.2.2 设置在斜拉桥最外缘斜拉索上的接闪带材料、规格和最小截面应符合附录 A 的要求，接闪带固定支架可设置为抱箍形式，利用支持架将整段接闪带可靠固定在拉索的上方，并每隔 6 m 在接闪带上设置一个弯头，以弥补二者伸缩长度的差异。在斜拉索上设置接闪带时，宜采用不锈钢抱箍片夹在斜拉索两侧，抱箍片均呈半圆环状，半圆环两端向外弯折，各形成一个安装耳，安装耳用螺栓进行固定，并在预留较长的安装耳一端处采用固定焊接或活动抱箍方式装设接闪带，抱箍片与拉索之间可安装橡胶垫层。斜拉索或主缆上接闪带安装方法参见附录 G 中 G.1～G.3。

5.2.3 设置在斜拉索、吊杆横桥向外侧表面的防侧击雷装置应装设在高密度聚乙烯护套外，安装示意图参见图 G.4。

5.2.4 斜拉桥内侧拉索防侧击雷接闪带宜采用抱箍方式设置在高密度聚乙烯护套外侧，接闪带上端应与索塔水平接闪带或引下线连接，下端应与桥面等电位连接带连接。接闪带抱箍设置方法可参见 5.2.2。

5.2.5 悬索桥吊杆防侧击雷接闪带宜采用抱箍方式设置在高密度聚乙烯护套外侧，接闪带上端应与主缆顶部接闪带连接，下端应与加劲梁钢桁架连接。接闪带抱箍设置方法可参见 5.2.2。

5.2.6 中、下承式拱桥吊杆防侧击雷接闪带宜采用抱箍方式设置在高密度聚乙烯护套外侧，接闪带上端应与钢筋混凝土拱肋的主钢筋或钢架拱肋连接，下端应与桥面等电位连接带连接。接闪带抱箍设置方法可参见 5.2.2。

5.3 引下线

5.3.1 引下线之间的连接，以及引下线与接闪器、均压环、等电位连接带、接地装置之间的连接应采用焊接或卡接方式，连接方法应符合 GB 50601 的规定。

5.3.2 当利用桥梁混凝土内钢筋作为自然引下线时，应配合土建施工按设计要求找出钢筋位置，在隐蔽记录中作出图示记录，并在钢筋上作好标示，随着钢筋连接至顶部，并应符合 GB 50601 中引下线安装的规定。

5.3.3 在桥梁墩柱外侧增设专设引下线时，宜采用 2 根直径不小于 16 mm 的镀锌圆钢或 50×4 mm 镀锌扁钢敷设，并与墩内基础引下线连接。明敷引下线应调直后方可进行安装，并应符合 GB 50601 中引下线安装的规定。

5.3.4 当桥面主梁或钢筋混凝土箱梁与桥墩之间采用支座连接时，应在桥面主梁或箱梁底部和桥墩顶部分别设置引下线预留接地端子，并将预留接地端子通过截面积不小于 50 mm^2 的铜质连接带连接，该连接处应留有一定冗余。

5.3.5 设置在地面上的桥墩应设置引下线接地测试点，测试点材料应采取防腐措施。

5.4 接地装置

5.4.1 设置在桥梁基础土壤中的人工辅助接地体埋设深度不应小于 0.5 m。

5.4.2 桥墩桩基础底部的水平接地板宜采用 500 mm×500 mm×5 mm 的镀锌钢板敷设，并与挖孔桩、钻孔桩钢筋笼或钢桩底部焊接连通，与桩基础结合组成接地体。

5.4.3 当桥墩设置在水中时，应在基础承台施工完毕并开始修筑墩身时，按照 GB/T 21431 的规定采用三极法测试桥墩接地电阻，并通过计算确定桥梁整体接地电阻。当接地电阻不能满足要求时，应在墩身低水位线下 0.5 m 处增设人工辅助接地板，并与桥墩预留接地端子连接，桥墩辅助人工接地板设置方法参见附录 H。

5.4.4 桥梁用作接地的钢筋应采用搭接焊或机械连接，钢筋垂直相交处应加 L 型过渡钢筋跨接，连接方法应符合 GB 50601 的规定。

5.5 防雷等电位连接

5.5.1 桥梁用作防雷装置的钢筋混凝土主梁、箱梁内纵向钢筋应保证电气贯通，遇非金属伸缩缝处应采用铜编织带等软连接方式。

5.5.2 桥面等电位连接带在伸缩装置处应做好电气连接。当伸缩装置采用 U 形镀锌铁皮型、钢梳齿板型、钢板叠合型等金属装置时，应将等电位连接带与伸缩装置两端连接。当采用橡胶式、模数式等含有橡胶材料的伸缩装置时，应将伸缩缝两端的等电位连接带用截面积不小于 50 mm^2 铜质连接带进行 U 形等电位跨接。桥梁伸缩装置等电位连接方法参见附录 I。

5.5.3 桥面铺装层钢筋网应与钢筋混凝土桥面板钢筋或钢桥面板在桥面纵向每隔 30 m 作等电位连接。

5.5.4 钢筋混凝土箱梁的顶板上下层钢筋、底板下层钢筋应与腹板内外侧钢筋闭合焊接。钢筋混凝土箱梁防雷装置等电位连接图参见附录 J。

5.5.5 桥梁纵向每隔不大于 30 m，箱梁横向两侧顶板上层钢筋应各引出 1 根长度不小于 100 mm、截面积不小于 100 mm^2 的热镀锌扁钢或圆钢作预留件，该预留件应与桥面等电位连接带连接。

5.5.6 桥梁电力和信号线缆、电缆桥架、金属屏蔽管等管线设置在桥面中分带、主梁下侧等位置时，应每隔 30 m 从桥面等电位连接带外引一根截面积不小于 100 mm^2 的热镀锌扁钢或圆钢到管线处，作为金属线缆和管线的接地预留端子。当金属线缆和管线设置在箱梁内时，可从已与防雷装置连接的每一跨箱梁两端腹板内侧钢筋外引接地预留端子。

5.5.7 桥梁灯饰等附属设施的金属导线宜全线采用屏蔽层的电缆敷设，屏蔽层应选用铁磁材料，其两端应就近与桥梁防雷装置连接。

5.5.8 悬索桥吊杆处的金属套管上下端应分别与拱肋和桥面的防雷装置连接。中、下承式拱桥的钢结构拱脚应通过引下线与接地装置连接。

5.6 电气和电子系统

5.6.1 桥梁收费系统、安防系统等电子系统的防雷工程施工应符合 GB 50343 及 GB 50601 中电涌保护器安装的规定。

5.6.2 安装的电涌保护器(SPD)应符合 GB/T 18802.21 的要求，选择和使用应符合 GB/T 18802.22 的规定。

5.7 桥梁施工现场防雷安全技术规定

5.7.1 桥梁施工现场内的起重机、井字架、龙门架、吊机、打桩机等机械设备，以及金属脚手架和正在施工的金属结构在相邻接闪器的保护范围以外且机械设备高度大于或等于 JGJ 46 中规定的需安装防雷装置的高度时，应安装外部防雷装置。当最高机械设备上接闪器的保护范围能覆盖其他设备且最后退出现场时，则其他设备可不设防直击雷装置，但应做接地处理。

5.7.2 桥梁施工现场内机械设备或设施的防雷引下线可利用该设备或设施的金属结构体，但应保证电气连通。

5.7.3 桥梁施工现场内机械设备上的接闪杆长度宜为 1 m～2 m。

5.7.4 安装接闪杆的机械设备，所有固定的动力、控制、照明、信号及通信线路，宜采用金属铠装电缆敷设。钢管与该机械设备的金属结构体应做电气连接。

5.7.5 桥梁施工现场的电气设备宜做重复接地保护，其接地电阻值应符合 JGJ 46 的要求。

5.7.6 桥梁施工现场高度超过 20 m 的钢模板，长度超过 20 m 钢箱梁、钢桁架等大型金属设施，就位后应采取防雷接地措施。

5.7.7 桥梁施工现场内所有防雷装置的接地电阻值不得大于 30 Ω。

5.7.8 桥梁施工单位宜与当地气象部门建立雷电天气预警预报信息接收的工作机制，当雷电天气来临时，桥梁施工现场内应停止露天作业。

6 防雷工程质量检测与验收

6.1 一般规定

从事桥梁防雷装置质量验收检测单位必须具备相应的法定防雷装置检测资质，并审查桥梁的雷电灾害风险评估报告、防雷设计和施工隐蔽资料，根据防雷装置布局、材料、构造、系统布线、安装工艺等情况，结合当地气象卫星云图、雷达回波、闪电监测等资料，制定相应的防雷检测方案。桥梁防雷装置施工检查记录表参见附录 K。

6.2 质量检测项目

6.2.1 接地装置验收项目应包含：

a) 接地装置的结构和安装位置；

b) 接地体的埋设间距、深度、安装方法；

c) 接地装置的接地电阻；

d) 接地装置的材质、连接方法、防腐处理；

e) 施工检测及隐蔽工程记录。

6.2.2 等电位接地端子板(等电位连接带)验收项目应包含：

a) 等电位连接带的安装位置、材料规格和连接方法；

b) 等电位连接网络的安装位置、材料规格和连接方法；

c) 电子系统的导电物体、各种线路、金属管道以及信息设备的等电位连接；

d) 绝缘导线和绝缘层。

6.2.3 电涌保护器(SPD)验收项目应包含：

a) 电涌保护器(SPD)的安装位置、连接方法和连接导线规格；

b) 电涌保护器(SPD)接地线的导线长度、截面；

c) 各级电涌保护器(SPD)的参数选择及能量配合。

6.2.4 引下线验收项目应包含：

a） 引下线的安装位置、材料规格和连接方法；

b） 引下线的数量、间距。

6.2.5 接闪器验收项目应包含：

a） 接闪带与引下线钢筋的连接；

b） 接闪带的材料规格及敷设方式；

c） 明敷接闪带的固定支架间距、高度；

d） 闭合环路情况；

e） 接闪杆的安装位置、高度、材料规格；

f） 接闪杆针的保护范围。

6.2.6 屏蔽验收项目应包含：

a） 桥梁电子系统机房和设备屏蔽设施的安装；

b） 进出桥梁的电源、信号线缆屏蔽设施安装情况。

6.3 工程验收程序

6.3.1 工程完工后，建设单位应向防雷行政主管部门提出防雷工程验收申请，并提供以下材料：

a） 防雷装置设计技术评价意见书；

b） 防雷装置全套竣工图纸；

c） 防雷产品出厂合格证、安装记录和国家认可防雷产品测试机构出具的测试报告；

d） 防雷装置安全检测报告；

e） 防雷装置隐蔽工程施工及测试记录；

f） 雷电灾害风险评估报告；

g） 其他资料。

6.3.2 建设单位在防雷工程验收后，应将如下资料移交档案管理部门归档：

a） 防雷装置设计技术评价意见书；

b） 防雷装置全套竣工图纸；

c） 防雷装置隐蔽工程施工及测试记录；

d） 防雷装置安全检测报告；

e） 防雷装置竣工验收合格证；

f） 雷电灾害风险评估报告；

g） 其他资料。

6.4 质量检测及验收标准

6.4.1 桥梁防雷装置施工应经过监理与法定防雷技术服务单位的隐蔽检查、验收后方可进行下一步工序。

6.4.2 桥梁防雷装置验收应参照 GB 50601、GB/T 21431 的标准执行。当采取分项验收时，检验批的划分应符合 GB 50303 的规定。

6.4.3 桥梁防雷工程质量检验应符合 CJJ 2 的要求。

6.4.4 桥梁防雷工程验收不合格时，应按 GB 50300 的规定进行处理。

7 维护与管理

7.1 维护

7.1.1 桥梁防雷装置的维护分为周期性维护和日常性维护两类，应符合 CJJ 99 中防雷装置维护的规定。

7.1.2 每年在雷雨季节到来之前,应对桥梁进行一次全面防雷检测,包括接闪器、引下线、接地装置、等电位连接、电涌保护器(SPD)等检测项目。对重要桥梁,还应由管养单位每月进行一次防雷安全检查。

7.1.3 日常性维护,应在每次雷击之后进行。在雷电活动强烈的地区,对防雷装置应随时进行检查,包含:

a) 检测桥梁外部防雷装置的电气连续性,若发现有脱焊、松动和锈蚀等,应进行相应的处理,特别是在断接卡或接地测试点外,应进行电气连续性测量。

b) 检查接闪杆、接闪带和引下线的腐蚀情况及机械损伤,包括由雷击放电所造成的损伤情况。若有损伤,应及时修复或更换。

c) 测试接地装置的接地电阻值。若测试值大于规定值,应检查接地装置和土壤条件,找出变化原因,采取有效的整改措施。

d) 检查桥梁内部金属设备等电位连接的电气连续性,若发现连接处松动或断路应及时修复。

e) 检查电涌保护器(SPD)的运行情况,是否符合 GB/T 21431 中电涌保护器(SPD)的规定,出现故障应及时排除。

7.2 管理

7.2.1 防雷装置应由专职或兼职人员负责管理。

7.2.2 当行人有可能接触到防雷装置时,应设置防雷安全警示标志。

7.2.3 防雷装置投入使用后,应建立档案管理制度。对防雷装置的设计、安装、隐蔽工程图纸资料、年度检测记录等,均应及时归档,妥善保管。

7.2.4 建立雷电灾害定期安全检测制度,并建立雷电灾害应急预案。

7.2.5 当发生雷击事故后,应及时报告防雷主管部门,协助调查分析原因和雷电灾害损失,提出改进防护措施。

附 录 A
（规范性附录）
桥梁接闪器和引下线的材料、结构与最小截面

A.1 桥梁接闪线带（网）和引下线的材料、结构与最小截面技术指标见表 A.1。

表 A.1 桥梁接闪线带（网）和引下线材料、结构与最小截面技术指标表

材料	结构	最小截面/mm^2	备注[j]
铜，镀锡铜[a]	单根扁铜	50	厚度 2 mm
	单根圆铜[g]	50	直径 8 mm
	铜绞线	50	每股线直径 1.7 mm
	单根圆铜[c,d]	176	直径 15 mm
热浸镀锌钢[b]	单根扁钢	50	厚度 2.5 mm
	单根圆钢[i]	50	直径 8 mm
	绞线	50	每股线直径 1.7 mm
	单根圆钢[c,d]	176	直径 15 mm
不锈钢[e]	单根扁钢[f]	50[h]	厚度 2 mm
	单根圆钢[f]	50[h]	直径 8 mm
	绞线	70	每股线直径 1.7 mm
	单根圆钢[c,d]	176	直径 15 mm
外表面镀铜的钢	单根圆钢（直径 8 mm）	50	镀铜厚度至少 70 μm，铜纯度 99.9%
	单根扁钢（厚 2.5 mm）		

[a] 热浸或电镀锡的锡层最小厚度为 1 μm。

[b] 镀锌层宜光滑连贯、无焊剂斑点，镀锌层圆钢至少 22.7 g/m^2、扁钢至少 32.4 g/m^2，镀锌钢不能应用于斜拉索或主缆上作为接闪带。

[c] 仅应用于接闪杆。当应用于机械应力没达到临界值之处，可采用直径 10 mm、最长 1 m 的接闪杆，并增加固定。

[d] 仅应用于入地之处。

[e] 宜采用 304 不锈钢。

[f] 对埋于混凝土中的不锈钢，其最小尺寸宜增大至直径 10 mm 的 78 mm^2（单根圆钢）和最小厚度 3 mm 的 75 mm^2（单根扁钢）。

[g] 在机械强度没有重要要求之处，50 mm^2（直径 8 mm）可减为 28 mm^2（直径 6 mm）。并应减小固定支架间的间距。

[h] 当温升和机械受力是重点考虑之处，50 mm^2 加大至 75 mm^2。

[i] 避免在单位能量 10 MJ/Ω 下熔化的最小截面是铜为 16 mm^2、铝为 25 mm^2、钢为 50 mm^2、不锈钢为 50 mm^2。

[j] 截面积允许误差为−3%。

A.2 桥梁接闪杆最小直径技术指标见表 A.2。

表 A.2 桥梁接闪杆最小直径技术指标表

杆长 m	热镀锌圆钢 mm	钢管 mm
＜1	12	20
1～2	16	25
＞2	20	40

附　录　B
（资料性附录）
索塔接闪装置设置方法

B.1　H 型索塔接闪器安装见图 B.1。

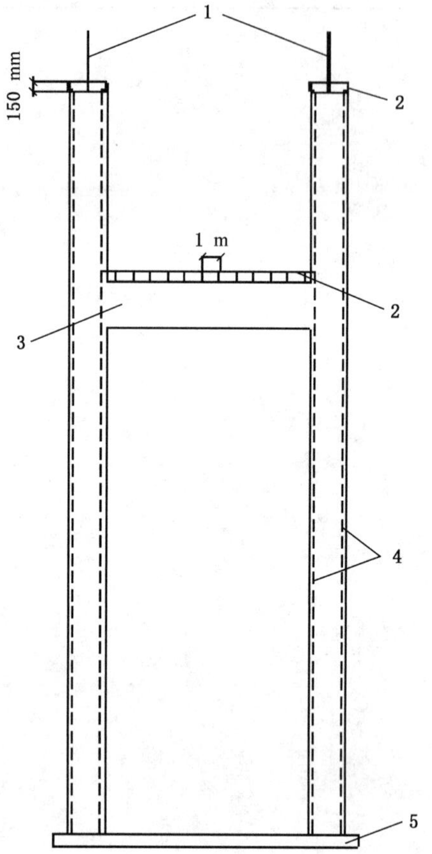

说明：

1——接闪杆；

2——明敷接闪带；

3——上横梁；

4——索塔引下线；

5——桥面。

图 B.1　H 型索塔接闪器安装图

B.2　门型索塔接闪器安装见图 B.2。

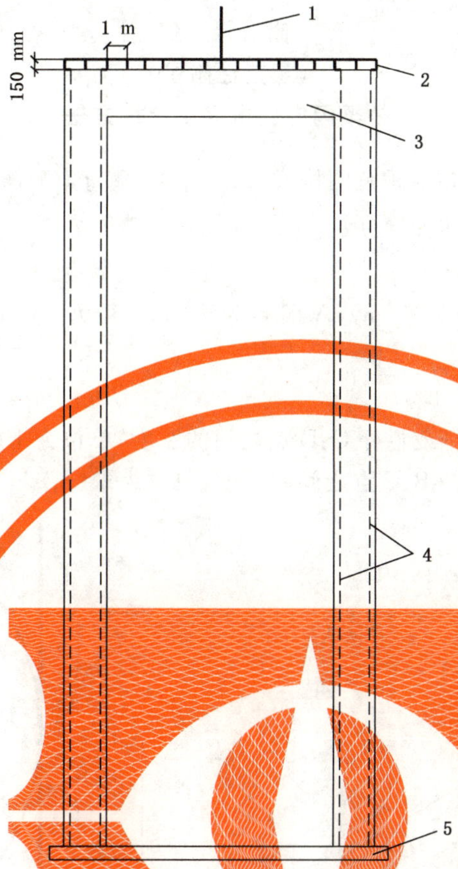

说明：

1——接闪杆；

2——明敷接闪带；

3——顶横梁；

4——索塔引下线；

5——桥面。

图 B.2　门型索塔接闪器安装图

附　录　C
（规范性附录）
桥梁闪电侧击高度计算方法

C.1　索面垂直于桥面时防侧击雷保护范围按式(C.1)计算，垂直索面防侧击雷保护范围见图 C.1。

$$H=\sqrt{h_r^2-(h_r-b)^2}+h \qquad \cdots\cdots(C.1)$$

式中：

H ——闪电侧击高度，单位为米(m)；A、B 点为滚球(半径为 45 m)与桥面灯杆(或栏杆)和索面的切点；

h_r ——桥梁滚球半径为 45 m；

b ——索面距桥面外侧灯杆或栏杆 C、D 点之间的宽度，单位为米(m)；

h ——桥面外侧灯杆或栏杆 B、C 点之间的高度，单位为米(m)。

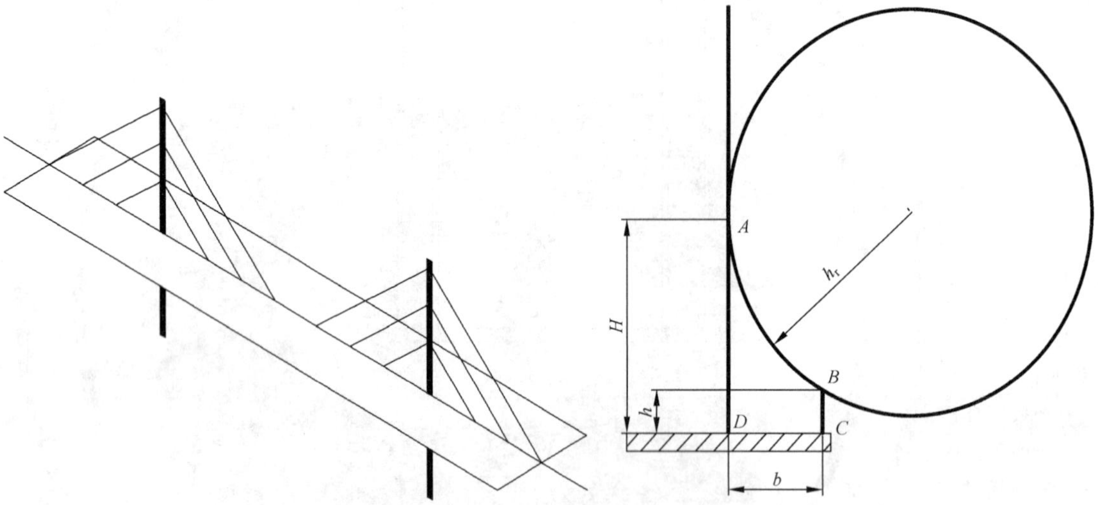

图 C.1　垂直索面防侧击雷保护范围

C.2　索面不垂直于桥面时防侧击雷保护范围按式(C.2)计算，斜索面防侧击雷保护范围见图 C.2。

$$H=\sqrt{h_r^2-\left[h_r-\sin\left(\pi-\theta-\arctan\frac{h}{b}\right)\sqrt{b^2+h^2}\right]^2}+\cos\left(\pi-\theta-\arctan\frac{h}{b}\right)\sqrt{b^2+h^2} \qquad \cdots\cdots(C.2)$$

式中：

H ——闪电侧击高度，单位为米(m)；A、B 点为滚球(半径为 45 m)与桥面灯杆(或栏杆)和索面的切点；

h_r ——桥梁滚球半径为 45 m；

h ——桥面外侧灯杆或栏杆 B、C 点之间的高度，单位为米(m)；

b ——索面距桥面外侧灯杆或栏杆 C、D 点之间的宽度，单位为米(m)。

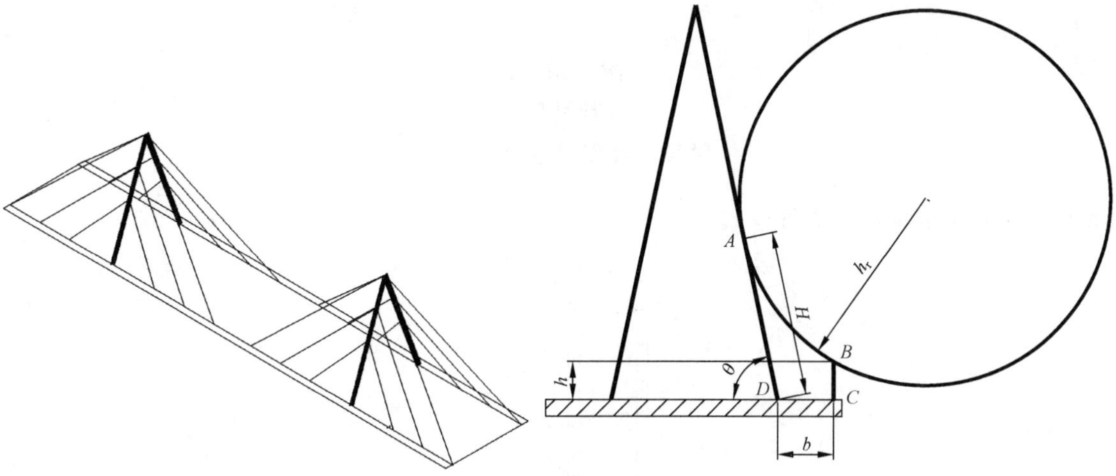

图 C.2　斜索面防侧击雷保护范围

附 录 D
（资料性附录）
桥梁整体防雷装置安装图

桥梁整体防雷装置安装见图 D.1。

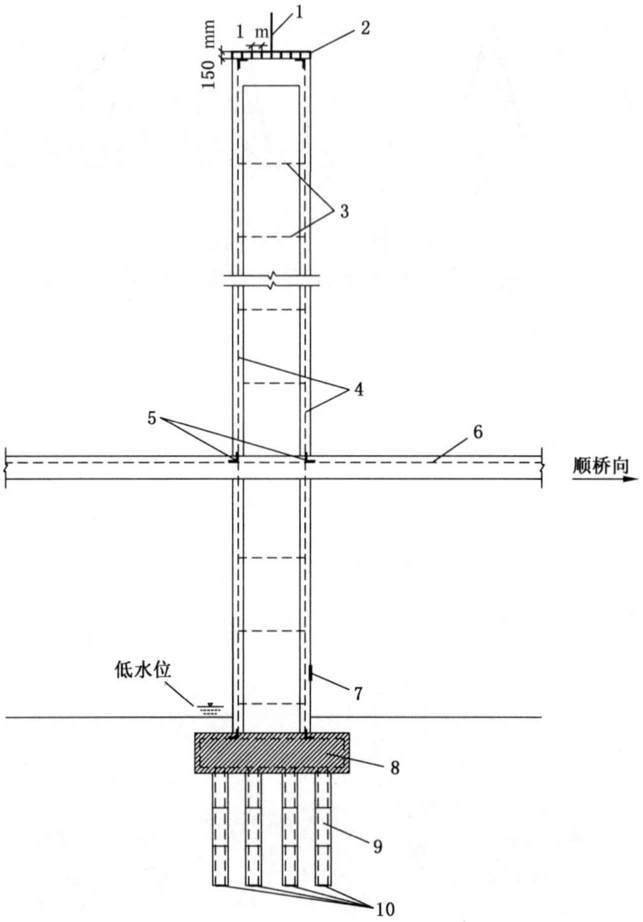

说明：
1 ——接闪杆；
2 ——明敷接闪带；
3 ——水平均压环；
4 ——引下线；
5 ——引下线与主梁等电位带连接；
6 ——桥面等电位连接带；
7 ——防雷测试点；
8 ——承台；
9 ——挖孔桩(钻孔桩)；
10——基底水平接地板。

图 D.1 桥梁整体防雷装置安装图

附　录　E
（资料性附录）
桥梁接地电阻测试与计算方法

E.1　桥梁单墩接地电阻计算

考虑桥梁工程实际，在计算桥墩接地电阻时，应将桥墩作为一个整体进行研究，即忽略桥墩内钢筋结构复杂形式的影响，将桥墩一并视为垂直接地体进行计算。

钢筋混凝土中垂直接地电极的接地电阻 R_C 按式(E.1)计算：

$$R_C=\frac{1}{2\pi L_r}\left[\rho_c\ln\frac{D}{d}+\rho\left(\ln\frac{8L_r}{D}-1\right)\right] \quad \cdots\cdots\cdots\cdots (E.1)$$

式中：

ρ ——包裹钢筋混凝土的外层媒质的电阻率，单位为欧米（Ω·m）；

ρ_c——混凝土的电阻率，单位为欧米（Ω·m）；

L_r——垂直接地极的长度，单位为米(m)；

d ——接地导体的直径，单位为米(m)；

D ——混凝土外壳的直径，单位为米(m)。

当用该公式计算位于水体中桥墩的接地电阻时，包裹桥墩的外层媒质为水体，则式(E.1)中 ρ 为该水体的电阻率。

此外，外包混凝土的垂直接地极的接地电阻可按式(E.2)简单计算：

$$R=\frac{K_1K_2\rho}{2\pi L}\ln\frac{4L}{d} \quad \cdots\cdots\cdots\cdots (E.2)$$

式中：

L ——钢筋基础总长度，单位为米(m)；

d ——钢筋骨架截面的等值直径，单位为米(m)；

K_1——考虑混凝土层的电阻修正系数，$K_1=1.1$；

K_2——钢筋骨架并非连续引入的修正系数，$K_2=1.05$。

E.2　桥墩接地电阻测试

E.2.1　三极直线法

三极直线法的三极是指图 E.1 上的被测接地装置 G，测量用的电压极 P 和电流极 C。图 E.1 中测量用的电流极 C 和电压极 P 离被测接地装置 G 边缘的距离为 $d_{GC}=(4\sim5)D$ 和 $d_{GP}=(0.5\sim0.6)d_{GC}$，$D$ 为被测接地装置的最大对角线长度，点 P 可以认为是处在实际的零电位区内。为了较准确地找到实际零电位区，可把电压极沿测量用电流极与被测接地装置之间连接线方向移动三次，每次移动的距离约为 d_{GC} 的 5%，测量电压极 P 与接地装置 G 之间的电压。如果电压表的三次指示值之间的相对误差不超过 5%，则可以把中间位置作为测量用电压极的位置。

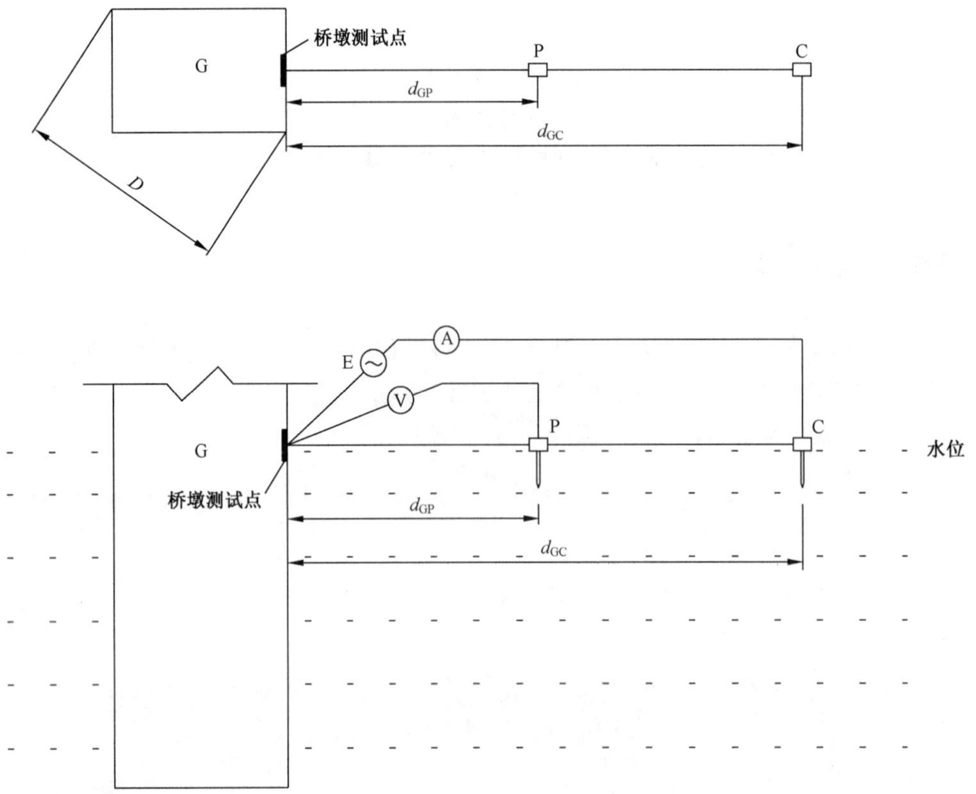

说明：

G——被测试接地装置(桥墩)；

P——测量用的电压极；

C——测量用的电流极；

E——测试用的工频电源；

A——交流电流表；

V——交流电压表；

D——被测接地装置的最大对角线长度。

图 E.1 桥墩接地电阻测试三极直线法

把电压表和电流表的指示值U_G和I代入式$R_G=\frac{U_G}{I}$中去，得到被测接地装置的工频接地电阻R_G。

当被测接地装置的面积较大而土壤电阻率不均匀时，为了得到较可信的测试结果，宜将电流极离被测接地装置的距离增大，同时电压极离被测接地装置的距离也相应地增大。

在测量工频接地电阻时，如d_{GC}取(4～5)D值有困难，当接地装置周围的土壤电阻率较均匀时，d_{GC}可以取2D值，而d_{GP}取D值；当接地装置周围的土壤电阻率不均匀时，d_{GC}可以取3D值，d_{GP}值取1.7D值。

E.2.2 三极夹角法

三极夹角法中电极三角形布置示意图如图E.2所示。根据与三极直线布置法相似的电位分布理论，此时，测量电极的布置一般取$d_{GC}=d_{GP}\approx(4\sim5)D$，夹角$\theta\approx29°$。

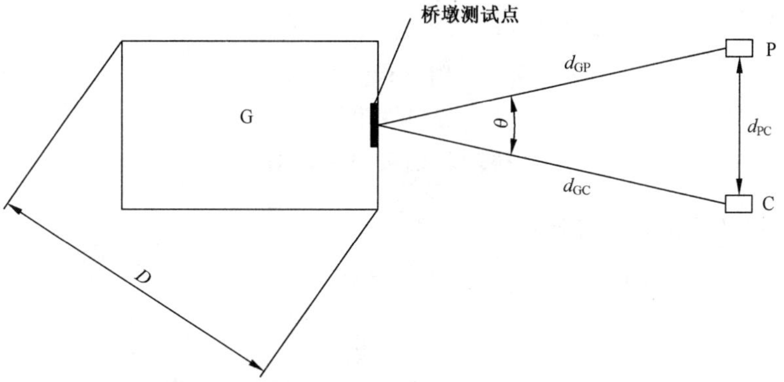

说明：

G ——被测试接地装置(桥墩)；

P ——测量用的电压极；

C ——测量用的电流极；

D ——被测接地装置的最大对角线长度。

图 E.2 桥墩接地电阻测试三极夹角法

在不均匀土壤中，当选取 $d_{GC}=2D$ 时，用夹角法的测量结果，相当于直线法 $d_{GC}=d_{GP}\approx 3D$ 的测量结果，因而，测试相对容易。

夹角法电压极附近的电位变化缓慢，从 29°到 60°的电位变化相当于直线法从 $0.618d_{GC}$ 到 $0.5d_{GC}$ 的电位变化。

E.3 桥梁工频接地电阻计算方法

桥梁整体工频接地电阻 R 相当于 n 个桥墩工频接地电阻 R_i 的并联组合，桥梁工频接地电阻按式(E.3)计算。

$$R=\frac{\sum_{i=1}^{n}R_i}{\prod_{i=1}^{n}R_i} \qquad \cdots\cdots\cdots\cdots (E.3)$$

附　录　F
（资料性附录）
桥墩基础接地装置图

F.1　挖孔桩(钻孔桩)基础接地见图 F.1。

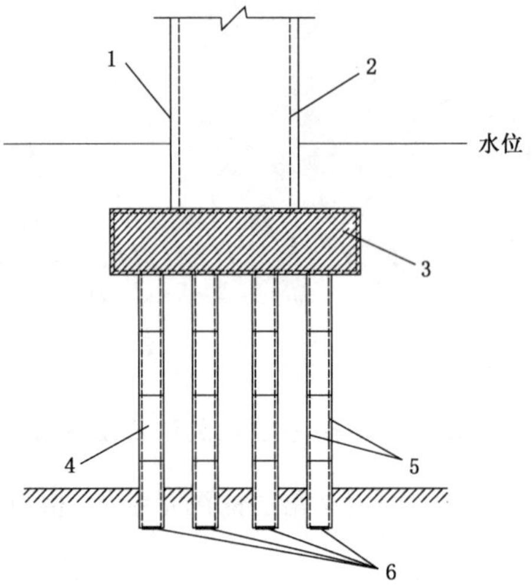

说明：

1——桥墩；
2——引下线；
3——承台；
4——挖孔桩(钻孔桩)；
5——桩内竖向钢筋；
6——基底水平接地板(500 mm×500 mm×10 mm)。

图 F.1　挖孔桩(钻孔桩)基础接地示意图

F.2　沉井基础接地见图 F.2。

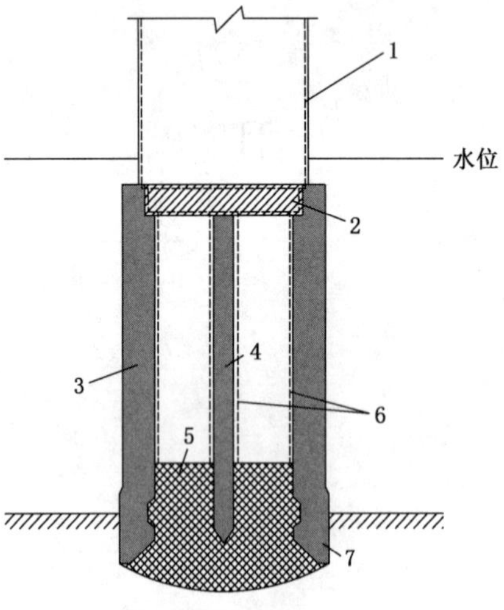

说明：

1——引下线；
2——顶盖(承台)；
3——井壁；
4——隔墙；
5——封底；
6——井壁钢筋或人工辅助接地体；
7——刃脚。

图 F.2　沉井基础接地示意图

F.3 地下连续墙基础接地见图 F.3。

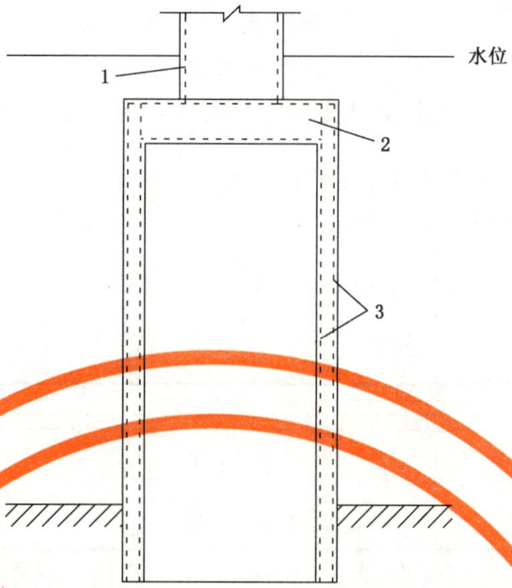

说明：

1——桥墩引下线；

2——顶板；

3——钢筋笼内竖向钢筋。

图 F.3 地下连续墙基础接地示意图

附　录　G
（资料性附录）
斜拉索或主缆上接闪带安装方法

G.1　接闪带在斜拉索或主缆上明敷安装，每隔 6 m 设置一个弯头。接闪带在斜拉索或主缆上整体安装见图 G.1 a)，接闪带弯头安装见图 G.2 b)。

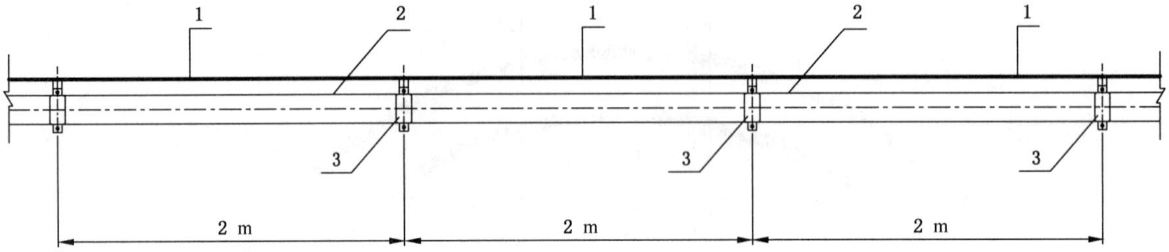

a)　接闪带整体安装图

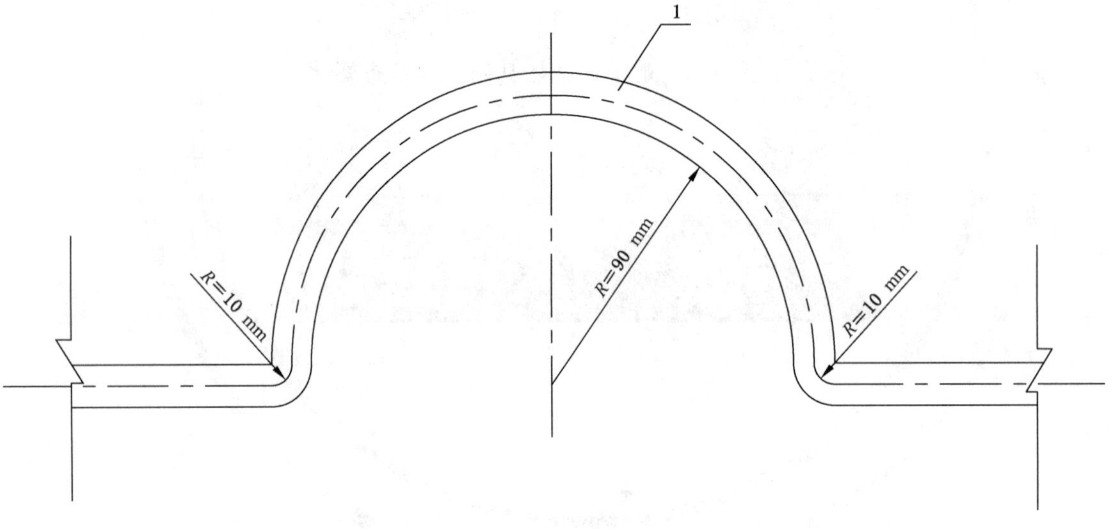

b)　接闪带弯头安装图

说明：

1——接闪带；

2——斜拉索或主缆；

3——不锈钢抱箍。

图 G.1　接闪带在斜拉索或主缆上安装图

G.2 抱箍与接闪带活动连接见图 G.2。

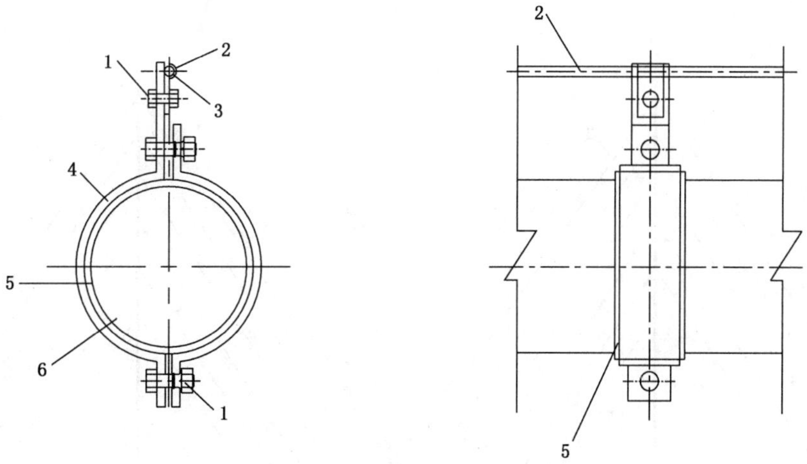

说明：

1——螺栓螺母；

2——接闪带；

3——接闪带卡子；

4——抱箍；

5——抱箍处加橡胶垫；

6——外层斜拉索。

图 G.2 抱箍与接闪带活动连接图

G.3 抱箍与接闪带固定连接见图 G.3。

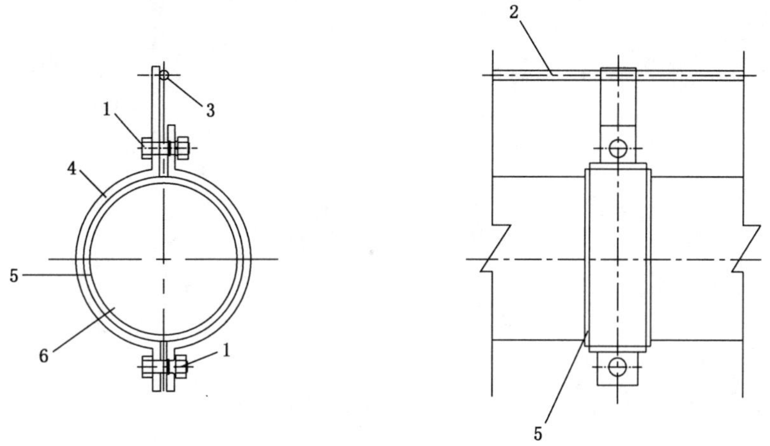

说明：

1——螺栓螺母；

2——接闪带；

3——接闪带与抱箍双面焊接；

4——抱箍；

5——抱箍处加橡胶垫；

6——外层斜拉索。

图 G.3 抱箍与接闪带固定连接图

G.4 斜拉索防侧击雷安装见图 G.4。

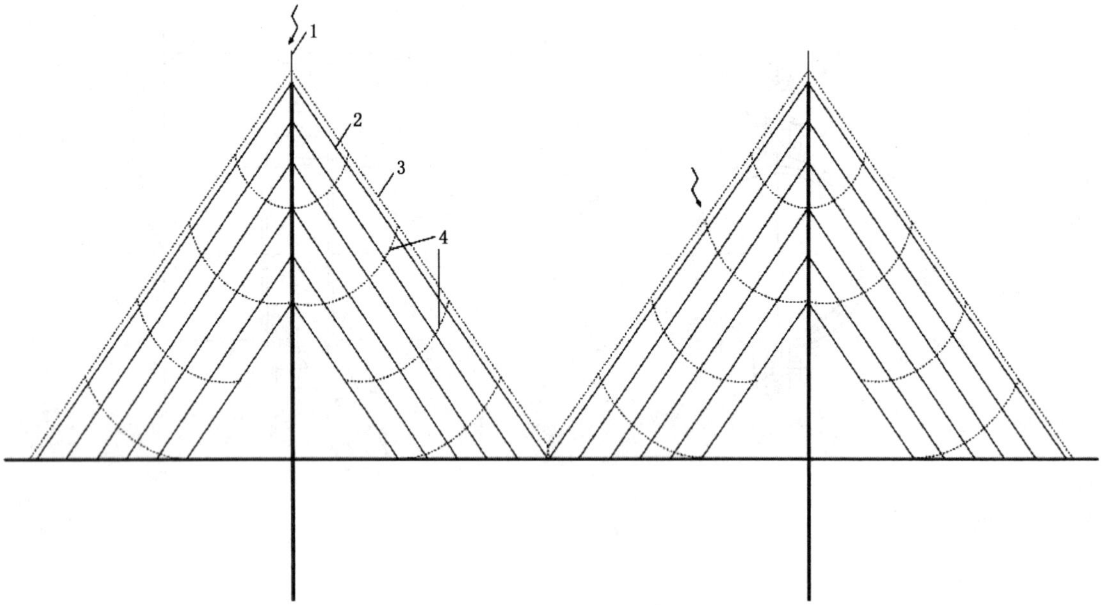

说明：

1——索塔；

2——斜拉索；

3——斜拉桥外缘斜拉索接闪带；

4——斜拉索防侧击雷接闪带。

图 G.4 斜拉索防侧击雷安装图

附 录 H
（资料性附录）
桥墩辅助人工接地板设置方法

桥墩辅助人工接地板安装见图 H.1。

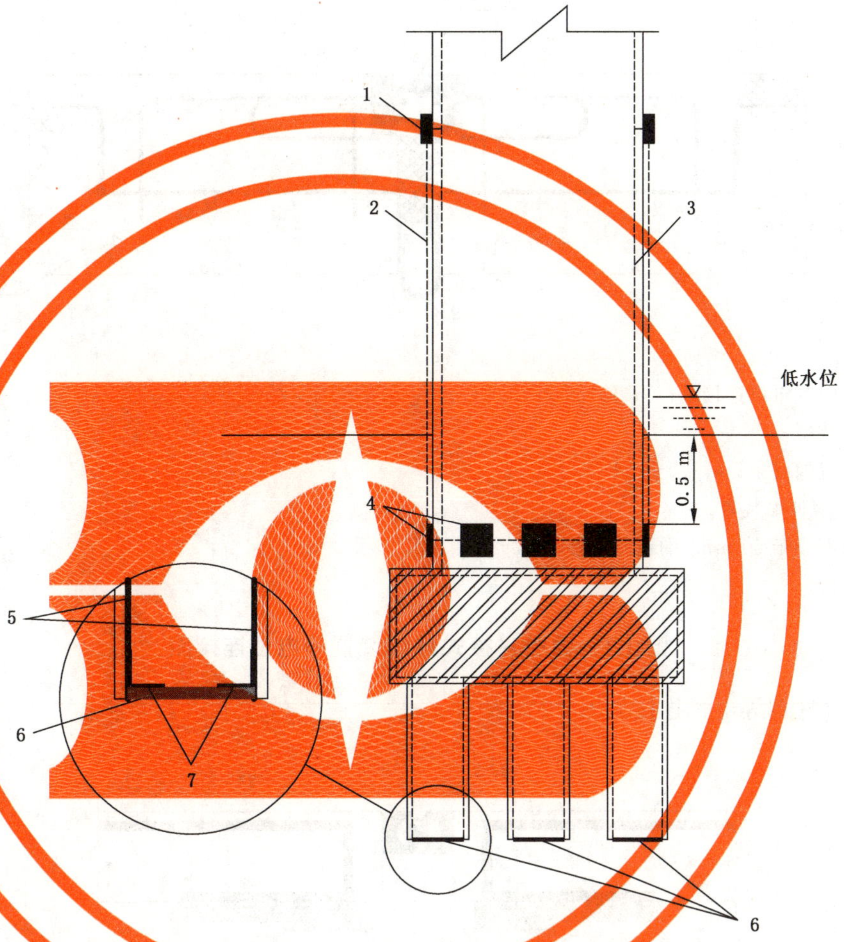

说明：

1——预留接地端子；

2——截面积不小于 100 mm² 铜质连接带；

3——墩柱引下线；

4——人工辅助接地铜板 500 mm×500 mm×5 mm；

5——桩内竖向钢筋；

6——基底水平接地板 500 mm×500 mm×10 mm；

7——桩内竖向钢筋与基地水平接地板连接。

图 H.1 桥墩辅助人工接地板安装图

附 录 I
（资料性附录）
桥梁伸缩装置等电位连接方法

I.1 橡胶对接式伸缩装置等电位连接见图 I.1。

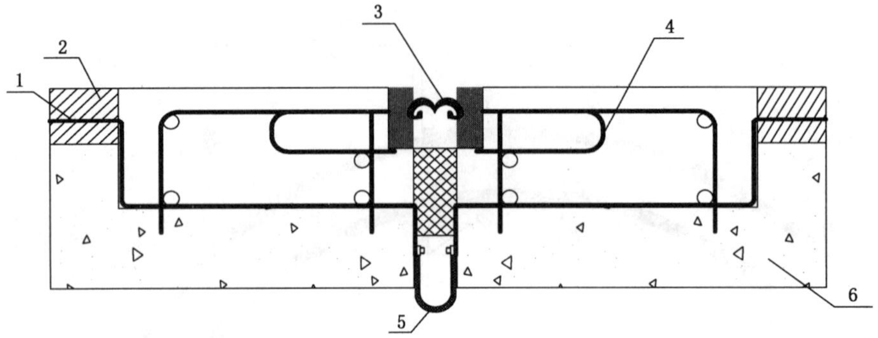

说明：
1——桥面纵向等电位连接线；
2——桥面铺装层；
3——伸缩装置橡胶条；
4——GQF-C 型伸缩装置；
5——截面积不小于 50 mm² 的铜质连接带；
6——桥面主梁。

图 I.1 橡胶对接式伸缩装置等电位连接图

I.2 桥面伸缩缝底部等电位连接见图 I.2。

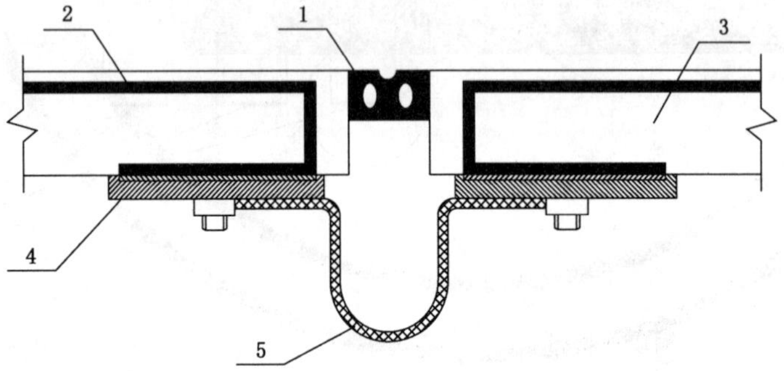

说明：
1——伸缩缝橡胶条；
2——桥面等电位连接带；
3——桥面主梁；
4——预留等电位连接板；
5——截面积不小于 50 mm² 的铜质连接带。

图 I.2 桥面伸缩缝底部等电位连接图

附　录　J
（资料性附录）
钢筋混凝土箱梁防雷装置等电位连接图

J.1　钢筋混凝土箱梁与桥墩引下线连接见图 J.1。

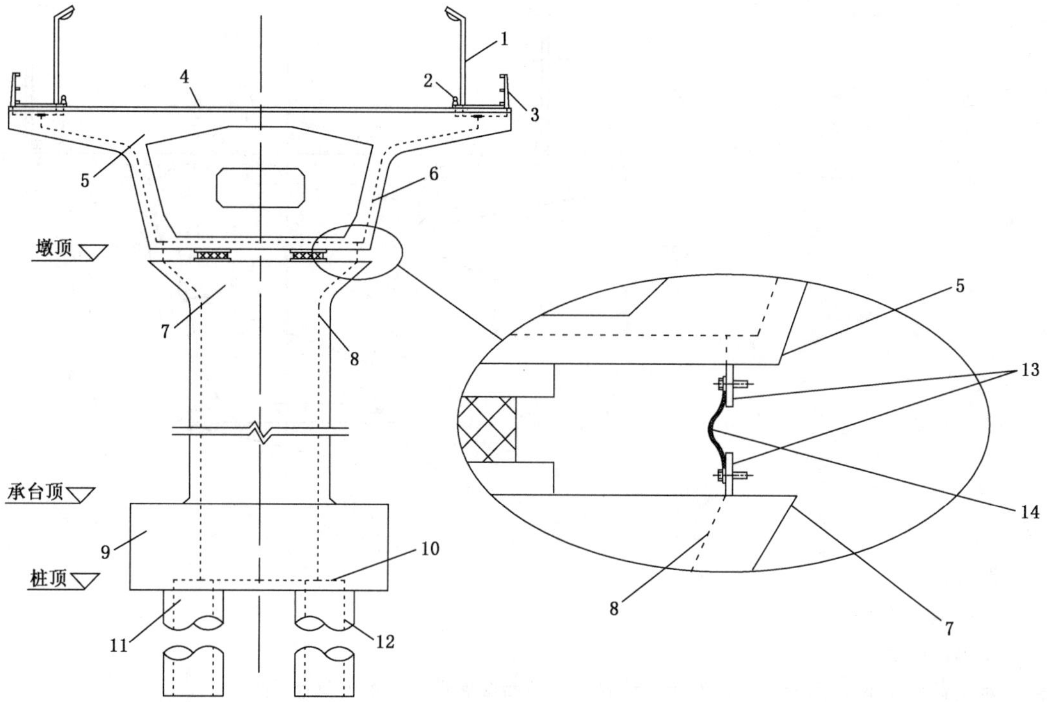

说明：
1 ——路灯；
2 ——金属防护栏；
3 ——人行通道栏杆；
4 ——桥面；
5 ——钢筋混凝土箱梁；
6 ——混凝土箱梁主筋；
7 ——桥墩；
8 ——桥墩竖向通长主筋作引下线；
9 ——承台；
10——承台下层主筋；
11——桩基础；
12——桩基竖向主筋；
13——预留接地端子；
14——截面积不小于 50 mm^2 的铜质连接带。

图 J.1　箱梁与桥墩引下线连接图

J.2 箱梁钢筋等电位连接见图 J.2。

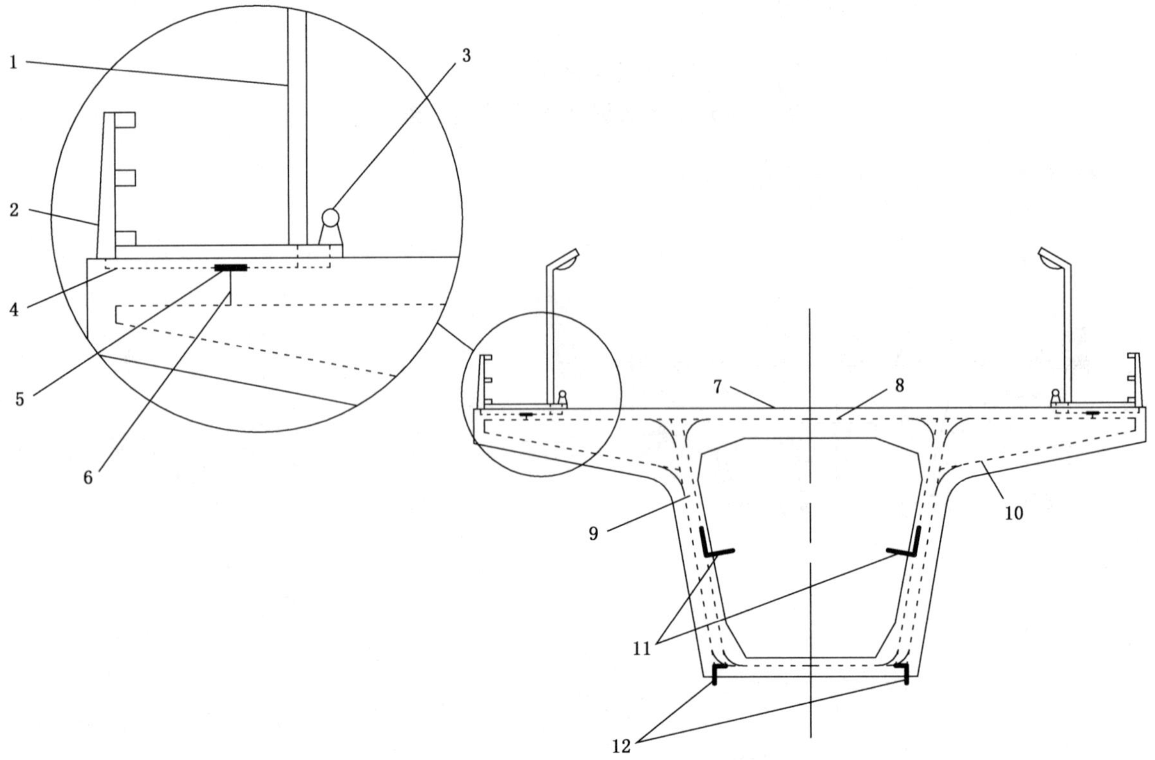

说明：

1 ——路灯；

2 ——人行通道栏杆；

3 ——金属防护栏；

4 ——利用截面积不小于 100 mm^2 的热镀锌扁钢作桥面金属设施的等电位连接线；

5 ——利用截面积不小于 100 mm^2 的镀锌扁钢作桥面等电位连接带；

6 ——从箱梁顶板上层钢筋预留截面积不小于 100 mm^2 的热镀锌扁钢；

7 ——桥面；

8 ——顶板上层钢筋；

9 ——钢筋混凝土箱梁；

10——顶板下层钢筋；

11——每一跨箱梁两端腹板内侧预留的金属线缆和管线接地端子；

12——预留接地端子，作为箱梁与桥墩引下线连接。

图 J.2 箱梁钢筋等电位连接图

附　录　K
（资料性附录）
桥梁防雷装置施工检查记录表

K.1　桥梁接闪器施工检查记录见表 K.1。

表 K.1　桥梁接闪器施工检查记录表

<table>
<tr><td>工程名称</td><td colspan="3"></td><td>施工单位</td><td colspan="3"></td></tr>
<tr><td>施工图号</td><td colspan="3"></td><td>检测仪器型号及编号</td><td colspan="3"></td></tr>
<tr><td>接闪器类型</td><td colspan="3"></td><td>安装位置</td><td colspan="3"></td></tr>
<tr><td>内　容</td><td colspan="7">检　测</td></tr>
<tr><td>材型、规格</td><td colspan="7"></td></tr>
<tr><td>高度</td><td colspan="7"></td></tr>
<tr><td>敷设方式及厚度</td><td colspan="7"></td></tr>
<tr><td>连接方式</td><td colspan="7"></td></tr>
<tr><td>与引下线连接</td><td colspan="7"></td></tr>
<tr><td>电气连接</td><td colspan="7"></td></tr>
<tr><td colspan="6" rowspan="10">图例：</td><td colspan="2">接地电阻测试</td></tr>
<tr><td>测试位置</td><td>接地电阻/Ω</td></tr>
<tr><td></td><td></td></tr>
<tr><td></td><td></td></tr>
<tr><td></td><td></td></tr>
<tr><td></td><td></td></tr>
<tr><td></td><td></td></tr>
<tr><td></td><td></td></tr>
<tr><td></td><td></td></tr>
<tr><td></td><td></td></tr>
<tr><td>检查结果</td><td colspan="7"></td></tr>
<tr><td>施工单位</td><td>技术负责人：
记录人：
年　月　日</td><td>监理单位</td><td>监理工程师：
年　月　日</td><td>建设单位</td><td>代表：
年　月　日</td><td>防雷技术服务单位</td><td>代表：
年　月　日</td></tr>
</table>

K.2 桥梁引下线施工检查记录见表 K.2。

表 K.2 桥梁引下线施工检查记录表

<table>
<tr><td colspan="2">工程名称</td><td colspan="3"></td><td colspan="2">施工单位</td><td colspan="2"></td></tr>
<tr><td colspan="2">施工图号</td><td colspan="2"></td><td colspan="3">检测仪器型号及编号</td><td colspan="2"></td></tr>
<tr><td colspan="3">内　容</td><td colspan="6">检　测</td></tr>
<tr><td colspan="3">材型、规格</td><td colspan="6"></td></tr>
<tr><td colspan="3">桥梁墩利用主筋数</td><td colspan="6"></td></tr>
<tr><td colspan="3">连接板设置</td><td colspan="6"></td></tr>
<tr><td colspan="3">引下线间连接</td><td colspan="6"></td></tr>
<tr><td colspan="3">引下线与均压环连接</td><td colspan="6"></td></tr>
<tr><td colspan="7" rowspan="12">图例：</td><td colspan="2">接地电阻测试</td></tr>
<tr><td>测试位置</td><td>接地电阻/Ω</td></tr>
<tr><td></td><td></td></tr>
<tr><td></td><td></td></tr>
<tr><td></td><td></td></tr>
<tr><td></td><td></td></tr>
<tr><td></td><td></td></tr>
<tr><td></td><td></td></tr>
<tr><td></td><td></td></tr>
<tr><td></td><td></td></tr>
<tr><td></td><td></td></tr>
<tr><td></td><td></td></tr>
<tr><td>检查结果</td><td colspan="8"></td></tr>
<tr><td>施工单位</td><td>技术负责人：
记录人：
年　月　日</td><td>监理单位</td><td>监理工程师：
年　月　日</td><td>建设单位</td><td>代表：
年　月　日</td><td>防雷技术服务单位</td><td colspan="2">代表：
年　月　日</td></tr>
</table>

K.3 桥梁接地装置施工检查记录见表 K.3。

表 K.3 桥梁接地装置施工检查记录表

<table>
<tr><td colspan="2">工程名称</td><td colspan="4"></td><td colspan="2">施工单位</td><td colspan="2"></td></tr>
<tr><td colspan="2">施工图号</td><td colspan="3"></td><td colspan="3">检测仪器型号及编号</td><td colspan="2"></td></tr>
<tr><td colspan="2">接地类型</td><td colspan="3"></td><td colspan="3">安装位置</td><td colspan="2"></td></tr>
<tr><td colspan="3">项　　目</td><td colspan="7">检　　测</td></tr>
<tr><td colspan="3">桥梁接地墩利用数</td><td colspan="7"></td></tr>
<tr><td colspan="3">桥梁接地墩深及直径/m</td><td colspan="7"></td></tr>
<tr><td colspan="3">单墩接地电阻平衡度</td><td colspan="7"></td></tr>
<tr><td colspan="3">单墩防雷主筋数</td><td colspan="7"></td></tr>
<tr><td colspan="3">辅助接地体设置</td><td colspan="7"></td></tr>
<tr><td colspan="3">单墩接地电阻/Ω</td><td colspan="7"></td></tr>
<tr><td colspan="3">接地电阻/Ω</td><td colspan="7"></td></tr>
<tr><td colspan="10">说明及简图：</td></tr>
<tr><td>检查结果</td><td colspan="9"></td></tr>
<tr><td>施工单位</td><td>技术负责人：
记录人：
年　月　日</td><td>监理单位</td><td colspan="2">监理工程师：
年　月　日</td><td>建设单位</td><td>代表：
年　月　日</td><td>防雷技术服务单位</td><td colspan="2">代表：
年　月　日</td></tr>
</table>

K.4 桥梁防雷等电位连接施工检查记录见表 K.4。

表 K.4 桥梁防雷等电位连接施工检查记录表

<table>
<tr><td colspan="2">工程名称</td><td colspan="3"></td><td>施工单位</td><td colspan="2"></td></tr>
<tr><td colspan="2">施工图号</td><td colspan="2"></td><td colspan="2">检测仪器型号及编号</td><td colspan="2"></td></tr>
<tr><td colspan="3">内　容</td><td colspan="5">检　测</td></tr>
<tr><td colspan="3">均压环设置</td><td colspan="5"></td></tr>
<tr><td colspan="3">均压环间距</td><td colspan="5"></td></tr>
<tr><td colspan="3">均压环与引下线连接</td><td colspan="5"></td></tr>
<tr><td colspan="3">缆绳与锚室连接</td><td colspan="5"></td></tr>
<tr><td colspan="3">缆绳与塔柱连接</td><td colspan="5"></td></tr>
<tr><td colspan="3">行车等电位连接接地情况</td><td colspan="5"></td></tr>
<tr><td colspan="3">竖直长金属体(爬梯、轨道等)接地</td><td colspan="5"></td></tr>
<tr><td colspan="3">桥面金属体(路灯、栏杆等)接地</td><td colspan="5"></td></tr>
<tr><td colspan="3">预留接地端子设置</td><td colspan="5"></td></tr>
<tr><td colspan="6" rowspan="9">图例:</td><td colspan="2">接地电阻测试</td></tr>
<tr><td>测试位置</td><td>接地电阻/Ω</td></tr>
<tr><td></td><td></td></tr>
<tr><td></td><td></td></tr>
<tr><td></td><td></td></tr>
<tr><td></td><td></td></tr>
<tr><td></td><td></td></tr>
<tr><td></td><td></td></tr>
<tr><td></td><td></td></tr>
<tr><td>检查结果</td><td colspan="7"></td></tr>
<tr><td>施工单位</td><td>技术负责人:
记录人:
年　月　日</td><td>监理单位</td><td>监理工程师:
年　月　日</td><td>建设单位</td><td>代表:
年　月　日</td><td>防雷技术服务单位</td><td>代表:
年　月　日</td></tr>
</table>

ICS 13.310
A 91

中华人民共和国国家标准

GB/T 31068—2014

普通高等学校安全技术防范系统要求

Requirements for security systems in regular higher education institutions

2014-12-22 发布　　　　2015-06-01 实施

中华人民共和国国家质量监督检验检疫总局
中国国家标准化管理委员会　发布

前　言

本标准按照 GB/T 1.1—2009 给出的规则起草。

本标准由中华人民共和国公安部提出。

本标准由全国安全防范报警系统标准化技术委员会(SAC/TC 100)归口。

本标准主要起草单位:公安部第一研究所、北京市公安局、浙江省公安厅、上海三盾智能系统有限公司、北京赛尔汇力安全科技有限公司、上海天跃科技股份有限公司、上海广拓信息技术有限公司。

本标准主要起草人:沈伟斌、施巨岭、段建英、周群、蒋乐中、彭华、张凤波、王雷、杨志明、盖田力。

普通高等学校安全技术防范系统要求

1 范围

本标准规定了普通高等学校安全技术防范系统的基本要求、防护要求、系统技术要求和检验、验收、维护要求。

本标准适用于按照国家规定的设置标准和审批程序批准设立的全日制普通高等学校(含民办,以下统称学校)新建、改建、扩建的安全技术防范系统。其他高等教育机构(学校)可参照执行。

2 规范性引用文件

下列文件对于本文件的应用是必不可少的。凡是注日期的引用文件,仅注日期的版本适用于本文件。凡是不注日期的引用文件,其最新版本(包括所有的修改单)适用于本文件。

GB/T 15408 安全防范系统供电技术要求

GB/T 28181 安全防范视频监控联网系统信息传输、交换、控制技术要求

GB 50198 民用闭路监视电视系统工程技术规范

GB 50348 安全防范工程技术规范

GB 50394 入侵报警系统工程设计规范

GB 50395 视频安防监控系统工程设计规范

GB 50396 出入口控制系统工程设计规范

GA/T 644 电子巡查系统技术要求

3 术语和定义

GB 50348 中界定的术语和定义适用于本文件。

4 基本要求

4.1 学校安全技术防范系统建设应纳入学校总体建设规划,应综合设计、同步实施、独立验收。

4.2 学校安全技术防范系统设计应遵循技防、物防、人防相结合的原则,充分考虑学校自身特点和防护对象的重要程度,采用相应的防护措施,构建技术先进、经济合理、实用可靠的安全技术防范系统。

4.3 学校安全技术防范系统联网宜采用专用网络。利用校园网作为传输网络时,应保证信息传输的安全。

4.4 学校安全技术防范视频监控系统联网应符合 GB/T 28181 的相关要求。

4.5 学校安全技术防范系统中使用的产品和设备应符合国家现行相关标准的要求,并经法定机构检验或认证合格。

4.6 学校应有针对安全技术防范系统信息保密和保护人员隐私的措施。

4.7 校园内其他行业的营业机构或场所的安全技术防范系统建设应符合国家现行相关标准的规定。

5 防护要求

5.1 重点要害部位

下列部位确定为学校安全技术防范系统的重点要害部位：

a) 承担涉及国家机密项目(课题)的研究机构场所；

b) 机要室、档案馆、国家实验室、国家重点实验室、高价值教学与科研设备存放场所；

c) 核、生、化、爆等实验室及危险品生产、使用、储藏场所；

d) 管制物品、贵重物品集中存放或生产、制作及销毁场所；

e) 财务中心、资金结算中心场所；

f) 信息中心、监控中心、有线广播(电视)中心机房及校园网络中心机房；

g) 燃气站、水泵站、变电站；

h) 其他自行确定的重点要害部位。

5.2 重点公共区域

下列区域确定为学校安全技术防范系统的重点公共区域：

a) 校园周界、校园出入口、校园主干道交叉口；

b) 图书馆和办公、教学、科研场所；

c) 校园制高点、中心广场、体育场馆、会议中心、学生活动中心等大型活动场所；

d) 学校医院、食堂、宿舍、宾馆、招待所等场所；

e) 机动车停车库（场）、非机动车集中存放场所；

f) 其他自行确定的重点公共区域。

5.3 防护要求

5.3.1 重点要害部位的出入口,应安装视频监控装置。燃气站、水泵站、变电站的出入口宜安装出入口控制装置,其他重点要害部位的出入口应安装出入口控制装置。

5.3.2 燃气站、水泵站、变电站的内部,宜安装视频监控装置,其他重点要害部位内部应安装视频监控装置。

5.3.3 监控中心内部、财务中心和资金结算中心的现金柜台,应安装紧急报警装置。

5.3.4 除监控中心外的其他重点要害部位内部,应安装入侵探测装置。

5.3.5 重点要害部位的周边应安装电子巡查装置。

5.3.6 重点要害部位安全技术防范系统建设有其他现行标准的,应同时遵照执行。

5.3.7 校园出入口应安装视频监控装置;校园周界(围墙、栅栏等)宜安装入侵探测装置、视频监控装置和电子巡查装置。

5.3.8 校园主干道的交叉口应安装视频监控装置。

5.3.9 图书馆和办公、教学、科研场所的出入口应安装视频监控装置;主通道、楼梯口和电梯轿厢宜安装视频监控装置;门卫室宜安装紧急报警装置;办公室宜安装出入口控制装置;周边宜安装电子巡查装置。

5.3.10 校园制高点及其出入口、中心广场、体育场应安装视频监控装置。校园制高点及其出入口应采取封闭管理措施。

5.3.11 体育馆、会议中心、学生活动中心的出入口应安装视频监控装置;内部宜安装视频监控装置。

5.3.12 校医院门、急诊部的出入口及内部重点区域应安装视频监控装置。

5.3.13 食堂膳食厅、储藏间及操作间出入口应安装视频监控装置;内部宜安装视频监控装置。

5.3.14 宿舍的出入口应安装视频监控装置，宜安装出入口控制装置；主通道、楼梯口和电梯轿厢宜安装视频监控装置；门卫室宜安装紧急报警装置；周边宜安装电子巡查装置。

5.3.15 学校宾馆和招待所的出入口、客房通道、楼梯口、电梯轿厢应安装视频监控装置。

5.3.16 机动车停车库（场）的出入口和内部应安装视频监控装置；非机动车集中存放场所宜安装视频监控装置。

5.3.17 视频监控系统针对出入口部位的回放图像应能清晰辨别进出人员的面部特征和机动车号牌，其他部位和区域的回放图像应能辨别监控区域内人员的基本体貌特征；较大公共区域安装的摄像机宜具有镜头变焦、云台控制功能，实现多角度、全方位监控，回放图像应能辨别监控区域内人员的活动情况。

5.3.18 摄像机安装应考虑环境光照因素对监视图像的影响，应选用适应环境照度要求的摄像机或采取相应的补光措施。

5.3.19 学校重点要害部位安全技术防范设施配置表，见附录 A 的 A.1。

5.3.20 学校重点公共区域安全技术防范设施配置表，见附录 A 的 A.2。

6 系统技术要求

6.1 入侵报警系统

6.1.1 系统应具有与视频监控系统、出入口控制系统联动的功能。

6.1.2 系统布防、撤防、报警、故障等信息的存储应大于或等于 30 d。

6.1.3 系统其他要求应符合 GB 50394 的相关规定。

6.2 视频监控系统

6.2.1 系统应具有报警联动功能，报警信息与图像联动响应时间应小于或等于 4 s。

6.2.2 当报警发生时，系统应能进行图像复核，并可设置报警预录功能，记录报警触发前图像信息，预录时间大于或等于 5 s。

6.2.3 监视图像水平分辨力应大于或等于 400 TVL，监视图像分辨率应大于或等于 704×576，信噪比应大于或等于 35 dB；单路监视图像显示基本帧率应大于或等于 25 fps；回放图像水平分辨力应大于或等于 300 TVL，回放图像帧率应大于或等于 25 fps；监视图像质量主观评价按 GB 50198 的五级损伤制评价，应大于或等于 4 级要求，回放图像质量主观评价应大于或等于 3 级要求。

6.2.4 视频图像保存时间应大于或等于 30 d，经复核后的报警视频图像应长期保存，重要视频图像宜备份存储。

6.2.5 系统其他要求应符合 GB 50395 的相关规定。

6.3 出入口控制系统

6.3.1 系统应满足紧急逃生时人员疏散的相关要求。当通向疏散通道方向为防护面时，系统应与火灾报警系统及其他紧急疏散系统联动，当发生火警或需紧急疏散时，人员不使用钥匙应能迅速安全通过。

6.3.2 系统应对不同进出对象进行权限管理，控制人员进出相关重点部位和区域。

6.3.3 系统应具有对时间、地点、人员等信息的显示、记录、查询、打印等功能，记录存储时间应大于或等于 180 d。

6.3.4 系统其他要求应符合 GB 50396 的相关规定。

6.4 电子巡查系统

6.4.1 电子巡查系统应能查阅、打印各巡查人员的到位时间，应具有对巡查时间、地点、人员和顺序等数据的显示、归档、查询和打印等功能。
6.4.2 采集装置在更换电池或掉电时,所存储的巡查信息不应丢失。
6.4.3 采集装置或识读装置的识读响应时间应小于或等于 1 s。
6.4.4 采集装置存贮的巡查信息应大于或等于 4 000 条。
6.4.5 巡查信息在管理中心的存储时间应大于或等于 30 d。
6.4.6 系统其他要求应符合 GA/T 644 的相关规定。

6.5 管理平台

6.5.1 安全技术防范系统应通过管理平台实现入侵报警、视频监控、出入口控制等子系统的综合应用管理,管理平台的故障不应影响各安防子系统的独立运行。
6.5.2 管理平台应具有电子地图、信息共享、系统联动、预案设置、权限分配、系统管理等功能。

6.6 监控中心

6.6.1 学校应建立集中管理的监控中心,可根据实际需要设立分控中心。监控中心和分控中心应有保证自身安全的防护措施和进行内外联络的通讯手段。
6.6.2 有多个校区的学校,各校区应分别建立监控中心,宜通过管理平台与集中管理的监控中心联网。
6.6.3 监控中心应具有向上级管理部门(含公安机关)联网的接口。
6.6.4 监控中心内,设备间与值守操作区宜分开设置。
6.6.5 监控中心其他要求应符合 GB 50348 的相关规定。

6.7 计时校时要求

学校安全技术防范系统中具有计时功能的设备与北京时间的偏差应小于或等于 5 s。

6.8 系统供电

6.8.1 学校安全技术防范系统供电应根据实际情况配置备用电源,备用电源应保证入侵报警系统正常工作时间大于或等于 8 h,保证视频监控系统的摄像机、录像设备和主要控制显示设备正常工作时间大于或等于 1 h,保证出入口控制系统正常工作时间大于或等于 8 h。
6.8.2 学校安全技术防范系统其他供电要求应符合 GB/T 15408 相关规定。

7 检验、验收、维护要求

7.1 安全技术防范系统竣工后,应按 GB 50348 的有关规定进行系统检验和验收。
7.2 学校应建立安全技术防范系统运行维护保障的长效机制,制定突发事件应急处置预案。
7.3 学校应定期对安全技术防范系统进行维护、保养,保持系统良好的运行状态。
7.4 学校应根据安全技术防范系统运行情况和安全防范工作需要,对系统进行必要的升级改造,使系统持续发挥应有的安全防范效能。
7.5 学校应设专人负责安全技术防范系统日常管理工作。监控中心应保证有人值班,值班人员应培训上岗,掌握系统运行、维护的基本技能。
7.6 安全技术防范系统出现故障后,应在 48 h 内修复,在系统恢复前应采取有效的应急防范措施。

附 录 A
（规范性附录）
学校重点要害部位和公共区域安全技术防范设施配置

A.1 学校重点要害部位安全技术防范设施配置见表A.1。

表A.1 学校重点要害部位安全技术防范设施配置表

<table>
<tr><th>序号</th><th colspan="2">重点要害部位</th><th>技防设施</th><th>配置要求</th></tr>
<tr><td rowspan="5">1</td><td rowspan="5">承担涉及国家机密项目（课题）的研究机构场所；
机要室、档案室、国家实验室、国家重点实验室、高价值教学与科研设备存放场所；
核、生、化、爆等实验室及危险品生产、使用、储藏场所；
管制物品、贵重物品集中存放或生产、制作及销毁场所</td><td rowspan="2">出入口</td><td>视频监控装置</td><td>应</td></tr>
<tr><td>出入口控制装置</td><td>应</td></tr>
<tr><td rowspan="2">内部</td><td>视频监控装置</td><td>应</td></tr>
<tr><td>入侵探测装置</td><td>应</td></tr>
<tr><td>周边</td><td>电子巡查装置</td><td>应</td></tr>
<tr><td rowspan="6">2</td><td rowspan="6">财务中心、资金结算中心</td><td rowspan="2">出入口</td><td>视频监控装置</td><td>应</td></tr>
<tr><td>出入口控制装置</td><td>应</td></tr>
<tr><td rowspan="2">内部</td><td>视频监控装置</td><td>应</td></tr>
<tr><td>入侵探测装置</td><td>应</td></tr>
<tr><td>现金柜台</td><td>紧急报警装置</td><td>应</td></tr>
<tr><td>周边</td><td>电子巡查装置</td><td>应</td></tr>
<tr><td rowspan="5">3</td><td rowspan="5">信息中心、有线广播（电视）中心机房及校园网络中心机房</td><td rowspan="2">出入口</td><td>视频监控装置</td><td>应</td></tr>
<tr><td>出入口控制装置</td><td>应</td></tr>
<tr><td rowspan="2">内部</td><td>视频监控装置</td><td>应</td></tr>
<tr><td>入侵探测装置</td><td>应</td></tr>
<tr><td>周边</td><td>电子巡查装置</td><td>应</td></tr>
<tr><td rowspan="5">4</td><td rowspan="5">监控中心</td><td rowspan="2">出入口</td><td>视频监控装置</td><td>应</td></tr>
<tr><td>出入口控制装置</td><td>应</td></tr>
<tr><td rowspan="2">内部</td><td>视频监控装置</td><td>应</td></tr>
<tr><td>紧急报警装置</td><td>应</td></tr>
<tr><td>周边</td><td>电子巡查装置</td><td>应</td></tr>
<tr><td rowspan="5">5</td><td rowspan="5">燃气站、水泵站、变电站</td><td rowspan="2">出入口</td><td>视频监控装置</td><td>应</td></tr>
<tr><td>出入口控制装置</td><td>宜</td></tr>
<tr><td rowspan="2">内部</td><td>视频监控装置</td><td>宜</td></tr>
<tr><td>入侵探测装置</td><td>应</td></tr>
<tr><td>周边</td><td>电子巡查装置</td><td>应</td></tr>
</table>

A.2 学校重点公共区域安全技术防范设施配置见表A.2。

表 A.2 学校重点公共区域安全技术防范设施配置表

序号	重点公共区域		技防设施	配置要求
1	校园周界	出入口	视频监控装置	应
		围墙、栅栏等	视频监控装置	宜
			入侵探测装置	宜
			电子巡查装置	宜
2	校园主干道	交叉口	视频监控装置	应
3	图书馆和办公、教学、科研场所	出入口	视频监控装置	应
		主通道、楼梯口和电梯轿厢	视频监控装置	宜
		门卫室	紧急报警装置	宜
		办公室	出入口控制装置	宜
		周边	电子巡查装置	宜
4	校园制高点及其出入口、中心广场、体育场		视频监控装置	应
5	体育馆、会议中心、学生活动中心	出入口	视频监控装置	应
		内部	视频监控装置	宜
6	校医院门、急诊部	出入口	视频监控装置	应
		内部	视频监控装置	应
7	食堂膳食厅、储藏间及操作间	出入口	视频监控装置	应
		内部	视频监控装置	宜
8	宿舍	出入口	视频监控装置	应
			出入口控制装置	宜
		主通道、楼梯口和电梯轿厢	视频监控装置	宜
		门卫室	紧急报警装置	宜
		周边	电子巡查装置	宜
9	学校宾馆、招待所	出入口	视频监控装置	应
		客房通道、楼梯口、电梯轿厢	视频监控装置	应
10	机动车停车库（场）	出入口	视频监控装置	应
		内部		
11	非机动车集中存放场所		视频监控装置	宜

ICS 13.310
A 91

中华人民共和国国家标准

GB/T 31070.1—2014

楼寓对讲系统
第1部分:通用技术要求

Building intercom systems—Part 1: General technical requirements

2014-12-22 发布

2015-06-01 实施

中华人民共和国国家质量监督检验检疫总局
中国国家标准化管理委员会 发布

前　言

GB/T 31070《楼寓对讲系统》分为4个部分：

——第1部分：通用技术要求；

——第2部分：全数字系统技术要求；

——第3部分：高安全性系统技术要求；

——第4部分：应用指南。

本部分为GB/T 31070的第1部分。

本部分按照GB/T 1.1—2009给出的规则起草。

请注意本文件的某些内容可能涉及专利。本文件的发布机构不应承担识别这些专利的责任。

本部分由中华人民共和国公安部提出。

本部分由全国安全防范报警系统标准化技术委员会(SAC/TC 100)归口。

本部分起草单位：公安部第三研究所、公安部第一研究所、厦门立林科技有限公司、深圳市视得安罗格朗电子股份有限公司、厦门狄耐克电子科技有限公司、福建省冠林科技有限公司、中山市奥敏电子有限公司、国家安全防范报警系统产品质量监督检验中心(上海)、国家安全防范报警系统产品质量监督检验中心(北京)。

本部分主要起草人：戎玲、汤光耀、孙玉丽、施巨岭、张达勇、解桂秋、庄伟、张济国、史源、缪希仁、段亚军、黄跃平、陈谧、陈平。

楼寓对讲系统
第1部分:通用技术要求

1 范围

GB/T 31070的本部分规定了楼寓对讲系统的组成、功能要求、性能要求、试验方法和检验规则等通用技术要求。

本部分适用于安装在住宅和商业建筑的楼寓对讲系统(以下简称系统)。

2 规范性引用文件

下列文件对于本文件的应用是必不可少的。凡是注日期的引用文件,仅注日期的版本适用于本文件。凡是不注日期的引用文件,其最新版本(包括所有的修改单)适用于本文件。

GB/T 2828.1—2012 计数抽样检验程序 第1部分:按接收质量限(AQL)检索的逐批检验抽样计划

GB/T 2829—2002 周期检验计数抽样程序及表(适用于对过程稳定性的检验)

GB 4208 外壳防护等级(IP代码)

GB 9254—2008 信息技术设备的无线电骚扰限值和测量方法

GB/T 15211—2013 安全防范报警设备 环境适应性要求和试验方法

GB 16796—2009 安全防范报警设备安全要求和试验方法

GB/T 20138 电器设备外壳对外界机械碰撞的防护等级(IK代码)

GB/T 30148—2013 安全防范报警设备 电磁兼容抗扰度要求和试验方法

ITU-T P.50 仿真语音

ITU-T P.51—1996 仿真嘴

ITU-T P.57—2011 人工耳

ITU-T P.79—2007 电话机响度评定值(LRs)的计算

ITU-T P.501 电话测量用测试信号

3 术语、定义和缩略语

3.1 术语和定义

下列术语和定义适用于本文件。

3.1.1

楼寓对讲系统 building intercom system (BIS)

用于住宅及商业建筑,具有选呼、对讲、可视(如有)等功能,并能控制开锁的电子系统。

3.1.2

访客呼叫机 visitor call unit (VCU)

安装在受控建筑入口处,能选呼用户接收机和管理机,并能实现对讲、摄像(如有)和控制开锁的装置。

3.1.3

用户接收机　user receiver unit (URU)

能被访客呼叫机或管理机选呼，实现对讲、可视（如有），并能控制访客呼叫机开锁的装置。

3.1.4

管理机　management unit (MU)

一种供管理员使用的，能与访客呼叫机、用户接收机双向选呼、对讲，并能控制访客呼叫机开锁的装置。

3.1.5

辅助装置　auxiliary device

用于辅助实现楼寓对讲系统相关功能的装置，如用于系统的通信传输、远程控制、与第三方设备接口集成等。

3.1.6

全程响度评定值　overall loudness rating (OLR)

从发送端嘴参考点到接收端耳参考点之间通道的响度度量值，单位为 dB。

3.1.7

全程灵敏度/频率特性　overall sensitivity/frequency characteristics

接收端耳参考点的声压相对于发送端嘴参考点的激励声压的增益，单位为 dB，它是频率的函数。

3.1.8

音频失真　acoustic distortion

接收端声信号因系统非线性及噪声而引起的失真，以百分比（%）表示。

3.1.9

通道信噪比　channel S/N

在发送端标称声压的激励下，接收端接收的信号与噪声的声压比，单位为 dB。

3.1.10

侧音掩蔽评定值　sidetone masking rating (STMR)

考虑人头对侧音的掩蔽效应后的侧音响度的度量，单位为 dB。

3.1.11

空闲信道噪声　idle channel noise

信道建立通话后，当无测试信号传输时在接收端测得的噪声，单位为 dB(A)。

3.1.12

响度评定值保护环位置　loudness rating guard-ring position (LRGP)

测量系统响度评定值时，管理机或用户接收机手柄与仿真嘴的相对位置。

3.1.13

仿真嘴　artificial mouth

一种符合 ITU-T P.51—1996 中第 5 章要求的模拟发声装置。

3.1.14

仿真耳　artificial ear

一种符合 ITU-T P.57—2011 中 Type1 要求的装置。

3.1.15

单地址楼寓对讲系统　single-address building intercom system

一种所有的用户接收机共用一个地址的楼寓对讲系统。

3.1.16

多地址楼寓对讲系统　multi-address building intercom system

一种供多用户使用的楼寓对讲系统，系统中有两个或两个以上地址，且每一个地址可以有一台或多台用户接收机共享。

3.2　缩略语

下列缩略语适用于本文件。

EUT：受试设备（Equipment Under Test）

MRP：嘴参考点（Mouth Reference Point）

4　典型楼寓对讲系统组成

4.1　单地址楼寓对讲系统

单地址楼寓对讲系统（以下简称单地址系统）由访客呼叫机、用户接收机、电源及可能需要的辅助设备组成，如图1所示。图中的访客呼叫机和用户接收机均可以是一台或多台，所有用户接收机共享同一个地址。

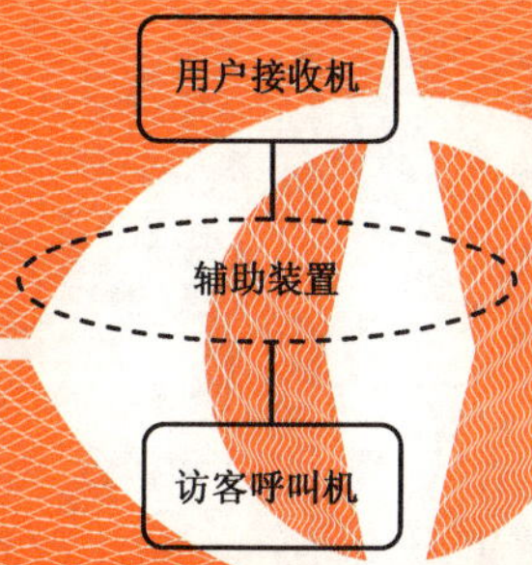

图1　单地址系统组成示意图

4.2　多地址楼寓对讲系统

多地址楼寓对讲系统（以下简称多地址系统）由访客呼叫机、用户接收机、电源及可能需要的辅助设备组成，如图2所示。图中的访客呼叫机可以是一台或多台，每一个地址可以有一台或多台用户接收机共享。

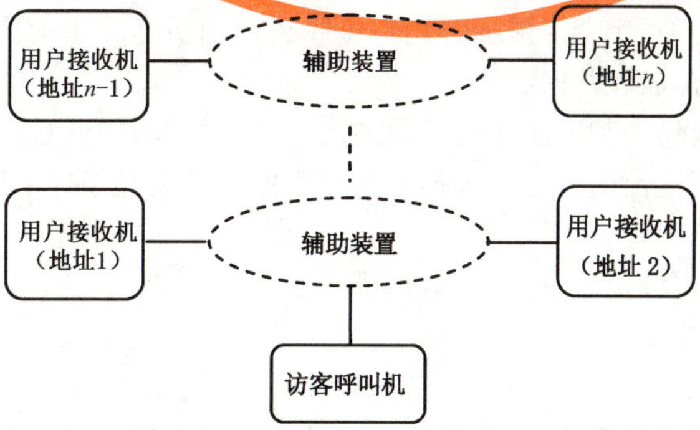

图2　多地址系统组成示意图

4.3 组合楼寓对讲系统

组合楼寓对讲系统(以下简称组合系统)由单地址系统和/或多地址系统与管理机组成,必要时增加相应的辅助装置,如图3所示。

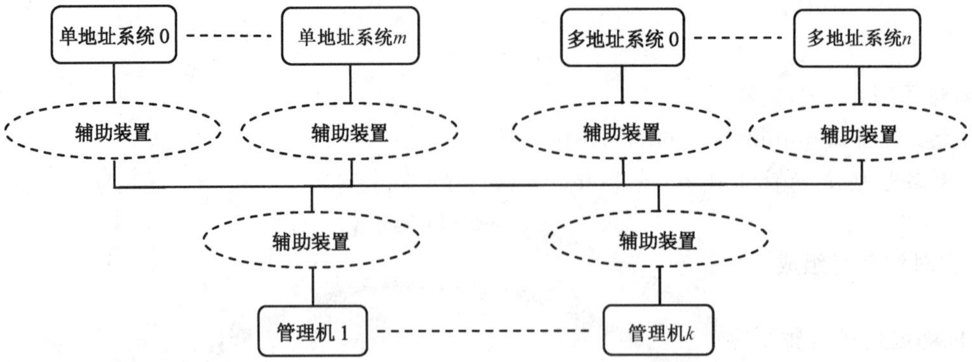

注:m 为单地址系统个数,n 为多地址系统个数,k 为管理机台数。m、n 不能同时为0。

图3 组合系统组成示意图

5 功能要求

5.1 基本功能要求

5.1.1 未配置管理机的系统功能要求

5.1.1.1 呼叫

访客呼叫机应能呼叫用户接收机。呼叫过程中,访客呼叫机应有听觉和/或视觉的提示;用户接收机收到呼叫信号后,应能发出听觉和/或视觉的提示。

5.1.1.2 对讲

系统应具有双向通话功能,对讲语音应清晰、连续且无明显漏字。系统应限制通话时长以避免信道被长时间占用。

5.1.1.3 开锁

系统应具有电控开锁功能,用户应能通过用户接收机识别访客并手动控制开锁。

系统也可以通过以下方式实现开锁:

——访客呼叫机可以提供一种方法让有权限的用户直接开锁,如通过密码、感应卡或其他方式。

——出门按键或开关所发出的信号。根据不同等级的安全防范要求,出门按键可以是简单的开关或是复杂的密码开关等。

——其他信号,如火灾告警信号、楼寓疏散信号等。

5.1.1.4 夜间操作

访客呼叫机应能提供夜间按键背光、摄像头自动补光功能,方便使用者夜间操作。

5.1.1.5 可视

具有可视功能的用户接收机应能显示由访客呼叫机摄取的图像。

5.1.1.6 操作指示

系统应有操作信息的提示。

注：访客呼叫机应有明确的呼叫操作指示或标识，访客呼叫机在操作过程中和开锁时应能提供听觉和/或视觉的提示。

5.1.1.7 防窃听功能

访客呼叫机和用户接收机建立通话后，语音不应被系统中其他用户接收机窃听。

5.1.1.8 门开超时告警

当系统电控开锁控制的门体开启时间超过系统预设的时间时，应有告警提示信息。

5.1.1.9 防拆

当访客呼叫机被人为移离安装表面时，应立即发出本地听觉告警提示。

5.1.2 配置管理机的系统功能要求

除应符合 5.1.1 中的要求外，配置管理机的系统还应符合以下要求：

a) 管理机应能选呼用户接收机，访客呼叫机和用户接收机应能呼叫管理机，多台管理机之间应能正确选呼。所有呼叫应有相应的呼叫和应答提示信号，提示信号可以是听觉和/或视觉的。
b) 管理机应具有与访客呼叫机、用户接收机对讲功能，多台管理机之间应具有对讲功能。
c) 管理机应能控制访客呼叫机实施电控开锁。
d) 具有可视功能的管理机应能显示访客呼叫机摄取的图像。
e) 当管理机与访客呼叫机、用户接收机通话时，语音不应被系统中其他用户接收机窃听。

5.2 扩展功能要求

系统宜提供以下扩展功能：

a) 当访客呼叫机处于非安全状态(如门开超时、防拆开关触发等)超过预设时间时，管理机具有告警提示信息；
b) 系统具有发送图文信息到用户接收机的功能；
c) 管理机具有记录访客呼叫机通行事件的功能，记录应至少包括时间、日期和事件内容，应具有权限管理功能。

6 性能要求

6.1 音频特性

6.1.1 全程响度评定值(OLR)

在 200 Hz～4 000 Hz 范围内的全程响度评定值应满足下列要求：

a) 访客呼叫机端：20^{+10}_{-5} dB；
b) 采用免提通话方式的用户接收机、管理机端：23^{+10}_{-5} dB；
c) 采用手柄通话方式的用户接收机、管理机端：15±5 dB。

6.1.2 全程灵敏度/频率特性

在 500 Hz～3 400 Hz 范围内的典型曲线及允差范围应满足下列要求：

a) 访客呼叫机、采用免提通话方式的用户接收机和管理机端：典型曲线为图 4 中虚线，允差范围为图 4 中实线；

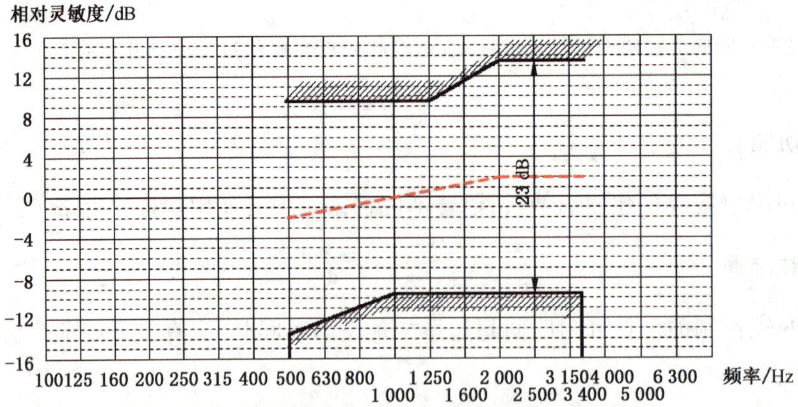

图 4 全程灵敏度/频率特性模板——免提端

b) 采用手柄通话方式的用户接收机和管理机端：典型曲线为图 5 中虚线，允差范围为图 5 中实线。

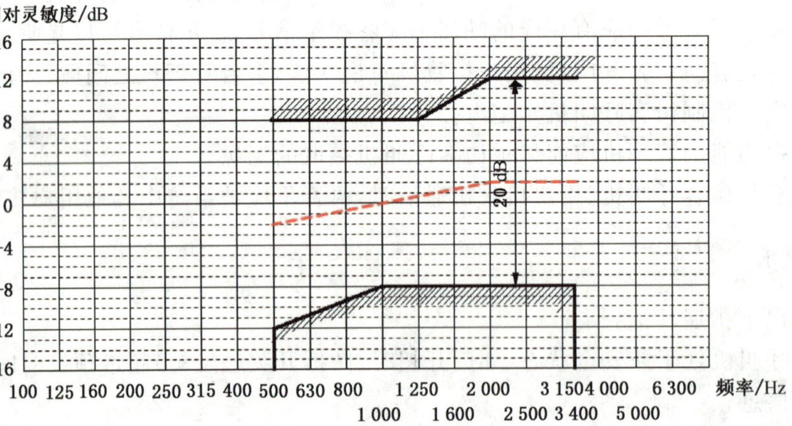

图 5 全程灵敏度/频率特性模板——手柄端

6.1.3 音频失真

当激励声压为 0 dBPa 时，音频失真满足下列要求：

a) 访客呼叫机、采用免提通话方式的用户接收机和管理机端：应不大于 10%；

b) 采用手柄通话方式的用户接收机和管理机端：应不大于 7%。

6.1.4 通道信噪比

当激励声压为 0 dBPa 时，通道信噪比满足下列要求：

a) 访客呼叫机、采用免提通话方式的用户接收机和管理机端：应不小于 25 dB；

b) 采用手柄通话方式的用户接收机和管理机端：应不小于 30 dB。

6.1.5 侧音掩蔽评定值(STMR)

采用手柄方式通话时，手柄端的侧音掩蔽评定值应不小于 5 dB。

6.1.6 空闲信道噪声

空闲信道噪声满足下列要求：

a) 访客呼叫机端、采用免提通话方式的用户接收机和管理机端：应不大于 45 dB(A)；

b) 采用手柄通话方式的用户接收机和管理机端：应不大于 48 dB(A)。

6.1.7 振铃声压

振铃声压应不小于 73 dB(A)且不大于 106 dB(A)。

6.2 视频特性

6.2.1 图像分辨力

图像分辨力满足下列要求：

a) 黑白图像分辨力：应不小于 250 TVL；

b) 彩色图像分辨力：显示屏小于 4.0 in 时，应不小于 130 TVL；显示屏不小于 4.0 in 时，应不小于 220 TVL。

注：1 in=0.025 4 m。

6.2.2 灰度等级

灰度等级应不小于 8 级。

6.2.3 色彩还原性

对于彩色可视系统，显示图像的颜色与被拍摄物对比，在同等色温环境下应无明显偏色。

6.2.4 环境照度适应性

在环境照度 0.5 lx 时，系统的图像分辨力应满足 6.2.1 的要求。

6.3 电源电压适应性要求

系统的电源电压在 GB/T 30148—2013 中 7.3.3 规定的范围内变化时，系统功能应正常。

6.4 环境适应性要求

6.4.1 根据使用环境的严酷程度不同，访客呼叫机、用户接收机、管理机、电源和辅助装置的环境适应性分为三个等级，见表 1。

表 1 环境适应性要求

项目	Ⅰ级		Ⅱ级		Ⅲ级	
	额定值	试验时间	额定值	试验时间	额定值	试验时间
高温试验（工作状态）	+55 ℃	16 h	+70 ℃	16 h	+70 ℃	16 h
	用户接收机、管理机和安装在室内的辅助装置：+55 ℃ 16 h					
低温试验（工作状态）	−10 ℃	16 h	−25 ℃	16 h	−40 ℃	16 h
	用户接收机、管理机和安装在室内的辅助装置：−10 ℃ 16 h					

表 1（续）

项目	Ⅰ级		Ⅱ级		Ⅲ级	
	额定值	试验时间	额定值	试验时间	额定值	试验时间
恒定湿热试验（工作状态）	+40 ℃ 相对湿度 93%	96 h	+40 ℃ 相对湿度 93%	96 h	+40 ℃ 相对湿度 93%	96 h
正弦振动试验（工作状态）	频率 10 Hz～150 Hz 加速度 2 m/s^2 扫频速率 1 oct/min 三轴向各 1 个循环	—	频率 10 Hz～150 Hz 加速度 5 m/s^2 扫频速率 1 oct/min 三轴向各 1 个循环	—	频率 10 Hz～150 Hz 加速度 5 m/s^2 扫频速率 1 oct/min 三轴向各 1 个循环	—

6.4.2 在承受各项气候和机械环境试验后，系统各设备应无任何电气故障、结构变形或接触不良现象。每项试验中及试验后系统功能均应正常。

6.5 安全性要求

6.5.1 电气安全性

6.5.1.1 抗电强度

系统各组成设备的电源插头或电源引入端与外壳裸露金属部件之间应能承受 GB 16796—2009 中表 1 规定的抗电强度试验，历时 1 min 应无击穿和飞弧现象。

6.5.1.2 绝缘电阻

系统各组成设备的电源插头或电源引入端与外壳裸露金属部件之间的绝缘电阻，在湿热条件下应不小于 5 MΩ。

6.5.1.3 泄漏电流

交流供电的系统各组成设备，泄漏电流应不大于 5 mA(AC、峰值)。

6.5.2 故障条件下的防护

6.5.2.1 在易于导致系统损坏的故障条件下，系统各组成部分均不应引起燃烧，也不应使设备内部电路损坏。系统应能保证用户的安全但允许损失部分功能。

6.5.2.2 用户接收机发生任何故障均不应影响由辅助装置与之隔离的其他用户接收机工作。

6.6 电磁兼容要求

6.6.1 电磁抗扰度要求

系统应能承受 GB/T 30148—2013 中规定的以下电磁干扰的影响：

a) 电源电压暂降和短时中断抗扰度；

b) 静电放电抗扰度；

c) 射频电磁场辐射抗扰度；

d) 射频场感应的传导骚扰抗扰度；

e) 电快速瞬变脉冲群抗扰度；

f) 浪涌(冲击)抗扰度。

6.6.2 电磁骚扰要求

6.6.2.1 传导连续骚扰

符合 GB 9254—2008 中第 5 章 Class B 的限值要求。

6.6.2.2 辐射连续骚扰

符合 GB 9254—2008 中第 6 章 Class B 的限值要求。

6.7 标志和机械结构要求

6.7.1 标志

系统设备的标志满足以下要求:

a) 系统中的设备应有清晰、永久的标志。标志应包括以下内容:
——制造厂名称或公司名称;
——产品型号;
——序列号或批号;
——电源额定值,即正常工作电压、电流和频率(可选);
——电路保护电流(可选)。

如果无法在产品本体上标识上述内容,则应在使用说明书中给出。产品的生产日期可以在产品的包装中给出;

b) 手动控制装置应有清晰的用途标识;接线端子附近应有字母或数字的标识;连线应有编号、颜色或其他的标识。

c) 标志应具有耐擦性,按照 7.9.1.2 的方法进行耐擦性试验。擦拭后,标志应仍清楚可辨,标牌应不能被轻易揭掉,而且不得出现卷边。

6.7.2 机械结构

系统各组成部分的机械结构满足下列要求:

a) 按键、开关等类似部件应便于用户操作;

b) 按键、开关等类似部件操作应灵活可靠,正常使用情况下零部件应紧固无松动,不会造成危险;

c) 系统安装后,在正常使用情况下,访客呼叫机、用户接收机和管理机的接线端子应不能被用户接触到。

6.7.3 外壳防护能力

6.7.3.1 外壳防护等级

系统各组成部分的外壳防护能力等级应符合以下要求:

a) 用户接收机、管理机、电源和室内安装的辅助装置,外壳防护能力应符合 GB 4208 中 IP30 的规定;

b) 访客呼叫机和室外安装的辅助装置,外壳防护能力按使用环境的严酷等级分为三个等级:
——Ⅰ级:符合 GB 4208 中 IP33 要求;
——Ⅱ级:符合 GB 4208 中 IP44 要求;
——Ⅲ级:符合 GB 4208 中 IP54 要求。

6.7.3.2 外壳抗破坏能力

访客呼叫机外壳宜具有抗破坏能力。按产品说明正常安装后，具有抗破坏能力的访客呼叫机应满足下列要求：

a) 符合外壳防护等级Ⅱ级要求。

b) 符合 GB/T 20138 中 IK07 要求。

c) 能抵御 1 min 以内的破坏行为并能正常工作，破坏行为包括以下情况：

——用螺丝刀把设备卸下；

——将设备拉出；

——将按键拔出；

——将按键塞死；

——用螺丝刀破坏；

——用打火机烧。

d) 对带糖碳酸饮料的防护。

7 试验方法

7.1 试验条件

7.1.1 试验环境条件

试验环境条件为：

——温度：15 ℃～35 ℃；

——相对湿度：25%～75%；

——大气压力：86 kPa～106 kPa。

7.1.2 电气连接

EUT 应按制造商推荐的方法进行连接构成试验基本配置，EUT 的配置应满足实现系统功能的要求。

7.2 功能检查

按 7.1.2 搭建完整的系统，按产品说明书操作，逐项检查系统功能，判定试验结果是否符合第 5 章的要求。

7.3 音频特性试验

见附录 A。

7.4 视频特性试验

见附录 B。

7.5 电源电压适应性试验

按 GB/T 30148—2013 中第 7 章规定的方法进行，判定试验结果是否符合 6.3 的要求。

7.6 环境适应性试验

按 GB/T 15211—2013 规定的方法进行，判定试验结果是否符合 6.4.2 的要求。

7.7 安全性试验

7.7.1 电气安全性试验

7.7.1.1 抗电强度

对于承受交流电压应力的绝缘，按 GB 16796—2009 中 5.4.3 的规定方法进行试验。对于承受直流电压应力的绝缘，用直流电压进行试验。判定试验结果是否符合 6.5.1.1 的要求。

注：如果可能发生电晕、电离、充电效应或类似的效应，建议用直流试验电压。

7.7.1.2 绝缘电阻

按 GB 16796—2009 中 5.4.4.1 的规定方法进行，判定试验结果是否符合 6.5.1.2 的要求。

7.7.1.3 泄漏电流

按 GB 16796—2009 中 5.4.6 的规定进行试验，判定试验结果是否符合 6.5.1.3 的要求。

7.7.2 故障条件下的防护试验

7.7.2.1 对系统各组成设备依次施加如下故障试验：

a) 电源极性反接；

b) 输出端短路；

c) 引线间互相接错或引线碰到电源端。

试验中如有故障则试验 2 min；如无故障则试验 10 min 以上，最长不超过 4 h。判定试验结果是否符合 6.5.2.1 的要求。

7.7.2.2 对于多地址系统和组合系统，人为短接任一用户接收机输入端的传输线造成用户接收机故障时，测试同一系统中由辅助装置隔离的其他非故障回路的功能，判定试验结果是否符合 6.5.2.2 的要求。

7.8 电磁兼容

7.8.1 电磁抗扰度试验

7.8.1.1 按 GB/T 30148—2013 规定的方法进行。电快速瞬变脉冲群抗扰度试验时，应分别在 EUT 待机状态、通话状态、拨号状态下进行试验。其他试验应分别在 EUT 通话状态和待机状态下进行。

7.8.1.2 试验中允许 EUT 具有指示功能的显示灯闪烁，不允许有啸叫及状态改变现象发生。在通话状态下不允许发生用户明显感知的通话质量下降、中断现象。具有显示功能的 EUT，试验期间显示屏不允许出现影响用户使用的显示异常状况。

7.8.2 电磁骚扰试验

7.8.2.1 传导连续骚扰试验

按 GB 9254—2008 中第 9 章的方法进行，判定试验结果是否符合 GB 9254—2008 中第 8 章的要求。

7.8.2.2 辐射连续骚扰试验

按 GB 9254—2008 中第 10 章的方法进行，判定试验结果是否符合 GB 9254—2008 中第 8 章的要求。

7.9 标志和机械结构试验

7.9.1 标志检查

7.9.1.1 检查系统中各设备的标志，判定是否符合 6.7.1 中 a)、b)的要求。

7.9.1.2 对标志进行耐擦性试验，用一块浸有水的布手动擦拭 15 s，再用一块浸有溶剂油的布手动擦拭 15 s。判定试验结果是否符合 6.7.1c)的要求。

注：试验用溶剂油是脂肪族(无环)溶剂己烷，其最大芳香烃的体积百分比含量约为 0.1%，贝壳松脂丁醇(溶解溶液)值约为 29，初始沸点值约为 65 ℃，干涸点值约为 69 ℃，比重约为 0.7 kg/L。

7.9.2 机械结构试验

目视检查，并用以下轴向力进行人工测试，试验时应确保 EUT 无移动：

a) 15 N，非常规轴向；

b) 30 N，常规轴向力持续 1 min。

注：此测试只针对可能出现问题的部件进行，对弱电设备基本不要求。

7.10 外壳防护能力试验

7.10.1 外壳防护等级试验

按 GB 4208 规定的方法进行，判定试验结果是否符合 6.7.3.1 的要求。

7.10.2 外壳抗破坏能力试验

对具有抗破坏能力的访客呼叫机外壳进行如下试验：

a) 按 GB 4208 规定的方法进行 IP 等级试验。

b) 按 GB/T 20138 规定的方法进行 IK 等级试验，撞击应针对主要操控部件。

c) 对于破坏行为试验，EUT 应按生产商的说明安装在增加牢固性的底座上进行测试，每一项测试应由一个人操作。测试可用以下一种或几种工具进行：

——直径 4 mm 和 7 mm，长度 60 mm～200 mm 的 2 种常规的螺丝刀；

——常规的钳子；

——常规的打火机。

试验 1：尝试卸下螺丝；

试验 2：尝试拉出设备；

试验 3：尝试拉出按键；

试验 4：尝试把按键塞死；

试验 5：尝试用螺丝刀破坏；

试验 6：尝试用打火机破坏。

d) 用 0.33 L 的罐装碳酸饮料淋湿设备。

倒 1/2 罐饮料在 EUT 上，然后倒另外 1/2 罐饮料在 EUT 下方，使溅起的水滴在 EUT 上。

若进行以上试验时发生任何选用的测试工具损坏则视为测试通过，继续进行下一项测试。在进行所有防破坏测试后，检查访客呼叫机的功能，判定试验结果是否符合 6.7.3.2 的要求。

8 说明文件

说明文件应足以确保系统设备的正确安装、操作和维护、运输和贮存。说明文件应包括但不仅限于以下内容：

——制造商或供应商的名称；

——设备的用途；

——设备符合的标准；

——设备的功能；

——环境适应性等级；

——IP 等级和 IK 等级；

——安装说明，包括线缆类型和极限长度；

——操作和维护说明；

——运输和贮存条件说明。

9 检验规则

9.1 检验分类

9.1.1 鉴定检验

如有下列情况之一时，应进行鉴定检验：

a) 产品新设计试生产或产品定型鉴定时；

b) 转产或转厂；

c) 停产后复产；

d) 结构、材料或工艺有重大变更，可能影响产品性能时；

e) 出厂检验结果与上次鉴定检验结果有明显差异时。

9.1.2 质量一致性检验

质量一致性检验包括：

a) A 组检验(逐批)：交收产品时，全数检验；

b) B 组检验(逐批)：交收产品时，抽样检验；

c) C 组检验(周期)：每半年进行一次，受试样品从交收检验合格批中随机抽取；

d) D 组检验(周期)：每年进行一次。

9.2 试验项目和顺序

各类检验的试验项目、试验方法、技术要求及不合格分类按表 2 规定。

表 2 试验项目和顺序

序号	试验项目	技术要求	试验方法	不合格分类	鉴定检验	质量一致性检验			
						A 组	B 组	C 组	D 组
1	功能	5.1～5.2	7.2	B	√	√	√	√	√
2	全程响度评定值	6.1.1	A.2	B	√		√	√	√
3	全程灵敏度/频率特性	6.1.2	A.3	B	√		√	√	√
4	音频失真	6.1.3	A.4	C	√		√	√	√
5	通道信噪比	6.1.4	A.5	C	√		√	√	√

表 2（续）

序号	试验项目	技术要求	试验方法	不合格分类	鉴定检验	质量一致性检验			
						A组	B组	C组	D组
6	侧音掩蔽评定值	6.1.5	A.6	B	√		√	√	√
7	空闲信道噪声	6.1.6	A.7	B	√		√	√	√
8	振铃声压	6.1.7	A.8	B	√		√	√	√
9	图像分辨力	6.2.1	B.3	B	√		√	√	√
10	灰度等级	6.2.2	B.4	B	√		√	√	√
11	色彩还原性	6.2.3	B.5	C	√		√	√	√
12	环境照度适应性	6.2.4	B.6	B	√				√
13	电源电压适应性	6.3	7.5	B	√	√	√	√	√
14	环境适应性	6.4	7.6	B	√			√	√
15	安全性	6.5	7.7	A	√	√	√	√	√
16	电磁兼容	6.6	7.8	B	√				√
17	标志	6.7.1	7.9.1	C	√	√	√	√	√
18	机械结构	6.7.2	7.9.2	B	√		√	√	√
19	外壳防护能力	6.7.3	7.10	B	√			√	√

9.3 组批规则

交付检验的组批应由同一生产批的产品构成。

9.4 抽样规则

9.4.1 鉴定检验

鉴定检验的受试样品应不少于 3 套，随机抽样。

9.4.2 质量一致性检验

质量一致性检验抽样规则为：

a） A 组检验为全数检验；

b） B 组检验的样品从 A 组检验的合格批中按 GB/T 2828.1—2012 规定的数量随机抽取；

c） C 组和 D 组检验的样品从 A 组、B 组检验的合格批中按 GB/T 2829—2002 规定的数量随机抽取。

9.5 判定规则

检验结果的判定规则应符合如下要求：

a） 按表 2 规定的试验项目、试验方法、技术要求及不合格分类判定样品是否合格，如有一项 A 类不符合要求则判为不合格品。

b） 全数检验的样品应全部合格，对抽样检验的样品不合格数小于或等于合格判定数，则判为批合格；不合格数大于合格判定数，则判为批不合格。

c) 如无特殊规定，A组和B组一般采用GB/T 2828.1—2012中正常检验二次抽样方案一般水平Ⅱ；在B组检验中，B类不合格品的接收质量限(AQL)为1.0，C类不合格品的接收质量限(AQL)为2.5。C组、D组和鉴定检验采用GB/T 2829—2002中判别水平Ⅱ的一次抽样方案。在C组、D组和鉴定检验中，B类不合格品的不合格质量水平(RQL)为20，C类不合格品的不合格质量水平(RQL)为25。

d) 一般情况下，按上述规定检验。在连续批的逐批检验中，若接收质量限保持较好或较差时，应按GB/T 2828.1—2012规定的转移规则进行放宽检查或加严检查。

9.6 不合格品的处置

9.6.1 发现由于A类不合格品导致批不合格时应立即停止检验，并在相应范围内采取有效纠正措施，消除A类不合格品的因素后再交检验。如涉及已出厂产品，应立即通知使用单位运回返修或到使用单位修理。

9.6.2 对判为合格批中的不合格品应由制造厂调换或修复成合格品。

9.6.3 B组、C组或D组检验不合格时，其代表批的产品应停止检验，分析原因，消除不合格因素后再提交检验。

9.7 批的再提交

批检验不合格时，经修理、调试、检验合格后，再次随机抽取规定数量的样品提交检验。

若仍为不合格，则可拒收，待查原因，采取措施通过新的周期试验后，才可恢复正常生产和交收试验。

附　录　A
（规范性附录）
音频特性试验

A.1　试验条件

试验条件满足以下要求：

a）如无特殊说明，试验场地的环境噪声应不大于 40 dB(A)。

b）测试信号可采用 ITU-T P.50 中规定的仿真语音信号，推荐采用 ITU-T P.501 中规定的中文语音信号。除非另有说明，测试报告中应注明所采用的测试信号类别。

c）采用手柄方式通话的用户接收机和管理机的手柄应按响度评定值保护环位置（LRGP）固定在测试夹具上，耳承与仿真耳紧耦合。

d）访客呼叫机、采用免提方式通话的用户接收机和管理机应按制造商的安装说明要求固定在一块挡板（无缝硬木板）上，EUT 各边缘距离硬木板边缘均应不小于 20 cm；仿真嘴唇圈中心、标准半英寸自由场传声器中心距 EUT 外壳表面中心轴向正前方 10 cm。

e）如无特殊说明，对于通话音量可调的 EUT，试验时应将通话音量设置在满足全程响度评定值要求的出厂默认值。

f）访客呼叫机、用户接收机和管理机之间建立通话后，EUT 之间的试验环境应能确保声音不致互相影响。

A.2　全程响度评定值试验

A.2.1　嘴参考点声压 P_m 的测量

按图 A.1 在自由声场条件下进行校准。将标准半英寸声压型传声器以 90°入射方向安放在仿真嘴唇圈正前方 25 mm 处（MRP 位置）进行测量，音频信号发生器产生 P.501 或 P.50 测试信号激励仿真嘴。将 MRP 处采集的声信号在整个校准信号序列内进行平均，调节测试信号幅度，使 MRP 处测得的声压 P_m 为－4.7 dBPa。

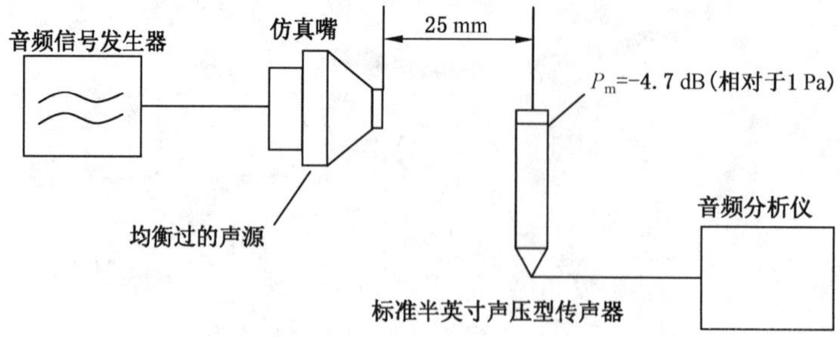

图 A.1　嘴参考点声压 P_m 的测量

A.2.2 访客呼叫机端、采用免提方式通话的用户接收机和管理机端输出声压 P_o 的测量

A.2.2.1 发送端为采用手柄方式通话的用户接收机或管理机

在图 A.1 中移去传声器，保持仿真嘴输出的测试信号不变，EUT 按图 A.2 连接。按 1/3 倍频程频率间隔，测量并记录访客呼叫机端、采用免提方式通话的用户接收机或管理机端在 200 Hz～4 000 Hz 范围内各频率点的声压 P_o。

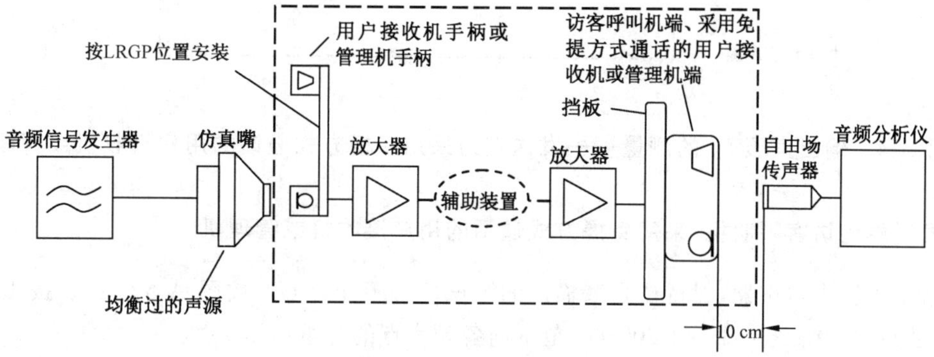

图 A.2 输出声压 P_o 的测量——发送端为采用手柄方式通话的用户接收机或管理机

A.2.2.2 发送端为访客呼叫机、采用免提方式通话的用户接收机或管理机

在图 A.1 中移去传声器，保持仿真嘴输出的测试信号不变，EUT 按图 A.3 连接。按 1/3 倍频程频率间隔，测量并记录访客呼叫机端、采用免提方式通话的用户接收机或管理机端在 200 Hz～4 000 Hz 范围内各频率点的声压 P_o。

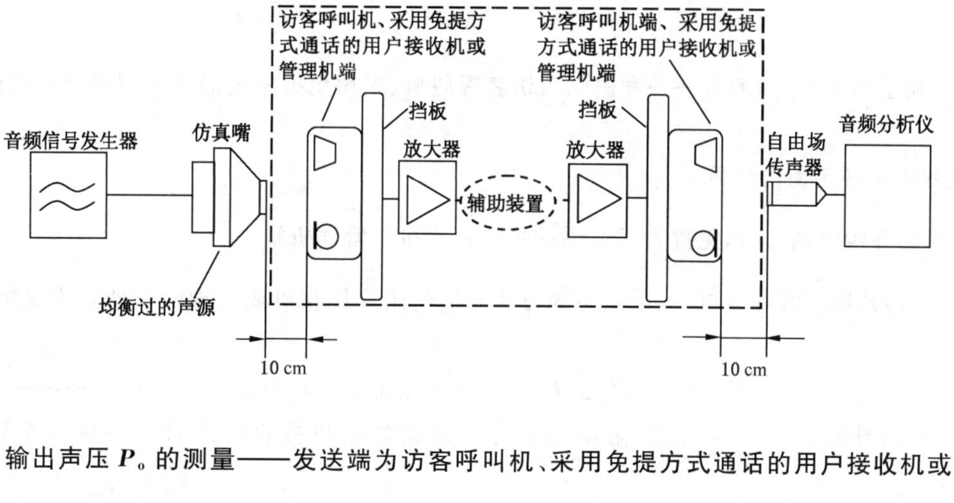

图 A.3 输出声压 P_o 的测量——发送端为访客呼叫机、采用免提方式通话的用户接收机或管理机

A.2.3 采用手柄方式通话的用户接收机或管理机手柄端耳承输出声压 P_e 的测量

A.2.3.1 发送端为采用手柄方式通话的用户接收机或管理机

在图 A.1 中移去传声器，保持仿真嘴输出的测试信号不变，EUT 按图 A.4 连接。按 1/3 倍频程频率间隔，测量并记录在 200 Hz～4 000 Hz 范围内各频率点的耳承声压 P_e。

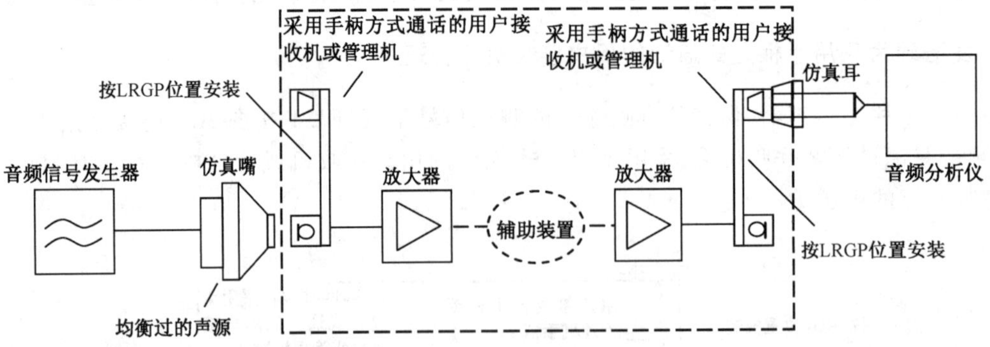

图 A.4　输出声压 P_e 的测量——发送端为采用手柄方式通话的用户接收机或管理机

A.2.3.2　发送端为访客呼叫机、采用免提方式通话的用户接收机或管理机

在图 A.1 中移去传声器，保持仿真嘴输出的测试信号不变，EUT 按图 A.5 连接。按 1/3 倍频程频率间隔，测量并记录在 200 Hz～4 000 Hz 范围内各频率点的耳承声压 P_e。

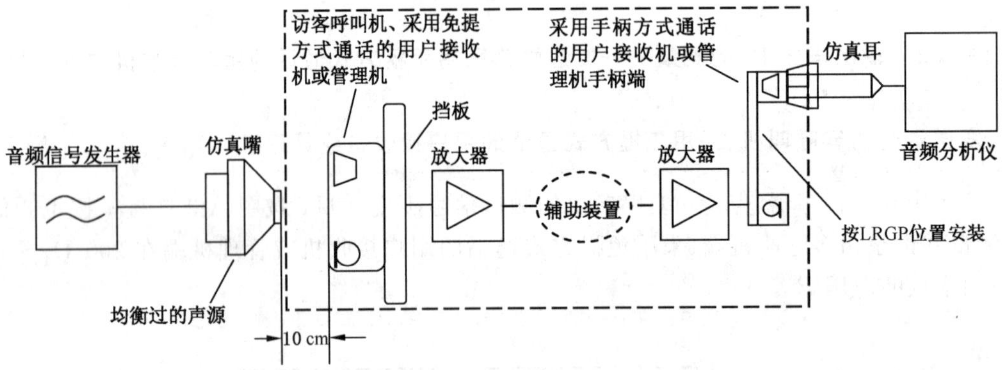

图 A.5　输出声压 P_e 的测量——发送端为访客呼叫机、采用免提方式通话的用户接收机或管理机

A.2.4　全程响度评定值的计算

A.2.4.1　访客呼叫机端、采用免提方式通话的用户接收机或管理机端

按式(A.1)计算访客呼叫机端、采用免提方式通话的用户接收机或管理机端的全程灵敏度/频率特性 S_{ro}：

$$S_{ro}=20\lg(P_o/P_m)\text{dB}(相对于 1\ \text{Pa/Pa}) \quad\cdots\cdots(\text{A.1})$$

按式(A.2)计算访客呼叫机端、采用免提方式通话的用户接收机或管理机端的全程响度评定值 OLR：

$$\text{OLR}=-\frac{10}{m}\times\lg\sum_{i=4}^{17}10^{\frac{m}{10}(S_{ro}-W_{oi})} \quad\cdots\cdots(\text{A.2})$$

式中：

W_{oi}——计算 OLR 的加权系数，不同频率的 W_o 见表 A.1；

m ——斜率参数，$m=0.175$。

试验结果应符合 6.1.1a) 和 6.1.1b) 的要求。

表 A.1 不同频率点的 W_o 和 L_E 系数表

频带序号 I	中心频率 Hz	全程加权系数 W_o	耳承声泄漏系数 L_E
4	200	66.1	8.4
5	250	60.7	4.9
6	315	68.5	1.0
7	400	55.6	−0.7
8	500	66.9	−2.2
9	630	63.3	−2.6
10	800	63.4	−3.2
11	1 000	65.3	−2.3
12	1 250	73.1	−1.2
13	1 600	70.1	−0.1
14	2 000	82.0	3.6
15	2 500	78.6	7.4
16	3 150	95.4	6.7
17	4 000	76.9	8.9

A.2.4.2 采用手柄方式通话的用户接收机或管理机端

按式(A.3)计算采用手柄方式通话的用户接收机或管理机端的全程灵敏度/频率特性 S_{re}：

$$S_{re} = 20\ \lg(P_e/P_m)\text{dB}(\text{相对于 1 Pa/Pa}) \quad\cdots\cdots(\text{A.3})$$

按式(A.4)计算手柄方式通话的用户接收机或管理机端的全程响度评定值 OLR：

$$\text{OLR} = -\frac{10}{m} \times \lg \sum_{i=4}^{17} 10^{\frac{m}{10}(S_{re} - W_{oi} - L_{Ei})} \quad\cdots\cdots(\text{A.4})$$

式中：

W_{oi}——计算 OLR 的加权系数，不同频率的 W_o 见表 A.1；

L_{Ei}——为耳承声泄漏系数，不同频率的 L_E 见表 A.1；

m ——斜率参数，$m=0.175$。

试验结果应符合 6.1.1c)的要求。

A.3 全程灵敏度/频率特性试验

A.3.1 访客呼叫机端、采用免提方式通话的用户接收机或管理机端

按 A.2.2 要求进行测量，并按式(A.1)计算访客呼叫机端、采用免提方式通话的用户接收机或管理机端的全程灵敏度/频率特性，记录 P_o 相对于 P_m 的声压波动，在 500 Hz～3 400 Hz 范围内判定是否符合 6.1.2 的要求。

注：频率间隔可用 1/3 倍频程，仲裁时可用 1/12 倍频程。

A.3.2 采用手柄方式通话的用户接收机或管理机端

按 A.2.3 要求进行测量，并按式(A.3)计算采用手柄方式通话的用户接收机或管理机端的全程灵敏度/频率特性，记录 P_e 相对于 P_m 的声压波动，在 500 Hz～3 400 Hz 范围内判定是否符合 6.1.2 的要求。

注：频率间隔可用 1/3 倍频程，仲裁时可用 1/12 倍频程。

A.4 音频失真试验

根据不同的 EUT 配置，按图 A.2～图 A.5 进行测量。不应在 EUT 对测试信号有明显抑制时进行测量。

调整仿真嘴参考点的声压 P_m 为 0 dBPa，驱动声源信号频率为 1 020 Hz。用音频分析仪测量相应端输出信号总声压 P(计算频率带宽为 200 Hz～8 000 Hz)，基波声压 P_1。按式(A.5)计算访客呼叫机端、用户接收机端或管理机端的失真 γ：

$$\gamma=\frac{P-P_1}{P}\times 100\% \qquad \cdots\cdots\cdots\cdots\text{(A.5)}$$

判定试验结果是否符合 6.1.3 要求。

A.5 通道信噪比试验

试验环境噪声应小于 30 dB(A)。根据不同的 EUT 配置，按图 A.2～图 A.5 进行测量。不应在 EUT 对测试信号有明显抑制时进行测量。

调整仿真嘴参考点的声压 P_m 为 0 dBPa，驱动声源信号频率为 1 020 Hz。用音频分析仪测量 EUT 端信号声压和 200 Hz～8 000 Hz 频率范围内的噪声声压。信号声压和噪声声压的分贝数比值为接收端的通道信噪比，以判定试验结果是否符合 6.1.4 的要求。

A.6 侧音掩蔽评定值试验

用户接收机或管理机手柄端的侧音掩蔽评定值按图 A.6 的方法进行测量，并按 ITU-T P.79—2007 中第 7 章规定的方法进行计算，以判定试验结果是否符合 6.1.5 的要求。

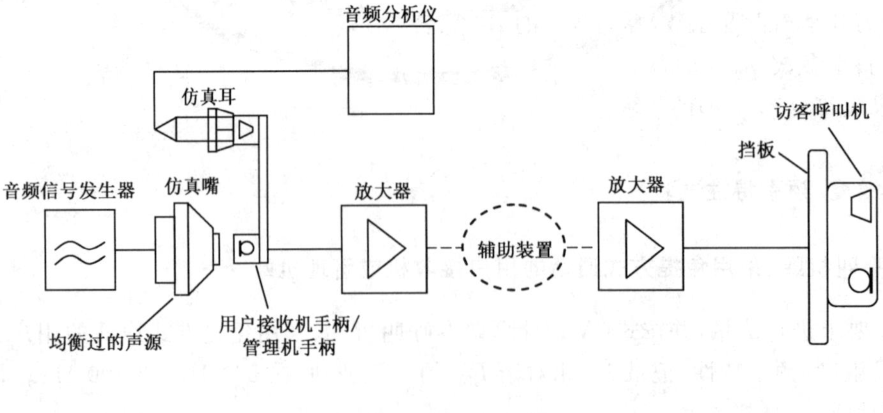

图 A.6 用户接收机或管理机手柄端侧音掩蔽评定值的测量

A.7 空闲信道噪声试验

试验环境噪声应小于 30 dB(A)。根据不同的 EUT 配置,按图 A.2～图 A.5 进行测量。用音频分析仪测量,并用 A 计权在 200 Hz～8 000 Hz 频率范围内计算相应接收端空闲状态的噪声信号声压,以判定试验结果是否符合 6.1.6 的要求。

A.8 振铃声压试验

EUT 按图 A.7 连接。用声级计在距 EUT 外壳表面中心轴向正前方 0.5 m 处测量振铃声压,以判定试验结果是否符合 6.1.7 的要求。

注：振铃声压如可调,应将振铃音量设置为最大值。

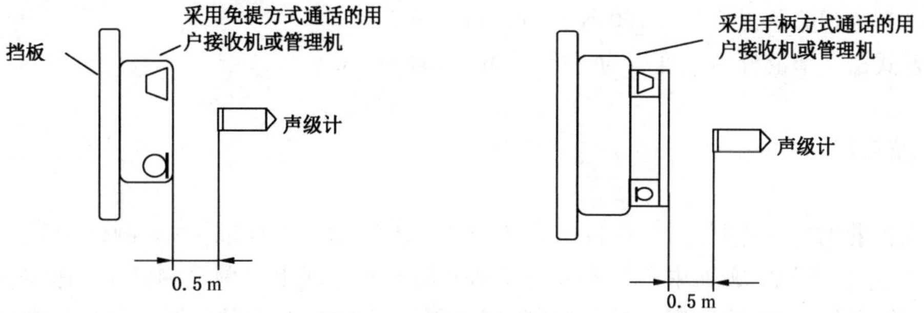

图 A.7 用户接收机或管理机振铃声压的测量

附 录 B
（规范性附录）
视频特性试验

B.1 试验条件

试验条件满足以下要求：

a) 试验采用透射式测试卡配合灯箱进行，灯箱输出的亮度应可调节，便于操作人员模拟各种环境照度；

b) 灯箱光源不得直射卡面，灯箱输出到卡面的亮度应不小于 800 cd/m²；

c) 灯箱光源相关色温应为 3 100 K±100 K；

d) 透射式测试卡的峰白亮度应为 635 cd/m²±31 cd/m²。

B.2 试验系统连接

按制造商推荐的方法进行连接，连接示意图如图 B.1 所示。以标准 4：3 测试卡，置于可视访客呼叫机的摄像头前，使测试卡画面中心与镜头的光轴处同一水平线上。调整测试卡与可视访客呼叫机摄像头的距离，使测试卡的图像宽度或高度方向中至少有一个轴向铺满显示器有效显示窗口，显示的图像边界与测试图规定的边界一致。调整可视用户接收机或可视管理机显示器，使图像效果最佳。

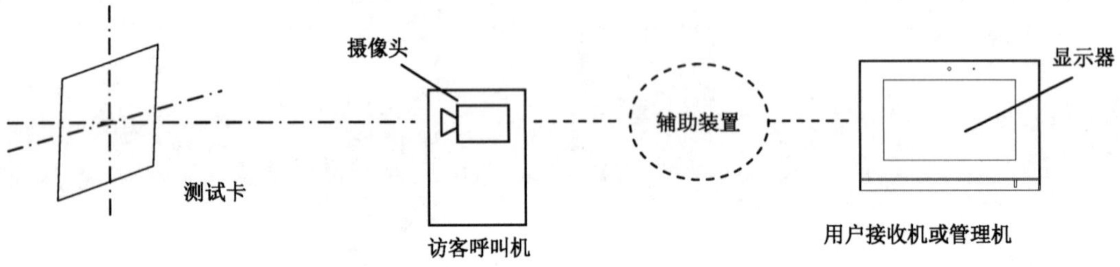

图 B.1 视频特性试验连接示意图

B.3 图像分辨力试验

使用 TE95 分辨力测试卡（如图 B.2 所示）测量 EUT 显示器中心区的水平图像分辨力，判定试验结果是否符合 6.2.1 的要求。

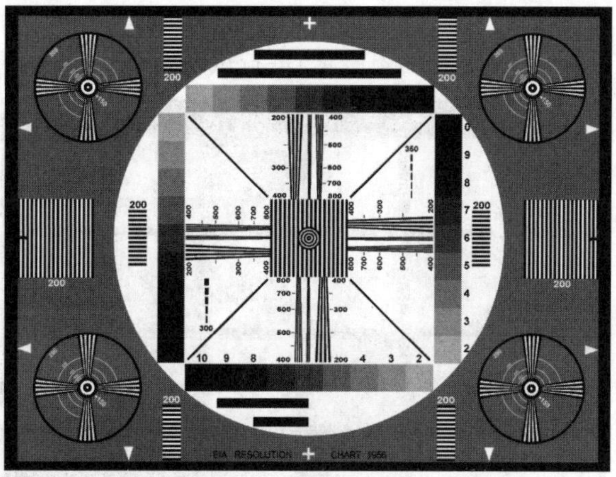

图 B.2 TE95 分辨力测试卡

B.4 灰度等级试验

使用 TE83 灰度等级测试卡(如图 B.3 所示)进行试验,测量 EUT 显示器显示图像的灰度等级。判定试验结果是否符合 6.2.2 的要求。

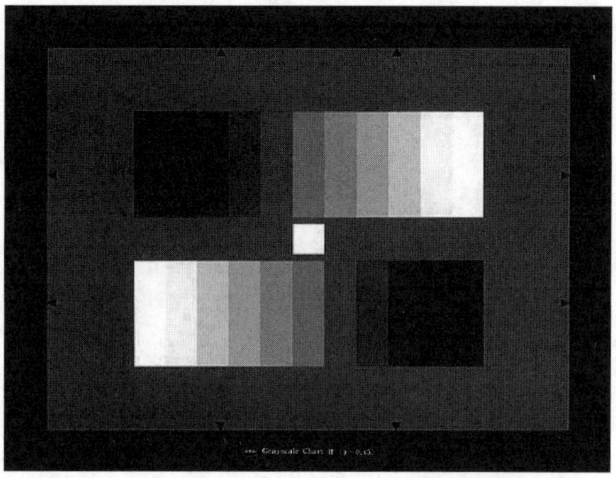

图 B.3 TE83 灰度等级测试卡

B.5 色彩还原性试验

使用 TE188 色彩还原性测试卡(如图 B.4 所示)进行试验,判定试验结果是否符合 6.2.3 的要求。

图 B.4 TE188 色彩还原性测试卡

B.6 环境照度适应性试验

在环境照度为 0.5 lx 的条件下,使用反射式 TE95 测试图(如图 B.2 所示)进行试验,测量 EUT 显示器中心区域的水平图像分辨力,判定试验结果是否符合 6.2.4 的要求。

ICS 35.240.30
L 70

中华人民共和国国家标准

GB/T 31071—2014

科技平台　一致性测试的原则与方法

General science and technology infrastructure—Principles and methods for conformance testing

2014-12-22 发布　　2015-06-01 实施

中华人民共和国国家质量监督检验检疫总局
中国国家标准化管理委员会　发布

前 言

本标准按照 GB/T 1.1—2009 给出的规则起草。

本标准由全国科技平台标准化技术委员会(SAC/TC 486)提出并归口。

本标准起草单位:中国标准化研究院、国家科技基础条件平台中心、北京航空航天大学、中国科学院计算机网络信息中心、青岛大学。

本标准主要起草人:尹书蕊、王志强、杨青海、陈志辉、周琼琼、张辉、王德庆、刘宁、程苹、胡永健、詹俊峰、刘守华、洪岩、尹怀仙。

引　言

科技资源具有种类繁多、数量庞大的特点，通过借助一致性测试方法来确保科技资源、标准与相关标准一致，避免出现不必要的交叉、重复乃至矛盾。本标准提出了声明与科技平台相关标准相一致时所要达到的准则。通过对科技资源、标准的一致性测试，可以促进科技资源的整合与共享。

科技平台　一致性测试的原则与方法

1　范围

本标准规定了科技平台一致性测试的基本原则、方法和流程。

本标准适用于科技资源、科技平台标准与相关标准之间的一致性测试。

2　规范性引用文件

下列文件对于本文件的应用是必不可少的。凡是注日期的引用文件，仅注日期的版本适用于本文件。凡是不注日期的引用文件，其最新版本(包括所有的修改单)适用于本文件。

GB/T 19333.5—2003　地理信息　一致性与测试

3　术语和缩略语

3.1　术语和定义

GB/T 19333.5—2003 界定的以及下列术语和定义适用于本文件。为了便于使用，以下重复列出了 GB/T 19333.5—2003 中的某些术语和定义。

3.1.1

科技资源　science and technology (S&T) resources

用于科技活动的人力、物力、财力以及组织、管理、信息等要素的总称。

[GB/T 31075—2014，定义 2.2.1]

3.1.2

科技平台标准　general science and technology (S&T) infrastructure standard

在科技平台相关领域内，为获得最佳秩序，经协商一致制定并经相关标准化主管机构批准，共同使用和重复使用的一种规范性文件。

[GB/T 31075—2014，定义 2.1.5]

3.1.3

一致性　conformance

满足规定的要求。

[GB/T 19333.5—2003，定义 3.8]

3.1.4

一致性评价过程　conformance assessment process

对某标准实现的一致性进行评价的过程。

[GB/T 19333.5—2003，定义 3.9]

3.1.5

一致性条款　conformance clause

为满足本标准要求而规定必要条件的条款。

[GB/T 19333.5—2003，定义 3.10]

3.1.6

一致性测试　conformance testing

对科技资源、科技平台标准进行的测试，以便确定科技资源、科技平台标准与相应标准一致性实现的程度。

3.1.7

一致性测试报告　conformance test report

与本标准相一致的概要以及支持给出这一总体概要的全部测试细节。

[GB/T 19333.5—2003，定义 3.12]

3.1.8

抽象测试用例　abstract test case

针对特定要求的一般性测试。

注：抽象测试用例是导出可执行测试用例的形式化基础。在抽象测试用例中包含有一个或多个测试目的。一个抽象测试用例不取决于实现，也不取决于数值。它应当是完整的，足以将测试判定被明确地分配到每个潜在的可观察到的测试结果中（如：测试事件的序列）。

[GB/T 19333.5—2003，定义 3.1]

3.1.9

抽象测试套件　abstract test suite

抽象测试模块，它规定了实现一致性所要满足的全部要求。

注：抽象测试套件在一致性条款中进行描述。

[GB/T 19333.5—2003，定义 3.4]

3.1.10

基本测试　basic test

初始能力测试，目的是确定那些明显的不一致内容。

[GB/T 19333.5—2003，定义 3.6]

3.1.11

能力测试　capability test

为确定一个被测实现（IUT）是否符合测试目的所描述的某标准的具体特性而设计的测试。

[GB/T 19333.5—2003，定义 3.7]

3.1.12

可执行测试套件　executable test suite

可执行测试用例的集合。

[GB/T 19333.5—2003，定义 3.15]

3.1.13

实现一致性声明　implementation conformance statement

规范的可选项已得到实现的声明。

[GB/T 19333.5—2003，定义 3.19]

3.1.14

被测实现　implementation under test

做测试研究的某产品的一个局部，它是基于规定实现方式的某（些）标准中规定的一个或数个特征的实现。

[GB/T 16656.31—1997，定义 3.2.33]

3.1.15

被测系统　system under test

支持 IUT 所需要的计算机硬件、软件及通讯网络。

[GB/T 19333.5—2003,定义 3.26]

3.1.16

实现的测试补充材料　implementation extra information for testing

陈述包含全部与被测实现(IUT)及其相应被测系统(SUT)的有关信息,这些信息将能够使测试实验室针对这个被测实现运行一个适当的测试套件。

注:实现的测试补充材料通常提供关于被测系统中概念的组织与存储、关于被测系统的访问与修改手段等方面的细节。

[GB/T 19333.5—2003,定义 3.20]

3.1.17

失败判定　fail verdict

不一致的测试判定。

注:不一致可能是与测试目的不符,也可能是与相应标准中的一项或数项一致性要求不符。

[GB/T 19333.5—2003,定义 3.16]

3.1.18

无结论判定　inconclusive verdict

既不能判定为通过、又不能判定为失败的测试判定。

[GB/T 19333.5—2003,定义 3.21]

3.1.19

通过判定　pass verdict

具有一致性的测试判定。

[GB/T 19333.5—2003,定义 3.23]

3.1.20

测试实验室　testing laboratory

完成一致性评价过程的组织。

[GB/T 19333.5—2003,定义 3.27]

3.1.21

验证测试　verification test

对 IUT 是否正确开展严格证明的测试。

[GB/T 19333.5—2003,定义 3.28]

3.1.22

证伪测试　falsification test

反证测试　falsification test

在实现中寻找错误的测试。

注:一旦发现错误,即可得出实现不符合标准的结论;然而,没有发现错误并不意味着实现就符合标准。与验证测试相比,证伪测试仅能表明不一致性。出于技术和经济原因,在许多情况下,证伪测试作为一致性测试中的一种测试方法而被采纳。

3.2　缩略语

下列缩略语适用于本文件。

ATS:抽象测试套件(Abstract Test Suite)

ETS:可执行测试套件(Executable Test suite)

ICS:实现一致性声明(Implementation Conformance Statement)

IXIT:实现的测试补充材料(Implementation Extra Information for Testing)

IUT:被测实现(Implementation Under Test)

SUT:被测系统(System Under Test)

4 一致性测试基本原则

4.1 测试客观性

各科技平台对其科技资源、标准进行一致性测试时,其测试标准应统一、客观、准确,不受测试人员主观因素的影响。为达到最佳的效果,应实施客观、有效的第三方测试。

4.2 测试公开性

测试流程、测试方法和测试结果应予公开,应确保科技平台一致性测试信息的权威、准确、及时、全面。

4.3 测试可重复性

在相同测试条件下,对科技资源、科技平台标准的同一测试在不同测试人员、不同实验室、不同时间和地点都能重复验证,进行连续多次测试所得结果应保持一致。

4.4 有限目标性

为了保证科技资源、科技平台标准的测试过程得以实现和测试结果的正确性,实现一致性声明(ICS)问卷内容不宜设计太多。

5 一致性测试方法

5.1 测试对象

测试对象主要是科技资源和科技平台标准。

示例:科技资源:科技平台核心元数据、元数据、自然科技资源、科学数据等。

5.2 测试环境

为了测试一个实现,测试实验室需要测试环境的信息,即实现的测试补充材料(IXIT)。由测试实验室负责将测试环境信息纳入到客户填写的IXIT问卷中。具体IXIT可包含的环境信息包括:硬件环境和软件环境。

5.3 测试类型

5.3.1 基本测试

基本测试应提供与被测实现(IUT)相一致的初步证明。如果ATS规定测试被用作基本测试,则这些测试应被用于一致性评价过程的初始。基本测试是标准化测试。

示例:测试科技平台每个元数据标识符是否唯一,是否按照国家标准《科技平台 资源核心元数据》的规定进行标识。

基本测试提供IUT的有限测试,以便确定是否适合执行更加详尽的测试。基本测试可以是抽象的或可执行的形式。在决定是否进行详尽的能力测试之前,基本测试可被用来确定一致性程度。基本测试是简单的能力测试,一致性条款宜确定那些可作为基本测试的测试用例。

基本测试是进行能力测试的初始步骤，并用于检测明显与标准不一致的情况。

5.3.2 能力测试

当基本测试不能满足需要时，可由测试实验室进行能力测试。

能力测试应具有检验可观察到的IUT能力，并与ICS所声称的能力相一致。在相应的标准所规定的一致性要求的整个范围内，能力测试尽可能提供全面的测试。在ATS之内的抽象能力测试是标准化测试。

能力测试可以是抽象的或可执行的形式，在一项标准规定的一致性要求的整个范围内宜尽可能对实现进行详尽能力测试。检验必选能力和那些在ICS中被确定由IUT支持的可选能力时宜提供能力测试。

能力测试用于检验IUT能力是否符合一致性要求，并给出失败原因。

5.4 测试方法

5.4.1 根据测试目的划分

5.4.1.1 验证测试

验证测试是为确定科技资源、科技平台标准是否达到规定的测试性要求而进行的试验与评价工作。即使用严格的正确性证明方法，这种方法应能对一个实现的一致性进行明确、穷尽地例证。

验证测试能保证一个特定的测试套件能够覆盖一项标准的全部内涵。但是由于技术与经济的原因，大多数标准的规模与复杂性经常导致使用验证测试是不现实的。

5.4.1.2 证伪测试

证伪测试是根据一项标准，为一个实现开发特定的测试集合或套件，以检测该实现中的错误的一种方法。

证伪测试简单、易操作，但是证伪测试不能保证一个特定的测试套件能够覆盖一项标准的全部内涵。这是因为，一个在特定测试或特定测试集合中失败的实现，能够被判定不符合一项标准。然而，即使一个实现在完整测试套件中产生了正确的结果，仍不能完全确信该实现符合基准标准。

5.4.2 根据自动化程度划分

5.4.2.1 自动测试

自动测试可以用软件系统实现所要求的测试，它既可用于验证测试，也可用于证伪测试。

示例：各科技平台科技资源元数据格式是否符合《科技平台 资源核心元数据》。

鉴于可以有多种测试方法，应报告所使用的测试方法。

5.4.2.2 人工测试

当自动测试过于复杂、并且/或者需要人的判断时，就可能需要进行人工测试。在人工测试中，为了执行测试，客户和一致性测试人员可以共同检查输出，并依据输入进行比较。

就标准而言，人工测试只宜在自动测试行不通的情况下使用。在人工测试中，需要有用于决定测试判定的明确准则。

示例：通过专家判断各科技平台科技资源元数据的内容是否符合《科技平台 资源核心元数据》。

科技平台一致性测试过程中根据实际需求，多采用自动测试与人工测试相结合的方法。

6 一致性测试流程

6.1 概述

根据GB/T 19333.5—2003的规定，一致性测试是一个流程化的过程，它包括四个阶段：测试准备、测试运行、结果分析、一致性测试报告。一致性测试流程如图1所示。

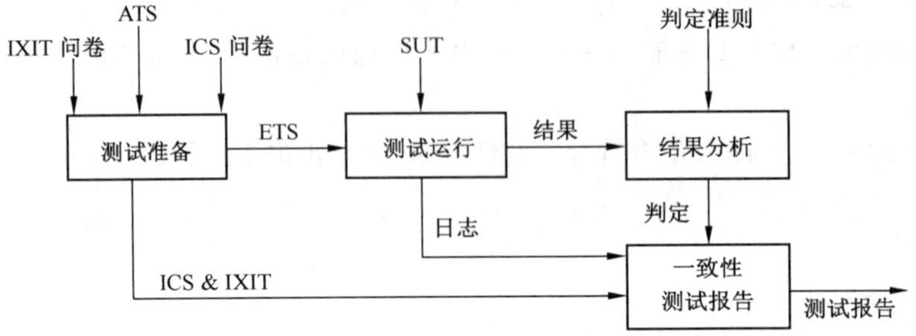

图1 一致性测试流程图

6.2 测试准备

测试准备阶段包括下列各个步骤：

a) 生成用于测试的ICS问卷和IXIT问卷，ICS问卷示例参见附录A；

b) 确定测试方法和ATS，抽象测试套件示例参见附录B；

c) ICS问卷和IXIT问卷的复审；

d) 选择合适的ATS，并为参数赋值形成ETS；

e) 准备SUT。

6.3 测试运行

测试运行是执行ETS的过程，是在一致性日志中记录所观察的测试结果和其他相关信息的过程。IUT的输入和源于测试用例执行所观察的测试结果都应在一致性日志中记录。

6.4 结果分析

结果分析应通过对照抽象测试用例所规定的判定准则评价所观察的测试结果来进行。测试判定可以声明为：通过判定、失败判定或无结论判定。"通过"和"失败"是两种主要的判定，但在个别情况下不得不采用"无结论"判定。

6.5 一致性测试报告

一致性测试结果应当在一致性测试报告中叙述。每一份一致性测试报告应当使用问卷生成。一致性测试报告框架一般包括：引言、基本信息、测试结果分析评价和测试结论。一致性测试报告的框架参见附录C。

附　录　A
（资料性附录）
实现一致性声明(ICS)问卷示例

GB/T 30523—2014《科技平台　资源核心元数据》实现一致性声明(ICS)问卷写出声称具有一致性的科技资源数据：

《科技平台 资源核心元数据》

请确定声称具有一致性的类别：

1. 标识符是否唯一？□是　□否
2. 标识符的最大出现次数是否与《科技平台　资源核心元数据》保持一致？□是　□否
3. 名称是否是科技资源的中文名称？□是　□否
4. 名称的最大出现次数是否与《科技平台　资源核心元数据》保持一致？□是　□否
5. 最近提交日期是否符合 GB/T 7408—2005？□是　□否
6. 最近提交日期的最大出现次数是否与《科技平台　资源核心元数据》保持一致？□是　□否
7. 描述是否是科技资源内容的综述性介绍？□是　□否
8. 提交机构名称是否是提交机构的组织机构名称？□是　□否
9. 提交机构邮政编码是否按国家邮政局的相关文件填写，字段长度为6？□是　□否
10. 提交机构联系电话是否填写提交机构联系人的联系电话？□是　□否
11. 提交机构的通信地址是否完整？□是　□否
12. 提交机构电子信箱是否完整？□是　□否
13. 关键词是否是描述资源信息主题的通用词、形式化词或短语？□是　□否
14. 访问限制是否分公开级或限制级？□是　□否
15. 类目名称是否完整？□是　□否
16. 类目名称是否有类目代码？□是　□否
17. 是否有资源分类标准名称？□是　□否
18. 资源类目名称是否有分类标准版本号？□是　□否
19. 资源信息链接地址是否资源详细信息的有效绝对网络地址？□是　□否

问卷填写人签字：　　　　　年　　月　　日

测试执行人签字：　　　　　年　　月　　日

附　录　B
（资料性附录）
GB/T 30523—2014《科技平台　资源核心元数据》抽象测试套件示例

B.1　标识符抽象测试套件

B.1.1　测试用例标识符：唯一性测试

该测试用例的内容如下：

a）测试目的：保证每个元数据标识符的唯一性，有利于科技资源的整合与共享。

b）测试方法：检查被测的元数据集的每个元数据标识符是否唯一。

c）引用：GB/T 30523—2014。

d）测试类型：基本测试。

B.1.2　测试用例标识符：最大出现次数测试

该测试用例的内容如下：

a）测试目的：保证科技资源元数据的每个元数据元素不超过 GB/T 30523—2014 规定的次数。

b）测试方法：检查被测的每个元数据子集、元数据实体和元数据元素的最大出现次数，将它们中的每个出现次数与 GB/T 30523—2014 规定的“最大出现次数”属性进行对比。

c）引用：GB/T 30523—2014。

d）测试类型：基本测试。

B.2　名称抽象测试套件

B.2.1　测试用例名称：完整性测试

该测试用例的内容如下：

a）测试目的：资源名称的完整性有助于用户查询和使用科技资源数据。

b）测试方法：检查被测的科技资源名称是否完整。

c）引用：GB/T 30523—2014。

d）测试类型：基本测试。

B.2.2　测试用例名称：最大出现次数测试

该测试用例的内容如下：

a）测试目的：保证科技资源名称不超过 GB/T 30523—2014 规定的次数。

b）测试方法：检查被测的科技资源名称的最大出现次数，将它们中的每个出现次数与 GB/T 30523—2014 规定的“最大出现次数”属性进行对比。

c）引用：GB/T 30523—2014。

d）测试类型：基本测试。

B.3 最近提交日期抽象测试套件

B.3.1 测试用例最近提交日期:数据类型测试

该测试用例的内容如下:

a) 测试目的:保证最近提交日期符合 GB/T 7408—2005 的规定。

b) 测试方法:检查被测科技资源的最近提交日期是否符合 GB/T 7408—2005 的规定。

c) 引用:GB/T 30523—2014。

d) 测试类型:基本测试。

B.3.2 测试用例最近提交日期:最大出现次数测试

该测试用例的内容如下:

a) 测试目的:保证最近提交日期不超过 GB/T 30523—2014 规定的次数。

b) 测试方法:检查被测的科技资源数据最近提交日期名称的最大出现次数,将它们中的每个出现次数与 GB/T 30523—2014 规定的"最大出现次数"属性进行对比。

c) 引用:GB/T 30523—2014。

d) 测试类型:基本测试。

B.4 描述抽象测试套件

B.4.1 测试用例描述:完整性测试

该测试用例的内容如下:

a) 测试目的:规范的科技资源描述有助于不同用户对该资源信息的理解。

b) 测试方法:科技资源内容的综合性描述是否完整。

c) 引用:GB/T 30523—2014。

d) 测试类型:基本测试。

B.4.2 测试用例描述:最大出现次数测试

该测试用例的内容如下:

a) 测试目的:保证描述不超过 GB/T 30523—2014 规定的次数。

b) 测试方法:检查被测的科技资源描述的最大出现次数,将它们中的每个出现次数与 GB/T 30523—2014 规定的"最大出现次数"属性进行对比。

c) 引用:GB/T 30523—2014。

d) 测试类型:基本测试。

B.5 提交机构抽象测试套件

B.5.1 测试用例提交机构:完整性测试

该测试用例的内容如下:

a) 测试目的:保证提交机构名称、提交机构通信地址、提交机构邮政编码、提交机构联系电话、提交机构电子信箱的完整统一。

b) 测试方法：提交机构名称、提交机构通信地址、提交机构邮政编码、提交机构联系电话、提交机构电子信箱是否完整。
c) 引用：GB/T 30523—2014。
d) 测试类型：基本测试。

B.6 关键词抽象测试套件

B.6.1 测试用例关键词：最大出现次数测试

该测试用例的内容如下：
a) 测试目的：保证关键词不超过 GB/T 30523—2014 规定的次数。
b) 测试方法：检查被测关键词的最大出现次数，将它们中的每个出现次数与 GB/T 30523—2014 规定的“最大出现次数”属性进行对比。
c) 引用：GB/T 30523—2014。
d) 测试类型：基本测试。

B.7 访问控制抽象测试套件

B.7.1 测试用例访问控制：级别测试

该测试用例的内容如下：
a) 测试目的：为保护隐私权和知识产权，对访问科技资源施加限制或约束。
b) 测试方法：访问控制级别是否是公开级或限制级。
c) 引用：GB/T 30523—2014。
d) 测试类型：基本测试。

B.8 资源类别抽象测试套件

B.8.1 测试用例资源类别：完整性测试

该测试用例的内容如下：
a) 测试目的：保证类目名称、类目代码、分类标准名称、分类标准版本号的完整统一。
b) 测试方法：类目名称、类目代码、分类标准名称、分类标准版本号是否完整。
c) 引用：GB/T 30523—2014。
d) 测试类型：基本测试。

B.9 资源信息链接地址抽象测试套件

B.9.1 测试用例资源信息链接地址：有效绝对网址测试

该测试用例的内容如下：
a) 测试目的：为用户获取科技资源信息时提供资源详细信息的有效绝对网址。
b) 测试方法：资源信息链接地址是否是有效绝对网址。
c) 引用：GB/T 30523—2014。
d) 测试类型：基本测试。

附　录　C
（资料性附录）
一致性测试报告框架

C.1　概述

一致性测试报告是对一致性评价过程中执行测试项所得判定的概述。一致性测试报告框架一般包括：引言、基本信息、测试结果分析评价和测试结论。测试机构也可以根据实际情况增加或删除项目。具体内容参见图C.1。

C.2　引言

对标准一致性测试报告的简单介绍。

C.3　基本信息

基本信息包括以下内容：

a)　测试计划的来源：填写测试计划的名称、版本、时间。
b)　测试对象的描述：简要描述测试对象，如科技资源、标准。
c)　测试环境配置的描述：简要描述测试环境及其配置说明。
d)　测试时间：填写测试所用的时间。
e)　测试项人员：填写参与测试的人员。

C.4　测试结果分析评价

测试结果分析评价包括以下内容：

a)　通过的测试项数目及评价：填写通过的测试项数目及分析评价。
b)　通过的测试项数目：填写通过的测试项数目及分析评价。
c)　撤销的测试项数目及评价：填写撤销的测试项数目及分析评价。
d)　不适用的测试项数目及评价：填写不适用的测试项数目及分析评价。

C.5　测试结论

测试结论包括以下内容：

a)　对未通过的测试项、撤销的测试项以及不适用的测试项的详细说明。
b)　对其他重要情况的说明。

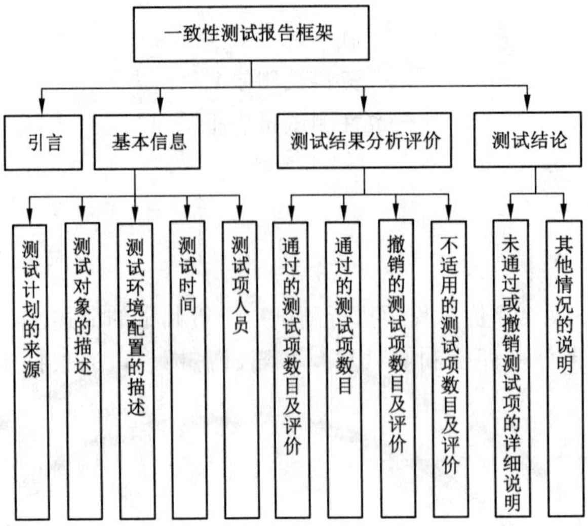

图 C.1 一致性测试报告框架图

参 考 文 献

［1］ GB/T 7408—2005 数据和交换格式 信息交换 日期和时间表示法

［2］ GB/T 16656.31—1997 工业自动化系统和集成 产品数据的表达与交换 第31部分：一致性测试方法论与框架：基本概念(ISO 10303-31：1994，IDT)

［3］ GB/T 16656.32—1999 工业自动化系统和集成 产品数据的表达与交换 第32部分：一致性测试方法论与框架：对测试实验室和客户的要求(ISO 10303-32：1998，IDT)

［4］ GB/T 16656.34—2002 工业自动化系统与集成 产品数据表达与交换 第34部分：一致性测试方法论与框架：应用协议实现的抽象测试方法(ISO 10303-34：2001，IDT)

［5］ GB/T 17178.1—1997 信息技术 开放系统互连 一致性测试方法和框架 第1部分：基本概念(ISO/IEC 9646-1：1994，IDT)

［6］ GB/T 31075—2014 科技平台 通用术语

［7］ GB/T 30523—2014 科技平台 资源核心元数据

ICS 35.240.01
L 70

中华人民共和国国家标准

GB/T 31072—2014

科技平台　统一身份认证

General science and technology infrastructure—Unique identity authentication

2014-12-22 发布　　　　2015-06-01 实施

中华人民共和国国家质量监督检验检疫总局
中国国家标准化管理委员会　发布

前　言

本标准按照 GB/T 1.1—2009 给出的规则起草。

本标准由全国科技平台标准化技术委员会(SAC/TC 486)提出并归口。

本标准起草单位:中国标准化研究院、国家科技基础条件平台中心、北京航空航天大学、中科院网络中心。

本标准主要起草人:王志强、杨青海、陈志辉、周琼琼、南凯、程女范、范治成、胡永健、程苹、刘守华、王德庆。

引　言

随着我国科技平台建设、运行和服务的开展，相继开发了平台系统及其门户，但由于各自为政，用户身份信息不能共享，导致平台用户重复登录，资源访问权限不统一，影响了平台资源共享效率和信息安全。统一身份认证可规范身份认证的基本流程、基本要求和基本功能，为实现单点登录奠定基础。

本标准基于这种需求开发，本标准的实施将有利于实现科技平台总门户与各个子门户平台及资源站点之间的统一身份认证。

科技平台　统一身份认证

1　范围

本标准规定了科技平台的用户统一身份认证的基本要求、基本流程和基本功能，并给出了统一身份认证实现技术。

本标准主要适用于科技平台统一身份认证系统的建设、服务和管理。

2　规范性引用文件

下列文件对于本文件的应用是必不可少的。凡是注日期的引用文件，仅注日期的版本适用于本文件。凡是不注日期的引用文件，其最新版本(包括所有的修改单)适用于本文件。

GB/T 25064—2010　信息安全技术　公钥基础设施　电子签名格式规范

3　术语、定义和缩略语

3.1　术语和定义

下列术语和定义适用于本文件。

3.1.1

统一身份认证　unique identity authentication

用户通过使用同一套认证凭证，可访问所有科技平台上与该用户身份对应的授权网络应用的过程。

3.1.2

单点登录　single sign-on

在多个应用系统中，平台用户只需要登录一次就可以访问所有相互信任平台应用系统的过程。

3.1.3

角色　role

用户权限的集合。

3.1.4

用户凭证　credential

通过门户认证的用户身份的合法标识。

3.2　缩略语

下列缩略语适用于本文件。

ACL：访问控制列表（Access Control List）

LDAP：轻型目录访问协议（Lightweight Directory Access Protocol）

PKI：公钥基础设施（Public Key Infrastructure）

RBAC：基于角色访问控制（Role Based Access Control）

SAML：安全断言标记语言（Security Assertion Markup Language）

SOAP：简单对象访问协议（Simple Object Access Protocol）

SSO:单点登录(Single Sign-on)

SSL:安全套接层(Secure Sockets Layer)

4 统一身份认证的基本要求

4.1 身份信息管理的统一

应集中存储和管理用户资料,保证用户信息的一致性。

4.2 权限分配的统一

应集中控制和管理用户权限,根据系统中不同的用户,统一设置不同的权限。

4.3 身份认证的统一

应对用户的身份进行集中统一认证。

4.4 用户身份不可伪造和不可抵赖性

应明确科技平台成员职责,确保其身份的不可伪造性和不可抵赖性。

4.5 平台登录的统一

应实现科技平台的单点登录。

5 统一身份认证及其基本流程

5.1 概述

统一身份认证系统采用的应用模式是统一认证模式,它是以统一身份认证服务为核心的服务模式。统一身份认证服务负责管理和分发用户的权限和身份,为不同的应用系统提供用户和权限管理服务。通过统一身份认证系统提供的用户统一的登录界面,在完成身份认证后无须再次登录就可以使用所有支持统一身份认证服务的其他信息服务系统提供的服务。

5.2 基本流程

统一身份认证的基本流程如图1所示。

统一身份认证基本流程如下:

a) 访问请求:用户通过浏览器发出访问某平台应用系统的请求,如图1中步骤①;

b) HTTP重定向:平台应用系统通过HTTP重定向,将用户请求重定向至统一身份认证系统,如图1中步骤②;

c) 认证请求:统一身份认证系统处理认证请求,如图1中步骤③;

d) 认证响应:统一认证服务器提供用户的数字身份,以访问某个支持统一身份认证服务的应用系统,并将处理之后的响应返回给用户,如图1中步骤④;

e) 访问应用:根据统一身份认证系统的响应,用户访问平台应用系统,应用系统使用用户登录的数字身份核实用户身份的合法性,防止非法用户登录,如图1中步骤⑤;

f) 返回结果:平台应用系统进行根据用户的相应权限进行处理,并返回结果,同时进行认证声明,如图1中步骤⑥。

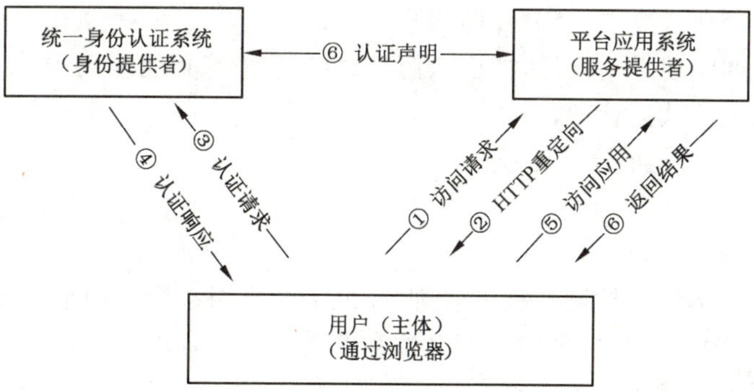

图1 统一身份认证的基本流程

6 统一身份认证的基本功能

6.1 概述

科技平台用户身份统一认证管理基本功能主要包括:用户管理、认证管理、授权管理、审批管理、单点登录管理和数据同步。

6.2 用户管理

用户管理应实现多应用环境下的统一用户身份管理,包括用户基本信息管理、组织机构信息管理、认证凭证管理、账号生命周期管理等功能。

用户管理应具有以下功能:

a) 支持用户集中管理和分级管理模式;
b) 实现对原有应用系统的用户信息进行整合,构建完整、统一、可信的新用户资源信息库,可根据应用需要进行数据同步;
c) 支持用户凭证、角色、机构等相关信息的管理;
d) 提供用户凭证信息生命周期的管理,支持凭证的创建、注销、修改、删除等操作;
e) 提供用户注册功能,支持用户信息的批量导入;
f) 支持用户分组管理模式,可基于组织机构或角色对用户进行分组管理;
g) 按照管理、操作、审计三权分立的设计原则,针对不同的管理要求设立相应的平台管理员、应用系统管理员和安全审计员三类管理角色,并提供增、删、改、查功能。

6.3 认证管理

认证管理应实现对多个应用系统的认证入口的整合,可以针对应用系统的不同安全需求,实现多种登录认证方式,同时具有高级别认证方式向下兼容低级别认证方式的特性。

认证管理应具有以下功能:

a) 依据应用系统的不同安全需求,制定不同的认证等级策略,如:提供认证安全等级的向下兼容策略;
b) 系统支持用户名/口令和数字证书两种登录认证方式,按GB/T 25064—2010的要求设计数字证书,另外,系统具有良好可扩展性,可快速实现对动态口令、生物识别等其他认证方式的支持;
c) 针对用户名/口令认证方式,采取口令加固和强安全检测的安全配置策略,可按需设置口令长度、复杂度,对口令进行定期修改,同时可启用自动锁定策略,在设定的时间和口令尝试次数,有效防范口令字典式攻击，充分保障账户安全；

d) 安全认证服务的实现方式友好，能嵌入门户、OA 系统等其他应用中，通过认证服务接口，实现对用户身份的统一认证管理；

e) 支持 B/S 和 C/S 结构的应用系统。

6.4 授权管理

授权管理应实现统一的访问控制和授权管理，降低多个应用系统管理维护的复杂度，有效减少人为原因造成的安全性缺失，为业务系统维护的安全性和便利性找到合适的平衡点。

授权管理应具有以下功能

a) 支持集中授权管理和分级授权管理模式；

b) 支持 RBAC 和基于业务权限的直接授权的两种授权模型；

c) 支持角色组管理机制，实现对用户的分组授权，角色组是由接入业务信息系统的各种功能权限（包括业务信息系统和各种业务角色）组合而成，通过定义角色组，并将用户与角色组关联的方式进行授权，要求用户可以拥有一个或多个角色组，角色组具有机构属性，可以共享给其他下级组织机构，在不定义角色组的情况下，能够直接将用户和功能权限关联绑定，直接控制用户的访问权限；

d) 可按需对应用系统的授权粒度进行安全策略配置，支持应用系统级的粗粒度授权和业务角色级的细粒度授权，细粒度授权模式支持信息资源管理、业务角色分配和管理等功能，同时，为新系统的接入提供扩展应用；

e) 支持分级授权管理模式，可基于应用系统或组织机构完成应用系统的分级授权管理；

f) 支持业务操作和安全审计权的分离，确保统一认证管理系统的自身运行安全。

6.5 审批管理

审批管理应能实现对用户基本信息变更和访问控制授权操作进行电子化审批。

审批管理应具有以下功能：

a) 审批流程由审批管理模块自动完成，无需人工干预，且每一步的审批记录都应被详细记录；

b) 应支持记录结果被综合查询和统计分析；

c) 关键的审批步骤还应增加数字签名，达到确保责任落实到人的要求。

6.6 单点登录

单点登录应通过整合现有的应用系统登录入口，实现多应用间的安全单点登录，为用户提供一站式服务。

单点登录应具备以下功能：

a) 采取 SSL 和 Kerberos 等认证协议，并按照 SAML 规范，通过自有的安全票据技术实现用户只需一次登录即可在多个信息系统中自由、安全切换；

b) 支持 ACL 访问资源列表的展现、定制和集成；

c) 支持单点登录票据的签发、验证和解析，基于 PKI 架构，实现票据在签发、传输和存储等环节的安全保密，有效防止篡改、重放等攻击；

d) 支持单点登录的安全退出会话管理；

e) 支持验证重定向功能，当用户直接访问业务系统时，单点登录模块自动将用户引导到统一登录窗口进行登录认证。

6.7 数据同步

统一认证管理系统应通过对多应用的资源整合，建立统一的用户信息数据、组织机构数据、用户访问控制授权数据等资源库，各应用系统可按需将统一认证管理系统资源库作为统一的数据源，通过数据同步接口，实现多个应用系统间的用户信息资源共享。

数据同步应具备以下功能：

a) 支持关系型数据库和目录服务(支持 LDAP 协议)两种数据存储结构的数据同步；

b) 支持通用协议，如 SOAP 协议、LDAP 协议、ActiveDirectory 和 NIS 协议等；

c) 数据同步的内容可按需配置，如按应用系统同步、按组织机构同步等；

d) 数据同步时间可定制；

e) 支持多种数据同步策略：操作及时同步、批量同步和操作事后同步。

7 统一身份认证的实现方式

根据技术实现方式不同，统一身份认证的解决方案通常包括：

——基于数字证书和 cookie 的统一身份认证，参见附录 A；

——基于 SAML 的统一身份认证，参见附录 B。

附　录　A
（资料性附录）
基于数字证书和 cookie 的统一身份认证管理系统解决方案

A.1　cookie 概述

cookie 是用户在浏览网页页面时，服务器发送给浏览器的体积很小的纯文本信息，它保存在客户机的内存中，或作为文件保存在客户机的硬盘中，用户以后访问同一个 Web 服务器时浏览器会把它们原样发送给服务器。通过让服务器读取它原先保存到客户端的信息，网站能够为浏览者提供一系列的方便。

cookie 由变量名和值组成。其属性里既有标准的 cookie 变量，也有用户自己创建的变量，属性中变量是用“变量＝值”形式来保存。

cookie 的基本格式如下：

NAME＝VALUE；expires＝Date；Path＝PATH；Domain＝DOMAIN_NAME；Secure

其中各项以“；”分开，首先是指定 cookie 的名称，并为其赋值。接下来分别是 cookie 的有效期、URL 路径以及域名，在这几项中，除了第一项以外，其他部分均为可选项。

——NAME＝VALUE 是每一个 cookie 均必须有的部分。NAME 是该 cookie 的名称，VALUE 是该 cookie 的值。在字符串“NAME＝VALUE”中，不含分号、逗号和空格等字符。如 NAME 是 role_cookie，其 VALUE 是 manager。

——Expires＝DATE：Expires 变量是一个只写变量，它确定了 cookie 有效终止日期。该变量可省，如果缺省时，则 cookie 的属性值不会保存在用户的硬盘中，而仅仅保存在内存当中，cookie 文件将随着浏览器的关闭而自动消失。

——Domain＝DOMAIN_NAME：Domain 是 cookie 在其内有效的主机或域名。Domain 确定了哪些 Internet 域中的 Web 服务器可读取浏览器所存取的 cookie，即只有来自这个域的页面才可以使用 cookie 中的信息。这项设置是可选的，缺省时，设置 cookie 的属性值为该 Web 服务器的域名。

——Path＝PATH：Path 定义了 Web 服务器上哪些路径下的页面可获取服务器设置的 cookie。该项设置同样是可选的，如果缺省时，则 Path 的属性值为 Web 服务器传给浏览器的资源的路径名。可以看出借助对 Domain 和 Path 两个变量的设置，即可有效地控制 cookie 文件被访问的范围。

——Secure：在 cookie 中标记该变量，表明只有当浏览器和 Web Server 之间的通信协议为加密认证协议时，浏览器才向服务器提交相应的 cookie。当前这种协议只有一种，即为 HTTPS。

A.2　数字证书概述

数字证书是一种权威性的电子文档，由权威公正的第三方机构，即 CA 中心签发的证书。它以数字证书为核心的加密技术（加密传输、数字签名、数字信封等安全技术）可以对网络上传输的信息进行加密和解密、数字签名和签名验证，确保网上传递信息的机密性、完整性及交易的不可抵赖性。

A.3 基于数字证书和 cookie 的统一身份认证管理系统

基于数字证书和 cookie 的统一身份认证管理系统原理如图 A.1 所示。

执行步骤如下：

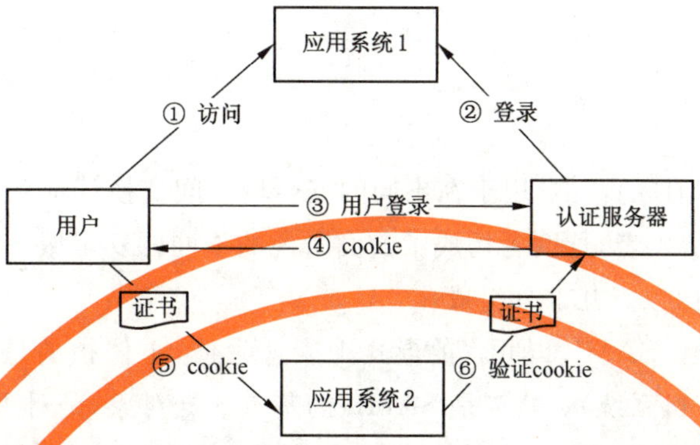

图 A.1 基于数字证书和 cookie 的统一身份认证管理系统

a) 用户首次访问应用系统 1 时，由于用户没有认证，需将用户引导至认证服务器进行认证。见图 A.1 中①和②。

b) 通过认证服务器对用户进行认证后，将用户身份有效信息(如用户名等)回写至浏览器端的 cookie 中，同时该 cookie 由认证服务器数字证书加密。见图 A.1 中③和④。

c) 当用户访问应用系统 2 时，先将浏览器中的 cookie 发送至认证服务器验证 cookie 有效性，如果 cookie 经解密后有效，则表明该用户已登录，否则需重新登录。见图 A.1 中⑤和⑥。如果重新登录，则返回步骤①。

附 录 B
（资料性附录）
基于SAML的统一身份认证管理系统解决方案

B.1 SAML概述

SAML是一个基于XML的标准，用于在不同的安全域之间交换认证和授权数据。在SAML标准定义了身份提供者和服务提供者，这两者构成了前面所说的不同的安全域。

SAML体系结构主要由以下几部分组成：

——断言(Assertions)。SAML以断言的形式来表达主体，主体指的是在某个安全域中可以标志的实体(人或计算机系统)。断言是SAML的基本数据对象，是对主体的身份、标识、访问权限等信息进行的XML描述。断言是由SAML权威发布的，SAML权威包括：认证权威、属性权威和策略决定点。SAML规范中定义了三种断言：认证断言、属性断言和授权决策断言。对SAML断言可以进行XML数字签名，以保证数据的完整性和不可否认性；

——协议(Protocols)。SAML定义了一组请求/响应协议，对两点间共享SAML数据所需交换的报文种类和格式做出定义。用户可以向SAML权威发送请求，并从SAML权威获得响应；

——绑定(Bindings)。将SAML请求/响应协议映射到标准的通信协议汇总以实现两点间的消息传输。SAML规范定义了一种绑定，即SOAP/HTTP，将SAML请求/响应消息经过SOAP的封装后通过HTTP进行传输；

——框架(Profiles)。SAML规则中定义了两大类框架：一类定义了用于描述如何从协议中嵌入或取出SAML断言的一组规则集；另一类则定义了在使用一般的SAML协议时的一组约束规则或是在某种使用上下文和在某种特定环境下断言的权能。各种不同的框架定义了如何将SAML协议、绑定和/或断言组合起来支持各种不同的使用案例。

B.2 基于SAML的统一身份认证管理系统

基于SAML的统一身份认证管理系统原理如图B.1所示。

执行步骤如下：

a) 用户使用浏览器在认证服务器端登录，发送身份认证请求，见图B.1中的①；

b) 认证服务器收到请求后为用户创建相应的SAML断言并保存，然后为SAML断言生成一个固定长度的Artifact，并给用户发送应答消息(URL的〈seatchpart〉部分包含了Artifact)，见图B.1中的②；

c) 用户访问应用系统，URL的〈searchpart〉部分包括目的站点、Artifact和目标资源，通常通过HTTP/SSL访问，见图B.1中的③；

d) 应用系统向认证服务器请求认证需要的该用户的相关SAML断言，见图B.1中的④；

e) 认证服务器通过收到的Artifact解析用户请求，产生SAML响应，见图B.1中的⑤；

f) 认证服务器根据Artifact向应用系统回复所请求的断言，见图B.1中的⑥；

g) 应用系统根据收到的断言及相关安全策略，向用户浏览器发送是否允许访问的授权应答消息，见图B.1中的⑦。

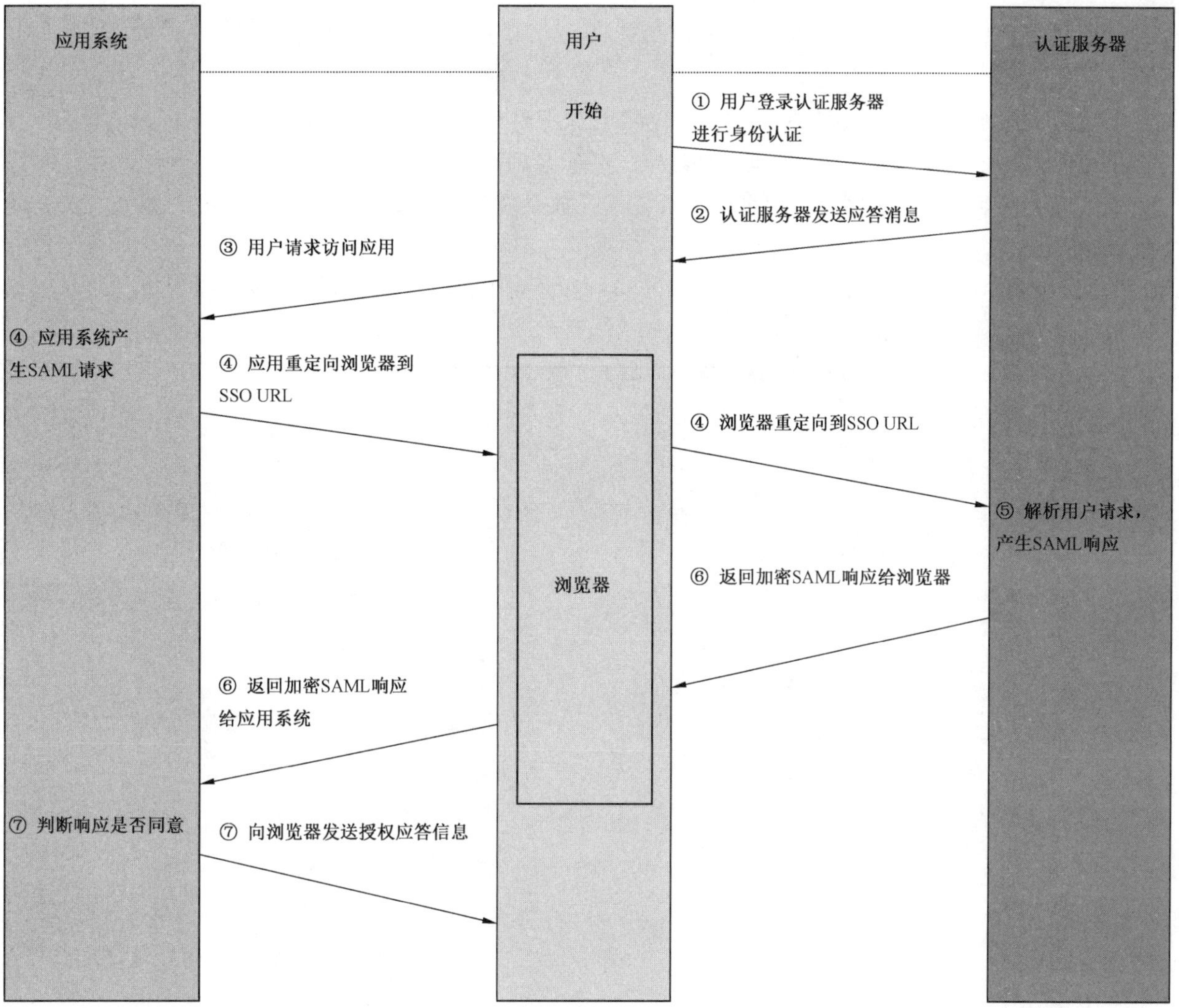

图 B.1 基于 SAML 的统一身份认证管理系统

参 考 文 献

[1] GB/T 19714—2005 信息技术 安全技术 公钥基础设施 证书管理协议
[2] GB/T 20518—2006 信息安全技术 公钥基础设施 数字证书格式
[3] GB/T 9387.2—1995 信息处理系统 开放系统互连 基本参考模型 第2部分 安全体系结构
[4] SAMLV2·0.http://docs.oasis-open.org/Security/saml/v2.o/.15 March,2005.

ICS 35.240.01
L 70

中华人民共和国国家标准

GB/T 31073—2014

科技平台 服务核心元数据

General science and technology infrastructure—Core metadata of service

2014-12-22 发布 2015-06-01 实施

中华人民共和国国家质量监督检验检疫总局
中国国家标准化管理委员会 发布

前　言

本标准按照 GB/T 1.1—2009 给出的规则起草。

本标准由全国科技平台标准化技术委员会(SAC/TC 486)提出并归口。

本标准起草单位:中国标准化研究院、国家科技基础条件平台中心、北京航空航天大学、中国科学院计算机网络信息中心。

本标准主要起草人:杨青海、王志强、陈志辉、周琼琼、程女范、张辉、刘宁、程苹、胡永健、詹俊峰、洪岩、刘守华、尹书蕊。

引　言

随着科技平台的不断发展，科技平台的服务资源日益丰富，科技平台的服务能力不断提升，社会对科技平台的服务需求逐步显现。科技平台服务具有服务领域广泛性、服务深度差异性和服务形式多样性等特点，为了提高科技平台服务的质量，加强对科技平台服务的管理，需要对科技平台服务核心元数据的统一规范描述。

本标准与GB/T 30523—2014《科技平台　资源核心元数据》构成科技平台核心元数据的系列标准。

本标准的实施有助于实现科技平台服务核心元数据的有效汇交。

科技平台　服务核心元数据

1　范围

本标准规定了科技平台服务核心元数据的描述方法及扩展规则。

本标准适用于科技平台服务核心元数据的编目、归档、建库、发布、共享、交换和查询等。

2　规范性引用文件

下列文件对于本文件的应用是必不可少的。凡是注日期的引用文件，仅注日期的版本适用于本文件。凡是不注日期的引用文件，其最新版本(包括所有的修改单)适用于本文件。

GB/T 7408　数据元和交换格式　信息交换　日期和时间表示法

3　术语和定义

下列术语和定义适用于本文件。

3.1

科技平台　general science and technology infrastructure

运用现代信息技术等手段，有效整合科技资源，为科技创新和经济社会发展提供共享服务的网络化、社会化的组织体系。

3.2

服务元数据　service metadata

用于描述科技平台服务的元数据。

3.3

服务核心元数据　service core metadata

描述科技平台服务最基本信息的元数据最小集合。

3.4

元数据　metadata

定义和描述其他数据的数据。

[GB/T 18391.1—2009，定义 3.2.16]

3.5

元数据元素　metadata element

元数据的基本单元。

注：元数据元素在元数据实体中是唯一的。

3.6

元数据实体　metadata entity

一组说明数据相同特性的元数据元素。

注：可以包含一个或一个以上元数据实体。

3.7

元数据子集　metadata section

元数据的子集合，由相关的元数据实体和元素组成。

4 元数据的描述方法

4.1 内容

元数据应采用摘要表示的方式定义和描述，包括：定义、英文名称、数据类型、值域、短名、注解、子元素和扩展巴氏范式等来描述。

4.2 定义

描述元数据的基本内容。

4.3 英文名称

元数据的英文名称，应用英文全称。

4.4 数据类型

元数据的有效值域和允许对该值域内的值进行有效操作的规定。

示例：整型、实型、布尔型、字符串、日期。

4.5 值域

说明元数据元素取值范围。

4.6 短名

元数据的英文缩写名称，具体缩写规则如下：

a) 短名在本标准范围内应唯一；

b) 对存在国际或行业领域惯用英文缩写的元数据实体或元数据元素，其短名直接采用该英文缩写；

c) 对于根据英文名称形成的短名，在保持唯一性的前提下统一取每个单词前3个字母作为其短名，当如此取词不能保证唯一性时应延展取词位数，通常仅增加一位，如此仍不能保证唯一性时如前继续延长取词，直至保证唯一性为止；

d) 元数据实体的短名的写法是，所有组成词汇的缩写为无缝连写，并且每个词汇缩写的首字母大写；

e) 元数据元素的短名的写法是，所有组成词汇的缩写为无缝连写，首词汇全部采用小写字母，其余每个词汇缩写的首字母大写。

4.7 注解

对元数据的含义的进一步解释，包括该元数据的约束/条件（必选、可选或条件必选）和最大出现次数。当该元数据为条件必选时，应注明其约束条件。

a) 约束/条件

元数据实体或元数据元素描述的注解应规定选取的约束属性，约束属性分为必选（M）、可选（O）和条件必选（C）3类，其内容如下：

1) 必选（**M**）：当元数据实体或元数据元素为必不可少时选择。

2) 可选（**O**）：当元数据实体或元数据元素根据实际应用存在可有可无的情况时选择。

可选元数据实体可包含必选的元数据元素；但这些元数据元素只当可选元数据实体被选用时才成为必选的。如果一个可选元数据实体未被选用，则该元数据实体所包含的元数据元素（包括必选元数据元素)也不选用。

3) 条件必选(C):元数据实体或元数据元素在设定条件下为必不可少时选择。当该条件满足时,至少一个元数据实体或元数据元素必选。以下三种情况使用条件必选:

——表示在2或2个以上元数据实体或元数据元素中进行选择。至少存在一个元数据实体或元数据元素必选;

——当已经选用另一个元数据实体或元数据元素时,此元数据实体或元数据元素为必选;

——当另一个元数据元素已经选择了一个特定值时,此元数据元素为必选。

b) 最大出现次数

说明元数据实体或元数据元素可以具有的最大实例数目。只出现一次的用“1”表示,重复出现的用“*N*”表示。不为1的固定出现次数用相应的数字表示,如“2”、“3”、“4”等。

4.8 子元素

子元素用于通过一定的表示规则以确定一个元数据实体中包含的下一级的元数据实体或元数据元素。表示规则为:“标识符 = 表达式”。表达式中各符号的含义见表1。

表1 表达式的符号及含义

符　号	含　义
=	由……替换、生成,由……组成
+	与
|	或(选择)——在由“|”分开的两项之中选择其一
0{a}1	表示{}中的元数据元素a为可选项/条件必选项,且最大出现次数为1;若为条件必选项,约束/条件具体参见其注解
0{a}*n*	表示{}中的元数据元素a为可选项/条件必选项,且最大出现次数为*N*;若为条件必选项,约束/条件具体参见其注解
a	表示元数据元素a为必选项,且最大出现次数为1
1{a}*n*	表示{}中的元数据元素a为必选项,且最大出现次数为*N*
注:在子元素表示中,{}中均使用元数据元素或实体的中文名称。	

4.9 扩展巴氏范式

扩展巴氏范式可以更加规范化的表示一个元数据实体与其下一级的元数据实体或元数据元素之间的关系,便于系统实现。与子元素的表示法不同的是,扩展巴氏范式用半角“,”代替子元素中的“+”表示“与”关系,{}中均使用该元数据元素的短名,并以半角“;”作为表达式的结尾。

5 服务核心元数据描述

5.1 构成

服务核心元数据包括7个元数据元素和2个元数据实体。

a) 7个元数据元素包括:

——服务名称;

——关键词;

——最近发布日期;

——内容描述；

——访问限制；

——资源标识代码；

——资源名称。

b) 2个元数据实体包括：

——服务分类；

——服务方信息。

5.2 服务核心元数据元素与实体

5.2.1 服务名称

定　　义：标识科技平台服务的中文名称。

英文名称：ServiceTitle

数据类型：字符型

值　　域：自由文本

短　　名：serTitle

注　　解：必选项(M)，最大出现次数为1。

5.2.2 关键词

定　　义：用于描述科技平台服务信息主题的通用词、形式化词或短语。

英文名称：Keyword

数据类型：字符串

值　　域：自由文本

短　　名：keyword

注　　解：必选项(M)，最大出现次数为 N。

5.2.3 服务分类

定　　义：科技平台服务的类别信息。

英文名称：ServiceCategory

数据类型：复合型

短　　名：SerCat

注　　解：必选项(M)，最大出现次数为 N。

子 元 素：服务分类＝

1{类目名称}n＋

1{类目代码}n＋

分类标准名称＋

0{分类标准版本号}1

扩展巴氏范式：SerCat＝1{cateName}n，1{cateCode}n，cateStdN，0{cateStdR}1

5.2.3.1 类目名称

定　　义：分类标准中对应类目的中文名称全称。

英文名称：CategoryName

数据类型：字符串

值　　域:自由文本
短　　名:cateName
注　　解:必选项(M),最大出现次数为 N。

5.2.3.2 类目代码

定　　义:分类标准中类目名称对应的代码。
英文名称:CategoryCode
数据类型:字符串
值　　域:自由文本
短　　名:cateCode
注　　解:必选项(M),最大出现次数为 N。

5.2.3.3 分类标准名称

定　　义:分类标准的名称。
英文名称:CategoryStandardName
数据类型:字符串
值　　域:自由文本
短　　名:cateStdN
注　　解:必选项(M),最大出现次数为 1。

5.2.3.4 分类标准版本号

定　　义:分类标准的版本号。
英文名称:CategoryStandardRevision
数据类型:字符串
值　　域:待定
短　　名:cateStdR
注　　解:可选项(O),最大出现次数为 1。

5.2.4 最近发布日期

定　　义:最近一次发布科技平台服务信息的日期。
英文名称:DateOfUpdate
数据类型:日期型
值　　域:日期,见 GB/T 7408。
短　　名:upDate
注　　解:必选项(M),最大出现次数为 1。

5.2.5 内容描述

定　　义:对科技平台服务内容的综合性介绍。包括服务的来源、特征、指标、用途、方式等。
英文名称:FunctionDescription
数据类型:字符型
值　　域:自由文本
短　　名:funDescrip
注　　解:必选项(M),最大出现次数为 1。

5.2.6 访问限制

定　　义:为保护隐私权或知识产权,对访问科技平台服务信息施加的限制或约束。
英文名称:AccessConstraints
数据类型:字符串
值　　域:公开级为1,限制级为2。
短　　名:accConsts
注　　解:必选项(M),最大出现次数为1。

5.2.7 资源标识代码

定　　义:标识科技平台服务对应资源的代码表示。
英文名称:ResourceIdentifier
数据类型:字符串
值　　域:自由文本
短　　名:resId
注　　解:必选项(M),最大出现次数为 N。

5.2.8 资源名称

定　　义:标识科技平台服务对应资源的中文名称全称。
英文名称:ResourceName
数据类型:字符串
值　　域:自由文本
短　　名:resName
注　　解:可选项(O),最大出现次数为 N。

5.2.9 服务方信息

定　　义:描述提供科技平台服务的单位或机构的一组信息。
英文名称:ServiceProviderInformation
数据类型:复合型
短　　名:SerProInf
注　　解:必选项(M),最大出现次数为1。
子 元 素:服务方信息＝

机构名称＋
通信地址＋
邮政编码＋
1{联系电话}n＋
1{电子信箱}n＋
0{服务网址}1

扩展巴氏范式:SerProInf = serProName, cntAdd, postCode, 1{cntPhone}n, 1{cntEmail}n, 0{urlService}1

5.2.9.1 机构名称

定　　义:标识科技平台服务提供方的组织机构的中文名称全称。

英文名称:ServiceProviderName
数据类型:字符串
值　　域:自由文本
短　　名:serProName
注　　解:必选项(M),最大出现次数为1。

5.2.9.2 通信地址

定　　义:与科技平台服务提供方联系的通信地址。
英文名称:Address
数据类型:字符串
值　　域:自由文本
短　　名:cntAdd
注　　解:必选项(M),最大出现次数为1。

5.2.9.3 邮政编码

定　　义:与科技平台服务提供方通信地址相对应的邮政编码。
英文名称:PostalCode
数据类型:字符串
值　　域:自由文本
短　　名:postCode
注　　解:必选项(M),最大出现次数为1。

5.2.9.4 联系电话

定　　义:科技平台服务提供方联系人的联系电话。
英文名称:Phone
数据类型:字符串
值　　域:自由文本
短　　名:cntPhone
注　　解:必选项(M),最大出现次数为 N。

5.2.9.5 电子信箱

定　　义:科技平台服务提供方联系人的电子邮件地址。
英文名称:ElectronicMailAddress
数据类型:字符串
值　　域:自由文本
短　　名:cntEmail
注　　解:必选项(M),最大出现次数为 N。

5.2.9.6 服务网址

定　　义:科技平台服务提供方提供服务的互联网链接地址。
英文名称:URLOfService
数据类型:字符型
值　　域:自由文本

短　　名：urlService
注　　解：可选项(O)，最大出现次数为1。

6　核心元数据扩展的类型与规则

6.1　核心元数据扩展的类型

允许下列扩展类型：
a）增加新的元数据元素；
b）增加新的元数据实体；
c）增加新的元数据子集；
d）建立新的代码表，代替值域为“自由文本”的现有元数据元素的值域；
e）对现有元数据实体/元素施加更严格的可选性限制；
f）对现有元数据实体/元素施加更严格的最大出现次数限制。

6.2　核心元数据扩展的规则

应遵循以下扩展规则：
a）扩展的元数据元素不能用来改变本标准中现有元数据元素的名称、定义或数据类型；
b）扩展的元数据可以定义为实体，可以包含扩展的和现有的元数据元素，作为其组成部分；
c）允许对现有元数据实体/元素施加比本标准要求更加严格的约束/条件；
示例：在本标准中是可选的元数据元素，在扩展后可以是必选的。
d）允许对元数据元素的值域施加比本标准更严格的限制；
示例：在本标准中值域为“自由文本”的元数据元素，在专用标准中可以限定为适当值的列表。
e）允许对本标准认可的值域的使用加以限制。
示例：现有元数据元素的值域有5个值，扩展后可规定其值域只包含其中3个值，要求用户从这3个中选择1个。

参 考 文 献

[1] GB/T 18391.1—2009 信息技术 元数据注册系统(MDR) 第1部分:框架
[2] GB/T 19710—2005 地理信息 元数据
[3] GB/T 21063.3—2007 政务信息资源目录体系 第3部分:核心元数据
[4] GB/T 30522—2014 科技平台 元数据标准化基本原则与方法
[5] GB/T 30523—2014 科技平台 资源核心元数据
[6] GB/T 31075—2014 科技平台 通用术语
[7] GB/Z 30525—2014 科技平台标准化工作指南
[8] Dublin Core Metadata Element Set,Version 1.1,http://dublincore.org

ICS 35.240.01
L 72

中华人民共和国国家标准

GB/T 31074—2014

科技平台　数据元设计与管理

General science and technology infrastructure—Data elements design and management

2014-12-22 发布　　2015-06-01 实施

中华人民共和国国家质量监督检验检疫总局
中国国家标准化管理委员会　发布

前　言

本标准按照 GB/T 1.1—2009 给出的规则起草。

本标准由全国科技平台标准化技术委员会(SAC/TC 486)提出并归口。

本标准起草单位:国家科技基础条件平台中心、中国标准化研究院、中国人民解放军总医院、交通运输部科学研究院、国土资源部信息中心、中国农业科学院作物研究所、中国地震局、北京航空航天大学。

本标准主要起草人:程女范、周琼琼、陈志辉、苏靖、范治成、程苹、王志强、杨青海、刘丽华、王辉、张子平、曹永生、黎益仕、王德庆。

科技平台　数据元设计与管理

1　范围

本标准规定了数据元的数据模型以及科技平台数据元属性描述规范、数据元的设计流程与操作指南、数据元的注册与维护管理，给出了科技平台数据元标准编写指南。

本标准适用于科技平台建设、管理与服务活动中的数据元设计与管理。

2　规范性引用文件

下列文件对于本文件的应用是必不可少的。凡是注日期的引用文件，仅注日期的版本适用于本文件。凡是不注日期的引用文件，其最新版本（包括所有的修改单）适用于本文件。

GB 2312　信息交换用汉字编码字符集　基本集

GB/T 2659　世界各国和地区名称代码

GB/T 7027　信息分类和编码的基本原则与方法

GB/T 7408　数据元和交换格式　信息交换　日期和时间表示法

GB/T 17295　国际贸易计量单位代码

3　术语和定义

下列术语和定义适用于本文件。

3.1

科技平台　general science and technology(S&T) infrastructure

运用现代信息技术等手段，有效整合科技资源，为科技创新和经济社会发展提供共享服务的网络化、社会化的组织体系。

注：英文"science and technology"可用"S&T"表示。

[GB/T 31075—2014，定义 2.1.1]

3.2

信息（在信息处理中）　information

关于客体（如事实、事件、事物、过程或思想，包括概念）的知识，在一定场合中具有特定的意义。

[GB/T 5271.1—2000，定义 01.01.01]

3.3

数据　data

信息的可再解释的形式化表示，以适用于通信、解释或处理。

注：可以通过人工或自动手段处理数据。

[GB/T 5271.1—2000，定义 01.01.02]

3.4

数据模型　data model

数据的图形或文字表示，指明其特性、结果和相互间关系。

[GB/T 18391.1—2009，定义 3.2.7]

3.5

数据元　data element(DE)

由一组属性规定其定义、标识、表示和允许值的数据单元。

[GB/T 18391.1—2009,定义 3.3.8]

3.6

数据元概念　data element concept(DEC)

能以数据元的形式表示的概念,其描述与任何特定表示法无关。

[GB/T 18391.1—2009,定义 3.3.9]

3.7

对象　object

可感知或可想象的任何事物。

注:对象可以是物质的(如,一台发动机、一张纸、一枚宝石)、非物质的(如,转化率、一个项目计划),或假想的(如,一头独角兽)。

[GB/T 18391.1—2009,定义 3.2.22]

3.8

对象类　object class

可以对其界限和含义进行明确的标识,且特性和行为遵循相同规则的观念、抽象概念或现实世界中事物的集合。

[GB/T 18391.1—2009,定义 3.3.22]

3.9

属性　attribute

一个对象或实体的特征。

[GB/T 18391.1—2009 定义 3.1.1]

3.10

特性　property

一个对象类所有成员所共有的特征。

[GB/T 18391.1—2009,定义 3.3.29]

3.11

表示　representation

值域、数据类型的组合,必要时可包括计量单位、字符集。

3.12

值域　value domain

允许值的集合。

[GB/T 18391.1—2009,定义 3.3.38]

3.13

数据类型　data type

一些可区分的值的集合,这种区别由这些值的性质以及对这些值的运算所表征。

[GB/T 18221—2000,定义 4.11]

3.14

语境　context

一个对象被定义或被使用的环境、目的和角度。

[GB/T 18391.1—2009,定义 3.3.7]

3.15

数据元目录　data element directory

数据元字典　data element dictionary

列出并定义了全部相关数据元的一种信息资源。

注：实际应用中，数据元目录类文件名称可按应用领域简称“××××××数据元”。

3.16

元数据　metadata

定义和描述其他数据的数据。

[GB/T 18391.1—2009，定义 3.2.16]

3.17

注册机构　registration authority(RA)

经主管机构授权的运行和管理元数据注册系统的法人机构。

[GB/T 30524—2014 《科技平台　元数据注册与管理》，定义 3.6]

3.18

提交机构　submitting organization

提出元数据注册申请的组织或组织内部机构。

[GB/T 30524—2014，定义 3.5]

4　数据元的数据模型

4.1　数据元由对象类、特性和表示三部分组成。在特定的语义环境中，数据元是不可再分的最小数据单元。

4.2　数据元概念由对象类和特性两部分组成，数据元由数据元概念和表示两部分组成。数据元概念中，对象类和特性之间是一对一关系，即一个对象类和一个特性组成一个数据元概念。

4.3　一个数据元概念可以采用多种不同的表达方式，由于表达方式不同，一个数据元概念可以对应多个数据元，即数据元概念与数据元是 1 对 n 的关系。

4.4　数据元的数据模型见图 1。

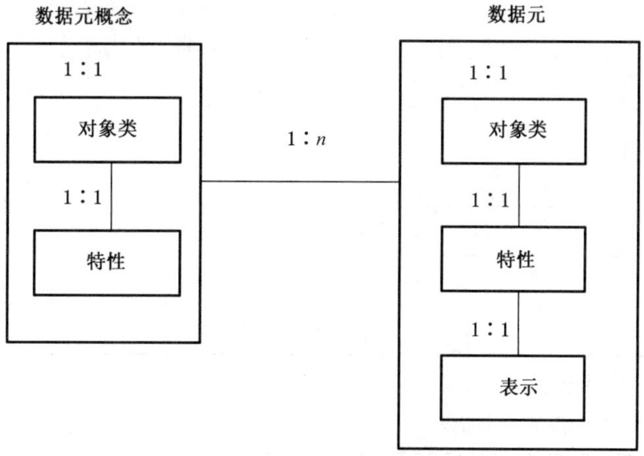

图 1　数据元的数据模型

4.5　数据元是一个组织管理数据的基本单元，可以出现在不同的数据环境中，如数据库、文件、报表、数据集等，元数据中的元数据元素均为数据元。

5 科技平台数据元属性描述规范

5.1 科技平台数据元属性描述方法

5.1.1 数据元是通过一系列属性进行规范描述的,数据元通用属性见表1。

5.1.2 表1中的约束是关于一个数据元属性是始终出现还是有时出现的说明,通常采用约束标识符进行标识。

约束标识符的含义:

M 必选 该属性必须出现;

C 条件选 该属性在需要出现的条件下应当出现;

O 可选 该属性根据需要选择,可以出现,也可以不出现。

表1 数据元通用属性表

属性类别	数据元属性名称	约束	说明
标识类	中文名称(名称)	M	对数据元进行标识的属性
	英文名称	O	
	中文全拼	O	
	标识符	C	
	版本	C	
	注册机构	C	
	同义名称	O	
	语境(应用领域)	C	
定义类	定义	M	描述数据元语义方面的属性
表示类	数据类型	M	描述数据元值的表示方面的属性。 描述时,也可将属性"值域"、"计量单位"的内容与其他补充说明一起列入"备注"中
	数据格式	M	
	值域	O	
	计量单位	C	
管理类	主管机构	O	描述数据元管理与控制方面的属性
	注册状态	C	
	提交机构	C	
	批准日期	C	
附加类	备注	O	其他补充说明
注:在一个数据元目录中,每个数据元的属性"版本"、"注册机构"、"注册状态"、"提交机构"、"批准日期"等内容相同时,可统一说明,不必逐条重复说明。			

5.1.3 科技平台数据元应根据需要,从数据元通用属性表(见表1)中选取所需的基本属性进行规范描述。科技平台数据元常用基本属性与说明见表2。

5.1.4 科技平台数据元的"基本属性"表明这些属性在科技平台各领域中是常用的,但不是在所有属性都应选用,这些基本属性仍分为必选(M)、条件选(C)和可选(O)。

表 2　科技平台数据元常用基本属性与说明

序号	属性名称	定义(说明)	约束
1	标识符	在数据元目录(字典)中,为数据元分配的与语言无关的、唯一的标记符号; 同义名称:标记	C
2	中文名称	数据元的中文名称,是标识数据元的主要手段; 同义名称:名称	M
3	同义名称	数据元的其他许用中文名称	O
4	英文名称	数据元的英文全称	O
5	中文全拼	数据元中文名称的汉语拼音	O
6	定义(说明)	关于数据元的含义和基本特征的说明,并使之区别于其他数据元; 同义名称:说明	M
7	表示	从业务角度规定的数据元值的表示格式(见 5.4),由数据类型代码和所允许的字符长度组合表示; **注 1**:常用数据类型代码见表 3,但不限于表中所列类型。字符长度表示法见表 4; **注 2**:数据元的其他表示类属性"值域"、"计量单位"可单独列项说明,也可另外与其他补充说明一起在属性"备注"中说明	M
8	值域	根据数据类型、数据格式属性决定的数据元允许取值范围或相关内容的说明,如所采用的代码标准,或通过枚举等方式给出所有可能的取值。无特殊要求时可省略; **注 1**:数据元的值域可通过以下几种方式给出: ——通过名称给出,即直接指出值域的名称,如数据元"两字母国家代码"的值域是 GB/T 2659 中的两字母代码; ——通过参考资料给出,比如数据元"产品条码"的值域是已经在物品编码中心注册的产品的条形码; ——通过一一列举的方式给出所有可能的取值以及每一个值对应的实例或含义;如"实物标志"的值域:"0 无、1 有"。 ——通过规则间接给出,如数据元"无线电频率"的值域是从 3 kHz 到 300 GHz。 **注 2**:数据元的"值域"可单独列项说明,也可与其他补充说明一起在属性"备注"中说明	O
9	计量单位	数值型数据元值的计量单位,有计量单位时必选; **注 1**:计量单位采用 GB/T 17295 中的计量单位的名称或代码; **注 2**:数据元的"计量单位"可单独列项说明,也可另外与其他补充说明一起在属性"备注"中说明	C
10	语境	产生或使用数据元的应用领域、相关环境或规程的说明; **注**:语境可以是一个业务领域、信息系统、业务环节或数据模型等,或是它们的组合	C
11	备注	对数据元的其他补充说明; **注**:对其他属性未能描述的内容进行补充说明	O

5.2　数据元的命名规则

5.2.1　唯一性规则

在一定语境下,数据元名称应是唯一的。名称中一般包括对象类词、特性词、表示词和限定词。

5.2.2 语义规则

数据元命名应遵守以下语义规则：

a) 对象类词表示数据元所属的事物或概念，它是数据元名称中占主导地位的成分。数据元名称中应有一个且仅有一个对象类词；
b) 特性词是表示数据元的对象类的某个显著特征。数据元名称中应有一个且仅有一个特性词；
c) 表示词是数据元名称中描述数据元特性的表示形式的，它描述数据元有效值集合的格式。数据元名称中应有一个且仅有一个表示词；
d) 当需要描述一个数据元并使其在特定的语境中唯一时，可使用限定词对对象类词、特性词或表示词进行限定，限定词是可选的。

5.2.3 句法规则

数据元命名应遵守以下句法规则：

a) 数据元名称中各成分的排列顺序依次是对象类词、特性词、表示词；
b) 限定词可以附加到对象类词、特性词或表示词上，限定词应位于被限定成分的前面。限定词顺序的不同不能用于区别不同的数据元；
c) 当表示词与特性词有重复或部分重复时，可从数据元名称中将冗余词删除掉；
d) 在特定的语境中，数据元名称可以根据中国人的语言文字习惯和知识背景进行适当简化。

示例：数据元"注册机构名称"可简化为"注册机构"。

5.2.4 通用表示词

数据元名称中的表示词宜采用国际通用表示词，见表 3。

表 3 国际通用表示词及其含义

表示词	含　　义
名称	表示一个人、客体、地点、事件或概念的称谓的词或短语
代码	表示一组值中的一个值的字符串，可以是字母、数字或符号，以及它们的组合
编号	表示一个人、客体、地点、事件或概念的排列顺序或排列位置的字符串
说明	描述相关信息的一段文字
日期	表示年、月、日
时间	以 24 小时制计时方式表示一天的小时、分、秒的组合
期限	两个日期点之间的时间长度说明，可以用起始日期至终止日期表示，也可直接用时间长度表示(如 2 年)
金额	与货币种类、货币计量单位有关的数值(币种，默认人民币)
数量	与非货币计量单位有关的数值
比率	具有相同计量单位的两个量值的比
百分比	以百分数形式表示的具有相同计量单位的两个量值的比
标志	又称指示符，表示值域只有两种情况：是 / 否、有 / 无、Y / N、1 / 0 等

5.2.5 数据元英文名称命名规则

数据元的英文名称应遵守以下命名规则：

a） 英文名称中，各个成分之间用空格分隔，不允许使用特殊字符；

b） 名词使用单数形式，动词使用现在时；允许使用缩写词、首字母缩略词和大写首字母。

5.2.6 数据元中文全拼格式

数据元中文全拼由中文名称中的每个汉字的汉语拼音组成，各汉字拼音之间用连字符“-”连接，并全部使用小写。

5.3 数据元定义的编写规则

数据元的定义应按以下规则进行编写：

a） 数据元的定义在该领域内应具有唯一性，必须区别于其他数据元，即在定义中所表述的特征必须使被定义的概念与其他概念相区别；

b） 数据元定义采用单数形式、描述性的短语或句子阐述概念的基本含义，简练、准确而无歧义，要说明其概念是什么，而不说明其概念不是什么；

c） 数据元定义的表述中不应包括其他数据元定义或引用下层概念，应避免相互依存；

d） 对相关数据元的定义使用相同的术语和一致的逻辑结构。

5.4 数据元值的表示方法

5.4.1 数据类型表示法

数据类型常用代码表示。数据元值的常用数据类型代码与说明见表4，但不限于表中所列类型。

表4 常用数据类型代码与说明

代码	数据类型	说明
S	字符型	采用字符形式(汉字、字母字符、数字字符等符号)表示数据元的值。 **注1**：包括ASCII字符集(英文字母大小写、数字0-9、符号……)。 **注2**：汉字字符集通常默认GB 2312，如果改用其他字符集，应说明。
N	数值型	采用数字0～9和小数点“.”形式表示的数值，可进行数学运算
D	日期型	采用GB/T 7408中规定的YYYYMMDD格式表示年、月、日的组合
T	时间型	采用GB/T 7408中规定的hhmmss格式表示一天以24小时计时制的时、分、秒的组合
DT	日期时间型	采用GB/T 7408中规定的YYYYMMDDThhmmss格式表示年、月、日、时间的组合，其中“T”为时间标志符
BY	二进制	图形、图像、音频、视频等其他形式的数据

5.4.2 字符长度表示法

数据元值的字符长度采用数据元值的字符数目表示，即按其所相当的ASCII字符数目计算，一个汉字相当于2个字符长度。数据元值的字符长度表示法见表5。

表 5　字符长度表示法

分类	表示方法
固定长度	在数据类型代码后面直接给出规定的字符长度
可变长度	a）可变长度不超过规定的最大字符数 在数据类型代码后面加“..”，再给出允许的最大字符长度。 b）可变长度在规定的最小字符数和最大字符数之间 在数据类型代码后面先给出最小字符数，加“..”，再给出最大字符数。 c）数值型的可变长度表示法 在数值型代码 N 后面给出允许的最大字符长度(包括小数点)，后面加“,”，再给出小数点后面的位数

5.4.3 数据元值的格式表示

数据元值的格式表示，在数据元目录中简称“表示”。采用数据类型代码和所允许的字符长度组合表示。

示例：

a) S　字符型(包括各种字符：字母、数字字符、汉字和符号等)

S12　　固定长度为 12 个字符(相当于 6 个汉字)的字符串。

S..12　　可变长度，最大为 12 个字符的字符串。

S10..100　可变长度，最小为 10 个字符，最大为 100 个字符的字符串。

b) N　数值型

N3　　整型数，固定长度为 3 位数字的整型数。

N..3　　整型数，最大长度为 3 位数字的整型数。

N12,2　　最大长度为 12 位的十进制小数格式(包括小数点和小数点后面的数字)，小数点后保留 2 位数字。

c) D　日期型

D8　　采用 YYYYMMDD 格式(8 位定长)表示具体日期的年、月、日。

2012 年 1 月 28 日表示为 20120128。

d) T　时间型

T6　　采用 hhmmss 格式(6 位定长)表示 24 小时进制的一天中的时、分、秒。

18 时 15 分 30 秒表示为 T181530。

e) DT　日期型、日期时间型

DT15　　采用 YYYYMMDDThhmmss 格式(15 位定长)表示具体日期和时间。

在日和时之间加时间标志符“T”。

2011 年 3 月 25 日 19 时 8 分 12 秒表示为 20110325T190812。

5.5 数据元的分类与标识

5.5.1 数据元的分类方法

数据元分类常用以下方法：

a) 通常根据业务的特点和需求，先按科技资源的业务领域或按科技平台信息模型划分大类，在每个数据元大类中，再进一步分组和分级。必要时可增加一大类“通用数据元”。
b) 从大类向下分组或分级时，可按数据元最稳定的自然属性进行分组和分级(见 5.5.2 示例)。
c) 数据元还可依据数据元的服务对象、应用领域、业务环节等进行大类划分。
d) 在数据元分类、分组和分级时，还可参考主题词表等分类法进行划分。

5.5.2 数据元的分类与标识示例

示例：按数据元的自然属性进行分组标识，见表6。

表6 按数据元的自然属性分组标识示例

分组	标识符(标记)	内　　容
第1组	1001～1999	与机构、人员基本信息有关的数据元
第2组	2001～2999	与日期、时间、期限有关的数据元
第3组	3001～3999	与空间、地理位置有关的数据元
第4组	4001～4999	与金额、币种、汇率有关的数据元
第5组	5001～5999	与数量(非货币量)、比例、计量单位等有关的数据元
第6组	6001～6999	与仪器、设备、物品、实物等有关的数据元
第7组	7001～7999	与文件、单证、合同、资料、说明等信息有关的数据元
第8组	8001～8999	备用
第9组	9001～9999	其他数据元

6 科技平台数据元设计流程与操作指南

6.1 前期研究、统筹规划

调查研究科技平台的建设、管理与服务需求、现有工作基础和相关的标准化成果，统筹规划：研究确定本领域数据元标准的体系框架、范围、信息采集渠道、数据元的属性、数据元的分类、语境的分类等。

6.2 需求导向、提取数据元

6.2.1 未建立科技资源信息管理系统的科技平台，数据元的提取一般采用“自上而下”的提取方法，即根据需求，在业务流程和功能分析的基础上，通过业务功能建模、业务流程建模、信息建模，从数据库、文件中提取数据元、逐步补充完善。

6.2.2 已建立科技资源信息管理系统的科技平台，数据元的提取一般采用“自下而上”的提取方法。根据需求，充分利用现有工作基础，可直接从现有信息系统的数据库、文件、单证、报表中提取数据元，初步筛选、去重补缺。

6.2.3 在提取数据元的过程中，进一步分析本领域科技资源的特点和科技平台资源管理与服务的需求，研究确定本领域以及各分领域科技资源信息描述的通用需求(通用数据元)和专用需求(专用数据元)。

6.2.4 当数据元的值域的内容可采用分类代码形式描述时，应同时提取与数据元概念相同的代码型数据元(即数据元的表示词为代码)。根据需要可按照GB/T 7027规定的原则与方法另外制定相关的代码集标准。

6.3 汇总整合、统一规范

6.3.1 汇总、整合、筛选各分支系统提取的数据元，去重补缺。

6.3.2 数据元整合时，应优先采用相关国家标准、行业标准；本领域有通用数据元标准时，各分领域应优先采用通用数据元标准。

6.3.3 相关部门应协商解决整合中出现的以下问题：

a) 名称相同、概念不同的数据元
应区分名称，规范描述其定义（说明）与表示；

b) 名称不同、概念相同的数据元
应统一名称，规范描述其定义（说明）与表示；

c) 名称相同、概念相同、分类代码不同的数据元
应根据业务需求，按 GB/T 7027 规定的原则与方法统一、规范代码型数据元的分类代码。

6.3.4 单独汇总整合可在科技平台多个领域使用的数据元，制定“通用数据元”标准。

6.3.5 按照第 5 章的规定和要求对整合后的数据元进行规范描述，不断修改完善，形成数据元规范（试用稿），进入试用阶段。

6.4 编写标准、推广应用

数据元设计的最后阶段是在数据元规范（试用稿）的基础上编写数据元标准，具体规定和要求参见附录 A。

7 科技平台数据元的注册与维护管理

7.1 数据元的注册

7.1.1 科技平台主管部门授权的注册机构负责科技平台数据元的注册与管理工作，包括受理注册申请、组织评审，评审通过后正式注册、信息发布、管理数据元注册系统。

7.1.2 科技平台数据元注册可以是经标准化行政主管部门审批发布的数据元标准、也可以是科技平台中应用的数据元规范（试用稿）。

7.1.3 科技平台数据元标准起草单位或设计单位作为提交单位应按 GB/T 30524 规定的程序和要求向科技平台注册机构提交数据元注册申请，完成数据元注册。

7.2 数据元的维护

7.2.1 科技平台数据元的维护由注册机构统一管理。数据元的维护包括数据元的生命周期管理、数据元的增加、修改和废止等工作。

7.2.2 数据元生命周期包括四个阶段：草案阶段、试用阶段、标准阶段和废止阶段，科技平台注册机构应按 GB/T 30524 规定的程序和要求对数据元的生命周期进行管理。

7.2.3 科技平台数据元的提交单位和用户都可以根据工作需要，向注册机构提交对数据元的维护建议。

附 录 A
（资料性附录）
数据元标准编写指南

A.1 标准编写的通用规则

所有标准的编写均应遵守下列现行基础标准的有关条款：

——GB/T 1（所有部分）；

——GB/T 20000（所有部分）；

——GB/T 20001（所有部分）。

A.2 科技平台数据元标准的编写

A.2.1 科技平台数据元标准的编写应遵守本标准以及其他相关国家标准的有关规定和要求。

A.2.2 数据元标准内容的基本架构与要求参见表A.1。根据需要，可适当增补其他相关内容。

表A.1 数据元标准内容的基本架构与要求

序号	基本要素名称	约束	说 明
1	前言	M	给出标准编制的依据(GB/T 1.1—2009)；标准代替的全部或部分其他文件的说明；标准的提出信息或归口信息；标准的主要起草单位和主要起草人等。不应包含要求和推荐信息
2	引言	O	根据需要，可给出标准技术内容的特殊信息或说明，以及编制该标准的原因。引言不应包含要求
3	范围	M	明确界定标准化对象和该标准所涉及的各个方面、适用范围。必要时，也可指出标准不适用的范围
4	规范性引用文件	O	列出标准中规范性引用其他标准、文件条款的标准、文件清单
5	术语和定义	O	按GB/T 1.1—2009的有关规定，为便于标准的使用者理解标准给出所需的术语和定义
6	数据元属性的描述方法	M	按照5.1的规定，根据业务特点和需求，从表2中选定一组属性作为该标准的数据元的属性进行规范描述。此外，根据需要也可适当增补其他属性
7	数据元值的表示方法	M	给出标准中对于数据元值的数据类型、字符长度的表示方法，见5.4
8	数据元的分类与标识	C	给出标准中对于数据元的分类原则、分类方法等，见5.5
9	数据元目录	M	按第5章规定的数据元属性的描述方法(见5.1)、数据元的命名规则(见5.2)、数据元定义的编写规则(见5.3)、数据元值的表示方法(见5.4)、数据元的分类与标识(见5.5)等规定和要求对所选定的数据元的基本属性进行准确、规范描述
10	参考文献	O	给出标准起草主要参考文献的清单
11	数据元索引	M	为方便用户查询、检索、使用，应给出数据元标识符(标记)顺序索引、数据元中文名称索引(按数据元名称的汉语拼音索引)

参 考 文 献

[1] GB/T 1(所有部分) 标准化工作导则

[2] GB/T 5271.1—2000 信息技术 词汇 第1部分:基本术语

[3] GB/T 18221—2000 信息技术 程序设计语言、环境与系统软件接口 独立于语言的数据类型

[4] GB/T 18391.1—2009 信息技术 元数据注册系统(MDR) 第1部分:框架

[5] GB/T 18391.2—2009 信息技术 元数据注册系统(MDR) 第2部分:分类

[6] GB/T 18391.3—2009 信息技术 元数据注册系统(MDR) 第3部分:注册系统元模型与基本属性

[7] GB/T 18391.4—2009 信息技术 元数据注册系统(MDR) 第4部分:数据定义的形成

[8] GB/T 18391.5—2009 信息技术 元数据注册系统(MDR) 第5部分:命名和标识原则

[9] GB/T 18391.6—2009 信息技术 元数据注册系统(MDR) 第6部分:注册

[10] GB/T 19488.1—2004 电子政务数据元 第1部分:设计和管理规范

[11] GB/T 20000(所有部分) 标准化工作指南

[12] GB/T 20001(所有部分) 标准编写规则

[13] GB/T 23824.1—2009 信息技术 实现元数据注册系统(MDR)内容一致性的规程 第1部分:数据元(ISO/IEC TR 20943-1:2003,IDT)

[14] GB/T 30524—2014 科技平台 元数据注册与管理

[15] GB/T 31075—2014 科技平台 通用术语

[16] WS 363.1—2011 卫生信息数据元目录 第1部分:总则

[17] 白殿一,等.标准的编写[M].北京:中国标准出版社,2009

ICS 35.240.01
A 22

中华人民共和国国家标准

GB/T 31075—2014

科技平台　通用术语

General science and technology infrastructure—General terminology

2014-12-22 发布　　　　2015-06-01 实施

中华人民共和国国家质量监督检验检疫总局
中国国家标准化管理委员会　发布

前　言

本标准按照 GB/T 1.1—2009 给出的规则起草。

本标准由全国科技平台标准化技术委员会(SAC/TC 486)提出并归口。

本标准起草单位:国家科技基础条件平台中心、中国标准化研究院、北京航空航天大学。

本标准主要起草人:陈志辉、周琼琼、苏靖、程女范、范治成、胡永健、程苹、王志强、杨青海、王德庆。

科技平台　通用术语

1　范围

本标准规定了科技平台常用的基本术语和定义。

本标准适用于科技平台建设、管理和运行服务等活动。

2　术语和定义

2.1　科技平台综合术语

2.1.1

科技平台　general science and technology(S&T) infrastructure

运用现代信息技术等手段，有效整合科技资源，为科技创新和经济社会发展提供共享服务的网络化、社会化的组织体系。

注：英文“science and technology”可用“S&T”表示。

2.1.2

科技基础条件平台　science and technology(S&T)infrastructure

在信息、网络等技术支撑下，由研究实验基地、大型科学设施和仪器装备、科学数据与信息、自然科技资源等组成，通过有效配置和共享，服务于全社会科技创新的组织体系。

2.1.3

技术创新服务平台　technology innovation service infrastructure

面向产业和区域发展的重大需求，通过有效整合高等学校、科研院所、科技中介服务机构以及骨干企业等优势资源，为企业技术创新共性需求提供服务的组织体系。

2.1.4

区域公共科技服务平台　regional public S&T service infrastructure

面向区域内特色优势产业和战略性新兴产业创新发展的重大需求，整合优质科技资源，为企业以及全社会提供高水平服务，推进区域内科技资源开放共享和高效利用，有力支撑产业创新和区域发展的组织体系。

2.1.5

科技平台标准　general S&T infrastructure standard

在科技平台相关领域内，为获得最佳秩序，经协商一致制定并经相关标准化主管机构批准，共同使用和重复使用的一种规范性文件。

2.1.6

科技平台标准化　general S&T infrastructure standardization

为规范和引导科技平台建设、管理与运行服务进行的，以科技平台标准的研究、制定和实施监督为主要内容的活动。

2.2　科技资源术语

2.2.1

科技资源　S&T resource

用于科技活动的人力、物力、财力以及组织、管理、信息等要素的总称。

2.2.2

科技实物资源　S&T physical resource

以实物形式表现的科技资源。

注：实物科技资源主要包括科学仪器设备，自然科技资源实物，科技文献实体资源，科学数据资源管理相关设备，网络科技环境的硬件设备和支撑软件系统。

2.2.3

科技信息资源　S&T information resource

在科技活动中产生的反映科技活动条件、过程、效果的数据和信息以及以此为基础数字化整理形成的数据产品和相关信息。

注：科技信息资源主要包括科技实物资源的信息化表达、科学数据、科技文献信息资源等。

2.2.4

科技基础条件资源　science and technology(S&T)infrastructure resource

科技活动应具备的基本科技设施和科技条件的总称。

注：科技基础条件资源主要包括科学仪器设备、自然科技资源、科学数据、科技文献、科技成果、网络科技环境资源及科普资源等。

2.2.5

科学仪器设备　scientific instruments and equipments

科学研究、技术开发及其他科技和教学活动中使用的仪器设备和软件、工程装置及配套设施，不包括与基建配套的各种动力设备、机械设备、辅助设备，也不包括专用于生产的仪器设备和一般运输工具(科学考察用交通运输工具除外)。

注：科学仪器设备主要指用于研究、计算、测量、观测、实验(试验)、分析、计量等仪器设备及软件、大科学工程装置及配套设施。

2.2.6

自然科技资源　natural S&T resource

自然环境中，经过长期演化自然形成或人为改造形成的、对人类社会生存与可持续发展不可或缺的自然要素，为人类社会科技与生产活动提供基础材料，并对科技创新与经济发展起支撑作用的战略物质资源及相关数据、研究资料的总和。

注：自然科技资源主要包括生物种质资源、人类遗传资源、标本资源、实验材料资源和标准物质资源等。

2.2.6.1

生物种质资源　biological germplasm resource

具有实际或潜在应用价值、并能繁殖的各种生物的遗传载体实物及相关数据、研究资料的总和。

2.2.6.2

人类遗传资源　human genetic resource

人体基因组、基因及其产物的器官、组织、细胞、体液、制备物及其重组 DNA 构件体等遗传资源的实物及相关数据、研究资料的总和。

2.2.6.3

标本资源　specimen resource

保持实物原样或经过整理，供学习、研究时参考用的动物、植物、岩矿化石、人体标本、病毒或病菌资源的实物及相关数据、研究资料的总和。

2.2.6.4

实验材料资源　experimental material resource

具有自然资源属性、经人工培育或制造，且具有一定外部表征和内在质量的、支持和满足人类科技活动所需的物质材料的实物及相关数据、研究资料的总和。

2.2.6.5

标准物质资源　standard substance resource

具有一种或多种足够均匀和准确的特性值、用以校准设备、评价测量方法或给材料赋值的材料或物质的实物及相关数据、研究资料的总和。

2.2.7

科学数据　scientific data

人类社会科技活动积累的或通过其他方式获取的反映客观世界的本质、特征、变化规律等原始性、基础性数据，以及根据不同科技活动需要进行系统加工整理的各类数据的集合。

2.2.8

科技成果　S&T achievements

对某一科学技术问题，运用系统分析方法，通过调查考察、实验研究、设计试制和辩证思维活动所取得的具有一定学术意义或实用价值的创造性的研究结果。

注：科技成果是指人们在科学技术活动中通过智力劳动所得出的、经过鉴定具有学术价值或经济价值的知识产品。

2.2.9

科技文献　S&T literature

记录科技知识的各种载体。

注：科技文献主要包括科技图书、学术期刊、学位论文、会议文献、专利文献、标准文献等。

2.2.10

科技资源中心　S&T resource center

集成各类科技资源，为科研人员从事科技活动提供基础研发条件，具备资源共享、分析测试、研究观测、科技金融、成果转化、战略咨询、科技交流与合作等综合服务功能的机构。

2.2.10.1

研究实验基地　research and experimental base

经有关部门批准并依托法人单位建立或设立的从事各类科技活动的机构，包括国家实验室、国家重点实验室、重大工程和设施、国家工程技术中心、野外科学观测台站体系等。

2.2.10.2

生物种质资源保藏机构(设施)　conservation organization of biological germplasm resource

具有生物种质资源保存功能、保存一定数量的资源、可对种质资源进行鉴定、为全国或区域提供服务的机构或设施。

注：生物种质资源保藏机构包括保藏中心、生物资源专业实验室等。植物种质资源保藏设施包括种质库、种质圃、植物园和保存林等；动物种质资源保藏设施包括保种场、保种池、自然保护区和基因库等。

2.2.10.3

大型科学仪器中心　center of important scientific instruments and equipments

向社会各界提供大型科学仪器设备开放共享服务的专业化机构。

2.2.10.4

科学数据中心　sharing center of scientific data

利用信息、网络等现代技术，对科学数据进行搜集、加工、汇交、整合、安全存储和管理，并向社会各界提供科学数据开放共享服务的专业化机构。

2.2.10.5

分析测试中心　center of analysis and testing

从事相关专业领域分析测试方法、分析测试技术研究、分析测试人员培训和分析测试服务的专业化机构。

2.3 科技平台管理术语

2.3.1

科技资源整合 S&T resource integration

按照一定的原则、标准和机制,将具有某种共同属性或特征的科技资源进行整理融合,使之成为一个协调统一、规范有序的系统的过程。

2.3.2

科技资源汇交 S&T resource archiving

按照规定的程序、要求和标准,将科技资源或其信息汇总提交到科技平台或指定机构的过程。

2.3.3

科技计划项目资源汇交 archiving of S&T project-derived resource

按规定程序和要求将科技计划项目执行过程中所形成的各类科技资源信息提交科技平台或指定机构进行汇总整合的过程。

注:科技计划项目科技资源汇交内容主要包括:项目主要成果信息,研究与实验报告,新产品、新材料、新工艺、计算机软件和集成电路布图设计信息,生产线、中试线、示范工程信息,科学数据库,知识产权(专利)信息,标准和技术规范,大型科学仪器设备信息及各种实物资源,论文、著作等主要成果信息。

2.3.4

科技资源调查 S&T resource investigation

对现有科技资源的数量、质量、分布、管理和利用等情况的调查。

2.3.5

认定 certification

主管部门对科技平台资源整合、组织管理、运行服务和持续发展能力等达到规定要求的确认。

2.3.6

认定指标 certification index

关于科技平台的资源整合、组织管理、运行服务和持续发展能力等的衡量目标和方法的具体描述。

2.3.7

服务绩效 service performances

科技平台运行服务所取得的成绩和效益。

注:服务绩效主要包括服务数量、服务成效、运行管理和资源整合情况等。

2.3.8

服务绩效考核 service performances evaluation

主管部门对科技平台的服务数量、服务成效、运行管理和资源整合情况等服务绩效的检查、评估。

2.3.9

服务绩效考核指标 service performances evaluation index

按照规定的要求,对科技平台的服务数量、服务成效、运行管理和资源整合等服务绩效的评价方法的具体描述。

2.4 科技平台运行与服务术语

2.4.1

运行机制 operational mechanism

科技平台安全可靠运行的内在机能及其运行方式,是科技平台各业务环节规定的结构、功能及其相互关系、业务活动的基本准则、规章制度与相关标准和技术规范的总和。

2.4.2

管理模式　management model

科技平台管理所采用的基本思想和方法，从科技平台建设、运行和服务的需求出发设计的管理理念、管理内容、管理工具、管理程序、管理制度和管理方法等一整套加以遵守的管理规则。

2.4.3

门户系统　portal system

运用网络、信息等先进技术，以统一的用户界面为社会各界提供科技实物资源和科技信息资源及其服务的应用系统。

2.4.4

门户管理　portal management

对门户网站进行的维护管理，包括门户内容的更新、登录、门户界面样式的维护和后台信息系统的链接管理，以及登录用户的资料、认证、操作权限的管理。

[GB/T 22263.1—2008，定义 6.5]

2.4.5

信息管理　information management

采用现代信息技术手段对科技资源信息的采集、分析、处理、存储、检索、传输和交换进行控制的功能。

2.4.6

用户管理　user management

对科技平台科技资源的访问者和使用者进行属性、角色、群组、权限、状态等的维护与管理。

2.4.7

科技资源共享　S&T resource sharing

机构或个人将其拥有的科技资源向社会各界开放，提供合法使用和技术服务的过程。

2.4.8

实物共享　physical sharing

机构或个人将其拥有的实物资源以某种方式向社会各界开放，提供合法使用和技术服务的过程。

2.4.9

信息共享　information sharing

机构或个人将其拥有的信息资源以某种方式向社会各界开放，提供合法使用和技术服务的过程。

2.4.10

科技平台服务　service of general S&T infrastructure

以不同方式向用户提供所需科技资源的活动。

2.4.11

科技资源元数据服务　metadata service S&T resource

以科技资源元数据查询方式提供科技资源的发现与定位功能的信息服务。

2.4.12

科技资源目录服务　catalogue service of S&T resource

以科技资源目录查询方式提供科技资源的发现与定位功能的信息服务。

2.4.13

科技资源专题服务　subject service of S&T resource

针对经济社会发展重大需求，科技平台管理机构统筹组织对科技资源深度挖掘和整合，以专题形式开展的主动服务。

2.4.14

科技资源推送服务　push service of S&T resource

科技平台运行服务过程中，系统自动跟踪、分析用户需求，通过多种方式(元数据、数据集、资源目录体系等)搜索科技资源、深度挖掘、知识化加工、集成，并主动向用户提供所需的个性化服务。

2.4.15

科技成果转化服务　transformation of S&T achievements

为推进科技成果转化而进行的成果转化代理、成果交易、信息服务、成果展示、成果评估、咨询培训、政策辅导等活动。

附　录　A
（资料性附录）
科技平台相关术语

A.1　标准化术语

A.1.1

标准　standard

为了在一定范围内获得最佳秩序，经协商一致制定并由公认机构批准，共同使用和重复使用的一种规范性文件。

注：标准宜以科学、技术和检验的综合成果为基础，以促进最佳的共同效益为目的。

[GB/T 20000.1—2002，定义 2.3.2]

A.1.2

标准化　standardization

为了在一定的范围内获得最佳秩序，对现实问题或潜在问题制定共同使用和重复使用的条款的活动。

注 1：上述活动主要包括编制、发布和实施标准的过程。

注 2：标准化的主要作用在于为了其预期目的改进产品、过程或服务的适用性，防止贸易壁垒，并促进技术合作。

[GB/T 20000.1，定义 2.1.1]

A.1.3

标准化对象　subject of standardization

需要标准化的主题。

[GB/T 20000.1，定义 2.1.2]

A.1.4

规范性文件　normative document

为各种活动或其结果提供规则、导则或规定特性的文件。

注 1：“规范性文件”是诸如标准、技术规范、规程和法规等这类文件的通称。

注 2：“文件”可以理解为记录有信息的各种媒体。

[GB/T 20000.1—2002，定义 2.3.1]

A.1.5

基础标准　basic standard

具有广泛的适用范围或包含一个特定领域的通用条款的标准。

注：基础标准可直接应用，也可作为其他标准的基础。

[GB/T 20000.1—2002，定义 2.5.1]

A.1.6

工作标准　duty standard

对标准化领域中需要协调统一的工作事项所制定的标准。

注：“工作事项”主要指在执行相应管理标准和技术标准时，与工作岗位的职责权限、工作内容和方法、岗位的任职资格和基本技能、检查与考核等有关的重复性事物和概念。

[GB/T 13017—2008 定义 3.9]

A.1.7

管理标准 management standard

对标准化领域中需要协调统一的管理事项所制定的标准。

注1："管理事项"主要包括管理目标、管理项目、管理业务、管理程序、管理方法和管理组织等与实施技术标准有关的重复性事物和概念。

注2：管理标准和与实施技术标准无关的规章制度可并行存在。

A.1.8

技术标准 technical standard

对标准化领域中需要协调统一的技术事项所制定的标准。

注：技术标准还可以分为基础技术标准、产品标准、工艺标准、检验和实验方法标准、设备标准、原材料标准、安全标准、环境保护标准、卫生标准等大类。

A.1.9

服务标准 service standard

规定服务应满足的要求以确保其适用性的标准。

[GB/T 20000.1—2002，定义 2.5.6]

A.1.10

相关标准 relative standard

与本系统关系密切、可直接采用的其他系统的标准。

A.1.11

试行标准 prestandard

由标准化机构临时通过并公开发布的文件，目的是从它的应用中取得必要的经验，再据以建立正式的标准。

[GB/T 20000.1—2002，定义 2.3.3]

A.1.12

技术规范 technical specification

规定产品、过程或服务应满足的技术要求的文件。

注：技术规范可以是标准、标准的一个部分或与标准无关的文件。

A.1.13

协商一致 consensus

普遍同意，表征为对于实质性问题，有关重要方面没有坚持反对意见并按程序对有关各方的观点进行了研究和对争议经过了协调。

注：协商一致并不意味着没有异议。

[GB/T 20000.1—2002，定义 2.1.7]

A.2 信息化术语

A.2.1

信息 information

在信息处理中，关于客体(如事实、事件、事物、过程或思想，包括概念)的知识，在一定场合中具有特定的意义。

[GB/T 5271.1—2000，定义 01.01.01]

A.2.2

数据 data

信息的可再解释的形式化表示，以适用于通信、解释或处理。

注：可以通过人工或自动手段处理数据。

[GB/T 5271.1—2000，定义 01.01.02]

A.2.3

元数据　metadata

定义和描述其他数据的数据。

[GB/T 18391.1—2009 定义 3.2.16]

A.2.4

核心元数据　core metadata

描述资源最基本信息的元数据最小集合。

A.2.5

服务元数据　service metadata

用于描述服务的元数据，描述服务实例的特征。

A.2.6

通用元数据，公用元数据　general metadata，common metadata

可以在多个领域使用的元数据。

注：通用元数据包含核心元数据的全部内容。

A.2.7

专用元数据，扩展元数据　dedicated metadata，expanded metadata

只在某个领域使用的元数据。

注：各领域在制定专用元数据时应包含核心元数据的全部内容，并优先选用通用元数据的内容。

A.2.8

数据元　data element

由一组属性规定其定义、标识、表示和允许值的数据单元。

[GB/T 18391.1—2009，定义 3.3.8]

A.2.9

通用数据元，公用数据元　general data element，common data element

可以在多个领域共同使用的数据元。

A.2.10

专用数据元　dedicated data element

只在某个领域使用的数据元。

注：各领域在制定专用数据元标准时应优先选用通用数据元。

A.2.11

数据元目录　data element dictionary

列出并定义了全部相关数据元的一种信息资源。

A.2.12

分类　classification

按照选定的属性（或特征）区分分类对象，将具有某种共同属性或特征的分类对象集合在一起的过程。

[GB/T 10113—2003，定义 2.1.2]

A.2.13

编码　coding

给事物或概念赋予代码的过程。

[GB/T 10113—2003，定义 2.2.1]

A.2.14

代码　code

表示特定事物或概念的一个或一组字符。

注：这些字符可以是阿拉伯数字、拉丁字母或便于人和机器识别与处理的其他符号。

[GB/T 10113—2003,定义 2.2.5]

A.2.15

数据库　database

与给定主题相关的一组数据，它描述这些数据的特征及与数据对应的实体间的关系，并支持一个或多个应用领域。

A.2.16

数据集　dataset

具有一定主题，可以标识并能够被计算机处理的数据集合。

A.2.17

一致性测试　conformance testing

对待测产品对象(包括标准、科技资源和科技平台)进行的测试，以便确定待测产品对象(包括标准、科技资源和科技平台)与标准一致性实现的程度。

A.2.18

业务模型　business model

科技平台建设中，对某个业务系统的业务分工、业务流程、业务信息等方面内容以图像或文字表示，指明其特性、结构和相互间关系。

A.2.19

业务协同　business coordination

科技平台建设中相关业务部门之间，经过协商，对相同业务信息的概念、名称、定义、表示等属性的描述实现统一、科学、规范的过程，确保信息交换、资源共享。

[GB/T 25647—2010,定义 3.3.4]

A.2.20

灾难备份　backup for disaster recovery

利用技术、管理手段以及相关资源，为确保已有的关键数据和关键业务在灾难发生后可以恢复正常和继续运营，而构建的复制系统和机制。

[GB/T 25647—2010,定义 3.5.9]

A.2.21

镜像站点　mirror site

一种网络服务器，其存储的文件与某个网站的服务器上的文件完全同步且相同。

A.2.22

信息安全　information security

对信息的保密性、完整性、可用性的保证；此外也可涉及对真实性、可核查性、不可否认性和可靠性等特性。

[GB/T 25647—2010,定义 A.4.1]

A.2.23

统一身份认证　unique identity authentication

用户通过使用同一套认证凭证，即可以访问所有科技平台上与该用户身份对应的授权网络应用的过程。

A.2.24

风险评估　risk evaluation

从风险管理角度，运用科学的方法和手段，系统地分析网络与信息系统所面临的危险及其存在的脆弱性，评估安全事件一旦发生可能造成的危害程度，提出有针对性的抵御威胁的防护对策和整改措施的过程。

[GB/T 25647—2010，定义 3.5.6]

A.2.25

应急预案　contingency plan

事先制定的用于应对突发事件(如自然灾害、重大事故、环境公害及人为破坏等)的处置方案。

参 考 文 献

[1] GB/T 1.1—2009 标准化工作导则 第1部分:标准的结构和编写
[2] GB/T 5271.1—2000 信息技术 词汇 第1部分:基本术语
[3] GB/T 10112—1999 术语工作 原则与方法
[4] GB/T 10113—2003 分类与编码通用术语
[5] GB/T 13017—2008 企业标准体系表编制指南
[6] GB/T 16785—2012 术语工作 概念与术语的协调
[7] GB/T 18391.1—2009 信息技术 元数据注册系统(MDR) 第1部分:框架
[8] GB/T 19099—2003 术语标准化项目管理指南
[9] GB/T 20000.1—2002 标准化工作指南 第1部分:标准化和相关活动的通用词汇
[10] GB/T 20001.1—2001 标准编写规则 第1部分:术语
[11] GB/T 22263.1—2008 物流公共信息平台应用开发指南 第1部分:基础术语
[12] GB/T 25647—2010 电子政务术语
[13] 国家中长期科学和技术发展规划纲要(2006～2020年)(中华人民共和国国务院)
[14] 2004～2010年国家科技基础条件平台建设纲要(科技部、国家发展改革委员会、财政部、教育部,国务院办公厅转发)
[15] "十一五"国家科技基础条件平台建设实施意见
[16] 关于深化科技体制改革加快国家创新体系建设的意见
[17] 国家技术创新工程总体实施方案
[18] 国家"十二五"科学和技术发展规划

中文索引

英文索引

A

B

C

D

E

G

H

M

N

O

P

R

S

ICS 01.040.01
A 14

中华人民共和国国家标准

GB/T 31076.1—2014

汉文古籍特藏藏品定级 第1部分:古籍

Professional standards for Pre-modern Chinese books and special collections—Part 1: Pre-1912 Chinese books

2014-12-22 发布 2015-07-01 实施

中华人民共和国国家质量监督检验检疫总局
中国国家标准化管理委员会 发布

前　言

GB/T 31076《汉文古籍特藏藏品定级》分为6个部分：

——第1部分：古籍；

——第2部分：简帛古籍；

——第3部分：敦煌遗书；

——第4部分：佛教古籍；

——第5部分：碑帖拓本；

——第6部分：古地图。

本部分为GB/T 31076的第1部分。

本部分按照GB/T 1.1—2009给出的规则起草。

本部分由中华人民共和国文化部提出。

本部分由全国图书馆标准化技术委员会(SAC/TC 389)归口。

本部分起草单位：国家图书馆、天津图书馆、上海图书馆、复旦大学图书馆、北京大学图书馆、南京图书馆、首都图书馆、浙江图书馆、辽宁省图书馆、山东省图书馆、陕西省图书馆。

本部分主要起草人：李致忠、李国庆、张志清、陈红彦、陈先行、吴格、沈乃文、徐忆农、刘乃英、童正伦、王清源、唐桂艳、杨居让、韦力、鲍国强、程有庆、赵前。

引　　言

本部分是《汉文古籍特藏藏品定级》系列标准中的主体，现存汉文古籍的主体，因其书写、刷印时代不同，具有不同的文物价值；因其内容差异，具有不同的学术资料价值；因其写、印技艺不同，具有不同的艺术价值。研究古籍传本的这些特征与异同，鉴别其版本的真伪与优劣，进而确定其级别等次，对古籍整理与保护十分必要。

参照中华人民共和国文化部2001年第19号令发布的《文物藏品定级标准》和《一级文物定级标准举例》中有关善本古籍藏品定级的相关精神，结合编纂《中国古籍善本书目》时提出的鉴别古籍善本的"三性原则"，以及列举的九项"善本收录条件"(习称"三性九条")，考虑中国古籍存藏现状，特制定本部分。

汉文古籍特藏藏品定级
第1部分：古籍

1 范围

GB/T 31076的本部分规定了古籍的术语和定义，以及古籍的级别和等次。

本部分适用于普通形制古籍的定级；不适用于其他特殊藏品，如简帛古籍、敦煌遗书、佛教古籍、碑帖拓本、古地图及域外刻本等的定级。供全国各级各类图书馆、博物馆等单位在古籍保护、整理和利用工作中使用，也供出版、教学、科研及国内外相关单位参考使用。

2 术语和定义

下列术语和定义适用于本文件。

2.1

古籍 Pre-1912 Chinese books

中国古代书籍的简称。主要指书写、印制于1912年以前又具有中国古典装帧形式的书籍。

注：本部分古籍指简帛古籍、敦煌遗书、佛教古籍、碑帖拓本及古地图等特殊类型藏品之外的习见的普通形制的古籍。

2.2

版本 edition

使用雕版、活字排版以及其他方式刷印而成的古籍传本。

注：版本学中的版本通常包括抄写的各种传本。

2.3

版本类型 types of editions

使用不同写印技术制作而成的各类型版本的总称。

2.3.1

刻本 block-print edition

雕版印制书籍的统称。包括捺印和刷印等形式，主要指雕刻木板以成阳文反字或图像版片，经敷墨覆纸刷印而成的古籍传本。

2.3.1.1

影刻本 facsimile edition using blocks traced from the original

依据某一底本覆纸影摹其图文及版式，再行雕刻木版，经敷墨覆纸刷印而成的古籍传本。

2.3.2

朱印本 edition printed in red

在雕版上敷以红色，经敷墨覆纸刷印而成的古籍传本。

2.3.3

蓝印本 edition printed in blue

在雕版上敷以蓝色，经敷墨覆纸刷印而成的古籍传本。

2.3.4

套印本 edition printed in multiple colors(either simultaneously or separately)

套色或套版刷印的古籍传本。早期为同版分色刷印，元代以后发展为两版或多版分色套印。

2.3.4.1

敷彩印本　single-block，multi-color edition

在一块雕版上根据需要敷以不同颜色，经敷墨覆纸刷印而成的古籍传本。

2.3.4.2

套版印本　multi-block，multi-color edition

雕刻两套大小相同或多套大小不同的版片，根据需要分别敷以相同或不同颜色，依次敷墨覆纸刷印而成的古籍传本。

注：常见以朱、墨两色印成的朱墨套印本，又有用三色以上印成的三色、四色、五色等套印本。

2.3.5

饾版拱花印本　assembled-block and embossed edition

运用饾版、拱花两种技法刻成印版，经敷墨覆纸刷印而成的古籍传本。

2.3.5.1

饾版印本　assembled-block edition

雕刻大小、形状不同的数块版片，敷以不同颜色，依次经敷墨覆纸刷印而成的古籍传本。因版片零碎，状如饾饤得名。

2.3.5.2

拱花印本　embossed edition

雕刻凹凸印版，覆纸压印，使图案花纹线条凸现纸面的古籍传本。

2.3.6

钤印本　book of stamped seals

以印章着色直接有序地钤盖在书叶上而形成的印谱类传本。

2.3.7

磁版印本　ceramic-block-print edition

用磁土制成泥版雕刻阳文反字，火烧令坚，再敷墨覆纸刷印而成的古籍传本。

2.3.8

活字泥版印本　clay-block edition using clay movable type

选用旧有阳文反字的木质雕版作为字源，将特制泥条的一端压于木质雕版的单个文字上，制成阴文正字的泥质字模，再按照书的内容，检用对应的泥质字模排成书版，而后压于特制的泥版上，制成阳文反字的泥质印版，再敷墨覆纸刷印而成的古籍传本。

2.3.9

影印本　photo-offset edition

用照相技术摄取底本的图文，制成印版后用机械印刷而成的古籍传本。

2.3.10

铜版印本　copper-plate edition

将底本图文蚀刻、雕刻在铜质基材上制成印版，再敷墨覆纸压印而成的古籍传本。

2.3.11

活字印本　movable type edition

活字排印本的统称。利用泥、木、铜、锡、铅、铁等材质，制成活字排成印版，再敷墨覆纸刷印而成的古籍传本。其中，以铜、锡、铅、铁等材质活字排版刷印而成的古籍传本称为“金属活字印本”。

2.3.11.1

泥活字印本　clay movable type edition

以泥质活字排成印版，经敷墨覆纸刷印而成的古籍传本。

2.3.11.2

木活字印本　wooden movable type edition

以木质活字排成印版，经敷墨覆纸刷印而成的古籍传本。

2.3.11.3

铜活字印本　bronze movable type edition

以铜质活字排成印版，经敷墨覆纸刷印而成的古籍传本。

2.3.11.4

锡活字印本　tin movable type edition

以锡为材料制成活字，经排版刷印而成的古籍传本。

2.3.11.5

铅活字印本　lead movable type edition

以铅质活字排成印版，经敷墨覆纸刷印而成的古籍传本。

2.3.11.6

铁活字印本　iron movable type edition

以铁质活字排成印版，经敷墨覆纸刷印而成的古籍传本。

2.3.12

活字套印本　multicolor movable type edition

以活字和套版两种方式结合印制而成的古籍传本，包括同色和不同色套印。

2.3.13

写本　handwritten copy

缮写而成的古籍传本。包括宋代及其以前的抄写本；元代及元以后由中央政府组织编纂各书的内府抄写本；历代名家的抄写本；佛经、道经的各类抄写本等。

2.3.14

稿本　manuscript

分为手稿本、修改稿本、清稿本、写样稿本。

2.3.14.1

手稿本　author's manuscript/holograph

著者亲笔缮写的书稿。

2.3.14.2

修改稿本　revised manuscript

著者亲笔修改自著的抄本、刊本。

2.3.14.3

清稿本　clean copy

仅请人誊抄而著者未加任何修改却又钤盖自己藏章或另写题识于其上的书稿。

2.3.14.4

写样稿本　manuscript ready for carving

准备上版雕刻的样稿。

2.3.15

抄本　transcript

依据某一底本缮写誊抄而成的古籍传本。

2.3.15.1

影抄本　traced copy

依据某一底本覆纸影摹其图文及版式而成的古籍传本，又称影写本。

2.3.16

彩绘本　manuscript with color illustrations

用多种颜色写绘而成的古籍传本。

2.3.17

插图本　illustrated edition

依据内容绘制插入图像而后雕版刷印而成的古籍传本。

2.3.18

批校题跋本　copy with handwritten colophons and comments

带有批、校、题、跋的古籍传本。

2.3.19

足本　complete edition

完整无缺的古籍传本。

2.3.20

善本　rare edition

具有历史文物性、学术资料性和艺术代表性的古籍，可视为善本。包括写印年代较早、传世较少，以及精校、精抄、精刻、精印的古籍。

2.3.21

普通版本　common edition

版本普通而不具备善本资质的古籍传本。

3　定级原则

依据古籍所具有的历史文物价值、学术资料价值和艺术代表价值作为评定等级的准则：

——具有特别重要历史文物价值、学术资料价值和艺术代表价值的古籍定为一级。

——具有重要历史文物价值、学术资料价值和艺术代表价值的古籍定为二级。

——具有比较重要历史文物价值、学术资料价值和艺术代表价值的古籍定为三级。

——普通版本古籍定为四级，不再划分等次。

——现存普通形制的古籍划分为一、二、三、四级。一、二、三级为善本，各分甲、乙、丙三个等次。

4　定级细则

4.1　一级古籍

4.1.1　一级甲等古籍：

——宋代(包括辽、西夏、大理、金、蒙古等时期)及宋以前各个时代刷印、抄写的古籍传本。

4.1.2　一级乙等古籍：

——元代刷印、抄写的古籍传本。

——明清时期各学科著名学者代表性著作的手稿本。

4.1.3　一级丙等古籍：

——明清时期著名学者的重要批校题跋本。

——明清时期特别重要的宋元版本的影抄本。

注：原本已佚。

——明代铜活字印本、木活字印本、具有代表性的套印本。

——明代使用特殊纸张刷印、抄写的古籍传本。

——明代具有特殊装帧形式的古籍传本。

——明正德十六年(1521 年)前精刻精印的插图本、精美的彩绘本古籍。

——明代饾版印本、拱花印本和饾版拱花印本,以及使用其他特殊技法刷印的古籍传本。

——明代纂修的《永乐大典》零本。

——清代中央政府组织编纂的超大部帙的足本古籍。

4.2 二级古籍

4.2.1 二级甲等古籍:

——明洪武元年(1368 年)至正德十六年(1521 年)刷印、抄写的古籍传本。

——明清时期各学科著名学者代表性著作的修改稿本、一般著作的手稿本。

——明清时期著名藏书家的重要批校题跋本。

——明清时期重要的宋元版本的影抄本。

注:原本尚存。

——明嘉靖元年(1522 年)至清乾隆六十年(1795 年)刻印、传抄元代及元以前人著作而成为现存最早的古籍传本。

——清代纂修的《四库全书》的底本。

——明清时期地方割据政权刻印、抄写的重要古籍传本。

4.2.2 二级乙等古籍:

——明嘉靖元年(1522 年)至隆庆六年(1572 年)刷印、抄写的古籍传本。

——明万历元年(1573 年)至明末刷印的朱印本、蓝印本、钤印本。

——清顺治元年(1644 年)至乾隆六十年(1795 年)的铜活字印本、木活字印本、活字套印本。

4.2.3 二级丙等古籍:

——清代纂修的《四库全书》零本及四库进呈本。

——明清时期重要的宋元版本的影刻本。

注:原本已佚。

——在明代泰昌,南明弘光、隆武、永历,以及清代祺祥等行用较短年号期间刻印、抄写的古籍传本。

——明末至清乾隆六十年(1795 年)敷彩印本、套版印本及铜版印本。

——明万历元年(1573 年)至清乾隆六十年(1795 年)精刻精印的插图本、精美彩绘本。

——清代磁版印本、活字泥版印本,以及其他活字印本,包括泥活字印本、铜活字印本、锡活字印本、铅活字印本及铁活字印本。

——清代利用特殊技术、特殊纸张刷印、抄写的古籍传本。

——清代具有特殊装帧形式的古籍传本。

4.3 三级古籍

4.3.1 三级甲等古籍:

——明万历元年(1573 年)至清顺治十八年(1661 年)刷印、抄写的古籍传本。

——清初著名学者著作的清稿本、刻本及抄本。

——明末清初学者、藏书家的批校题跋本。

——清初以后一般学者的手稿本、修改稿本及写样稿本。

——清乾隆六十年(1795 年)之前刷印及其后具有特殊纪年的时宪书。

注:特殊纪年,如乾隆六十一年至六十四年、光绪三十五年、宣统四年等。

——清乾隆六十年(1795 年)至清末刷印、抄写的元代及元以前人著作而成为该书现存最早的古籍传本。

——清代著名收藏家钤印的集古印谱、名家印谱。

4.3.2 三级乙等古籍：

——清康熙元年(1662年)至乾隆六十年(1795年)刷印、抄写的古籍传本。

——清代最早采用西方印刷技术刷印的铅印本、影印本。

——清代钤印的集古印谱、名家印谱。

4.3.3 三级丙等古籍：

——清嘉庆元年(1796年)以后刻印、传抄宋元版本及稀见明清人著作的古籍传本。

——清嘉庆元年(1796年)以后过录明清时期重要批校题跋的古籍传本。

——清嘉庆元年(1796年)以后精刻精印本。

——清嘉庆元年(1796年)以后具有特殊价值的活字印本、朱印本、蓝印本及彩绘本。

——清嘉庆元年(1796年)以后刷印的敷彩印本、套印本及铜版印本。

4.4 四级古籍：

——清嘉庆元年(1796年)至宣统三年(1911年)刷印、抄写的普通版本古籍。

——清代钤印的普通印谱。

ICS 91.120.25
P 15

中华人民共和国国家标准

GB/T 31077—2014

水库地震监测技术要求

Technical requirement of reservoir earthquake monitoring

2014-12-22 发布 2015-06-01 实施

中华人民共和国国家质量监督检验检疫总局
中国国家标准化管理委员会 发布

前　言

本标准按照 GB/T 1.1—2009 给出的规则起草。

本标准由中国地震局提出。

本标准由全国地震标准化技术委员会(SAC/TC 225)归口。

本标准起草单位:中国地震局地震预测研究所、地壳运动监测工程研究中心、中国地震局地质研究所、山东省地震局、中国地震台网中心、中国地震应急搜救中心。

本标准主要起草人:薛兵、赵翠萍、吴书贵、马文涛、林榕光、蒋海昆、王勤彩、华卫、宋彦云、和平。

引　　言

现有的水库地震监测手段有测震观测、地表自由场强震观测、地壳形变观测、地下流体观测等。测震与强震观测直接观测地震活动及其地表强烈震动效应，地壳形变观测和地下流体观测主要用于监测水库蓄水引起的库区地壳形变情况、库区断层形变情况、地下水渗流与扩散情况等，有助于分析库区地震活动与水库蓄水的关系。

水库地震监测是保障水库安全的重要手段，为了加强防震减灾工作，保障水利水电工程建设与安全管理，规范水库地震监测工作，特制定本标准。

水库地震监测技术要求

1 范围

本标准规定了开展水库地震监测的要求和水库地震台网建设、运行、数据产出的要求。

本标准适用于水库地震监测。

2 规范性引用文件

下列文件对于本文件的应用是必不可少的。凡是注日期的引用文件，仅注日期的版本适用于本文件。凡是不注日期的引用文件，其最新版本(包括所有的修改单)适用于本文件。

GB/T 19531.1—2004 地震台站观测环境技术要求 第1部分：测震

GB 21075—2007 水库诱发地震危险性评价

GB 50011 建筑抗震设计规范

GB 50057—2010 建筑物防雷设计规范

GB 50174—2008 电子信息系统机房设计规范

GB 50223—2008 建筑工程抗震设防分类标准

GB 50343—2012 建筑物电子信息系统防雷技术规范

DB/T 2 地震波形数据交换格式

DB/T 7 地震台站建设规范 重力台站

DB/T 8 地震台站建设规范 地形变台站

DB/T 17—2006 地震台站建设规范 强震动台站

DB/T 19 地震台站建设规范 全球定位系统连续观测台站

DB/T 20 地震台站建设规范 地下流体台站

3 术语和定义

下列术语和定义适用于本文件。

3.1

水库地震台网 seismological network for reservoir-induced earthquake

监视水库诱发地震的地震台网。

[GB/T 18207.2—2005，定义5.2.6]

3.2

水库区 reservoir area

水库正常蓄水位淹没的范围。

[GB 21075—2007，定义3.3]

3.3

水库影响区 reservoir influenced area

水库区及其外延10 km的范围。

[GB 21075—2007，定义3.4]

3.4

水库地震监测区　monitoring area for reservoir earthquake

水库影响区及其周围 50 km 范围内历史上发生过 5 级以上地震的区域。

3.5

水库地震重点监测区　key monitoring area for reservoir earthquake

水库地震危险性评价认为水库诱发地震可能性较大的库段、库首区及活动断层分布区域。

3.6

最小完整性震级　minimum completeness magnitude

在给定的时间、空间范围内，地震监测台网始终能够完整记录到的最小地震的震级。

4　水库地震监测要求

4.1　基本要求

4.1.1　坝高高于 100 m 且库容大于 5×10^8 m^3 的新建水库，应建设水库地震台网，开展水库地震监测。

4.1.2　根据水库诱发地震危险性评价，若水库诱发地震最大震级 M 大于 5 级，或水库诱发地震震中烈度大于Ⅶ度的其他新建大型水库，应建设水库地震台网，开展水库地震监测。

4.1.3　坝高高于 100 m 或库容大于 5×10^8 m^3 的已建水库，若近三年来水库影响区内发生震群活动且最大震级达到近震震级 $M_L3.0$ 级，应按 GB 21075—2007 第 8 章对水库诱发地震危险性进行确定性评价，若可能发生的最大诱发地震震级大于 5 级，则应补建水库地震台网，开展水库地震监测。

4.1.4　水库地震台网应由地震观测台站、实时数据传输系统、水库地震台网中心构成。

4.1.5　水库地震台网应建设测震观测台站和自由场强震动观测台站，符合 GB 21075—2007 甲级工作要求的大型水利水电工程项目，宜增加建设地壳形变观测、地下流体观测、活动断层监测方面的观测台站。

4.1.6　水库地震台网中心应承担观测数据分析处理及日常运行维护任务。

4.1.7　水库地震台网终止运行应同时满足下列条件：

a）水库蓄水后地震监测时间达到 10 年以上；

b）经过不少于 3 次达到设计最高水位的周期性水位变化；

c）水库影响区内近 3 年没有发生近震震级 $M_L3.0$ 级以上地震；

d）水库影响区内近 3 年没有发生与蓄水及放水过程有关的震群活动；

e）按照附录 B 所示方法，水库影响区内地震活动水平连续 3 年不高于蓄水前水库所在区域的背景地震活动水平。

4.1.8　若当地专业区域地震台网的监测能力没有达到地震近震震级 $M_L3.0$ 级，则应保留部分测震台站。

4.1.9　需终止测震台网运行时，应编制评估报告。评估报告应对 4.1.7 的要求逐条论述。

4.2　测震观测要求

4.2.1　水库地震台网至少应具有 4 个测震台站，测震台站的布设数量和分布应满足监测能力和地震定位误差的要求。

4.2.2　水库地震台网的监测能力应达到近震震级 $M_L1.5$ 级，水平定位误差应小于 3 km；重点监测区的监测能力应达到近震震级 $M_L0.5$ 级，水平定位误差应小于 1 km。

4.2.3　测震观测台站应能够记录振幅在 3×10^{-8} m/s～1×10^{-2} m/s 范围内的地面振动。

4.2.4　宜采用宽频带数字化观测方式，观测频带涵盖 0.05 Hz～40 Hz。部分台站可采用短周期数字化观测，其观测频带应涵盖 0.5 Hz～40 Hz。

4.2.5 流动地震仪的配置数量，不宜少于测震台站数量的 20%。

4.3 强震观测要求

4.3.1 强震动台站的布设数量和分布应满足最大烈度区及重点区域的强震动监测和烈度估算的要求。

4.3.2 强震动台站观测量为地面振动加速度，观测频带应涵盖 0.01 Hz～50 Hz，能够完整记录加速度峰值不大于 20 m/s^2 的地面振动。

4.4 地壳形变观测要求

4.4.1 地壳形变与断层活动观测涉及的观测项目有断层形变观测、地应变观测、地倾斜观测、重力观测、GNSS 观测等，观测项目的选择可参考附录 C。

4.4.2 台站建设可参考 DB/T 7、DB/T 8、DB/T 19。

4.5 地下流体观测要求

4.5.1 地下流体观测项目有水位、水温、水化学等，观测项目的选择参考附录 D。

4.5.2 台站建设可参考 DB/T 20。

4.6 实时数据传输系统要求

4.6.1 水库地震台站应采用连续观测方式，观测数据应实时传输、汇集到水库地震台网中心进行分析处理。对于不支持自动连续观测的测项，其观测数据应及时汇总到水库地震台网中心。

4.6.2 实时数据传输的最大延迟时间不宜超过 10 s。

4.6.3 测震观测台站设计时，应考虑数据传输的冗余设计及采用多种适宜的数据传输方式，保证在任何一种通信故障发生时，数据中断的台站数应不超过 25%，中断持续时间不超过 48 h。

4.7 水库地震台网中心要求

4.7.1 水库地震台网中心应具有以下功能：

a) 实时观测数据接收；
b) 事件自动检测、定位及震级计算；
c) 人机交互地震事件分析处理；
d) 观测数据整理及归档、地震速报、地震编目；
e) 在线观测数据存储、实时数据流交换、数据共享与服务；
f) 系统运行监控，包括台站运行状态监控。

4.7.2 水库地震台网中心技术系统是由计算机、服务器等设备构成的局域网系统，所提供的资源和性能应满足实现 4.7.1 所列各项功能的需求。

4.7.3 水库地震台网中心应具有一定的在线数据存储能力，且能够存储至少 3 个月的原始观测数据及 5 年的地震事件数据。

5 水库地震台网建设要求

5.1 台站布设原则

5.1.1 测震台站布设原则

5.1.1.1 宜采用均匀网状布设的原则。

5.1.1.2 外侧台站连线所围区域及其外延 20 km 应覆盖水库地震监测区。

5.1.1.3 对于水库地震重点监测区，应适当增加台站密度，并保证其处于外侧台站连线所包围的区域之内。

5.1.2 强震动台站布设原则

5.1.2.1 近坝区的重要部位、水库地震监测区中的最大烈度区应重点布设。

5.1.2.2 布设数量和台站分布应有利于监测水库诱发地震危险性评价确定的高烈度区及近坝区的强地面振动，有利于烈度值估算，并有利于较大地震震级的测算。

5.2 测震观测场地勘选

5.2.1 观测场地背景地噪声水平按照地区分类(见 GB/T 19531.1—2004 附录 C)应满足以下要求：

a) A 类地区、B 类地区和 C 类地区：应保证占总数 3/4 的台站，其背景地噪声水平小于Ⅱ级环境地噪声水平，即 $Enl<1\times10^{-7}$ m/s，其余台站应小于Ⅲ级环境地噪声水平，即 $Enl<3.16\times10^{-7}$ m/s；

b) D 类地区和 E 类地区：应保证占总数 1/2 的台站，其背景地噪声水平小于Ⅱ级环境地噪声水平，其余台站宜小于Ⅲ级环境地噪声水平。

注：环境地噪声水平 *Enl* 为 1 Hz～20 Hz 频带内的噪声有效值(见 GB/T 19531.1—2004 附录 A)。

5.2.2 观测场地应满足以下要求：

a) 选在坚硬、完整、未风化的基岩岩体上；

b) 避开地质断层带，应避开陡坡、风口、河滩等地；

c) 避开对地震观测有影响的发展规划区域；

d) 避开各种干扰源(大型水库除外)的距离应符合 GB/T 19531.1—2004 第 5 章的要求；

e) 无线传输观测数据的台站，场址与台网中心或中继站之间应满足无线信道通信要求。

5.2.3 应对观测场地环境地噪声水平进行连续 24 h 观测，观测采样率应不小于 100 点/s。具体观测方法、观测仪器、以及观测结果的分析、处理和计算，按 GB/T 19531.1—2004 附录 A 中的有关规定进行。

5.2.4 对场地观测结果进行分析、处理和计算时，应同时计算频带 20 Hz～40 Hz 的地噪声水平，其有效值不应高出 *Enl* 的 3 倍。

5.3 测震台网监测能力估算

依据测震台站分布和场地背景噪声测试结果，按照附录 A 的方法评估测震台网的监测能力。

5.4 强震观测场地勘选

5.4.1 观测场地应满足以下要求：

a) 应避开局部地形起伏变化大的地点，与高大建筑物之间的距离应大于建筑物的高度与长度；在无合适的自由场地时，可布设在独立的一层或二层房屋建筑物的底层地面上；

b) 应避开可能影响观测的振动源，如大型的马达、泵站、发电机、塔柱状结构、重型车辆道路、大型管道等设施；

c) 台址场地的最大背景振动加速度噪声有效值宜小于 0.001 m/s^2。

d) 拟采用无线方式传输观测数据的台站，场址与台网中心或中继站之间应满足无线信道通信要求。

5.4.2 应按照 DB/T 17—2006 附录 A 的要求对台址场地进行工程地质测试和地面脉动测试。

5.5 台站建设

5.5.1 观测仪器墩建设

5.5.1.1 观测仪器墩面中心的地理参数测定，应符合下列规定：

a) 经纬度测量误差不大于 0.3″；

b) 海拔高程测量误差不大于 15 m；

c) 地理子午线测量误差不大于 0.5°。

5.5.1.2 制作安装地震计的仪器墩应符合下列规定：

a) 仪器墩基凿制过程中不应采用爆破作业；

b) 仪器墩面的四边，宜与地理子午线平行或垂直；

c) 仪器墩不应与任何建筑体相连；

d) 仪器墩可建于地面，建议其长×宽宜为 1.0 m×0.8 m，高出房内地面宜为 0.3 m～0.6 m；也可采用坑式仪器墩，坑式仪器墩的深度宜为 0.5 m～0.8 m；

e) 仪器墩（含坑式仪器墩）四周应有隔震槽，隔震槽宽度宜为 0.1 m～0.2 m，深度宜为 0.2 m～0.3 m，槽底及四周应采取防潮措施，有渗水现象时应采取抗渗措施；

f) 仪器墩应一次性浇筑混凝土，振捣密实，墩面平整，中心刻有地理子午线；仪器墩浇筑前应清除干净基岩表面的碎石、泥沙、风化层等；

g) 仪器墩应采用强度等级不低于 C30 的素混凝土；有渗水现象的基岩，其仪器墩应采用强度等级不低于 C30 的防渗素混凝土；

h) 无渗水现象的基岩，可直接凿制成仪器墩。

5.5.1.3 制作安装加速度计的仪器墩应符合下列规定：

a) 仪器墩的长×宽宜为 0.4 m×0.4 m，高出房内地面 0.1 m～0.2 m；

b) 在基岩上制作仪器墩，按照 5.5.1.2 的有关规定进行；

c) 若强震动台站与测震台站共址建设，则仪器墩可共用；

d) 土层场地上应先除去表层腐殖土或回填土，在土层中插入钢筋，现场浇筑仪器墩；

e) 土层场地上浇筑仪器墩，应采用 ϕ20 规格的螺纹钢筋，钢筋插入土层的深度宜为 0.5 m～1.0 m，保留在仪器墩内的长度约为 0.15 m，插筋的倾角宜为 45°～60°，插筋数量宜为 8 根，均匀布置。

5.5.1.4 若加速度计和地震计安装在同一个仪器墩上，则仪器墩的制作应符合 5.5.1.2 的要求。

5.5.2 观测室建设

5.5.2.1 新建的观测室应按照 GB 50223—2008 中重点设防类（乙类）建筑确定抗震设防标准。观测室的抗震设计应符合 GB 50011 中的有关规定。

5.5.2.2 观测室建筑物防雷应按 GB 50057—2010 第三类防雷建筑物设防。

5.5.2.3 观测室电子信息系统防雷，应符合 GB 50343—2012 中 C 等级的雷电防护有关要求。

5.5.2.4 观测室墙壁、顶壁和地面应采取防潮和防尘措施，有渗水现象的应采取抗渗措施。

5.5.2.5 安装宽频带地震计的观测室，应采用密封门，观测室内日温度变化应小于 2.5 ℃，相对湿度保持在 20%～90%；当观测室内日温度变化大于 1 ℃时，应对宽频带地震计采取保温措施。

5.5.2.6 强震观测室可利用现有建筑物，其抗震设防及防雷措施需满足 5.5.2.1～5.5.2.3 的要求。

5.5.3 线缆敷设

5.5.3.1 观测室内线缆应采用套管穿引后暗装或明装敷设。套管应采用镀锌钢管。

5.5.3.2 传输电缆线宜采用镀锌钢管穿引或采用镀锌套管。室外地下敷设深度应大于 0.3 m，寒冷地区敷设深度应在本地区冻土层以下。

5.5.3.3 室外交流供电线宜选用铠装电缆地下敷设，敷设深度应大于 0.3 m，寒冷地区敷设深度应在本地区冻土层以下。

5.5.3.4 穿越观测室墙壁的敷设线应采用绝热材料封堵。

5.5.4 观测室配电

5.5.4.1 采用交流供电的台站，观测室应有配电箱，应配置不间断电源(UPS)，不间断电源应提供不少于 3 天的供电储备。

5.5.4.2 采用太阳能供电的台站，依据台站所有设备的总功率需求和当地气象情况配置太阳能电池板和蓄电池组，一般应能够提供连续 15 天连续阴雨天气情况下的供电储备。

5.5.5 设备配置

5.5.5.1 测震台站的观测设备、辅助设备及其主要技术指标，应符合表 1 的要求。

表 1 测震观测设备、辅助设备及主要技术指标

设备名称		主要技术指标	主要功能或用途	数量
地震计	宽频带地震计	频带宽度：0.05 Hz～40 Hz 灵敏度：2 000 Vs/m(差分输出) 动态范围大于 120 dB 非线性失真小于 1% 最大输出电压范围：±20 V(差分)	1. 三分向一体结构 2. 应具有标定信号输入功能 3. 应具有摆锤锁止与开锁功能 4. 应具有安装方位基准标志	1 台
	短周期地震计	频带宽度：0.5 Hz～40 Hz 灵敏度：2 000 Vs/m(差分输出) 动态范围大于 120 dB 非线性失真小于 1% 最大输出电压范围：±20 V(差分)	1. 三分向一体结构 2. 应具有标定信号输入功能 3. 应具有摆锤锁止与开锁功能 4. 应具有安装方位基准标志	
数据采集器		满量程输入信号：±20 V(差分) 动态范围大于 130 dB 分辨力：6 μV 频带范围：0 Hz～40 Hz 采样率大于或等于 100 Hz 时间服务小于 1 ms(UTC) 数字滤波器应具有最小相位特性	1. 应具有与标准 UTC 时间同步的功能 2. 应具有标定信号输出功能 3. 应具有基于 TCP/IP 协议的网络数据传输功能	1 台
电源设备	UPS 不间断电源	输出功率：500 VA 最大供电时间大于 72 h(负载功率 30 W)	用于交流供电台站	1 台
	直流稳压电源	应符合观测设备供电要求	观测设备供电	2～3 台
	太阳能供电系统	太阳能电池：200 W～400 W 12 V 蓄电池：200 AH～400 AH	用于太阳能供电台站	1 套

表 1（续）

设备名称		主要技术指标	主要功能或用途	数量
通信设备	无线数传电台	发射功率：1 W～2 W 有效数据传输速率大于或等于 19 200 bps 误码率小于 10^{-7} 最大数据传输延时小于 2 s	具有双工或半双工通信功能，用于采用无线数据传输的地震台站	1 台
	移动通信数据传输设备	有效数据传输速率大于或等于 64 kbps 最大数据传输延时小于 2 s	用于采用网络数据传输的地震台站	1 台
	网络传输设备	数据传输速率大于或等于 512 kbps 最大数据传输延时小于 2 s		

注 1：采用一体化数字地震仪时，技术指标不应低于数据采集器和地震计组合的系统指标。

注 2：使用无线数传设备应取得当地无线电管理部门关于频率资源的许可；特殊地区太阳能供电系统可做必要调整。

注 3：采用表中列出以外的设备传输观测数据，应满足连续、实时传输观测数据的要求。

5.5.5.2 强震动台站的观测设备、辅助设备及其主要技术指标，应符合表 2 的要求。

表 2 强震观测设备、辅助设备及主要技术指标

设备名称		主要技术指标	主要功能或用途	数量
强震加速度计		频带宽度：0 Hz～50 Hz 满量程：±2 g_n 灵敏度：2.5 V/g_n 或 1.25 V/g_n 动态范围大于 120 dB 非线性失真小于 1% 横向灵敏度比小于 1% 零位漂移小于或等于 500 μg_n/℃	1. 三分向一体结构 2. 应具有标定信号输入功能 3. 应具有安装方位基准标志	1 台
数据采集器		满量程输入信号： ±5 V 或±2.5 V(差分) 动态范围大于或等于 120 dB 当满量程输入信号为±5 V 时，分辨力：1.5 μV 当满量程输入信号为±2.5 V 时，分辨力：0.75 μV 频带范围：0 Hz～80 Hz 采样率大于或等于 200 Hz 时间服务小于 1 ms(UTC) 数据存储容量大于 4 Gbytes	1. 应具有与标准 UTC 时间同步的功能 2. 应具有标定信号输出功能 3. 应具有基于 TCP/IP 协议的网络数据传输功能	1 台
电源设备	UPS 不间断电源	输出功率：500 V·A 最大供电时间大于 72 h(负载功率 30 W)	用于交流供电台站	1 台
	直流稳压电源	应符合观测设备供电要求	观测设备供电	2～3 台
	太阳能供电系统	太阳能电池：200 W～400 W 12 V 蓄电池：200 AH～400 AH	用于太阳能供电台站	1 套

表 2（续）

设备名称		主要技术指标	主要功能或用途	数量
通信设备	移动通信数据传输设备	有效数据传输速率大于或等于 64 kbps 最大数据传输延时小于 2 s	用于采用网络数据传输的地震台站	1 台
	网络传输设备	数据传输速率大于或等于 512 kbps 最大数据传输延时小于 2 s		
注 1：采用一体化数字强震仪时，技术指标不应低于数据采集器和地震计组合的系统指标。 注 2：当观测台站同时安装强震与测震观测设备时，可共用电源和通信设备，共用设备应满足强震与测震同时连续观测的要求。 注 3：采用表中列出以外的设备传输观测数据，应满足连续、实时传输观测数据的要求。				

5.6 无线数据传输信道设计与中继站建设

5.6.1 采用无线数据通信方式传输观测数据时，无线信道的选择应综合考虑路径、经济和维护等条件，以及无线发射对周围环境的影响。

5.6.2 当观测台站至台网中心不具备架设无线信道条件时，或者传输误码率不能满足要求时，应建设无线数据传输中继站或有线传输数据中继站，进行数据传输的转接。

5.6.3 采用无线超短波数据通信方式时，应对传输信道进行接收场强测试和误码率测试，接收场强宜高于 20 dB 的电平余量。

5.6.4 采用扩频微波数据通信方式时，应对传输信道进行误码率测试。

5.6.5 中继站至台网中心的数据传输宜采用扩频微波或公用数据网，支持 TCP/IP 协议，支持台网中心与观测台站之间的双向通信。

5.6.6 中继站的建设应满足 5.5.3.1～5.5.3.3 的要求。

5.7 水库地震台网中心建设

5.7.1 水库地震台网中心一般宜设在通信畅通、交通方便、供电有保障、便于运行管理的场所。

5.7.2 水库地震台网中心应按照 GB 50223—2008 中重点设防类（乙类）建筑确定抗震设防标准。观测室的抗震设计应符合 GB 50011 中的有关规定。

5.7.3 水库地震台网中心建筑物防雷应按 GB 50057—2010 中第三类防雷建筑物设防。

5.7.4 水库地震台网中心电子信息系统防雷，应符合 GB 50343—2012 中 C 等级的雷电防护有关要求。

5.7.5 水库地震台网中心应建设固定的机房，配置数据分析处理、值班等工作室。

5.7.6 水库地震台网中心机房的设计应符合 GB 50174—2008 中 C 级电子信息系统机房的有关要求。

5.8 水库地震台网中心设备配置

水库地震台网中心主要设备配置见表 3。

表 3 水库地震台网中心主要设备及主要功能

设备名称	主要功能及用途	技术要求
数据交换服务器	用于实时数据接收与实时数据交换，汇集和缓存各台站实时数据流，支持实时数据在线分析处理	应满足所有观测台站实时数据接收、连续观测数据共享服务的需求；能够在线缓存 72 h 的连续观测数据

表 3（续）

设备名称	主要功能及用途	技术要求
数据处理服务器	承担实时数据处理和人机交互分析处理任务，包括地震事件分析、数据归档、地震编目等计算任务	应满足处理数据量及计算负荷要求
数据存储服务器	用于存储归档观测数据及资料，包括各种台网产出数据等	能够存储至少一年的连续观测数据，长期保存地震事件数据及台网产出数据等
地震信息与数据共享服务器	用于地震信息发布，观测资料共享	
运行监控终端	显示系统运行状态（包括台站设备运行状态）	
人机交互终端	用于人机交互分析处理	依据台站数量配置，至少配置 2 个终端
打印机	用于文档、报告等打印	
网络设备	用于构成台网中心网络化数据处理环境	包括路由器、调制解调器、交换机等
无线数传电台	用于接收无线直传台站的实时数据	依无线直传台站数量配置
不间断电源	用于支撑系统的连续不间断运行	供电中断时，应至少支撑系统运行 8 h
发电机	用作系统备用供电	
空调	用于保障机房环境符合 GB 50174 中 C 级电子信息系统机房要求	
注 1：当台站数量较少时，各服务器可共享硬件资源。 注 2：表中各服务器按照逻辑功能划分。		

6 水库地震台网运行

6.1 试运行

6.1.1 水库地震监测台站（实时传输）及数据中心设备安装和联调完成后，应对台站设备、数据中心设备、通信设备、各种软件、运行参数进行测试和检查。在实施正常运行前，应进行不少于连续 3 个月的试运行。

6.1.2 试运行期间，更换关键设备或软件、发生重大故障导致系统运行中断 24 h，应视为试运行中断，在故障排除或技术更新后，需重新开始试运行。

6.1.3 试运行期间，各项运行指标达到 6.2 的要求，运行产出符合第 7 章的要求，可转入正常运行。

6.1.4 水库地震台网至少应在水库蓄水前一年投入正常运行。

6.2 运行要求

6.2.1 测震台站的故障中断时间不宜超过 24 h，月运行率不宜低于 95%。

6.2.2 测震台站的运行仪器每月至少应标定一次，地震计的自振周期与阻尼的变化率应小于 5%。

6.2.3 强震动台站应定期进行仪器标定，加速度计的自振周期与阻尼的变化应小于 5%。

6.2.4 应及时处理测震台站和强震动台站的观测数据及地震事件，及时汇集和整理流动测量数据及资料，定期编制观测报告。

6.2.5 测震观测原始波形数据、地震事件波形数据应永久保存。

6.2.6 对水库影响区及其外延 20 km 内发生近震震级 M_L3.0 级以上的地震应进行速报，速报时间不应超过 15 min。速报内容包括地震的发震时刻、震中位置、震源深度、震级、距库岸的最短距离、距大坝的距离。

6.2.7 水库影响区及其外延 20 km 内发生近震震级 M_L3.0 级以上地震，应立即处理强震动观测数据，若近震震级 M_L 达到 4.0 级，应进行烈度速报。

6.2.8 在处理较大地震事件时，测震台站记录数据出现限幅现象而不能进行震级计算的情况下，应使用强震动观测数据计算震级。使用强震观测数据计算震级时，应将强震动观测数据进行积分运算，转换为速度记录。

6.3 应急流动观测

6.3.1 在水库地震重点监测区之外的水库影响区内发生震群活动，并显示出地震活动增强的趋势，应在该地震集中活动区周围增设临时测震台站，开展应急流动观测，以增强该区域的地震监测能力，使之达到水库重点监测区的监测水平。

6.3.2 当水库影响区内发生近震震级 M_L4.0 级以上或有较大社会影响的地震时，应启动应急流动观测。

6.3.3 应急流动观测宜将测震设备部署在靠近震中的地方，以提高后续余震的定位精度。

6.3.4 观测场址的选择应综合考虑基岩条件、通信条件和维护的方便性，避开风口及可能遭受水淹的地方，避开附近的干扰源。

6.3.5 应急流动观测仪器应避免遭受雨淋和日晒，并保障观测设备的供电。可通过无线数传电台、公共移动通信网等手段将观测数据实时传输至水库地震台网中心。

6.4 数据交换与共享

6.4.1 水库地震台网与所在地区区域地震台网应相互交换观测数据。连续观测数据交换宜采用实时或准实时传输方式实现。应共享的测震观测数据包括：连续波形数据、地震事件波形数据、地震月报目录、观测报告。

6.4.2 测震连续数据卷和事件数据卷的交换格式应符合 DB/T 2 的要求。

7 水库地震台网的产出

7.1 测震台网的产出

7.1.1 原始观测数据

7.1.1.1 连续数据卷，数据格式应符合 DB/T 2 要求。

7.1.1.2 地震事件数据卷，数据格式应符合 DB/T 2 要求。

7.1.1.3 连续数据卷在线存储应不少于 3 个月，地震事件数据卷在线存储应不少于 5 年。连续数据卷和地震事件数据卷应备份在离线介质中长期保存。

7.1.2 水库地震目录

7.1.2.1 水库地震目录参数包括发震时刻、震中经度、震中纬度、震级、震源深度、精度、震中参考地名、距库岸的最短距离、距大坝的距离。可增加近震震级 M_L3.0 级以上地震的震源机制、应力降、震源尺度、拐角频率。

7.1.2.2 水库地震目录应包括水库地震监测区内的所有地震事件。

7.1.2.3 应每月编制水库地震目录。

7.1.3 水库地震观测报告

7.1.3.1 水库地震观测报告包括：发震时刻、震中经度、震中纬度、震源深度、震级，以及各台站主要震相到时、记录清晰的初动符号、最大振幅、周期等震相数据。

7.1.3.2 水库地震观测报告应包括水库地震监测区内的所有地震事件。

7.1.3.3 应每月编制水库地震观测报告。

7.1.4 水库地震事件分析报告

7.1.4.1 水库地震监测区内发生最大震级达近震震级 M_L3.0 级以上的震群活动，且连续两天地震次数累计超过 10 次，或水库地震监测区内发生近震震级 M_L4.0 级以上地震，应编写水库地震事件分析报告。

7.1.4.2 水库地震事件分析报告内容应包括地震活动性分析、震情趋势分析等。近震震级 M_L 超过 4.0 级时，还应给出地震性质分析。

7.1.5 水库地震监测年报

水库地震监测年报应包括台网运行维护情况、台网产出情况、水库地震监测区地震活动性分析、水库诱发地震危险性分析等内容。

7.2 强震台网的产出

7.2.1 近震震级 M_L3.0 级以上的水库地震事件应包括：原始数据、峰值加速度、反应谱。

7.2.2 近震震级 M_L4.0 级以上的水库地震事件除满足 7.2.1 要求外，还应增加水库地震烈度分布或烈度值。

7.2.3 强震动观测报告，包括近震震级 M_L3.0 级以上的地震动峰值加速度、反应谱，近震震级M_L4.0 级以上的地震烈度分布等。

7.3 资料及数据的归档

7.3.1 建设单位应归档保存水库地震台网的基础资料、运行维护信息及观测数据。

7.3.2 基础资料归档内容应包括：水库地震危险性评价报告，水库地震台网技术设计报告、竣工报告、试运行验收报告和竣工验收意见，蓄水前的地震背景活动分析报告。

7.3.3 运行维护信息归档内容应包括：仪器参数、运行日志及维护记录。

7.3.4 观测数据归档内容应包括：每天水库水位数据、地震事件波形数据、地震事件强震动波形数据、观测报告、月报目录及分析报告等。

附 录 A
（规范性附录）
水库测震台网监测能力估算

A.1 估算测震台站台基噪声水平

在至少24 h的连续记录资料中，选择没有地震事件及个别干扰的时段，分别截取白天、夜间各1 h长度的北南向或东西向观测数据，按照以下步骤估算台基噪声水平：

a） 依据地震仪灵敏度等参数将截取数据换算为速度量，并进行积分运算；

b） 进行带通滤波，滤波器的频带取为2 Hz～20 Hz，其阻带衰减不小于每倍频程12 dB；

c） 计算滤波后数据的均方根值作为台基噪声水平的估计值。

A.2 确定测震台站对指定震级的监测范围

为保证从连续观测数据流中有效检出地震事件，地震事件初动震相信噪比取为3，S波振幅取为P波振幅的3倍，并按照有效值的2.2倍来估算峰值，则可有效检出的地震事件的S波峰值振幅的估计值为测震台站台基噪声水平的20倍。

依据近震震级计算式(A.1)确定测震台站对指定震级的监测范围。

$$M_L = \lg(A_\mu) + R(\Delta) + S(\Delta) \qquad \cdots\cdots(A.1)$$

式中：

M_L ——用S波最大振幅计算的震级；

A_μ ——最大地动位移，取值为S波峰值振幅的估计值，单位为微米(μm)；

$R(\Delta)$——量规函数；

$S(\Delta)$——台站校正值，对于基岩台$S(\Delta)$取值为0，对于松软土层$S(\Delta)$取值为0.3～0.6。

对于指定震级M_L，使用式(A.1)得到$R(\Delta)$，依据表A.1给出的量规函数$R(\Delta)$与震中距Δ的关系，得到的震中距Δ即为测震台站对该震级M_L的监测范围。

表 A.1 量规函数 $R(\Delta)$与震中距的关系

Δ/km	0～5	10	15	20	25	30	35	40	45	50
$R(\Delta)$	1.8	1.9	2.0	2.1	2.3	2.5	2.7	2.8	2.9	3.0
Δ/km	55	60～70	75～85	90～100	110	120	130～140	150～160	170～180	190
$R(\Delta)$	3.1	3.3	3.3	3.4	3.5	3.5	3.5	3.6	3.7	3.7

A.3 估算测震台网监测能力

取M_L依次为0.5、1.0、1.5、2.0、2.5，计算各个台站对应每个M_L取值的监测范围，按照4个台站监测区域的交集作为测震台网的监测区域，相应的M_L取值即为测震台网对该区域的监测能力。

附 录 B
（规范性附录）
水库影响区地震活动水平评估

B.1 背景地震活动水平的基本表述

背景地震活动水平以背景地震发生率进行表征，背景地震发生率指在没有应力扰动情况下，区域范围内单位时间的地震频次。理论上可认为背景地震发生率与时间无关，即背景地震在时间上是平稳的，在空间上可以不均匀。背景地震发生率的估算受时间范围、空间范围的选取以及地震丛集分布等因素的影响。

B.2 地震目录最小完整性震级的确定

地震的震级-频度在较大范围内满足式(B.1)所示的古登堡-里克特(G-R)关系：

$$\lg N = a - bM \qquad \cdots\cdots(B.1)$$

式中：

N ——大于或等于震级 M 的地震个数；

a、b——常数，反映地震活动水平和强度分布特征。

由于台网监测能力的限制，低于最小完整性震级的地震不能全部有效地监测到。利用式(B.1)可确定最小完整性震级的大小。

记 M_c 为地震目录最小完整性震级。为了确定地震目录最小完整性震级 M_c，从小到大选择不同的起始震级 M_0，对地震目录中震级大于或等于 M_0 的地震应用式(B.1)进行线性回归分析，求出 b 值。当选择的起始震级 M_0 小于最小完整性震级 M_c 时，b 值随着起始震级 M_0 的增加而不断增大。当 M_0 增加到一定程度后 b 值将出现一个基本稳定的状态，将 b 值开始出现基本稳定状态时对应的震级 M_0 作为地震目录最小完整性震级 M_c。

B.3 从集地震剔除

使用 K-K 法从地震目录中剔除余震等丛集地震活动。

假定两次地震震级分别为 m_i 和 m_j，两次地震之间空间距离为 r_{ij}，间隔时间为 Δt_{ij}，当满足式(B.2)时，认定后一次地震(m_j)是前一次地震(m_i)的“余震”，在地震目录中删除后一次地震(m_j)。

$$r_{ij} \leqslant R_0(m_i); \Delta t_{ij} \leqslant T_0(m_i); m_j < m_i \qquad \cdots\cdots(B.2)$$

式中：

R_0、T_0——与 m_i 有关的参数，分别表示空间和时间窗的尺度，取值见表 B.1。

表 B.1 附表 K-K 法“余震”认定空间、时间窗取值

m_i	$R_0(m_i)$/km	$T_0(m_i)$/d	m_i	$R_0(m_i)$/km	$T_0(m_i)$/d
2.0～2.5	30	6	5.0～5.9	50	183
2.5～3.5	30	12	5.5～6.5	50	365
3.5～4.0	30	23	6.5～7.0	100	548
4.0～4.5	40	46	7.0～7.5	100	730
4.5～5.0	40	92	7.5～8.0	150	913

B.4 基于水库地震台网的背景地震发生率估算

收集水库地震台网投入运行以来的水库地震台网产出的地震目录，确定其最小完整性震级。

对水库地震台网投入运行至水库蓄水时水库地震台网产出的地震目录，对 4 级以上地震依据 B.3 剔除其丛集地震，然后统计每个月震级大于最小完整性震级的地震数量，计算月平均值 E_1 和标准差 σ_1。其中月平均值 E_1 作为蓄水前月平均背景地震发生率。

B.5 基于水库区及邻近区域历史地震的背景地震发生率估算

收集有较完备地震记录以来至水库蓄水前水库区及其外围 150 km 范围内的地震目录，确定其最小完整性震级，并对 4 级以上地震依据 B.3 剔除其丛集地震，统计每年震级大于最小完整性震级的地震数量，计算年平均值 E_2 和标准差 σ_2。其中年平均值 E_2 作为蓄水前水库所在区域的年背景地震发生率。

若水库影响区远小于年背景地震发生率统计区域，可依据水库影响区和年背景地震发生率统计区域的面积差异，并考虑地震的空间分布状况，对年背景地震发生率进行适当修正。

B.6 水库影响区地震活动水平评估

对水库地震台网每月产出的水库地震影响区内的地震目录，对 4 级以上地震依据 B.3 剔除其丛集地震，使用与 B.4 相同的最小完整性震级，统计该月震级大于或等于最小完整性震级的地震数量，作为月地震发生率。

对水库地震台网每年产出的水库地震影响区内的地震目录，对 4 级以上地震依据 B.3 剔除其丛集地震，使用与 B.5 相同的最小完整性震级，统计该年震级大于或等于最小完整性震级的地震数量，作为年地震发生率。

当连续 3 年每月的地震发生率不高于蓄水前月平均背景地震发生率的$(1+\sigma_1)$倍，且每年的年地震发生率也不高于蓄水前水库所在区域的年背景地震发生率的$(1+\sigma_2)$倍，可认为水库地震活动水平恢复到蓄水前水库所在区域的背景地震活动水平。

附 录 C
（资料性附录）
水库地震监测中的地壳形变监测

水库地震监测中的地壳形变观测，旨在蓄水前获取库区的区域地壳形变和应变场的背景资料，在蓄水后监测工程施工与运行过程中库首区的区域形变和应变场的动态变化。以长江三峡工程诱发地震监测系统为例，采用的地壳形变观测项目有：GNSS观测、精密水准测量、跨断层短水准测量、重力观测、跨断层激光测距和跨断层定点连续形变观测，连续观测工程重点部位的地壳形变，定期和不定期地监测水库地震重点监测区内主要断裂的运动及变形，其观测项目、台网布设情况、观测目的参见表C.1。

表C.1 长江三峡工程水库诱发地震监测系统中的地壳形变监测

观测项目	台网布设情况	观测目的
GNSS观测	长江三峡工程水库诱发地震监测系统GPS监测网，由巴东、兴山、武汉三个GPS基准站与三峡库首区21个流动GPS监测站组成，监测区域水平形变。流动GPS观测站建在库首及其邻近区域，主要考虑区域构造、断层活动及工程特殊部位监测的需要	观测三峡库区地表形变
精密水准测量	长江三峡工程诱发地震监测系统精密水准网，由宜昌、三斗坪、香溪、巴东4处过江，将长江南北测线联结形成多环线，测线总长约800 km，监测区域垂直形变。在测网中实现部分水准点与GPS观测、重力测量共点联测，以实现统一、完整的几何与物理量的综合监测	测量三峡库区形变场，获取三峡库区形变基本图像
重力观测	长江三峡工程诱发地震监测系统区域重力监测网与区域垂直形变网同线路，由52个测点组成，点距在20 km左右	依据蓄水情况进行多次复测，获取与蓄水过程相关的重力观测资料
跨断层激光测距	长江三峡工程诱发地震监测系统断层形变监测网。根据活动断层分布与活动情况，共建设了跨库区6个主要断层的断层激光测距子网，每个子网由4个点构成，分别建在断层两侧，组成一个独立的大地四边形	直接监测断层的水平运动和垂直运动
跨断层短水准测量	长江三峡工程诱发地震监测系统跨断层水准测量。共布设6条跨断层水准测线，每条测线在断层上、下盘均建有2～3个基岩水准标石，测定各点之间的高差变化	直接监测断层的水平运动和垂直运动
跨断层定点连续形变观测	长江三峡工程诱发地震监测系统，在库区跨仙女山断层布设了周坪一个测站，布设了倾斜仪和伸缩仪，开展跨断层定点连续形变监测	连续监测断层测点的形变

附 录 D
（资料性附录）
水库地震监测中的地下流体监测

水库地震监测中的地下流体监测，主要测项有水位、水温和水化学观测等。以长江三峡工程水库诱发地震监测系统为例，地下流体监测主要测项为水位、水温，其台网布设情况、观测目的参见表D.1。

表D.1 长江三峡工程水库诱发地震监测系统中的地下水监测

观测项目	台网布设情况	观测目的
三峡井网是地下水动态综合观测网，主要测项有水位、水温观测	长江三峡工程水库诱发地震地下水动态监测井网，在潜在震源区内与坝区附近，选择地下水映震的敏感构造部位布设了8口观测井。在3个潜在震源区内，井间距控制在4.2 km～10.9 km之间；在坝区附近，井间距控制在2.6 km～8.8 km之间	监测井水位动态变化以及可能相伴出现的井水温度的变化
辅助测项为降雨、气压、气温、库水位观测	与8口观测井同址布设	用于从水位、水温监测数据中排除大气压力、库水位和气温变化的影响

参 考 文 献

[1] DB/T 38—2010 地震台网设计技术要求 地下流体观测网

[2] DB/T 39—2010 地震台网设计技术要求 重力观测网

[3] DB/T 40—2010 地震台网设计技术要求 地壳形变观测网

[4] Keilis-Borok V I, Knopoff L. Bursts of aftershock of strong earthquakes[J]. Nature, 1980, 238(P5744): 259-263

[5] 邢灿飞，龚凯虹，杜瑞林.长江三峡工程地壳形变监测网络[J].大地测量与地球动力学，2003，23(1)：114-118

[6] 车用太，鱼金子，刘五洲.三峡井网的布设与观测井建设[J].地震地质，2002，24(3)：423-431

ICS 03.100.10
A 87

中华人民共和国国家标准

GB/T 31078—2014

低温仓储作业规范

Specification for low temperature warehousing operations

2014-12-22 发布 2015-07-01 实施

中华人民共和国国家质量监督检验检疫总局
中国国家标准化管理委员会 发布

前　　言

本标准按照GB/T 1.1—2009给出的规则起草。

本标准由全国物流标准化技术委员会(SAC/TC 269)提出并归口。

本标准起草单位:中国仓储协会冷藏库分会、上海锦江国际低温物流发展有限公司、成都银犁冷藏物流股份有限公司、北京市恒慧通低温仓储有限公司、天津市冷藏食品贸易公司、上海市标准化研究院、武汉山绿冷链物流有限公司、上海冷藏库协会。

本标准主要起草人:刘龙昌、陆梁河、谢彬、杨建国、袁金刚、曹胜明、康俊生、李燕、李忠良。

低温仓储作业规范

1 范围

本标准规定了低温仓储的入库作业、储存作业、出库作业、环境控制、安全控制及信息处理的要求。

本标准适用于公共低温仓库的仓储作业活动，自营低温仓库的仓储作业活动可参照执行。

本标准不适用于人工调控气体成分的低温仓库、仓储作业自动化的低温仓库、储存危险品或有毒有害物品的低温仓库，以及国家相关部门有特殊要求的低温仓库的仓储作业活动。

2 规范性引用文件

下列文件对于本文件的应用是必不可少的。凡是注日期的引用文件，仅注日期的版本适用于本文件。凡是不注日期的引用文件，其最新版本(包括所有的修改单)适用于本文件。

GB/T 14440 低温作业分级

GB/T 16470 托盘单元货载

GB/T 18354 物流术语

GB 28009—2011 冷库安全规程

3 术语和定义

GB/T 18354 中界定的以及下列术语和定义适用于本文件。

3.1

低温物品 low temperature goods

为保持原有特性，需要在低温仓库内进行仓储作业的物品。

3.2

低温仓库 low temperature warehouse

采用人工制冷方法使室内温度保持在25℃及其以下的仓库。

3.3

自营低温仓库 self-supporting low temperature warehouse

由企业或各类组织自营自管，为自身提供低温物品储存服务的低温仓库。

3.4

公共低温仓库 public low temperature warehouse

面向社会提供低温物品储存服务的低温仓库。

3.5

低温仓储 low temperature warehousing and storage

利用低温仓库及相关设施设备进行低温物品入库、储存、出库的活动。

3.6

低温仓储企业 low temperature warehousing enterprise

从事低温仓储服务的企业。

注：下文中，将低温仓储企业称为“保管人”。

4 入库作业

4.1 入库准备

4.1.1 存货人应与保管人签订低温物品仓储保管合同。

4.1.2 低温物品入库前，存货人应向保管人提供符合合同和可追溯要求的入库信息。入库信息至少应包括：存货人信息、入库日期计划、低温物品信息、运输信息（包括承运人、运输工具、运输施封信息等）和储存条件信息（包括温度、相对湿度等）。

4.1.3 保管人应根据经存货人确认的入库通知书做好各项准备工作，以便低温物品抵达后及时进行入库作业。

4.1.4 保管人应根据低温物品特性和管理的需要确定储存货位。

4.2 入库检查

4.2.1 运输工具抵达低温仓库时，保管人应索取相关合格证明和入库许可文件，检查运输工具外观情况，并记录相关信息。对于施封车辆，应在启封前核对施封信息和启封许可文件，检查和记录施封完好情况，并在保管人和存货人或承运人同时在场情况下进行施封车开封，做好相应记录并确认。

4.2.2 卸货前，保管人应记录车厢内部温度；卸货过程中，保管人应检查低温物品的温度和外观质量，并记录结果。凡不符合入库许可条件和入库质量要求的低温物品应停止卸货，并立即通知存货人或承运人。

4.2.3 对退仓低温物品，保管人应按正常入库检查程序做入库检查。

4.3 卸货作业

4.3.1 卸货作业应在低温仓库封闭式站台进行。保管人应及时、快速卸载低温物品，并对卸货时间予以记录。

4.3.2 卸货作业应根据低温物品特性、包装标识和低温仓库设施要求进行操作，避免因不良作业行为导致低温物品及其外包装破损。

4.3.3 低温物品入库宜采用托盘集装化方式。对已经集装化的低温物品要确保符合集装化质量要求，否则应重新采取集装化措施。

4.3.4 应依照低温物品的标签、特性和生产日期分别进行集装化作业。对相同品名、批号的低温物品宜实行固定数量的集装化作业。

4.3.5 包括码盘作业在内的集装化作业应在封闭式站台或冷藏（保温）车厢内进行，作业时间应符合低温物品特性。

4.3.6 码盘作业应符合 GB/T 16470 中托盘单元货载的要求。

4.4 入库验收

4.4.1 在入库检查、卸货和搬运入库过程中，保管人应逐项核对低温物品信息、储存条件信息等，发现差异应记录并及时联系存货人或承运人确认。

4.4.2 低温物品入库后经确认无误，保管人和存货人（或承运人）应在入库交接记录凭证上签字确认。保管人和存货人有约定的，可由保管人向存货人签发仓单。

4.5 搬运作业

4.5.1 低温物品卸货后应及时搬运至相关库区储存。

4.5.2 低温物品搬运宜采用机械设备。

4.6 堆码作业

4.6.1 堆码作业宜采用机械堆码设备。

4.6.2 堆码作业应遵循安全、整齐、通风、便捷和先进先出的原则，不应在低温仓库门口附近和人员进出频繁区域堆码。

4.6.3 堆码不得超过低温仓库地坪承载负荷和外包装承载强度，堆码作业应符合低温物品特性、低温物品包装标示和低温仓库消防的安全要求，不得将低温物品直接接触地面。

4.6.4 低温仓库内单件低温物品或集装单元四周间距应在 10 cm 以上，并保持纵横直线贯通。

4.6.5 在低温仓库内，低温物品堆码作业的安全距离见表 1。

表 1 低温物品堆码作业安全距离

单位为米

序号	项目	指标
1	距低温仓库(≥0 ℃)顶棚	≥0.3
2	距低温仓库(<0 ℃)顶棚	≥0.2
3	距低温仓库顶排管下侧	≥0.3
4	距低温仓库顶排管横侧	≥0.2
5	距低温仓库无排管的墙	≥0.2
6	距低温仓库墙排管外侧	≥0.4
7	距低温仓库冷风机周边	≥1.5
8	距低温仓库风道	≥0.2

4.6.6 有刺激性气味或异味的、有不同温度保管要求的、容易交叉污染的和需要特殊处置的低温物品应分库区储存。

4.6.7 堆码作业完毕，保管人应及时将相关信息录入库存管理信息系统。

5 储存作业

5.1 保管作业

5.1.1 保管人应根据低温物品特性确定检查重点和频次，发现问题时应做好记录，并及时通报存货人。

5.1.2 对有保质期要求的低温物品，保管人应按事先约定的期限及时向存货人发出通报；对接近保质期的低温物品，应及时向存货人发出预报；对超过保质期的低温物品应做好标识，通报存货人尽快处置，并做相应的记录。

5.1.3 保管人应加强对退仓、有质量问题的低温物品的管理，专门记录、备查。

5.2 盘点作业

5.2.1 保管人应对库存低温物品按批次盘点结清，并进行月度、季度和年度定期盘点。

5.2.2 低温物品的盘点包括品名、品种、规格、批号、数量、保质期等内容，应查验是否与库存管理信息系统记载内容一致。

5.2.3 盘点完毕，参加盘点人员在盘点表上签字；发现问题时应查明原因，并与有关方面沟通。

6 出库作业

6.1 出库准备

6.1.1 低温物品出库前，存货人应向保管人发送出库通知，内容包括：存货人信息、提货人信息、提货日期计划、低温物品信息、运输信息(包括承运人信息、运输工具等)。

6.1.2 保管人确认出库通知后，应及时做好低温物品出库人员、设备、工具、作业空间等的准备工作。

6.1.3 低温物品出库前，保管人应提前核实库存情况，发现问题立即与存货人沟通、协调。

6.1.4 保管人根据出库通知拣货，对需要拆零、拼箱出库的低温物品，应做好拣选、分装等作业。

6.1.5 拣货完成后，保管人应检查待出库低温物品数量及包装情况，并记录结果。数量有差异的应进行调整。因包装受损或其他原因可能导致影响运输的，保管人应采取整理、加固、清洁等措施；需要改换包装的，保管人应取得存货人的同意。

6.1.6 待出库的低温物品经复核后，应及时把相关信息录入库存管理信息系统。

6.2 交货作业

6.2.1 交货前保管人应查验有效凭证，经核实后安排交货。

6.2.2 交货作业宜在封闭式站台进行。

6.2.3 保管人应按合同约定记录提货人的有效信息，如发现问题应当及时通知存货人处理。

6.2.4 保管人与提货人应对交接的低温物品信息进行核对，无误后共同在出库交接记录凭证上签字确认。

6.2.5 出库交接记录凭证经签字确认，保管人即可向提货人交付低温物品，并录入库存管理信息系统。

7 环境控制

7.1 低温仓库应配置温度检测仪器、相对湿度检测仪器，必要时可配备增湿或除湿装置。保管人应按规定对这些仪器、装置进行校准和维护。

7.2 保管人应根据低温物品特性适时调节低温仓库温度、相对湿度，定期通风换气。

7.3 保管人应优先采用信息技术连续记录低温仓库温度和相对湿度情况。应存货人要求，保管人应提供低温物品的储存温度、相对湿度数据。

7.4 低温仓储作业过程中应加强库门的管理控制，优化开门次数、缩短开门时间，不得长时间开门。

7.5 储存区域不能满足低温物品存储条件、且无法立刻恢复时，保管人应及时将可能受影响的低温物品移至符合储存条件的区域。

8 安全控制

8.1 保管人应制定并落实作业机械设备操作安全制度。

8.2 低温仓储作业人员上岗前应经过安全、技术培训，应了解制冷设备装置相关知识，以液氨为冷媒的低温仓储作业人员应掌握氨泄漏时防范和救护知识。

8.3 保管人应根据 GB/T 14440 的规定，并结合实际情况对个人最长连续低温作业时间做出规定。

8.4 低温作业人员应穿戴适宜的防寒劳动保护用品；低温装卸、搬运作业的人员应穿戴防滑防砸安全靴；叉车工应戴安全帽，佩戴眼镜应做防雾处理。

8.5 卸货作业应防止低温物品、作业设备工具、托盘在移动过程中与人员和设施发生碰撞。

8.6 保管人应定期对低温仓库除霜，根据低温物品特性和保管要求对低温仓库、作业设备、托盘和工具进行清洁和消毒。

8.7 低温仓储其他安全控制措施应符合 GB 28009—2011 中第 9 章和第 10 章的要求。

8.8 在低温物品储存过程中，保管人应及时掌握低温物品质量及变化情况，一旦发现问题应即刻通报存货人。

9 信息处理

9.1 保管人应采用库存管理信息系统处理低温仓储作业信息。

9.2 信息处理应贯穿低温仓储作业的全过程。保管人与存货人在签订低温物品仓储保管合同时，应对作业信息的记载内容、记录形式和传递交换方式做出约定。

9.3 保管人应真实、及时地记录并向存货人传递相关作业信息，未经存货人同意不得向第三方透露。

9.4 低温物品入库交接记录和出库交接记录应采用纸质形式。

9.5 低温仓储作业信息记录应使用中文或中外文对照，存货人、提货人、承运人的名称和地址不得使用简称，经交接双方签署的低温物品出、入库交接记录不得单方面涂改。

9.6 保管人应以信息技术为手段，识别、记录和处理低温物品的相关数据；食品类低温物品需满足其可追溯性要求。

9.7 作业信息至少保留 2 年。

ICS 91.120.25
P 15

中华人民共和国国家标准

GB/T 31079—2014

社区地震应急指南

Guideline of earthquake emergency for community

2014-12-22 发布　　2015-06-01 实施

中华人民共和国国家质量监督检验检疫总局
中国国家标准化管理委员会　发布

前　言

本标准按照GB/T 1.1—2009给出的规则起草。

本标准由中国地震局提出。

本标准由全国地震标准化技术委员会(SAC/TC 225)归口。

本标准起草单位:天津市地震局、中国地震局工程力学研究所、公安部天津消防研究所、中国地震局地球物理研究所、河北省地震局、新疆维吾尔自治区地震局、山西省地震局。

本标准主要起草人:王公学、袁一凡、倪照鹏、冯义钧、李洋、姚兰予、张勤、宋立军、吴昊昱、吴肖。

引　言

地震应急实践表明，社区等基层组织在抢救生命、安置群众生活等地震应急工作中发挥了重要作用。把地震应急工作纳入社区管理，引导其行为，是减轻地震灾害损失的重大措施。

制定本标准旨在指导社区等基层组织的地震应急工作，加强地震应急工作的社会管理和服务，保护社区居民的人身和财产安全，保障社会稳定。

社区地震应急指南

1 范围

本标准提出了社区地震应急工作的基本要求，给出了震前准备和震后应对的内容、方法和程序。

本标准适用于城市社区、农村社区、行政村和自然村等基层组织的地震应急工作，城市的街道、农村的乡镇的地震应急工作也可参考使用。

2 规范性引用文件

下列文件对于本文件的应用是必不可少的。凡是注日期的引用文件，仅注日期的版本适用于本文件。凡是不注日期的引用文件，其最新版本(包括所有的修改单)适用于本文件。

GB/T 23648—2009 社区志愿者地震应急与救援工作指南

GB/T 30353 人员密集场所地震避险

3 术语和定义

GB/T 30353 界定的以及下列术语和定义适用于本文件。

3.1

社区 community

一定区域内由居民组成的社会生活的共同体。

注：包括城镇社区和农村社区。

[GB/T 23648—2009，定义 2.1]

3.2

紧急疏散场地 area for emergency evacuation

供居民短时间紧急集散与避难的场地，一般为社区绿地或建筑物之间的安全空旷地带。

4 基本要求

4.1 社区应遵循国家有关防震减灾法律法规，贯彻“预防为主、防御与救助相结合”的防震减灾工作方针，履行地震应急工作义务。

4.2 社区的负责人应组织本社区的地震应急工作；社区应确定专人(地震应急管理人)具体负责社区地震应急工作。

4.3 社区地震应急工作的基本任务包括：

——组织编制地震应急预案；

——开展地震应急宣传教育和培训演练；

——做好疏散和物资准备工作；

——震后引导居民安全疏散和自救互救，收集、报告灾情，并协助做好居民生活安置、次生灾害防范与处置、维持社区秩序、开展心理帮助等工作。

4.4 社区应将地震应急救援服务纳入本社区志愿者服务内容，服务内容见 GB/T 23648—2009。

4.5 社区应帮助和指导居民做好地震应急准备工作。

5 震前准备

5.1 预案编制

5.1.1 社区应编制地震应急预案或在突发事件综合应急预案中包含地震应急内容，主要包括：

a) 社区基本情况。包括社区面积、居民人数、公园绿地分布、避难场所分布、建(构)筑物抗震能力、区内医疗机构、重点帮扶对象、次生灾害源及危险源分布等；

b) 地震安全避险责任制。包括社区负责人和地震应急管理人的地震应急工作职责；

c) 灾情上报。包括灾情调查、报告的内容与方法；

d) 疏散要点。包括疏散计划、疏散路线、疏散方式和时机、疏散警报、疏导用语运用等；

e) 救助要点。包括组织居民互救的程序、互救具体要求，互救、求救对象及联系方式等；

f) 次生灾害防范和处置要点；

g) 居民生活安置要点；

h) 社会治安要点；

i) 保障措施。包括宣传教育、疏散准备，通讯、广播、照明、药品等物资准备等。

5.1.2 社区地震应急预案应根据实际需要和情势变化适时进行修订，修订时间不宜超过5年。

5.1.3 社区地震应急预案的编制或修订可参照第4章、第5章、第6章内容。

5.2 宣传教育与培训演练

5.2.1 社区应利用各种形式和时机开展避险、疏散、自救互救等地震应急知识宣传教育与培训演练。

5.2.2 社区应根据自身特点、条件和居民构成，采取下列形式进行地震应急知识宣传教育：

a) 办墙(板)报、电子板报，在小区网络刊载文章等；

b) 发放宣传品、开办讲座、播放影视录像等；

c) 结合其他社区活动。

5.2.3 地震应急知识宣传教育的主要内容包括：

a) 地震科普常识；

b) 地震灾害的分类与分级，地震应急工作的原则；

c) 社区地震应急预案；

d) 地震避险原则，家庭、公共场所、户外的震时避险方法；

e) 震后疏散方法；

f) 震后的自救与互救方法；

g) 家庭以及不同身体条件人员的自备地震应急物品及其存放方式、更换时间等；

h) 居住区附近的紧急疏散场地和应急避难场所位置以及震时使用要求；

i) 报警方法和求助电话使用方法。

5.2.4 地震避险的培训与演练内容包括：

a) 地震避险方法的选择和要点、注意事项；

b) 躲避地点选择和躲避要领，如姿势动作、保护头部、降低重心等。

5.2.5 震时撤离与震后疏散培训与演练内容包括：

a) 家庭的撤离方案、建筑物内部与外部的撤离路线；

b) 震后的疏散计划、居住区周边区域的疏散路线、疏散警报、疏导用语；

c) 震后疏散方法和疏散用语运用；

d) 疏散过程中的人身安全保护与互助方法；

e） 疏散场地维持秩序。

5.2.6 自救互救培训与演练包括：

a） 自身被埋压时的自救办法和震时他人被埋压时的互救办法；

b） 家庭内煤气、用电设备或电源等的紧急处置方法；

c） 不同受伤部位和伤情的紧急处理办法，如消毒、包扎、止血、固定、搬运以及心肺复苏等的简易急救方法；

d） 救护器具的使用方法。

5.2.7 宣传教育与培训演练中有关地震避险方法、疏散方法参见附录A，地震自救互救方法参见附录B，简易急救方法参见GB/T 23648—2009。

5.3 疏散准备

5.3.1 社区应结合本社区或相邻区域的自然条件以及市政空地，利用社区内的开阔地带设置紧急疏散场地。紧急疏散场地应符合下列要求：

a） 远离高大建（构）筑物；

b） 远离危险物，如危险化学品和生产贮存危险化学品的工厂，放射物和有毒化学品，高压输变电线路等；

c） 避开可能发生崩塌、滑坡、泥石流、洪涝等次生灾害的区域；

d） 易于通达；

e） 有条件的可在出入口设置标志；

f） 有条件的可建设供水、供电、排污等设施。

5.3.2 社区应制定疏散安置方案。疏散安置方案应根据灾害程度和居住区、群体实际情况确定应急疏散安置地点、疏散方法和物资准备等。

5.3.3 社区应根据不同居住区的特点和疏散人数，合理规划疏散路线，并设置明显的永久性疏散路线标志。

5.3.4 社区应根据不同居住区的疏散要求和应急预案，确定合适的疏散疏导人员及其分工，并进行演练。

5.4 物资准备

5.4.1 社区应根据本社区的规模和特点配备必要营救工具和急救器材，基本营救工具、基本急救器材目录见GB/T 23648—2009的附录A。

5.4.2 社区应配备应急通讯、广播、应急照明等器具，有条件的社区可储备一定数量的用于安置受灾居民生活居住的帐篷，储备一定的应急饮用水、食品、药品。

5.4.3 社区准备的地震应急物资应经常检查、维护，并及时更换。

5.4.4 社区应指导居民置备地震应急用品，地震应急用品种类和内容参见附录C。

6 震后应对

6.1 紧急处置

6.1.1 当发生灾害性地震或强有感地震时，社区负责人应迅速组织社区工作人员、志愿者进入本社区的各居住区，指导和帮助居民应对地震灾害，并根据情况开展以下工作：

a） 组织居民开展自救互救；

b） 在住宅建筑之间、重要道口，定人守护，引导居民进入紧急疏散场地；

c） 调查、通报社区内发生的地震次生灾害及次生灾害源，并采取相应的措施；

d) 提醒、告知居民及时对家中的燃气、汽油等次生灾害源进行处置，帮助行动不便者关闭燃气和电器设备；

e) 利用广播、喊话等形式，根据不同情况使用合适的疏导和安抚用语，稳定居民情绪和疏散秩序；

f) 协助政府部门处置紧急情况，配合公安部门开展治安工作，维持社区安定。

6.1.2 紧急处置应注意以下问题：

a) 地震刚发生后，应劝阻居民不要急于回家；

b) 当接到政府发布无灾害性地震通知后，应及时告知并劝导居民回家；

c) 应阻止发生妨碍应急救援工作及其他影响居民生活安定的行为。

6.1.3 应急处置时宜采用语言简洁、含义明确的疏导用语，如：

——刚刚发生的地震为强有感地震，我区无破坏，请大家不要惊慌；

——我区××楼倒塌，请帮助营救；

——请大家不要堵塞道路、不要靠近建筑物，请先到紧急疏散场地暂避；

——地震刚刚发生，请大家不要急于回屋，谨防发生余震。

6.2 组织救助

6.2.1 灾害性地震发生后，社区应迅速组织社区志愿者应急救援队伍、单位和居民开展救助。救助包括营救和紧急医疗救护，其方法详见 GB/T 23648—2009。

6.2.2 组织救助应注意以下问题：

a) 应坚持统一布置，分片组织；先救近，后救远；先救易，后救难的救人原则；

b) 应及时组织邻里互救、岗位互救；

c) 救人时，应设专人监视倒塌物稳定及其他潜在危险情况，注意人身安全；

d) 应根据震级及建筑物的破坏等情况，选择合适、安全的医疗救护场地；

e) 救护应因人而异，方法应正确得当，工具使用合理。

6.2.3 在外部救援力量抵达后，社区应组织志愿者、单位和居民，协助专业救援人员开展救援工作。主要内容包括：

a) 充当专业救援人员的向导、翻译；

b) 帮助救援人员确定压埋人员的可能位置，安定压埋人员的情绪；

c) 清理外围环境，稳定被压埋人员家属的情绪，维护现场秩序，为专业救援人员营救创造条件；

d) 护理和搬运伤员。

6.3 灾情报告与告知

6.3.1 地震发生后，社区地震应急负责人和管理人以及志愿者应将震感强度、观察到的房屋倒塌、地面破坏、人员伤亡等情况，向上级部门紧急报告。

6.3.2 在紧急报告后，社区应深入调查灾情并及时上报，主要调查内容包括：

a) 伤亡人数及其分布，被埋压人数及救援情况；

b) 建(构)筑物、重要设施设备的损毁情况，家庭财产损失，牲畜死伤情况；

c) 危险化学品或易燃易爆物品生产储存设施的破坏与泄漏情况，燃气泄漏情况；

d) 引发的火灾情况；

e) 饮用水和食品等保障情况；

f) 社会影响，包括群众情绪、生活状况、交通与生产秩序等；

g) 治安状况。

6.3.3 社区应及时通过收听广播、网络查询，了解地震发生的时间、地点和震级，及时告知居民，并公布本社区的灾情及其他关系居民生活与人身安全、社会安定等情况。

6.4 组织疏散

6.4.1 灾害性地震或强有感地震发生后，社区应根据地震应急预案，组织居民疏散。

6.4.2 社区负责疏散的人员(包括志愿人员)，宜佩戴明显的标志，运用疏导用语引导社区居民按疏散路线有序疏散到规定的应急避难场所或紧急疏散场地。

6.4.3 组织疏散应注意下列事项：

a) 疏散宜按照平时培训演练的疏散计划进行；

b) 在狭窄道口、拐弯处等危险地段，应安排专门人员维护秩序，引导疏散；

c) 应优先安排和帮助老、幼、病、残、孕等人员的疏散；

d) 紧急疏散场地应提前安排人员值守，按照地震应急疏散方案划分的区域，妥善安排疏散的居民；

e) 疏散应防止阻塞交通。

6.4.4 疏散时宜采用语言简洁、含义明确的疏导用语，如：

——我是社区地震疏散引导员，请大家听从指挥；

——××楼栋疏散到××场所，××楼栋疏散到××场所，请按疏散计划疏散，不要走错；

——请大家不要慌张，按顺序走；

——大家注意，不要拥挤，小心别摔倒；

——请大家注意帮助行动不便的人员、老人和儿童优先疏散。

6.5 防范与处置次生灾害

6.5.1 灾害性地震发生后，社区应迅速组织社区志愿者应急救援队伍、单位和居民开展次生灾害防范与处置。

6.5.2 调查、监视社区内发生的地震次生灾害(如火灾、有毒气体泄漏、燃气泄漏等)，并组织及时疏散；有条件时，可组织排除与控制。

6.5.3 调查并报告水坝、输变电、给排水、供气等生命线设施的破坏情况，协助做好次生灾害防范和处置工作。

6.5.4 巡查、监视社区附近可能发生的崩塌、滑坡、泥石流灾害的地区，一旦有灾害发生的征兆，及时组织转移。

6.6 安置居民生活

6.6.1 社区应协助政府相关部门妥善安置居民生活。

6.6.2 根据地震应急预案帮助居民疏散到应急避难场所；根据上级政府安排和要求帮助居民搭建救灾帐篷。

6.6.3 根据上级政府安排和要求接收和分发食物、饮用水、衣物、药品等应急物品。

6.6.4 帮助居民寻找亲人，或与亲人取得联系。

6.7 维护社会秩序

6.7.1 社区应组织社区居民做好本社区治安维护工作。

6.7.2 了解居民的反应，上报出现的恐慌情绪及谣言情况，并向居民开展解释和宣传工作，稳定居民情绪；加强治安宣传，引导居民自觉守法。

6.7.3 配合有关部门实施社会治安应急措施，协助对生命线设施、重要单位实施监控和保卫措施。

6.8 开展心理帮助

6.8.1 社区应迅速掌握社区居民情绪和伤亡情况，对因恐慌和失去亲人、财产等造成心理障碍的居民开展心理帮助工作。

6.8.2 心理帮助的方法包括：

a) 按照统一的口径宣传震情和灾情，制止谣言，消除居民的猜测和不稳定情绪；

b) 组织心理保健讲座，向居民介绍心理调节的卫生常识，提高居民自我调节和纾解能力；

c) 开展深入细致的劝导工作，为心理挫伤的居民做一对一的心理抚慰、思想劝导。

附 录 A
（资料性附录）
地震避险方法

A.1 地震避险原则

A.1.1 因地制宜。根据地区的地震背景、房屋的结构抗震能力、疏散通道、室外环境安全、人群特点，震时所处的位置，因地制宜，选择合适的避险方法。

A.1.2 预有准备。单位在震前应制定地震避险方案，并做相应的准备；人们到达一处场所时，要注意观察周围环境条件，留心寻找并确定一旦发生地震时的避险方法。

A.1.3 行动果断。震时按预案果断指挥、快速行动，切忌犹豫耽误行动时间。

A.1.4 听从指挥。在公共场所，要听从指挥，有序撤离，避免慌乱导致伤亡。

A.2 家庭避险

A.2.1 家庭避险要点如下：

a） 对于平房，如房外开阔，无危险物坠落物掉落，可迅速撤离到房外；如房外危险，或体能达不到的情况下可躲避到床、桌子等坚固的家具旁边；

b） 对于楼房，如抗震性能符合当地抗震设防要求，可选择厨房、卫生间等开间小的地方躲避，也可以躲在墙根、内墙角、暖气包、坚固的家具旁边等易于形成三角空间的地方。远离外墙、门窗和阳台，不要使用电梯，不要跳楼。如房屋抗震性能低，在一层、二层，可迅速撤离到房外，如房外危险或体能达不到的仍应就近躲避；

c） 躲避时身体应采取的姿势是：蹲下或坐下，尽量蜷曲身体，降低身体重心，额头枕在大腿上，双手保护头部；在有的情况下，如在床旁边可趴下，伏而待定；如果有条件，还应该拿软性物品护住头部，用湿毛巾捂住口鼻。

A.2.2 家庭避险注意事项如下：

a） 震时要沉着冷静，及时反应；

b） 在地震第一时间关闭火源、电源、气源，处理好危险物品，并打开门窗后，再行避险；

c） 采取躲避方法的人员，等震动停止后再行疏散；

d） 震时不要返回或进入室内。

A.3 公共场所避险

A.3.1 方案 1

A.3.1.1 适用条件：达到当地抗震设防要求的建（构）筑物，震时可能局部破坏，但不会整体倒塌。

A.3.1.2 目的：避免室内装饰物、悬挂物掉落及大型家具、附属结构倒塌的砸压。

A.3.1.3 方法：震时引导就近躲避，震后组织疏散。

A.3.2 方案 2

A.3.2.1 适用条件：未达到当地抗震设防要求的建（构）筑物，震时可能整体倒塌；疏散路径和疏散场地安全。

A.3.2.2 目的：防止建筑物整体倒塌压埋。

A.3.2.3 方法：对于单层房屋和楼房的一层、二层且身体条件适合撤离的人员，震时可引导迅速撤离到室外的安全地方；对于楼房二层以上人员和身体条件不可能撤离的人员，引导就近躲避，震后组织疏散。

A.3.3 确定避险方案应考虑因素

确定避险方案应考虑因素包括：

a) 建(构)筑结构类型、抗震设防情况、使用现状、抗倒塌能力；

b) 疏散(撤离)路径和疏散(撤离)场地的安全情况，如是否有女儿墙、装饰构件，广告牌等物体掉落以及山体滑坡、崩塌、滚石等地质灾害危险，有无高围墙或其他房屋倒塌砸压危险，有无可燃或有毒气体、液体泄漏危险等情况；

c) 疏散(撤离)通道的设置情况，如是否有疏散(撤离)通道以及通道的畅通情况；

d) 人员身体条件，如人员的年龄和身体健康等情况；

e) 人员所在位置，如人员靠近出口远近等情况；

f) 人员密集程度。

A.3.4 公共场所避险注意事项

公共场所避险注意事项包括：

a) 避开吊灯、电扇、广告牌等悬挂物和稳定性差的大型物体或建筑附属构件；

b) 不要拥向出口，要避开人流，避免踩踏伤亡；

c) 听从工作人员指挥，有秩序地撤离和疏散。

A.4 户外避险

A.4.1 户外避险要点包括：

a) 就地选择开阔地带避险，蹲或坐下，以免摔倒；

b) 驾车行驶时，尽快降低车速，选择空旷处停车；

c) 避开玻璃幕墙、高门脸、女儿墙、广告牌、变压器等危险物；避开高架桥、高烟囱、水塔等构筑物；

d) 避开河岸、陡崖、山脚，以防坍塌、崩塌、滑坡和泥石流；如遇崩塌、滑坡和泥石流等情况，应向崩塌等前进方向的两侧跑。

A.4.2 户外情况复杂，应注意观察，选择恰当的方法和地点避险，避免意外伤亡。

附　录　B
（资料性附录）
自救互救方法

B.1　自救

B.1.1　自救要点包括：

a)　被阻隔在废墟下时，应想方设法寻找和挖掘出口，尽快脱离险境；

b)　被压埋后，如果手背或其他部位能动，要逐步清除压物，尽量挣脱出来；

c)　不能脱险时，挪开头部、胸部的杂物，掏出一定空间，保证呼吸；如有可能，注意用湿手巾、衣服或其他布料等捂住口鼻和头部，避免灰尘呛闷发生窒息；如果受伤，想办法止血、包扎；

d)　用砖块、木板和其他可以挪动的物品等支撑残垣断壁，扩大和稳定生存空间；

e)　注意听外边的动静，伺机呼救。可用喊话、敲击的方法呼救，有条件时，利用手机等通信工具呼救；

f)　尽力寻找水和食物等，节约使用，延长生存时间，耐心等待救援。

B.1.2　自救注意事项包括：

a)　被压埋和阻隔后，要有强烈的求生欲望、要有自救的勇气和毅力；

b)　保持神志清醒、心理镇定。不要睡着，如果身边还有其他被困者，可以互相说话鼓励；

c)　要尽量保存体力。不要急躁，不要哭喊、唱歌和盲目行动。

B.2　互救

B.2.1　互救要点包括：

a)　根据房屋居住情况判断，根据家庭、邻里人员提供信息，采取看、喊、听等方法寻找被埋压者；

b)　采用锹、镐、撬杠等工具，结合手扒方法挖掘被埋压者；

c)　对挖掘出的伤员进行呼吸、包扎、止血、镇痛等急救措施后，迅速送医院；

d)　对暂时无力救出的伤员，要使废墟下面的空间保持通风，递送水和食品，寻求帮助再行营救。

B.2.2　互救注意的事项包括：

a)　救人时要注意安全，防止方法不当和余震或次生灾害造成新的伤亡；

b)　挖掘时要分清哪些是支撑物，哪些是压埋阻挡物，应保护和增设必要的支撑物，清除埋压阻挡物；不要轻易触动倒塌物，站在倒塌物上；

c)　挖掘接近人体时，最好用手一点点拨，不可用利器刨挖；应首先找到被埋压者的头部，并采取清理口腔、呼吸道异物等措施，并依次按胸、腹、腿的顺序将被埋压者挖出来；

d)　对不能自行出来的伤员，不得强拉硬拖，查明伤情，采取措施后，再行搬动；

e)　对营救出的伤员可以给点水，但不能多喝；对长期处在黑暗中的伤员要注意保护眼睛；

f)　根据伤员的伤情采取正确的搬运方法。考虑伤员有可能有脊柱骨折的情况，搬动要小心，防止脊柱弯曲和扭转。要用硬板担架搬运，严禁人架方式，以免加重骨折或损伤脊髓，造成终身瘫痪。

附　录　C
（资料性附录）
家庭地震应急用品

家庭地震应急用品见表C.1。

表C.1　家庭地震应急用品

物品种类	名称、用途及要求
照明兼求救用具	防风防水火柴、无烟蜡烛、手电筒、应急灯等，用于照明以及发出求救信号。手电筒或应急灯最好是LED发光，并尽量配备一件袖珍型手摇发电的
收音机	袖珍收音机或者收音与照明集成为一体的应急收音机，用于收听震情信息和抗震救灾进展情况
呼救用具	发光棒、呼救信号器、专用求生口哨，用于发出求救信号，帮助救援人员搜索定位
逃生用具	手套和尼龙逃生绳等，手套选用涂胶的棉纱或者薄帆布优质手套，用于逃生或者自救互救时使用；逃生绳用于在出逃通道受阻时从高处脱困，也用于应急时的捆绑固定或者牵拉需要
小工具	小铁锹、钳子、改锥、小军刀等，用于自救互救时各种应急处置
药品	止泻药、感冒药、镇痛药等常用非处方药，以及个人必需的日常用药，比如降压药等
急救用品	家用消毒纱布、消毒棉、绷带、医用胶带、剪刀、镊子、创可贴、碘酒、防尘口罩、体温计、别针、小刀、小块肥皂等
饮用水	普通瓶装饮用水或者应急专用高纯度水
应急食品	以体积小、能量高、重量轻、易保存为原则准备(1～2)天的食品。比如压缩食品、干果、罐头、巧克力等
防护	压缩毛巾、急救毯、雨披、塑料布、塑料袋等。急救毯宜选用优质材料加涂层的多用途救生保温毯，用于御寒以及防风、防雨；塑料布宜厚而结实，用于防潮、防水；塑料袋宜厚而结实并且不渗漏，用于处理排泄物
电池	根据手电、应急灯或者收音机的规格要求，配置一定量的高能碱性干电池

参 考 文 献

[1] 谭先锋，任秀珍等编著.城市社区防震减灾知识读本[M].北京：地震出版社，2003
[2] 中国地震局.地震群测群防工作指南[M].北京：地震出版社，2004
[3] 杜玮等.防震减灾基础知识问答[M].北京：中国标准出版社，2009
[4] 美国国家紧急事务管理局.地震搜救手册（网络版）[M].译言社区，译.2008
[5] 美国国家紧急事务管理局.地震安全手册（网络版）[M].译言社区，译.2008
[6] 黎益仕.话说地震那些事[M].北京：中国质检出版社、中国标准出版社，2012
[7] 大阪市政府.地震紧急避险指南（网络版）[M].广州外语外贸大学，译.2013

ICS 67.040;03.080.99
X 08

中华人民共和国国家标准

GB/T 31080—2014

水产品冷链物流服务规范

Service specification of cold chain logistics for aquatic products

2014-12-22 发布 2015-07-01 实施

中华人民共和国国家质量监督检验检疫总局
中国国家标准化管理委员会 发布

前　言

本标准按照 GB/T 1.1—2009 给出的规则起草。

本标准由全国物流标准化技术委员会(SAC/TC 269)提出并归口。

本标准起草单位：上海海洋大学、中国农业发展集团总公司、中国物流与采购联合会冷链物流专业委员会、山东烟台奥威制冷设备有限公司、中国水产流通与加工协会、上海水产(集团)总公司、国家农产品现代物流工程技术研究中心、武汉良中行供应链管理有限公司、浙江盾安冷链系统有限公司、国家海洋食品工程技术研究中心。

本标准主要起草人：吴稼乐、王林堂、秦玉鸣、吴家伟、崔和、唐文华、孔祥生、朱长良、顾众、王国利、辛丘岩、李胜、孔德磊、刘敏、张长峰、徐莲。

水产品冷链物流服务规范

1 范围

本标准规定了水产品冷链物流服务的基本要求、接收地作业、运输、仓储作业、加工与配送、货物交接、包装与标志要求和服务质量的主要评价指标。

本标准适用于鲜、活、冷冻和超低温动物性水产品流通过程中的冷链物流服务。水产品生产过程中涉及的水产品冷链物流服务可参照执行。

2 规范性引用文件

下列文件对于本文件的应用是必不可少的。凡是注日期的引用文件，仅注日期的版本适用于本文件。凡是不注日期的引用文件，其最新版本(包括所有的修改单)适用于本文件。

GB 2733 鲜、冻动物性水产品卫生标准

GB 2893—2008 安全色

GB 2894 安全标志及其使用导则

GB 7718 食品安全国家标准 预包装食品标签通则

GB 13495 消防安全标志

GB/T 18354 物流术语

GB/T 19012 质量管理 顾客满意 组织处理投诉指南

GB/T 20941 水产食品加工企业良好操作规范

GB/T 23871—2009 水产品加工企业卫生管理规范

GB/T 24616—2009 冷藏食品物流包装、标志、运输和储存

GB/T 24617—2009 冷冻食品物流包装、标志、运输和储存

GB/T 24861—2010 水产品流通管理技术规范

GB/T 27304 食品安全管理体系 水产品加工企业要求

GB/T 27638—2011 活鱼运输技术规范

GB 28009 冷库安全规程

GB/T 28577 冷链物流分类与基本要求

GB/T 28843 食品冷链物流追溯管理要求

GB/T 29568—2013 农产品追溯要求 水产品

SC/T 6041 水产品保鲜储运设备安全技术条件

SC/T 9020 水产品低温冷藏设备和低温运输设备技术条件

3 术语和定义

GB/T 18354、GB/T 24861—2010 和 GB/T 28577 界定的以及下列术语和定义适用于本文件。

3.1

水产品冷链物流 cold chain logistics for aquatic products

水产品从供应地向接收地有温度控制的实体流动过程。根据实际需要，将运输、储存、装卸、搬运、

包装、流通加工、配送、信息处理等基本功能实施有机结合。

4 基本要求

4.1 管理

4.1.1 应具备从事水产品冷链物流活动的组织机构。

4.1.2 应具备水产品冷链物流服务质量、安全保障体系。

4.1.3 应具备水产品冷链物流服务流程管理和作业规程。

4.1.4 水产品冷链物流服务组织应符合 GB/T 23871—2009 的规定，应具备低温环境下的作业安全防护措施。

4.1.5 应具备消防、防盗、交通和预防灾害性天气等安全管理制度。

4.2 人员

4.2.1 应具备从事水产品冷链物流服务的岗位人员。

4.2.2 水产品冷链物流人员需定期培训合格后上岗并持有效健康证。

4.3 设施设备

4.3.1 应具备水产品冷链物流服务的运输、仓储、配送、流通加工等设施设备。

4.3.2 应具备水产品装卸运输的作业场所、供用电系统和装卸实施能力。

4.3.3 冰鲜品冷藏库温度宜 0 ℃～4 ℃，冻藏库温度应≤－18 ℃，速冻库温度应≤－28 ℃。

4.3.4 冷库安全应符合 GB 28009 的规定，运输设备安全技术要求应符合 SC/T 6041 的规定，超低温水产品运输设备应符合 SC/T 9020 的规定。

4.3.5 水产品储存周围环境应清洁和卫生，并远离污染源。仓储作业区与办公生活区应分开或隔离，室外装卸、搬运、发运水产品时应有预防天气影响的措施。

4.3.6 应有消除自身运行而产生的热源、废气和其他污染或影响水产品质量的装置。应符合国家食品卫生规定，满足节能、环保的要求。

4.3.7 应定期根据不同材质、不同配置方式以及环境温度进行保温性能验证，并在验证结果支持的温度范围内运行。

4.3.8 应有温度记录及报警装置。计量器具应定期校验。温度自动监测布点应经过验证，符合水产品储存和运输要求。冷库温度记录间隔时间不宜超过 30 min/次，冷藏车的温度记录间隔时间不宜超过 10 min/次。

4.4 信息服务

4.4.1 单据信息审核

应对委托方提供的单据信息，审核其合法性、有效性及内容的准确、完整性，确认无误后执行。

4.4.2 单据信息传输与管理

4.4.2.1 根据委托方要求，应准确、完整地向委托方提供水产品冷链物流过程数据，并及时通报各种意外事件的相关信息。

4.4.2.2 单据应填写规范、完整、准确、清晰，按时汇总、存档，并保证单据、信息、资料的保密与安全。

4.4.3 信息追溯

4.4.3.1 水产品冷链物流服务过程中采集、处理、存储、交换的信息，应符合 GB/T 29568—2013 中 5.3

的规定，并应能满足监管要求。

4.4.3.2 水产品冷链物流单据和监控温(湿)度等各类记录应至少保留2年。

4.5 风险控制

4.5.1 存放水产品的每个容器应有明显标识，以识别确认加工或配送委托人或货物批次。用于流通最终消费或再加工的包装应标识生产批次。

4.5.2 应具有保障水产品储存、配送、运输各环节温(湿)度或通风控制的应急预案。

4.5.3 宜采取存货保险、财产保险、运输保险等有效控制风险的措施。

4.6 投诉处理

4.6.1 应主动联系委托方需求，在沟通方法、沟通内容、沟通频率、沟通态度和客户满意度测量方面提出要求。

4.6.2 投诉处理应符合GB/T 19012的规定。

5 接收地作业

5.1 装卸

5.1.1 装卸水产品的设备应性能完好、清洁，每次作业后应清洗并消毒备用。

5.1.2 散装水产品应有专用保温库堆放箱，装卸场地应地面平整，不透水积水，内墙、室内柱子下部应有1.5 m高的墙裙。

5.1.3 装卸中遇到有毒水产品时，应分拣，统一进行无毒害处理。水产品不应与有毒、有害、有异味或影响水产品质量的物品同处储存。

5.1.4 装载水产品前，冷藏车或冷藏(保温)箱应清洁、消毒并预冷至符合水产品储存运输温度。应在规定时间内完成装载。与冷藏(保温)箱配套的蓄能剂应满足保持水产品温度的要求。

5.1.5 应控制冰鲜品装卸货时间，冰鲜品中心温度应保持在0 ℃～4 ℃。

5.1.6 冷冻品装卸时厢(箱)体升温应≤－15 ℃，并在装卸后尽快降至≤－18 ℃。装卸过程中的水产品中心温度不应＞－12 ℃。

5.2 收货与发货

5.2.1 需要预冷的水产品应缩短前处理作业时间，冷藏品、冷冻品应满足相应温度。

5.2.2 散装水产品装箱时，应避免环境温度影响及机械损伤。

5.2.3 卸载的水产品应及时进入冷藏库或冷藏车暂存，并按品种、等级、质量分拣堆放。

5.2.4 冷藏集装箱作业应保证各种制冷剂或载冷剂、供电量和供应点位置，减少提货和装卸时间。

5.3 中转与转运

5.3.1 应及时掌握水产品中转或转运信息，做好配备准备工作。

5.3.2 在交接水产品时，应核对相关单证、货物的温(湿)度、水产品质量检查并核对数量，做好记录明细。在转运过程中出现意外事故，应及时通知委托方。

5.3.3 应按照合同规定的时间将水产品运往卸货港或目的地。到达目的地后，应尽快通知委托方。

6 运输

6.1 应选择合理的装载、卸载的流程及加固措施，防止水产品污损。

6.2 应按水产品包装标志要求进行装卸与搬运作业，不应损坏其外包装。

6.3 活体品运输作业管理应符合 GB/T 24861—2010 中 4.1 的规定，其中活鱼运输中采用的充氧水运输、保湿无水运输和活水舱运输作业管理应符合 GB/T 27638—2011 中 5.2、6.3 和 7.2 的规定。

6.4 冰鲜品运输作业应符合 GB/T 24616—2009 中 6.2 的规定，冷冻品和超低温品运输作业应符合 GB/T 24617—2009 中 6.2 的规定，冰鲜品管理应符合 GB/T 24861—2010 中 4.2 的规定。冷冻品和超低温品运输管理应符合 GB/T 24861—2010 中 4.3 的规定。

6.5 冷冻品运输期间的厢(箱)体内温度应≤−18 ℃，运输过程中允许升温，但应≤−15 ℃。冷冻品中心温度为−18 ℃的送至目的地时，其冻品中心温度应≤−12 ℃。

6.6 超低温水产品的运输温度要求和其他有特殊温度要求的水产品按委托方要求执行。

7 仓储作业

7.1 收货验收

7.1.1 经检验合格并在质量保证有效期内的水产品才能入库储存。应依据进货信息和随货清单，对水产品逐批验收，做好记录。

7.1.2 温控的水产品到货时，应对其运输方式及运输过程的温(湿)度记录、运输时间等质量控制状态进行重点检查和记录；不符合温(湿)度要求的应拒收。

7.2 在库储存与管理

7.2.1 堆垛码放

7.2.1.1 应按规定温度和质量保证有效期的时间段堆垛，同一品种的水产品宜以原料品、半成品、成品分开垛放，标识清晰。垫板应与地面距离＞10 cm，应与库墙距离＞30 cm，离排管距离＞30 cm，离风道距离＞30 cm，距离库体顶板距离＞20 cm，堆放高度以纸箱受压不变形为宜。散装货物堆放高度不宜高于冷风机下端部位。

7.2.1.2 库内搬运、装卸水产品应轻取轻码，叉车等运输器具应按照操作规程作业，码放应按照外包装图示标志的要求并采取防护措施。

7.2.1.3 水产品堆码应按照分区、分类、按生产批次和温度货位管理。温度高的水产品不应存放到温度低的水产品冷藏库内，应经速冻降到规定温度后入库存放。

7.2.1.4 在库水产品应按 GB 2893—2008 中第 4 章规定，对水产品质量状态实施色标管理。待验品库(区)、退货品库(区)为黄色；合格品库(区)、待发品库(区)为绿色；不合格品库(区)为红色。

7.2.2 暂养与储存

7.2.2.1 活体品暂养应符合 GB/T 24861—2010 中 5.1 规定。冰鲜品作业应符合 GB/T 24616—2009 中 7.2 的规定，管理应符合 GB/T 24861—2010 中 5.2 的规定。

7.2.2.2 冷冻品和超低温品储存作业应符合 GB/T 24617—2009 中 7.2 的规定，管理应符合 GB/T 24861—2010 中 5.3 的规定。

7.2.2.3 需 6 个月以上储存期的超低温品应在≤−50 ℃库温储存。

7.2.3 温(湿)度控制

7.2.3.1 冷藏库温度波动幅度不应超过±2 ℃；冰鲜品出入库时，库房温度升高不应超过 3 ℃。湿度应满足冰鲜品储存要求。

7.2.3.2 应控制水产品中心温度。冰鲜品应控制在 0 ℃～4 ℃，深海冰鲜品宜控制在−1 ℃～1 ℃。

7.2.4 不合格品处理

对确认的温(湿)度不合格水产品,应移至不合格品库暂存,建立不合格品记录,同时报告委托方确认。

7.3 出库

7.3.1 需温控的水产品出库应按照 GB/T 24861—2010 温度要求执行,超低温水产品按合同规定温度要求执行。

7.3.2 水产品出库时应对实物进行复核,加盖水产品供应方的出库专用章、原印章的随货同行单(票)、质量管理专用章原印章的水产品检验检疫报告或复印件。

7.4 发货

发货时应检查水产品、装载环境和运输设备温度并做好记录。

7.5 退货处理

7.5.1 需温控的水产品温度检测方法和退货处理应符合 GB/T 28843 的规定。

7.5.2 退货水产品应凭退货凭证核对实物,货单相符方可收货并放置于退货区。

7.5.3 验收人员应对退货水产品进行逐批逐项验收,并建立退货水产品收货验收记录。

8 加工与配送

8.1 加工

8.1.1 水产品加工应符合 GB/T 27304 的规定,操作规范应符合 GB/T 20941 的规定。

8.1.2 水产品流通加工时间和卫生管理应符合 GB/T 23871—2009 中第 8 章的规定。

8.2 配送

8.2.1 配送应采取温(湿)度控制措施,定期检查车(船、厢、箱)内温(湿)度并记录存档,以满足保持水产品的品质所适宜的温(湿)度。

8.2.2 配送冰鲜品、冷冻品分别符合 GB/T 24861—2010 中 4.2、4.3 的规定。

8.2.3 水产品应安全、准确、及时送达,货损、货差应控制在合同约定的允许范围之内。

8.2.4 配送水产品应做好不同品温的隔离和不同货物合理混装,减少运输工具开启门的次数。

9 货物交接

9.1 水产品的提货接收和发货放行应与单证交接同时进行。

9.2 应按委托方约定进行交接。交接内容包括,但不限于:水产品进、出库时间、品种、数量、等级、质量、包装、温(湿)度、生产日期、质量保证期和检验检疫证明等。

9.3 检查委托方的单证是否注明对水产品的储存、防护和运输的特殊要求,做好单证交接和温(湿)度记录明细。

9.4 水产品到达收货方时,应在收货方指定地点卸货,双方当场清点确认,由收货方签证回单。如发生水产品破损、货差等纠纷,应当场与收货方分清责任,并在回单上批注清楚。

9.5 有温控要求的水产品应符合 GB/T 24861—2010 和 GB/T 28577 的温度要求相关规定。水产品温度检测方法应符合 GB/T 28843 规定。散装水产品还应符合 GB 2733 的规定。

9.6 应有防止温度变化影响水产品质量和避免水产品与其他物品混装形成污染的措施。

9.7 及时递交委托方签字确认的单证及相关记录。

10 包装与标志

10.1 冰鲜品运输包装与标志应符合 GB/T 24616—2009 中第 4 章和第 5 章的规定。

10.2 冷冻品运输包装与标志应符合 GB/T 24617—2009 中第 4 章和第 5 章的规定。

10.3 储存库及货位标志应规范、清晰、准确、易辨，符合 GB 2894、GB 13495 的规定。

10.4 预包装水产品标志：

a） 应注明水产品种的常用名，以及水产品形态；

b） 应注明水产品是养殖或野生的，以及水产品产地；

c） 实施食品生产许可证管理的水产品预包装应符合 GB 7718 的规定。

11 服务质量的主要评价指标

11.1 水产品验收准确率

考核期内水产品准确验收批次数占水产品验收总批次数的比率。按式(1)计算：

$$水产品验收准确率=\frac{水产品准确验收批次数}{验收水产品总批次数}\times 100\% \quad \cdots\cdots(1)$$

11.2 水产品发货差错率

考核期内水产品发货累计差错笔数占水产品发货总笔数的比率。按式(2)计算：

$$水产品发货差错率=\frac{水产品发货累计差错笔数}{水产品发货总笔数}\times 100\% \quad \cdots\cdots(2)$$

11.3 水产品准时送达率

考核期内将水产品准时送达目的地的水产品订单数量占水产品订单总数量的比率。按式(3)计算：

$$水产品准时送达率=\frac{水产品准时送达订单数}{水产品订单总数}\times 100\% \quad \cdots\cdots(3)$$

11.4 水产品残损率

考核期内水产品残损的金额(或件数)占期内水产品总金额(或件数)的比率。按式(4)计算：

$$水产品残损率=\frac{水产品残损金额(或件数)}{水产品总金额(或件数)}\times 100\% \quad \cdots\cdots(4)$$

11.5 水产品运输订单完成率

考核期内完成水产品运输订单数占水产品运输订单总数的比率。按式(5)计算：

$$水产品运输订单完成率=\frac{水产品运输完成订单数}{水产品运输订单总数}\times 100\% \quad \cdots\cdots(5)$$

参 考 文 献

[1] GB/T 28842—2012 药品冷链物流运作规范

[2] NY/T 1891—2010 绿色食品 海洋捕捞水产品生产管理规范

[3] Germanischer Lloyd Certification & Cool Chain Association—Cool Chain Quality Indicator Standard(CCQI) 28th July 2009,Version 2.2.(德国劳埃德船级社与冷链协会 CCQI:冷链质量指标)

ICS 55.180.20
A 85

中华人民共和国国家标准

GB/T 31081—2014

塑料箱式托盘

Plastic box pallets

2014-12-22 发布 2015-07-01 实施

中华人民共和国国家质量监督检验检疫总局
中国国家标准化管理委员会
发布

前 言

本标准按照 GB/T 1.1—2009 给出的规则起草。

本标准由全国物流标准化技术委员会(SAC/TC 269)提出并归口。

本标准主要起草单位:上海第二工业大学、浙江特耐适集装器具有限公司、上海力卡塑料托盘制造有限公司、苏州大森塑胶工业有限公司、山东力扬塑业有限公司。

本标准主要起草人:杨涛、马步庄、胡国明、胡文龙、黄中鼎、常红、向灶生、王学义、陈志刚、程军红、蔡卫卫、李荷华、韩庆勋。

塑料箱式托盘

1 范围

本标准规定了塑料箱式托盘的术语和定义、分类、要求、试验方法、检验规则、标志、运输和储存。

本标准适用于以高密度聚乙烯、共聚聚丙烯等塑料为主要原料的塑料箱式托盘。

本标准不适用于筒、罐式托盘。

2 规范性引用文件

下列文件对于本文件的应用是必不可少的。凡是注日期的引用文件，仅注日期的版本适用于本文件。凡是不注日期的引用文件，其最新版本(包括所有的修改单)适用于本文件。

GB/T 2828.1 计数抽样检验程序 第1部分：按接收质量限(AQL)检索的逐批检验抽样计划

GB/T 2934 联运通用平托盘 主要尺寸及公差

GB/T 4857.1 包装 运输包装件 试验时各部位的标示方法

GB/T 4857.11 包装 运输包装件基本试验 第11部分：水平冲击试验方法

GB/T 4857.23 包装 运输包装件基本试验 第23部分：随机振动试验方法

GB/T 16716.1 包装与包装废弃物 第1部分：处理和利用通则

3 术语和定义

下列术语和定义适用于本文件。

3.1

塑料箱式托盘 plastic box pallets

以高密度聚乙烯、共聚聚丙烯等塑料为主要原料制造的箱式托盘。

3.2

额定堆码载荷 nominal stacking load

置于底层的塑料箱式托盘，其顶部所能承受的最低安全载荷，单位为千克(kg)。

3.3

试验载荷 test load

加载到塑料箱式托盘内部或塑料箱式托盘顶部，以模拟储存或运输环境的载荷，单位为千克(kg)。

3.4

自重 tare weight

箱内未装有物品时塑料箱式托盘的质量，单位为千克(kg)。

4 分类

4.1 结构形式

塑料箱式托盘按结构分为固定式、折叠式和可拆装式三种形式，参见附录A。

4.2 载荷等级

塑料箱式托盘按额定载荷分为500、1 000两个等级。500级塑料箱式托盘的额定载荷为500 kg，1 000级塑料箱式托盘的额定载荷为1 000 kg。

5 要求

5.1 材料

制造塑料箱式托盘的原材料应符合GB/T 16716.1的有关要求，应符合设计图样或订货合同规定。

5.2 外观

托盘表面应平整、无飞边，无影响使用的裂纹和变形，单个托盘上不应有明显色差，同批产品色泽基本一致。主体结构壁板转角部位应有防止人身伤害的倒圆等措施。

5.3 尺寸和公差

塑料箱式托盘的平面尺寸应符合GB/T 2934的要求，如表1。塑料箱式托盘的高度不应超过底盘最小尺寸的2倍，以确保产品的稳定性。

表1 基本尺寸

单位为毫米

平面尺寸		塑料箱式托盘高度	叉孔高度	叉孔宽度
长度 l	宽度 w			
1 200 1 100	1 000 1 100	1 050或 760	≥89	≥200

塑料箱式托盘底座平面尺寸和高度尺寸的制造公差为$^{+3}_{-6}$ mm。两对角线长度偏差应不超过原对角线长度的1%。对于箱壁或底座铺板等构件的平面度，要求其偏离评定水平面的垂直偏差应不超过7 mm。

5.4 额定堆码载荷

额定堆码载荷可用堆码层数N表示，即堆码满额定载荷塑料箱式托盘的总层数，则放置于地面上的塑料箱式托盘顶部堆码层数为$n(n=N-1)$，可记为$n/1$。

塑料箱式托盘高度为1 050 mm的额定静态堆码层数N一般为4，或顶部堆码层数$n=3$，记为3/1；塑料箱式托盘高度为760 mm的额定静态堆码层数N一般为6，或顶部堆码层数$n=5$，记为5/1；高度为1 050 mm的额定动态堆码层数N一般为2，或顶部堆码层数$n=1$，记为1/1；高度为760 mm的额定动态堆码层数N一般为3，或顶部堆码层数$n=2$，记为2/1。

5.5 性能

塑料箱式托盘应保证在运输、装卸和堆码过程中安全作业，性能应符合表2所列各项要求。按第6章规定的试验方法进行试验后不应在塑料箱式托盘上出现导致不能进行搬运或影响堆码稳定性的破损。其他性能要求由生产厂家与用户议定，应充分考虑到塑料箱式托盘的安全性与稳定性。

表 2 性能要求

项　目		要　求
弯曲试验	最大挠度	$\leqslant L_1(L_2)\times 2\%$
	残余挠度	$\leqslant L_1(L_2)\times 0.7\%$
堆码试验	堆码压缩率	≤2%
	堆码残余压缩率	≤1%
	外观	无影响使用的裂纹和变形,不影响堆码稳定性
跌落试验	外观	无影响使用的裂纹和变形,不影响堆码稳定性
水平冲击试验	外观	无影响使用的裂纹和变形,不影响堆码稳定性
堆码稳定性试验	外观	无影响使用的裂纹和变形,不影响堆码稳定性
随机振动试验	外观	无影响使用的裂纹和变形,不影响堆码稳定性
静摩擦系数试验	静摩擦系数	≥0.20
注:L_1、L_2 见图 1 所示弯曲试验示意图。		

5.6 试样预处理和试验持续时间

5.6.1 预处理

对待试箱式托盘在(40±2)℃下处理 8 h。当试验要求关联到一定温度环境时,在试验过程中应保持所要求的温度环境。

5.6.2 试验持续时间

对于塑料箱式托盘弯曲试验,加载持续时间是 24 h,恢复时间是 2 h;对于塑料箱式托盘堆码强度试验,加载持续时间是 48 h,恢复时间是 2 h。

6 试验方法

6.1 弯曲试验

6.1.1 试验目的

本试验的目的是确定货架存取工况下塑料箱式托盘的弯曲刚度。

6.1.2 试验载荷

本试验的试验载荷是额定载荷的 1.5 倍。

试验载荷可以是实际运输的产品,也可以是实际产品的模拟物。

试验验证对下述加载物品有效:实际运输的物品;具有相同物理特性的物品。

加载物宜采用以下一种袋装模拟物:

a) 模拟物 1:沙粒;

b) 模拟物 2:塑料颗粒。

除非特别指定,装入模拟物 1 或模拟物 2 而构成的试验荷载应是均布的,而且应占有 80%以上箱式托盘的容积。

6.1.3 试验步骤

按以下步骤进行试验：

a) 按图1所示要求摆放塑料箱式托盘；

b) 施加10%的试验载荷于塑料箱式托盘底座上，试验载荷应分布均匀；然后逐步增加直至施加全部试验载荷；

c) 保持此试验载荷24 h后，在图1所示$A_1(B_1)$、$A_2(B_2)$点中挠度最大值发生处测量塑料箱式托盘底座的挠度x_1。

在经历载荷恢复时间2 h后，从上述各点中挠度最大值发生处测得残余挠度x_2。

单位为毫米

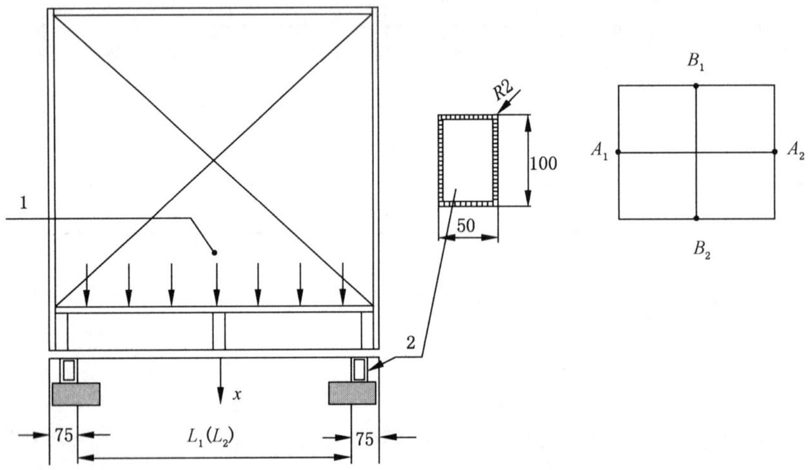

说明：

1——试验载荷；

2——支撑杠，支撑杠的长度>$L_1(L_2)$。

图1 弯曲试验示意图

6.2 堆码试验

6.2.1 试验目的

本试验的目的在于评估塑料箱式托盘相互堆码时承受各种有效载荷的能力。

6.2.2 试验载荷

试验载荷应按以下两种不同试验方式分别计算：

a) 通用箱式托盘堆码试验，按式(1)进行计算：

$$T_1 = 1.5 \times n(q + Q) \quad \cdots\cdots(1)$$

式中：

T_1——箱式托盘堆码试验时的试验载荷，单位为千克(kg)；

n ——放置到底层箱式托盘上的箱式托盘层数；

q ——箱式托盘的自重，单位为千克(kg)；

Q ——箱式托盘的额定载荷，单位为千克(kg)。

b) 折叠状态折叠式箱式托盘堆码试验，按式(2)进行计算：

$$T_2 = 1.5 \times n_f q \quad \cdots\cdots(2)$$

式中：

T_2——折叠状态折叠式箱式托盘堆码试验时的试验载荷，单位为千克(kg)；

n_f——摆放在底层折叠状态折叠式箱式托盘上的折叠状态箱式托盘的堆码层数；

q——箱式托盘的自重，单位为千克(kg)。

6.2.3 试验步骤

6.2.3.1 通用箱式托盘堆码试验

按图2所示的方式加载。

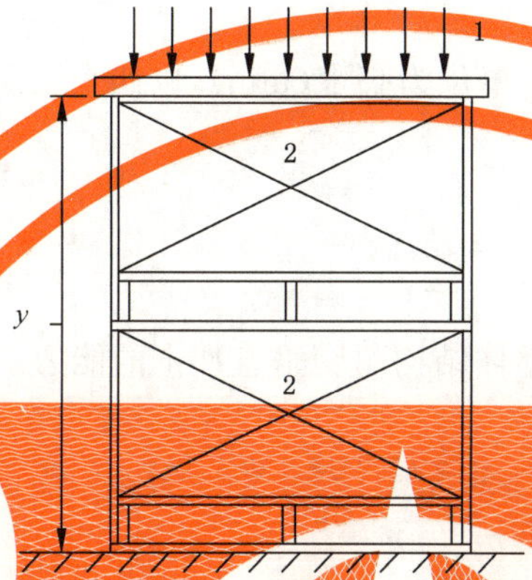

说明：

1——试验载荷；

2——空载塑料箱式托盘；

y——堆码高度。

图2 堆码试验示意图

按以下步骤进行试验：

a) 放置一个空载箱式托盘于平整、坚硬的水平面上，将第二个空载箱式托盘放在第一个的上面；

b) 放置试验加载板于第二个空载塑料箱式托盘上，施加10%的试验载荷于试验加载板上，试验载荷应分布均匀；测量塑料箱式托盘四个角的堆码高度，记录此时的高度作为第一次堆码高度 y_1 值；

c) 在1 min～5 min之间，将载荷逐步加至100%的试验载荷，保持此试验载荷48 h，记录此时的高度作为第二次堆码高度 y_2 值；

d) 移除箱式托盘上的试验载荷，保持此箱式托盘在恢复状态下2 h；

e) 施加10%的试验载荷在两层试验箱式托盘上，测量四个角的堆码高度，记录此时的高度作为第三次堆码高度 y_3 值。

6.2.3.2 折叠状态可折式箱式托盘堆码试验

按以下步骤进行试验：

a) 放置一个折叠状态箱式托盘于平整、坚硬的水平面上；

b) 放置 n 个折叠状态塑料箱式托盘在底层折叠状态箱式托盘上，观察构件破损或过度变形情况。

6.2.4 结果计算

堆码压缩率和堆码残余压缩率的计算公式如下：

a) 堆码压缩率按式(3)进行计算：

$$\phi_1 = (y_1 - y_2)/y_1 \times 100\% \qquad \cdots\cdots(3)$$

式中：

ϕ_1——堆码压缩率，%；

y_1——第一次测得的堆码高度，单位为毫米(mm)，以四个角所测结果的平均值来表示；

y_2——第二次测得的堆码高度，单位为毫米(mm)，以四个角所测结果的平均值来表示。

b) 堆码残余压缩率按式(4)进行计算：

$$\phi_2 = (y_1 - y_3)/y_1 \times 100\% \qquad \cdots\cdots(4)$$

式中：

ϕ_2——堆码残余压缩率，%；

y_3——第三次测得的堆码高度，单位为毫米(mm)，以四个角所测结果的平均值来表示。

6.3 跌落试验

6.3.1 试验目的

本试验的目的是确定箱式托盘整体结构耐受垂直冲击的能力。

6.3.2 试验载荷

塑料箱式托盘内装载荷为额定载荷。

6.3.3 试验步骤

试验时塑料箱式托盘各部位的标示方法按 GB/T 4857.1 的规定，如图 3 所示。

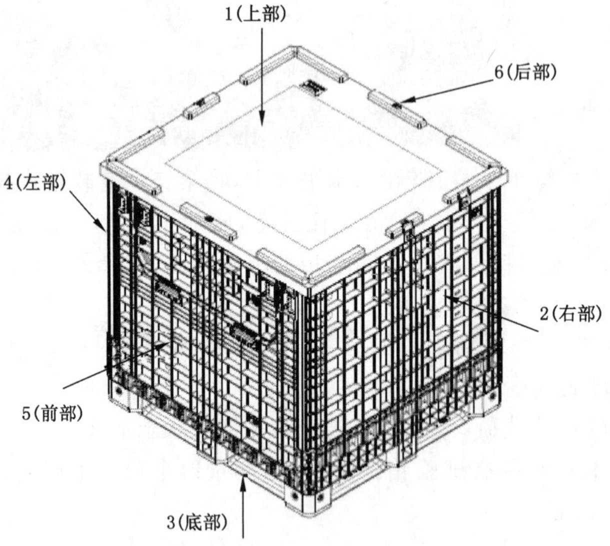

图 3 塑料箱式托盘各部位的标示

6.3.3.1 旋转面跌落试验

按以下步骤进行旋转面跌落试验：

a) 在塑料箱式托盘内装入适当的加载物；

b) 对面 3 进行转动跌落冲击试验，将塑料箱式托盘的一个棱支在坚硬实心地面(如混凝土)上，把相对的另一个棱抬高 200 mm。

释放后造成自由跌落面冲击，如图 4 所示。

单位为毫米

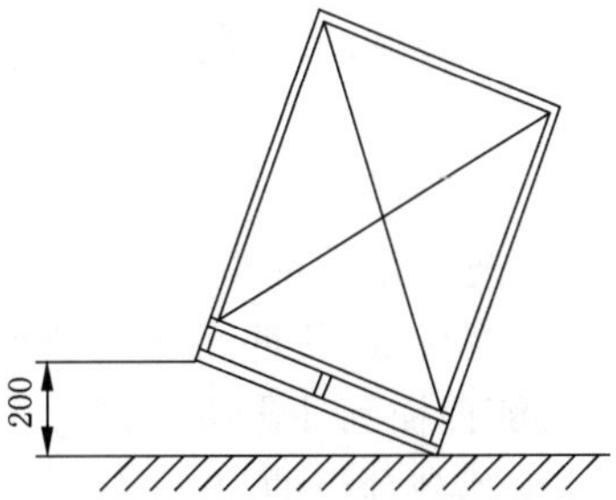

图 4 旋转面跌落试验

6.3.3.2 旋转棱与角跌落试验

按以下步骤依次对棱 2-3、棱 3-5 和角 2-3-5 进行转动跌落冲击试验：

a) 在塑料箱式托盘内装入适当的加载物；

b) 将塑料箱式托盘放在坚硬实心地面(如混凝土)上，把塑料箱式托盘的一端抬起，放在高 50 mm的方木上，如图 5a)所示；

c) 再把相对的另一个端抬高至离地面 200 mm 处。

释放后造成自由跌落棱或角冲击，如图 5b)所示；对于高度较高或顶部较重的塑料箱式托盘，在完成转动跌落后，应注意避免塑料箱式托盘倾倒。

单位为毫米

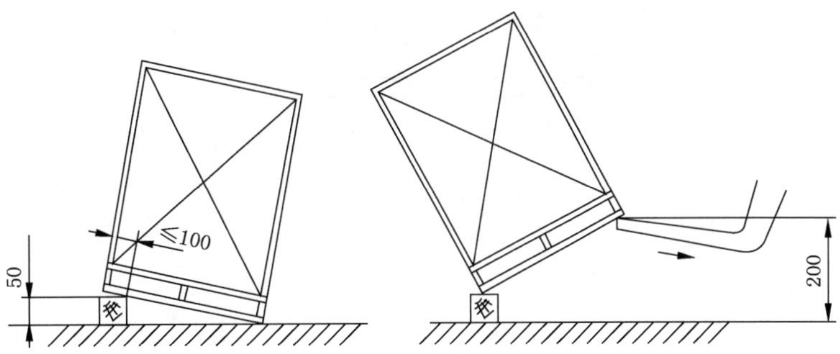

图 5 旋转跌落棱或角冲击试验

6.4 水平冲击试验

6.4.1 试验目的

本试验的目的是评估托盘与上部结构组装成箱式托盘后侧面耐水平冲击的能力。

6.4.2 试验装置

试验装置采用斜面冲击试验机，参见 GB/T 4857.11 的规定。

6.4.3 试验载荷

以 0.25 倍额定载荷相当的装载物装入塑料箱式托盘。

6.4.4 试验步骤

按以下步骤对塑料箱式托盘重点部位进行水平冲击试验：

a) 将塑料箱式托盘安放于台车上适当位置，使冲击碰撞块的垂直面距离台车对应于预定冲击速度的位置，并使被测试的部位能够碰撞到冲击碰撞档；
b) 设定试验装置使台车的冲击速度达到预设的(1.3±0.065)m/s；
c) 从图 6 所示的以下 4 个部位中各取一点作为冲击部位：
    1) 顶铺板较长的一个侧面(a)；
    2) 顶铺板较短的一个侧面(b)；
    3) 一个支脚(c)；
    4) 角支脚与顶铺板的一个连接部(d)。

每个冲击部位各做 3 次冲击试验，共冲击 12 次。

如果要求评估塑料箱式托盘及其内装产品构成的单元包装件的耐水平冲击能力，可适当放置满载的塑料箱式托盘于台车上，依次将四个侧面以 1.1 m/s 的冲击速度直接碰撞挡板的垂直面各一次。

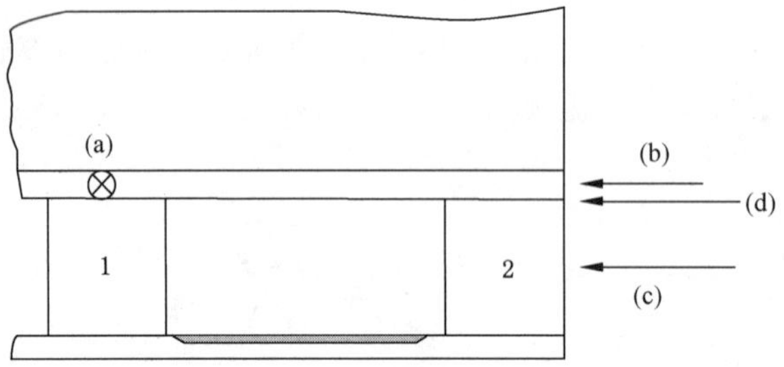

说明：
1——中间支脚；
2——角支脚；
(a)、(b)、(c)、(d)——冲击部位。

图 6 水平冲击部位

6.5 堆码稳定性试验

6.5.1 试验载荷

上部的塑料箱式托盘与底层箱式托盘均应加载额定载荷。

6.5.2 试验步骤

在摆放于地面上的满载底层箱式托盘上面堆放另一个满载的箱式托盘，沿底层箱式托盘长度方向一侧抬高 400 mm，保持 10 s，如图 7 所示，试验时上部塑料箱式托盘应与底层箱式托盘保持堆码稳定状态。

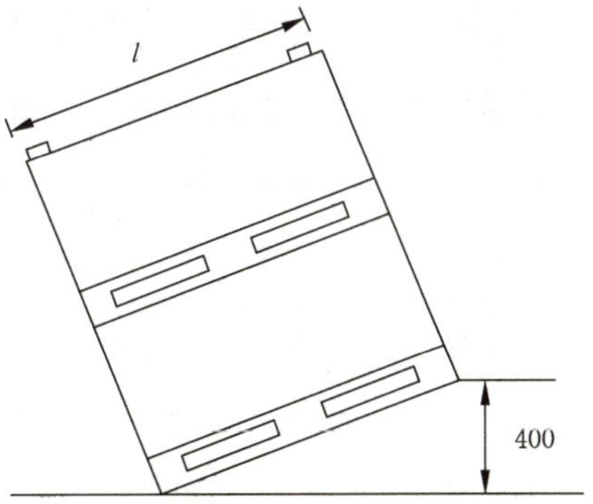

图 7 堆码稳定性试验示意图

6.6 随机振动试验

6.6.1 试验装置

振动台应是刚性结构，应具有适当尺寸和承载能力，应安装有限位机构能使其在振动过程中保持在台面内，台面两端在水平面上的高差不应超过 10 mm。振动台可以配备以下设备：

——设计的低围栏，以限制被试验塑料箱式托盘向侧向或纵向运动；

——高围栏或其他用装置，使堆码荷载能够承受振动试验的冲击；

——模拟塑料箱式托盘在运输过程中的堆码方式的装置。

6.6.2 试验载荷

塑料箱式托盘摆放在振动试验台的台面上，其内部应装有额定载荷，顶部加载的试验载荷应为额定堆码载荷。

6.6.3 试验步骤

本试验方法应符合 GB/T 4857.23 的规定。应按以下步骤进行振动试验：

a) 以适当的加载物装载塑料箱式托盘，试验载荷应按 6.6.2 确定，将带加载物的塑料箱式托盘的面 3 安置于振动台面上；

b) 加载额定动态堆码载荷到塑料箱式托盘上，载荷可以用另一个同样的箱式托盘加适当的装载物构成，施加的试验载荷按式(5)计算：

$$T_3 = n(q + Q) \quad \cdots\cdots (5)$$

式中：

T_3——振动试验的试验载荷，单位为千克(kg)，最大试验载荷计算见式(6)；

n ——放置到底层箱式托盘上的箱式托盘层数；

q ——箱式托盘的自重，单位为千克(kg)；

Q ——箱式托盘的额定载荷，单位为千克(kg)。

最大试验载荷按式(6)计算：

$$T_{max} = C \times w \times l - q \quad \cdots\cdots (6)$$

T_{max}——最大试验载荷，单位为千克(kg)；

C ——常数，对应卡车最大容许面载荷 2×10^{-3} kg/mm^2；

w ——箱式托盘的宽度，单位为毫米(mm)；

l ——箱式托盘长度，单位为毫米(mm)。

c） 选用表 3 和图 8 所示钢板弹簧卡车的随机振动功率谱进行试验，均方根值 $G_{rms}=0.54$。

表 3 钢板弹簧卡车的随机振动功率谱数据

频率 Hz	功率谱密度 g^2/Hz
1.0	0.000 72
3.0	0.018
4.0	0.018
6.0	0.000 72
12.0	0.000 72
16.0	0.003 6
25.0	0.003 6
30.0	0.000 72
40.0	0.003 6
80.0	0.003 6
100.0	0.000 72
200.0	0.000 018

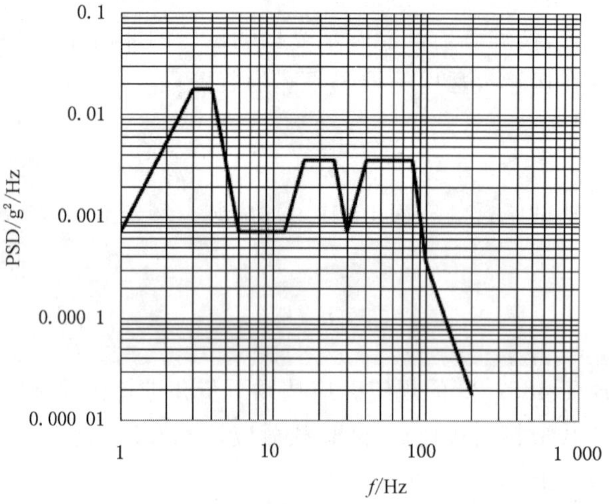

图 8 钢板弹簧卡车的随机振动功率谱曲线

d） 试验持续时间根据运输的里程按表 4 所列数据选取。

表 4 随机振动试验时间

运输里程 km	试验时间 min
低于 500	45
500～1 000	60
1 000～1 500	90
1 500～2 000	120
2 000～2 500	180
2 500 以上	240

6.7 静摩擦系数试验

按以下步骤进行试验：

a) 称取空箱式托盘的自重，记录 q；

b) 将塑料箱式托盘水平放置于未涂油、干燥及表面涂覆层的试验货叉上，设定水平±1°，如图 9 所示；

c) 逐渐增加拉力 F，直至观察到开始运动，记录此时的值 F_s；

d) 重复试验 5 次，取 F_s 的平均值；

e) 按式(7)计算静摩擦系数：

$$\mu_s = F_s/(qg) \tag{7}$$

式中：

μ_s ——静摩擦系数；

F_s ——使箱式托盘由静止状态开始移动所需最小的力，单位为牛(N)，取 3 次的平均值；

q ——箱式托盘的自重，单位为千克(kg)；

g ——重力加速度常数，9.8 m/s²。

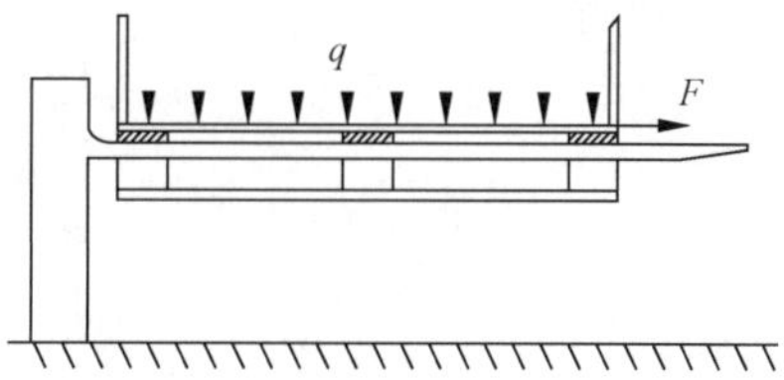

说明：

q——自重；

F——推力。

图 9 静摩擦系数试验

7 检验规则

7.1 检验分类

7.1.1 出厂检验

外观质量应按 5.2 的规定逐个检验；规格尺寸按 5.3 的规定逐个检验。

7.1.2 型式检验

型式检验应包括出厂检验的全部项目和 5.5 规定的相关检验。当原料、配方、工艺条件改变时，应进行型式检验。

7.2 组批

同一原料、同一配方、同一工艺条件、同一规格的托盘为一批，每批的最大数量不得超过 5 000 个。

7.3 抽样

每种试验的塑料箱式托盘试样数量应至少 4 件，按 GB/T 2828.1 进行抽样。

7.4 判定规则

7.4.1 外观

外观一项不合格时，该个塑料箱式托盘视为不合格。

7.4.2 性能试验

性能试验任何一项不合格时，需重新2倍数量取样，对不合格项目复验，经复验合格，该批为合格批；如仍不合格，该批为不合格批。

8 标志、运输和贮存

8.1 每个塑料箱式托盘应打上永久性标志，标明生产厂名称、产品类型、商标、规格、标准号和额定载荷值。

8.2 每批塑料箱式托盘应附产品合格证并标有批号、检验机构或检验员印章。

8.3 贮运过程中塑料箱式托盘应摆放整齐，防止机械碰伤。

8.4 贮存时避免日光暴晒、高温、热源、火源。

附 录 A
（资料性附录）
塑料箱式托盘图例

A.1 固定式塑料箱式托盘

箱壁永久刚性固定在底座上的塑料箱式托盘，见图 A.1。

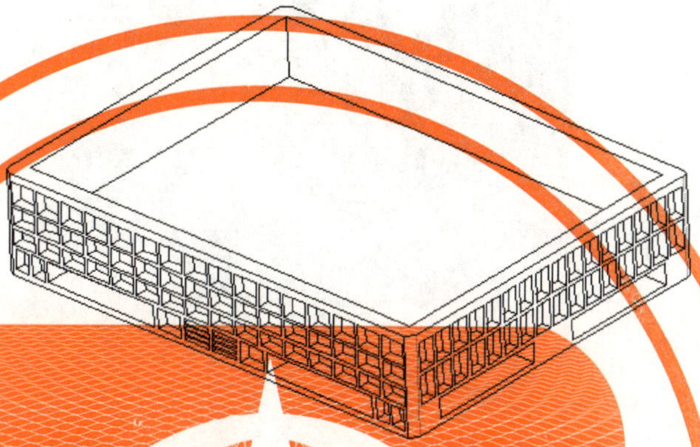

图 A.1 固定式塑料箱式托盘

A.2 折叠式塑料箱式托盘

箱壁铰接在底座上的可折叠塑料箱式托盘，见图 A.2。

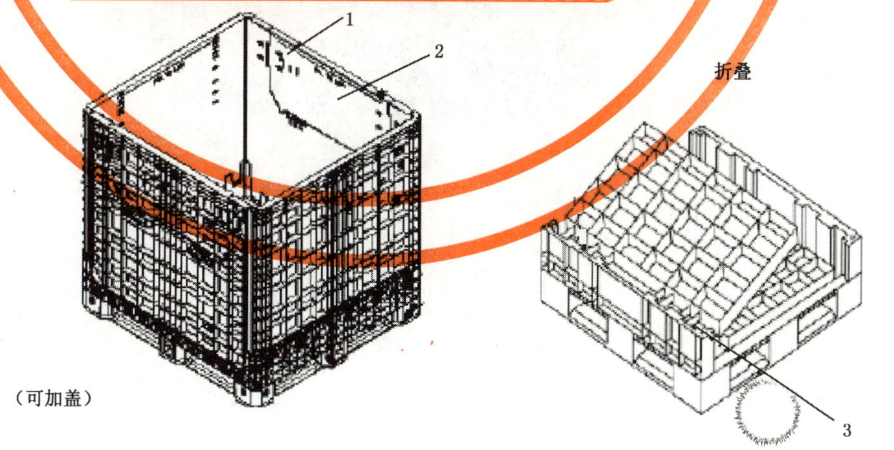

说明：
1——门栓；
2——装卸门；
3——铰链。

图 A.2 折叠式塑料箱式托盘

A.3 可拆装式塑料箱式托盘

箱壁可拆装式塑料箱式托盘,见图 A.3。

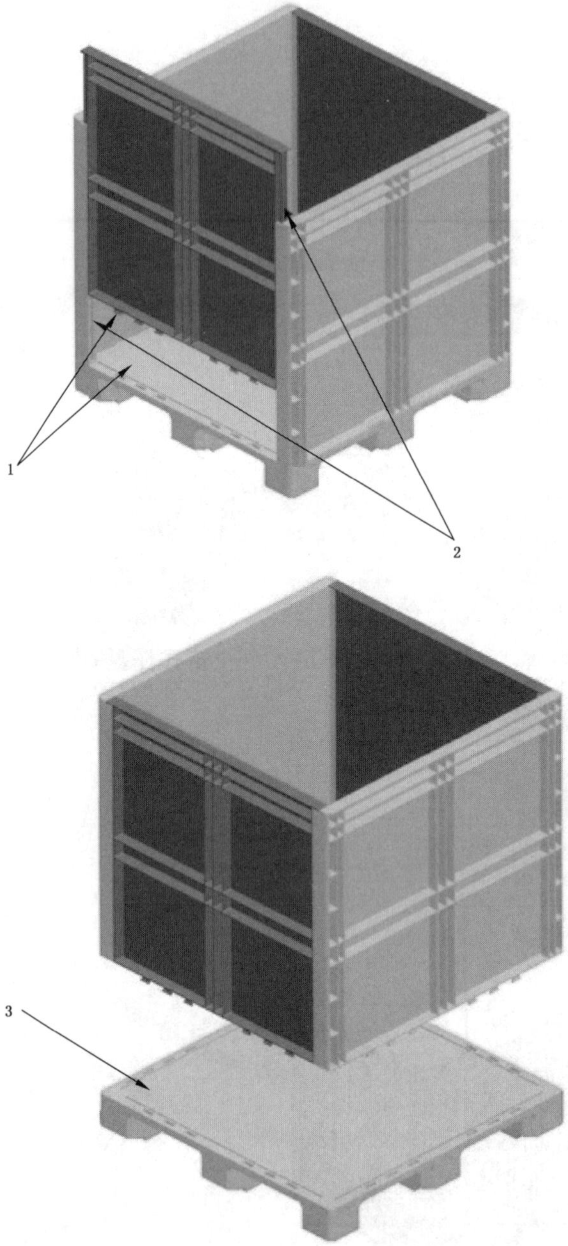

说明:

1——扣位;

2——T 字形插销/卡槽装配;

3——卡槽。

图 A.3 可拆装式塑料箱式托盘

参 考 文 献

[1] ISO 13194—2011 Box pallets—Principal requirements and test methods

[2] GB/T 3716—2000 托盘术语

[3] GB/T 4857.4 包装 运输包装件基本试验 第4部分：采用压力试验机进行的抗压和堆码试验方法

[4] GB/T 4857.22 包装 运输包装件 单元货物稳定性试验方法

[5] GB/T 4996 联运通用平托盘 试验方法

[6] GB/T 4995 联运通用平托盘 性能要求

[7] GB/T 18832—2002 箱式、立柱式托盘

[8] ASTM D1185-98a(2009) Standard test methods for pallets and related structures employed in materials handling and shipping

[9] JIS Z 0610—1998 Box pallet

ICS 03.120.20
A 00

中华人民共和国国家标准

GB/T 31082—2014

展览会数据审核规则

Auditing rules for exhibition statistics

2014-12-22 发布　　　　2015-07-01 实施

中华人民共和国国家质量监督检验检疫总局
中国国家标准化管理委员会　发布

前　言

本标准按照 GB/T 1.1—2009 的规则起草。

本标准由全国会展业标准化技术委员会(SAC/TC 348)提出并归口。

本标准起草单位:上海市标准化研究院、上海东浩国际服务贸易(集团)有限公司、中国国际展览中心集团公司、北京国际展览中心。

本标准主要起草人:杨洁明、马娜、晏绍庆、唐贵发、顾君剑、周建军、朱宗杰、王晨野。

引　言

展览会统计数据是展览会举办效果的最直观反映。在实际操作中,因在数据定义、采集程序和计算方法等方面的差异,统计数据与实际情况出现偏差的情况时有发生。在全国范围内建立科学的展览会数据审核规则,从数据统计系统的建立、过程的控制、现场的监督等各方面进行规范,有助于减少展览会数据失实的现象,并可保证展览会的数据统计工作的规范化开展,从而保证最终的统计数据真实、可靠。

因此,为规范展览会数据统计程序,提高展览会统计数据的客观性和真实性,为参展商、观众、行业研究机构、政府主管部门等展览会相关方的决策提供可靠的参考信息,特制定本标准。

展览会数据审核规则

1 范围

本标准规定了对展览会数据统计工作进行审核的基本原则、资质要求、审核内容和审核程序等。

本标准适用于各类展览会数据的第三方审核，其他审核活动可参照使用。

2 规范性引用文件

下列文件对于本文件的应用是必不可少的。凡是注日期的引用文件，仅注日期的版本适用于本文件。凡是不注日期的引用文件，其最新版本(包括所有的修改单)适用于本文件。

GB/T 26165 经济贸易展览会 术语

GB/T 30521 经济贸易展览会 数据统计

3 术语与定义

GB/T 26165、GB/T 30521 界定的以及下列术语和定义适用于本文件。

3.1

审核单位 auditor

〈展览〉与展览会主办单位或其授权单位签订审核合同，对展览会的相关统计数据进行审查、校核的组织。

3.2

委托单位 client

〈展览〉要求开展展览会数据审核，并给予有关授权的组织。

4 审核原则

4.1 客观性

展览会数据审核应以真实、完整的审核证据及审核发现为依据，审核结果与结论应能客观的反映展览会及其数据统计工作的实际状况。

4.2 科学性

审核人员开展展览会数据审核过程中，应综合考虑展览会特点及其数据统计工作进行中的各种因素，选取科学、高效、可靠的方法和程序。

4.3 独立性

展览会数据审核工作应由具备资质的独立第三方机构承担，审核过程及审核结论不应受展览会利益相关方的影响，体现审核工作的中立性。

5 审核资质

5.1 审核单位应为独立法人单位，并具备从事展览会审核活动所需的设施、人员和其他相关资源。

5.2 审核单位应在审计、审核或认证等相关行业拥有三年以上业务经验。

5.3 审核项目负责人应当具备审核所需的专业知识以及五年以上展览项目运营管理经验。

5.4 审核人员应当熟练掌握GB/T 26165、GB/T 30521以及本标准，并具备相应的培训证书。

6 审核内容

6.1 要求

6.1.1 展览会数据审核的核心内容分为基本信息及关键数据两部分。

6.1.2 审核单位可根据委托单位需求增加审核内容，但应在审核报告中给出相应的审核依据。

6.2 基本信息

审核单位至少应审核展览会的以下基本信息：

——展览会名称；

——展览会批准/备案单位；

——展览会批准/备案文号；

——展览会举办时间；

——展览会举办地点；

——展览会主办单位及承办单位；

——周期性展览会的首届举办时间以及举办届数。

——展览会主题；

——展品类别；

——同步策划、同期举办的会议；

——同步策划、同期举办的主题活动。

6.3 关键数据

审核单位可根据展览会性质及委托单位需要，审核以下全部或部分展览会关键数据：

——观众人数；

——参观人次；

——境外观众的数量和比例；

——专业观众的数量和比例；

——参展商数量；

——境外参展商的数量和比例；

——境外参展商展台净面积和比例；

——展览净面积；

——展览总面积；

——特装展台面积和比例。

7 审核程序

7.1 基本要求

7.1.1 展览会的数据审核程序主要由审核准备、展前审核、现场审核、展后审核、数据分析及出具报告等部分构成，各部分应衔接连贯，并互相验证，确保所有信息的真实可靠。

7.1.2 委托单位应配合审核工作的开展，并提供审核工作所需的条件、场所及文件。

7.1.3 审核工作不应影响展览活动的正常开展。

7.2 审核准备

7.2.1 审核准备应在距展览会开始30个工作日之前完成。

7.2.2 审核准备过程中，审核单位应完成审核人员及资源的配备，并制定审核计划。

7.2.3 审核计划应包括展览会审核各阶段的执行时间、工作内容及负责人员等，具体格式参见附录A。

7.2.4 审核计划应在展前审核前提交给委托单位，并获得确认。

7.3 展前审核

7.3.1 展前审核应在距展览会开始5个工作日之前完成。

7.3.2 展前审核的主要工作包括资料获取、观众统计系统审核以及抽样调查系统审核。

7.3.3 展前审核资料可包括：

a) 展览批文；

b) 租馆合同；

c) 招展书；

d) 可以证明首届展览会举办时间及主办单位、承办单位的相关资料；

e) 最近3届展览会的批文与展会报告。

7.3.4 审核单位应从展前审核资料中提取6.2规定的基本信息。

7.3.5 审核单位应审核观众统计系统的科学性和可靠性。

注：观众统计系统可以是自动化系统，也可以是人工统计系统。

7.3.6 审核单位应审核抽样调查系统的科学性和可操作性，并取得抽样调查方案以及调查表样本。

7.3.7 审核单位宜针对审核中发现的问题向委托单位提出反馈。

7.4 现场审核

7.4.1 展览会期间，审核单位每天均应安排审核员以观众身份参与展览会，并实施现场审核。

7.4.2 现场审核的主要工作包括资料收集、观众统计工作审核以及抽样调查工作审核。

7.4.3 审核员应在展览现场收集下列资料：

a) 展位平面图；

b) 参观指南；

c) 展商手册；

d) 参展商名录。

7.4.4 审核员应审核现场观众统计和抽样调查工作与展前预设系统的符合性，可包括但不限于：

a) 设备的运行情况；

b) 工作人员数量及布局；

c) 调查表发放、填写及回收情况；

d) 数据统计工作开展的时间区间和覆盖的展览区域。

7.4.5 审核员应在展览现场对观众与参展商开展独立抽样调查。

7.5 展后审核

7.5.1 展后审核应在展览结束后10个工作日内完成。

7.5.2 展后审核的主要工作是在委托单位提供的下列资料基础上进行复核：

a) 随机抽取的观众登记信息及参观信息；

b) 随机抽取的参展商参展合同；

c) 随机抽取的回收抽样调查问卷；

d) 随机抽取的与门票收入、展台收入以及展馆支出相关的财务票据；

e) 委托单位统计的各项关键数据；

f) 委托单位统计的其他数据，以及对应的数据统计标准。

7.5.3 观众登记信息及参观信息的真实性及有效性复核，依据对观众按适当比例开展抽样回访的结果，样本数量不宜低于2 000人。

7.5.4 参展商信息的真实性及有效性复核，依据对参展商按适当比例开展抽样回访或全数回访的结果。

7.5.5 境外观众、专业观众、境外参展商、特装展台等关键数据的复核，依据各专题的抽样回访的结果。

7.6 数据分析

7.6.1 数据分析应在展览会结束后30个工作日内完成。

7.6.2 数据分析的主要工作包括数据统计方法分析及可靠性分析。

7.6.3 统计方法分析的依据为GB/T 30521或委托单位预先指定方法。其中，GB/T 30521规定的统计数据，以国家标准为依据，GB/T 30521未规定的统计数据，以委托单位预先指定方法为依据。

7.6.4 可靠性分析的依据为现场审核发现及回访结果。

7.7 出具报告

7.7.1 审核报告应在展览结束后40个工作日内完成。

7.7.2 审核报告应描述全部审核工作，给出抽样方案，阐述数据分析过程，明确审核结论，客观说明审核过程中发现的问题，并可提出建议。

7.7.3 审核结果可参考附录B的格式给出。

附 录 A
（资料性附录）
审核计划参考格式

<table>
<tr><td colspan="5">__________审核计划</td></tr>
<tr><td rowspan="6">基本信息</td><td>名称</td><td colspan="3"></td></tr>
<tr><td>委托单位</td><td colspan="3"></td></tr>
<tr><td>联系人</td><td></td><td>联系电话</td><td></td></tr>
<tr><td>审核单位</td><td colspan="3"></td></tr>
<tr><td>联系人</td><td></td><td>联系电话</td><td></td></tr>
<tr><td>举办日期</td><td colspan="3">年 月 日 至 年 月 日</td></tr>
<tr><td rowspan="5">展前审核</td><td>审核日期</td><td>年 月 日</td><td>审核方式</td><td></td></tr>
<tr><td>审核负责人</td><td></td><td>联系电话</td><td></td></tr>
<tr><td>审核内容</td><td colspan="3"></td></tr>
<tr><td>审核依据</td><td colspan="3"></td></tr>
<tr><td>委托单位应准备材料</td><td colspan="3"></td></tr>
<tr><td rowspan="5">现场审核</td><td>审核日期</td><td>展览会第______日</td><td>工作量</td><td>人日</td></tr>
<tr><td>审核负责人</td><td></td><td>联系电话</td><td></td></tr>
<tr><td>审核内容</td><td colspan="3"></td></tr>
<tr><td>审核依据</td><td colspan="3"></td></tr>
<tr><td>委托单位应注意事项</td><td colspan="3"></td></tr>
</table>

图 A.1 展览会审核计划格式

<table>
<tr><td rowspan="5">展后审核</td><td>审核日期</td><td></td><td>工作量</td><td>人日</td></tr>
<tr><td>负责人</td><td></td><td>联系电话</td><td></td></tr>
<tr><td>审核内容</td><td colspan="3"></td></tr>
<tr><td>审核依据</td><td colspan="3"></td></tr>
<tr><td>委托单位应准备材料</td><td colspan="3"></td></tr>
<tr><td rowspan="3">出具报告</td><td>报告完成日期</td><td></td><td>工作量</td><td>人日</td></tr>
<tr><td>负责人</td><td></td><td>联系电话</td><td></td></tr>
<tr><td>报告应包含内容</td><td></td><td></td><td></td></tr>
<tr><td colspan="5">计划制定日期：　年　月　日　　制定人：＿＿＿＿＿＿
审核单位(盖章)：
委托单位(盖章)：
(此计划表一式两份，审核单位、委托单位各执一份。)</td></tr>
</table>

图 A.1（续）

附　录　B
（资料性附录）
审核结果登记表格式

一、基本信息			
展览会名称			
举办时间			
举办地点			
展览会主题			
展品类别			
同期会议			
同期活动			
展览会首次举办时间		展览会已举办届数	
展览会批准单位		展览会批准文号	
二、委托单位			
单位名称			
地址			
邮编		电子邮箱	
联系电话		传真	

图 B.1　审核结果登记表格式

三、审核单位			
单位名称			
地址			
邮编		电子邮箱	
联系电话		传真	
四、核心数据			
观众人数		参观人次	
境外观众人数		境外观众比例	
专业观众人数		专业观众比例	
参展商数量			
境外参展商数量		境外参展商比例	
展览净面积		展览总面积	
特装展台面积		特装展台比例	
五、其他数据			
（数据名 1）	（定义）	（统计标准）	（审核值）
（数据名 2）	（定义）	（统计标准）	（审核值）

图 B.1（续）

ICS 03.220.20
R 12

中华人民共和国国家标准

GB/T 31083—2014

乘用车公路运输栓紧带式固定技术要求

Technical requirements of tie-down used in passenger car for road transportation

2014-12-22 发布 2015-07-01 实施

中华人民共和国国家质量监督检验检疫总局
中国国家标准化管理委员会 发布

前　言

本标准按照 GB/T 1.1—2009 给出的规则起草。

本标准由中国物流与采购联合会提出。

本标准由全国道路运输标准化技术委员会(SAC/TC 521)归口。

本标准主要起草单位:中国物流与采购联合会汽车物流分会、一汽轿车股份有限公司、浙江双友物流器械股份有限公司、神龙汽车有限公司、东风汽车有限公司、一汽-大众销售有限责任公司、北京长久物流股份有限公司、安吉汽车物流有限公司、天津安达物流有限公司和重庆长安民生物流股份有限公司。

本标准主要起草人:杨留扣、何利仁、肖招银、景伟、秦记雄、袁自云、徐杰、郑玉强、王纪、陆薇、周啸、高东君、马增荣、左新宇。

乘用车公路运输栓紧带式固定技术要求

1 范围

本标准规定了使用车辆运输车运输乘用车时栓紧带式固定器具的技术要求和固定要求，以及检查、维护、停用及更换要求。

本标准适用于整备质量不大于 2 500 kg 的乘用车公路运输时固定器具的选择、使用和检查维护。

2 规范性引用文件

下列文件对于本文件的应用是必不可少的。凡是注日期的引用文件，仅注日期的版本适用于本文件。凡是不注日期的引用文件，其最新版本(包括所有的修改单)适用于本文件。

GB/T 3730.1 汽车和挂车类型的术语和定义

WB/T 1021 乘用车运输服务规范

3 术语和定义

GB/T 3730.1、WB/T 1021 界定的以及下列术语和定义适用于本文件。为了便于使用，以下重复列出了 GB/T 3730.1、WB/T 1021 中的部分术语和定义。

3.1

乘用车 passenger car

在其设计和技术特性上主要用于载运乘客及其随身行李和/或临时物品的汽车，包括驾驶员座位在内最多不超过 9 个座位。它也可以牵引一辆挂车。

[GB/T 3730.1—2001，定义 2.1.1]

3.2

固定 fixed

为保证运输途中乘用车的安全和质量，在运输设备上使用固定器具防止乘用车位置移动的作业。

[WB/T 1021—2004，定义 3.15]

3.3

固定器具 fixed appliance

在乘用车运输过程中，用于固定和防止其位置移动的器具。

[WB/T 1021—2004，定义 3.16]

3.4

捆绑器 tie-down

附加钉板或扁平织带局部位置分支的合成纤维栓紧带总成(参见图 A.1)。

注：合成纤维栓紧带总成含义见 GB/T 23914.2—2009，定义 3.1。

3.5

轮挡器 wheel chock

用来阻挡乘用车在运输途中发生纵向滑移并具有手动调节功能的器具。

3.6

承载能力 load capacity

固定器具使用过程中可以承受的最大作用力。

4 固定器具的技术要求

4.1 固定器具的组成

固定器具应由捆绑器和轮挡器两部分组成,固定器具的类型参见附录A。

4.2 捆绑器技术要求

4.2.1 技术参数

捆绑器结构尺寸及承载能力按表1的要求。

表1 捆绑器结构尺寸及承载能力

结构型式	结构尺寸 mm		织带宽度 mm	工作长度 m	承载能力 kN	破断力 kN
	L_1	L_2	W	L		
钉板式-A	228	195	50	2.5	15	30
抱轮式-A	228	195	50	2.5	15	30
钉板式-B	228	195	50	2.5	20	40
抱轮式-B	228	195	50	2.5	20	40
钉板式-C	228	195	50	2.5	25	50
抱轮式-C	228	195	50	2.5	25	50

4.2.2 性能

4.2.2.1 操纵性能

扳动手柄应转动灵活无卡阻现象,绕、脱带应顺利,操作时各运动件运动自如。

4.2.2.2 拉紧状态下放松能力

当拉力到达承载能力的0.3倍时,放松拉紧装置,织带应能放松。

4.2.2.3 破断力

破断力是承载能力的2倍,具体数值见表1。

4.2.2.4 手柄操作力

捆绑时，手柄操作力应小于或等于 500 N。

4.2.2.5 钉板硬度

钉板的邵氏硬度应为 60 HA～80 HA。

4.2.2.6 扁平织带延伸率

在承载能力作用下，扁平织带延伸率应小于或等于 7%。

4.3 轮挡器技术要求

4.3.1 技术参数

轮挡器结构尺寸及破断力按表 2 的要求。

表 2 轮挡器结构尺寸及破断力

结构型式	结构尺寸 mm			挂脚间距 mm	前后调节范围 mm	破断力 kN
	L_1	H_1	H_2	L_2		
齿条式	260	130	22	115	≤75	20
钢管式	400	110	6	300	—	18

4.3.2 性能

4.3.2.1 焊接

焊接部位的外表面不应有焊瘤、金属飞溅物及引弧痕迹，边棱，转角处应光滑。所有焊缝的熔渣均应清理干净并应打磨平整。焊缝不应出现裂纹、分层和夹杂等缺陷。

4.3.2.2 操作可靠性

轮挡器上的手柄应能灵活转动，挂脚应能顺利通过平板架相配孔。

注：与车辆的车体固连的具有多个能与轮挡器挂脚活动连接的带孔钢板，称为平板架。

4.3.2.3 破断力

破断力应符合表 2 规定的要求，破断力是承载能力的 2 倍。

5 固定要求

5.1 装载要求

5.1.1 乘用车装载在车辆运输车上，有平装、斜装、平斜混合装三种方式，见图 1 和图 2。

单位为毫米

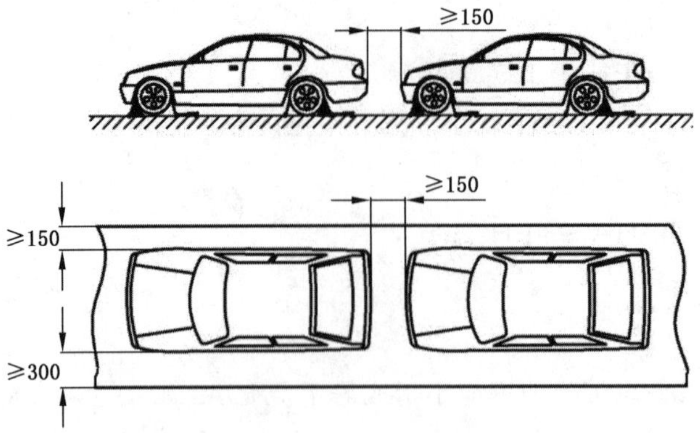

图 1 平装方式

图 2 斜装方式

5.1.2 当乘用车采用斜装方式，斜装的角度宜不大于 25°；在不损坏乘用车的前提下，若有其他特殊固定装置，又不至使乘用车油箱的燃油流出，斜装角度可大于 25°。

5.1.3 当装载的乘用车整备质量大于 1 700 kg 时，不应采用斜装方式。

5.1.4 乘用车在车辆运输车上，装载应均衡，每层装载数量应根据乘用车质量确定。

5.1.5 在不增加其他固定装置的情况下，乘用车之间纵向间距、乘用车与车箱前后端间距应不小于 150 mm。

5.1.6 下层货台乘用车顶部与上层货台或顶棚下端的间距应不小于 100 mm。

5.1.7 乘用车驾驶员一侧的前门开启角度应能保证驾驶员自由出入，乘用车左侧面至车辆运输车装载平面边缘的距离应不小于 300 mm，乘用车另一侧至车辆运输车装载平面边缘的距离应不小于 150 mm。

5.2 固定器具最低配置要求

固定器具的选用数量应考虑乘用车整备质量及固定器具的承载力。固定器具最低配置见表 3。

表 3 固定器具最低配置

乘用车整备质量 m kg	固定方式	适用捆绑器类型
m≤1 200	二绑二挡	A、B、C
	二绑三挡	
1 200<m≤1 700	三绑三挡	A、B、C
1 700<m≤2 200	四绑三挡	B、C
2 200<m≤2 500	四绑四挡	C

5.3 捆绑固定要求

5.3.1 乘用车捆绑固定应至少采用两个捆绑器和两个轮挡器的捆绑方式。

5.3.2 捆绑器与轮挡器数目的组合见表3。采用两个捆绑器和两个轮挡器时，前后对角轮胎应各使用一个捆绑器，另一前后对角轮胎应各使用一个轮挡器。

5.3.3 采用三个轮挡器时，正装前轮胎或反装后轮胎宜各使用一个轮挡器。采用三个捆绑器时，正装后轮胎或反装前轮胎宜各使用一个捆绑器。如图3、图4所示。

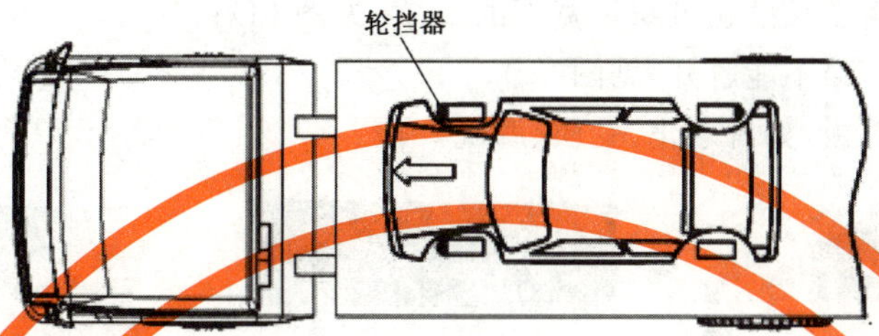

图3 正装方向

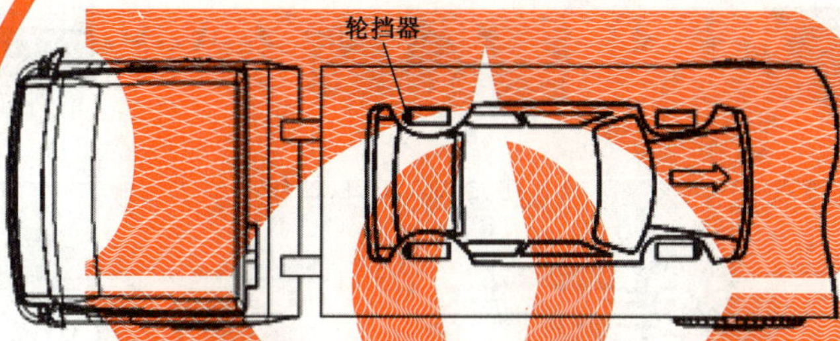

图4 反装方向

6 检查、维护、停用及更换

6.1 检查

6.1.1 使用前检查

6.1.1.1 使用前应对捆绑器进行检查，查看捆绑器织带有无灼伤、变皱、磨损、熔化烧蚀、焊接溅点、穿孔、切口、撕裂、打结、承载标识损坏或脱落、织带缝合针脚破损或过旧现象，端配件有无变形、裂纹、磨损或腐蚀现象。

6.1.1.2 使用前应对轮挡器进行检查，查看轮挡器所有组件有无扭曲变形、撕裂，焊接处脱焊及裂纹现象。

6.1.2 固定检查

6.1.2.1 乘用车运输前应认真检查装载、固定器具配置、捆绑固定是否符合第5章规定的要求。

6.1.2.2 车辆运输车初始行驶里程达80 km时，应停车检查捆绑器是否松动，轮挡器是否脱位。随后每行驶240 km(或每行驶3 h)，应再次进行复检。

6.2 维护

6.2.1 固定器具应存放在干燥、阴凉、通风的环境里，禁止与化学物品混储。

6.2.2 每次使用完毕，应清扫和添加润滑油，确保在使用前具有良好的状态。

6.3 停用及更换

6.3.1 捆绑器如果出现下列情况，应停用并更换：

——织带有化学灼伤、变皱、磨损、熔化烧蚀或焊接溅点，见图5a)、图5b)、图5c)、图5d)；

——织带受力部位穿孔或受损面积在横截面上的长度超过织带宽度的4%，见图5e)；

——织带受力部位切口长度超过织带宽度的3%，见图5e)；

——端配件处织带撕裂长度超过织带宽度的8%，见图5f)；

——织带受力部位打结不能解开，见图5g)；

——与织带相配的钉板，如有老化、变质、腐乱。

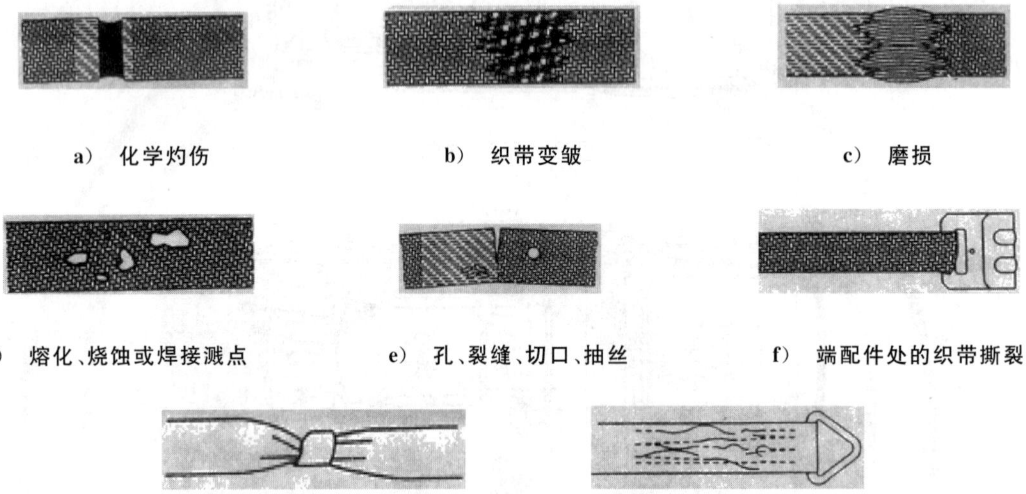

a) 化学灼伤　b) 织带变皱　c) 磨损

d) 熔化、烧蚀或焊接溅点　e) 孔、裂缝、切口、抽丝　f) 端配件处的织带撕裂

g) 织带打结　h) 织带针脚破损或过旧

图5 栓紧带破坏型式

6.3.2 捆绑器如出现下列情况，应停用并返还给制造商修复：

——栓紧带承载识别标签损坏及脱落；

——织带针脚破损或过旧，见图5h)。

6.3.3 捆绑器端配件和(或)拉紧装置有变形、裂纹、磨损和腐蚀，应停用并更换。

6.3.4 轮挡器如果出现下列情况，应停用并更换：

——出现扭曲变形或断裂；

——焊接处出现脱焊或裂纹。

附 录 A
（资料性附录）
固定器具的类型

A.1 捆绑器类型

A.1.1 分类

捆绑器按照结构，分为钉板式捆绑器和抱轮式捆绑器两类，见图 A.1。

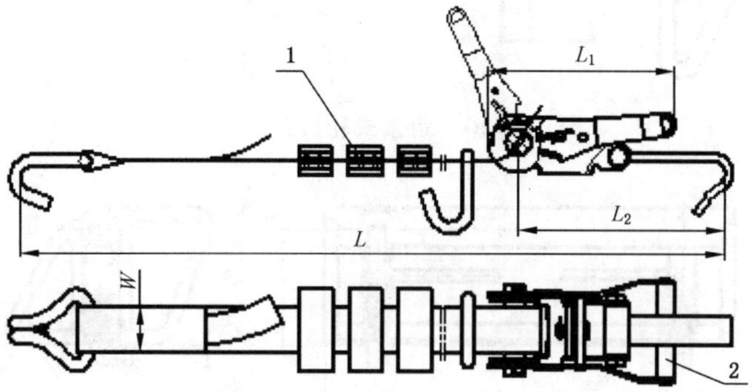

a） 钉板式捆绑器

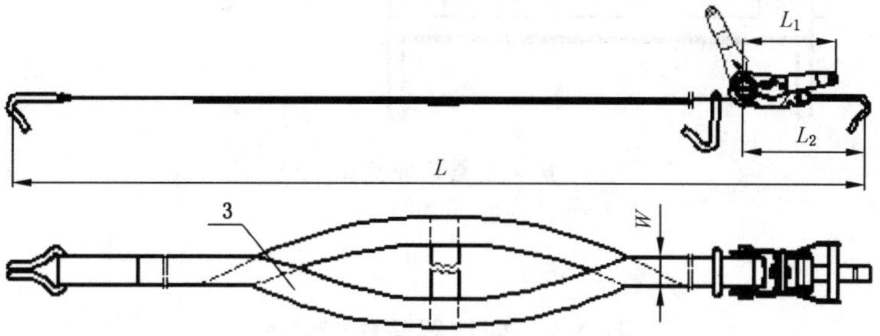

b） 抱轮式捆绑器

说明：
1——钉板；
2——手柄；
3——分支扁平织带。

图 A.1 捆绑器结构示意图

A.1.2 型式

捆绑器的型式按承载能力分为 A、B、C 三种型式，见表 1。

A.2 轮挡器的类型

A.2.1 分类

轮挡器按照结构，分为齿条式轮挡器、钢管式轮挡器两类，见图 A.2。

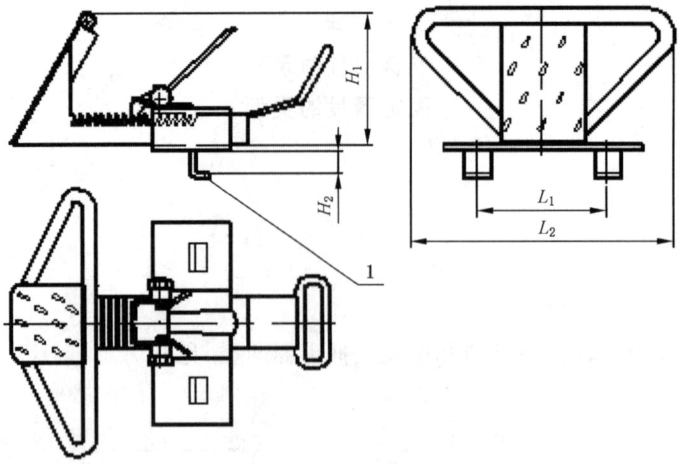

a） 齿条式轮挡器

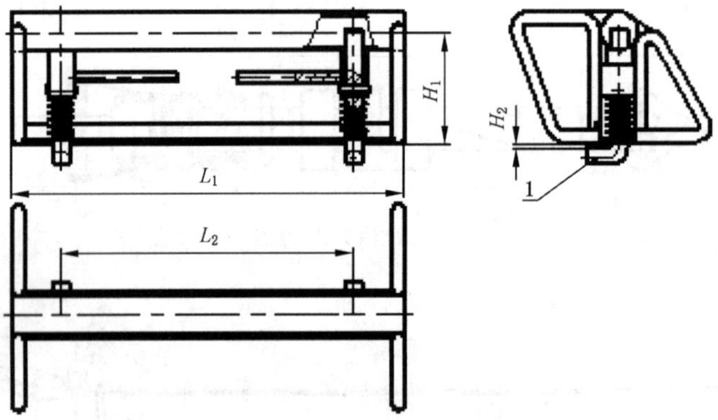

b） 钢管式轮挡器

说明：

1——挂脚。

图 A.2 轮挡器结构示意图

A.2.2 型式

轮挡器无细分型式，即一种类型仅一种型式，见表 2。

参 考 文 献

[1] GB/T 2978—2008 轿车轮胎规格、尺寸、气压与负荷
[2] GB/T 6104—2005 机动工业车辆 术语
[3] GB 7258—2012 机动车运行安全技术条件
[4] GB/T 23914.2—2009 道路车辆装载物固定装置 安全性 第2部分:合成纤维栓紧带总成
[5] JT/T 427—2000 轿车运输挂车通用技术条件
[6] WB/T 1032—2006 商用车运输服务规范
[7] BS EN 12195-1:2003 Load restraint assemblies on road vehicles—Safety—Part 1:Calculation of lashing forces

ICS 03.100.01
A 02

中华人民共和国国家标准

GB/T 31084—2014

国际货运代理运输单证交接规范

Norm of transport documents transfer for international freight forwarders

2014-12-22 发布 2015-07-01 实施

中华人民共和国国家质量监督检验检疫总局
中国国家标准化管理委员会 发布

前　言

本标准按照 GB/T 1.1—2009 给出的规则起草。

本标准由中华人民共和国商务部提出。

本标准由全国国际货运代理标准化技术委员会(SAC/TC 489)归口。

本标准起草单位：浙江胜马国际货运代理有限公司、深圳市坤鑫国际货运代理有限公司、上海新景程国际物流有限公司、国富通信息技术发展有限公司、四川锦程国际货运代理有限责任公司、广东华光国际货运代理有限公司、厦门通程物流有限公司、义乌市金隆国际货运代理有限公司、民生国际货物运输代理有限公司、重庆美联国际物流(集团)有限公司、锦程物流(集团)有限公司、重庆市国际货运代理协会、新疆托木尔货运代理有限公司。

本标准主要起草人：林忠、何瀚伟、冯建萍、高爽、陈峥、姚树红、裴蕾、任中伟、李枫、刘嫰姗、曾真、李红兵、郑俊华、金旭峰、刘露、刘军、杨希江。

引　言

本标准与GB/T 26319《国际货运代理单证标识符编码规则》、GB/T 26321《国际货运代理业务数据元》、GB/T 28530《国际货运代理系列单证　单证数据项》、GB/T 28532《承运人标识符编码规则》、GB/T 28831《国际货运单证缮制规范》、GB/T 28832《国际货运单证缮制质量要求》、GB/T 30058《国际多式联运单据备案与查询规则》、GB/T 31085《国际货运代理单证签发规范》、SB/T 10798《电子提单格式规范》、SB/T 10799《国际货运代理海运提单》、SB/T 10800《国际货运代理多式联运提单》、SB/T 10801《电子航空货运分运单格式规范》、SB/T 11004《电子提单(物权凭证)使用规范》、SB/T 11005《电子提单(物权登记)服务系统规范》、SB/T 11006《电子一般原产地证明书格式规范》、SB/T 11008《用于贸易融资的电子信息查询规范》等标准构成一套相对完整的单证管理标准体系,对促进我国贸易物流便利化,支持服务贸易持续健康发展,都具有重要的战略意义。

单证管理标准体系还将不断完善,其他相关标准也即将陆续颁布实施。

国际货运代理运输单证交接规范

1 范围

本标准规定了国际货运代理运输单证交接的一般要求、组织机构管理、交接(时间、方式、地点、对象、货物交付时的单证处理、电子交接) 和遗失、补发、退回或重签以及内部流转、归档等规范。

本标准适用于国际货运代理及其相关行业的企业,亦可作为企业或管理机构进行单证管理的依据。

2 规范性引用文件

下列文件对于本文件的应用是必不可少的。凡是注日期的引用文件,仅注日期的版本适用于本文件。凡是不注日期的引用文件,其最新版本(包括所有的修改单)适用于本文件。

GB/T 22151—2008 国际货运代理作业规范

GB/T 28831—2012 国际货运单证缮制规范

GB/T 28832—2012 国际货运单证缮制质量要求

GB/T 30058 国际多式联运单据备案与查询规则

GB/T 31085 国际货运代理单证签发规范

SB/T 11004 电子提单(物权凭证)使用规范

SB/T 11005 电子提单(物权登记)服务系统规范

SB/T 11008 用于贸易融资的电子信息查询规范

3 术语和定义

GB/T 22151—2008 界定的以及下列术语和定义适用于本文件。

3.1

单证 document

一种数据载体及其所记录的数据,通常具有永久性并可为人或机器读取。

[GB/T 28530—2012,定义 3.1]

3.2

国际货运代理单证 international freight forwarding documents

在国际货运代理业务中所应用的单据、文件、证书,用于处理货物的交付、运输、储存、搬运、包装、流通加工、配送、货物监管、信息处理、保险、代理报关、代理报检、支付与结算等。

[GB/T 28530—2012,定义 3.2]

3.3

单证标识符 document identifier

规定了单证功能的文本或代码。

[GB/T 28530—2012,定义 3.4]

3.4

单证名称 document name

以普通语言形式描述的单证标题。

[GB/T 28530—2012,定义 3.5]

3.5

单证缮制 document preparation

按一定的格式和要求对国际贸易结算业务中所应用的单证、证书和文件,包括信用证、汇票、发票、装箱单、提单、保单等进行制作处理。

[GB/T 28832—2012,定义 3.1]

3.6

运输单证 transport document

代表运输中的货物或证明货物已经付运的证明文件,具体反映同货物运输有关的当事人(如发货人、承运人、收货人等)的责任与权利,是交接货物、处理索赔与理赔以及向银行结算货款或进行议付的重要文件,包括提单、海运单、铁路运单、航空运单、公路运单、邮包收据、多式联运单据、收货凭证等。

4 一般要求

4.1 应遵循诚实信用原则,履行单证交接义务。

4.2 应在合同(或者委托单)中,明确约定运输单证交付的流程和方式。

4.3 业务组织与单证管理应相互衔接,并符合业务模式和状态的需求。

4.4 交接对象、时间、地点、正副本份数及签章应符合合同或委托书或单证上的规定。

4.5 应保持交接的单证清洁、无缺失,随附单证应准确、齐全。

4.6 交接记录应完整、充分,包括交接的人员、内容、时间和方式等信息。

4.7 应符合单证交接限定条件的要求,规避交单中出现法律义务与合同义务冲突的可能,达到有效地防范、控制发生错误交单的法律风险。

4.8 单证交接和审核的流程设置应合理、可操作,达到内容、形式和时效并重,各环节相互配合,相互监督。

5 组织机构管理

5.1 应设立企业内部的单证管理机构,明确相应的职能,并定期召集相关部门就单证交接制度的执行情况、存在问题和重大事项等进行沟通、研究和决策。

5.2 应建立完善的单证交接的管理制度,明确人员分工,规范岗位职责和各业务部门之间以及部门内部的协调关系与配合办法。

5.3 专职人员应熟悉业务种类和操作流程、单证缮制规范、单证签发规程、单证交接的流程和方式以及单证存档要求等。

5.4 应定期对专职人员进行考核和培训。

6 交接时间

6.1 托运货物时,运输单证交接时间一般为承运人控制货物后或货物装运上运输工具后。

6.2 提取货物时,运输单证交接时间一般为货物到达目的地前。

7 交接方式

7.1 交接方式主要包括现场交接、邮寄或快递、电子系统交接。

7.2 邮寄或快递单证时，宜采用保价特快专递，并应选择具有资质的快递企业，及时跟踪查询快件动态，按时交付客户，并应做好相应的记录。

8 交接地点

8.1 现场交接的地点一般为业务履行单位的所在地。

8.2 如客户或其他交接方另有要求，可安排在其他业务单位的所在地进行现场交接，或采用其他交接方式。

9 交接对象

9.1 应在合同(或者委托单)中明确运输单证的交接对象。

9.2 在合同托运人和实际托运人同时要求交付单证的情况下，应谨慎交付实际托运人。

10 交付

10.1 通知

10.1.1 单证交付前，应提前与对方确认单证的内容、格式等是否符合对方的要求，并据此交接运输单证。

10.1.2 应及时通知对方可以交接单证的时间期限，并约定具体的交接方式、交接地点、交接时间等。

10.1.3 如因对方原因或其他特殊情况，无法正常按时交付单证时应及时通知对方，并进行相应处理。

10.2 交付审核

10.2.1 单证交付前，应确认交付方式、流程和条件是否满足业务模式和业务状态的要求。

10.2.2 如适用，应按照 GB/T 28831—2012、GB/T 28832—2012 和 GB/T 31085 进行单证审核。审核内容包括但不限于：

——单证的抬头、格式是否与业务模式和状态的要求相符；

——单证编号(标识符)、收发货人、运输工具、货物描述、运费条款等内容是否完整，是否与业务模式和状态的要求相符，并与对方确认的单证内容相一致；

——单证的签发时间、签发地点是否与业务模式和状态的要求相符；

——单证的签发的签章是否与抬头相一致，并与业务模式和状态的要求相符；

——图章和签字与其他单据的签章是否相一致；

——单证的正副本份数是否与要求一致；

——单证表面是否清洁、整齐，单证内容是否清楚易认。

10.2.3 不得交付无授权或越权审批的单证。

10.2.4 所交付的单证和条款应齐全，无遗漏、差错和误期等。

10.2.5 未经审核的单证不得交付。

10.3 交付对象

10.3.1 单证交付前，应确认交付对象。

10.3.2 单证交付时，如需提交物权凭据或随附单证，应提前准备或提醒对方提前准备。

10.3.3 当非合同方主张运输单证时，应谨慎处理，需征求法务人员意见并在其指导下实施交付。

10.4 交付记录

10.4.1 单证交付时，应做好交接记录。交接记录应包括运输单证名称、运输单证编号（标识符）、主要单证信息、单证份数、交接经办人、单证签收人、交接时间、交接方式等内容。

10.4.2 对现场交付的纸质运输单证，应事先复印单证的主要内容部分，并由单证签收人在复印件上签字确认。

10.4.3 对采用邮寄或快递等非现场交接的纸质运输单证，应事先复印单证的主要内容部分，并保存好邮寄单或快递单等单据。

10.4.4 邮寄或快递单证时，宜采用保价特快专递，选择具有资质的快递企业，及时跟踪查询快件动态，按时交付客户，并应做好相应的记录。

10.4.5 对方收到单证后，应提请书面确认。

10.4.6 交付单证的复印件和对方的书面确认应按照单证管理要求，做好保存。

11 接收

11.1 通知

11.1.1 单证接收前，应通知对方交接的时间期限，并约定具体的交接方式、交接地点、交接时间、联系方式及联系人等。

11.1.2 单证接收前，应通知对方提前提交单证的复印件，并进行审核以确认与业务需求相符。如有必要，还应转交客户确认。确认无误后，再通知对方据此交接运输单证。

11.2 接收对象

11.2.1 单证接收前，应确认接收对象。

11.2.2 单证接收时，如需提交物权凭据或随附单证，应提前准备或提醒客户提前准备。

11.3 接收审核

11.3.1 单证接收前，应确认接收方式、流程和条件是否满足业务模式和业务状态的要求。

11.3.2 接收时，应按照 GB/T 28831—2012 和 GB/T 28832—2012 进行单证审核。审核内容包括但不限于：

——单证的抬头、格式是否与业务模式和业务状态的要求相符；

——单证编号（标识符）、收发货人、运输工具、货物描述、运费条款等内容是否完整、与业务模式和业务状态的要求相符，并与之前确认的单证内容相一致；

——单证的签发时间、签发地点是否与业务模式和业务状态的要求相符；

——单证的签发的签章是否与抬头相一致，并与业务模式和业务状态的要求相符；

——图章和签字与其他单据的签章是否相一致；

——单证的正副本份数是否与要求一致；

——单证表面是否清洁、整齐，单证内容是否清晰。

11.3.3 不得对所接收的单证进行伪造、销毁、藏匿或私自更改。

11.4 接收记录

11.4.1 完成接收后，应按照对方的要求做好接收记录。

11.4.2 交接记录应包括运输单证名称、运输单证编号（标识符）、主要单证信息、单证份数、交接经办人、单证签收人、交接时间、交接方式等内容。

11.4.3 不同单证的接收记录应单独填写。

11.4.4 接收单证后,应按照单证管理要求,及时流转及保存并做好相应的记录。

12 电子交接

12.1 应采用有效的身份确认方式,以保证交接双方身份的唯一性。

12.2 应采用有效的信息发送和反馈流程,以及完整的数据保存方式,以保证交接过程中相关的单证内容、交接人、交接时间和信息反馈可查询和可追溯。

12.3 单证的法律效力、交接方式、数据保存时间等应符合相关法律的规定。

12.4 电子单证系统功能要求,应符合 GB/T 30058、SB/T 11004、SB/T 11005 和 SB/T 11008 的规定。

13 货物交付时的单证处理

13.1 单证交接与货物交付同时进行时,应遵守货物交付的相关要求,避免出现无单放货等情况。

13.2 采用电放、异地交接单证等模式进行货物交付时,仍应按照本标准完成单证交接,并可要求托运人或收货人出具相应的担保。

14 遗失、补发、退回或重签

14.1 如运输单证在交接过程中遗失,应及时评估单证遗失后可能造成的后果,并按照遗失所在国的规定,对遗失的单证进行声明。

14.2 如无法确定遗失地,或单证遗失后可能造成的影响较为严重时,可根据相关法律规定,选择签发地、起运地或目的地等运输相关的所在国,对遗失的单证进行声明。

14.3 应采取必要的补救措施并进行相应的索赔。如适用,提请单证受益人提供银行保函和/或保证金。

14.4 单证的补发、退回或重新签发,应符合 GB/T 31085 的规定,并采取相应的风险防范措施。

14.5 如因单证更改、更正、补发、退回或重新签发,原交接记录应保留,并做好相关说明。

15 内部流转和归档

15.1 单证交接前后的内部流转,应填写或录入相应的记录,使其有据可查。

15.2 未经授权不得借用、阅览、摘录、复制有关单证资料。

15.3 对于借用、阅览而逾期未收回的单证,应及时追踪、催缴。

15.4 对已开具但未发放或作废、未获得审核通过的单证,应及时全套收回,附于存根后,加盖作废印章或注明“作废”字样,以备核销和分类管理。如有遗失,应由责任人出具书面证明,并予以相应的确认,不得私自随意销毁。

15.5 对于缴还的正本运输单证,应及时进行归档处理。

15.6 对每套交接的运输单证,应保持一份完整的正本复印件归档,以备交接后可能会出现的退单、争议、拒付、索赔等查询。

15.7 交接记录、单证复印件等其他相关资料应至少保存 3 年。

15.8 对已作废的或已超过保存期限的缴还正本纸质运输单证,应统一销毁。

15.9 销毁时,应由指定部门派人监销,并做好相应记录。

参 考 文 献

[1] GB/T 28530—2012 国际货运代理系列单证 单证数据项

ICS 03.100.01
A 02

中华人民共和国国家标准

GB/T 31085—2014

国际货运代理单证签发规范

Norms of issuing documents for international freight forwarders

2014-12-22 发布　　2015-07-01 实施

中华人民共和国国家质量监督检验检疫总局
中国国家标准化管理委员会　发布

前　言

本标准按照 GB/T 1.1—2009 给出的规则起草。

本标准由中华人民共和国商务部提出。

本标准由全国国际货运代理标准化技术委员会(SAC/TC 489)归口。

本标准起草单位:浙江胜马国际货运代理有限公司、深圳市坤鑫国际货运代理有限公司、上海新景程国际物流有限公司、国富通信息技术发展有限公司、四川锦程国际货运代理有限责任公司、广东华光国际货运代理有限公司、厦门通程物流有限公司、义乌市金隆国际货运代理有限公司、民生国际货物运输代理有限公司、重庆美联国际物流(集团)有限公司、锦程物流(集团)有限公司、重庆市国际货运代理协会、新疆托木尔货运代理有限公司。

本标准主要起草人:林忠、何瀚伟、冯建萍、高爽、陈峥、姚树红、裴蕾、任中伟、李枫、刘嫰姗、曾真、李红兵、郑俊华、金旭峰、刘露、刘军、杨希江。

引　言

本标准与GB/T 26319《国际货运代理单证标识符编码规则》、GB/T 26321《国际货运代理业务数据元》、GB/T 28530《国际货运代理系列单证　单证数据项》、GB/T 28532《承运人标识符编码规则》、GB/T 28831《国际货运单证缮制规范》、GB/T 28832《国际货运单证缮制质量要求》、GB/T 30058《国际多式联运单据备案与查询规则》、GB/T 31084《国际货运代理运输单证交接规范》、SB/T 10798《电子提单格式规范》、SB/T 10799《国际货运代理海运提单》、SB/T 10800《国际货运代理多式联运提单》、SB/T 10801《电子航空货运分运单格式规范》、SB/T 11004《电子提单(物权凭证)使用规范》、SB/T 11005《电子提单(物权登记)服务系统规范》、SB/T 11006《电子一般原产地证明书格式规范》、SB/T 11008《用于贸易融资的电子信息查询规范》等标准构成一套相对完整的单证管理标准体系，对促进我国贸易物流便利化，支持服务贸易持续健康发展，都具有重要的战略意义。

单证管理标准体系还将不断完善，其他相关标准也即将陆续颁布实施。

国际货运代理单证签发规范

1 范围

本标准规定了国际货运代理单证签发的一般要求和机构组织管理、资格和权限管理、风险控制、签发条件、签发流程、审核、电子单证签发、单证管理等的规范。

本标准适用于国际货运代理及其相关行业的企业，亦可作为企业或管理机构进行单证管理的依据。

2 规范性引用文件

下列文件对于本文件的应用是必不可少的。凡是注日期的引用文件，仅注日期的版本适用于本文件。凡是不注日期的引用文件，其最新版本(包括所有的修改单)适用于本文件。

GB/T 22151　国际货运代理作业规范

GB/T 26319　国际货运代理单证标识符编码规则

GB/T 28831　国际货运单证缮制规范

GB/T 28832　国际货运单证缮制质量要求

GB/T 30058　国际多式联运单据备案与查询规则

GB/T 31084—2014　国际货运代理运输单证交接规范

SB/T 10798　电子提单格式规范

SB/T 10799　国际货运代理海运提单

SB/T 10800　国际货运代理多式联运提单

SB/T 10801　电子航空货运分运单格式规范

SB/T 11004　电子提单(物权凭证)使用规范

SB/T 11005　电子提单(物权登记)服务系统规范

SB/T 11006　电子一般原产地证明书格式规范

SB/T 11008　用于贸易融资的电子信息查询规范

3 术语和定义

GB/T 31084—2014 界定的术语和定义适用于本文件。

4 一般要求

4.1　应建立完善的单证签发的管理制度。

4.2　签发的条件、程序和审核流程的设置应合理、可操作，达到内容、形式和时效并重，各环节相互配合，相互监督。

4.3　签发人资格的准入管理和退出机制应严格、有效和可控。

4.4　业务组织与单证管理应相互衔接，并符合业务模式和业务状态的需求。

4.5　签发的对象、时间、地点、正副本份数应符合合同或委托书或单证上的规定。

4.6 签发的单证表面应清洁、整齐，单证内容清楚易认。
4.7 签发的单证应无缺失、随附单证应准确、齐全。
4.8 签发审核记录应完整、充分。

5 组织机构管理

5.1 应设立企业内部的单证管理机构，明确相应的职能，并定期召集相关部门就单证签发制度的执行情况、存在问题和重大事项等进行沟通、研究和决策。
5.2 应指定相应部门和专职人员负责单证的缮制、审核、签发以及相关印章的保管、使用。
5.3 应规范岗位职责，明确部门之间以及部门内部的协调关系与配合方法。
5.4 专职人员应熟悉业务种类和操作流程、单证缮制规范、单证签发规程、单证交接的流程和方式以及单证存档要求等。
5.5 应定期对专职人员进行考核和培训。

6 资格和权限管理

6.1 单证签发企业的资质应符合 GB/T 22151 的规定。
6.2 应建立单证签发人(包括指定或法律规定的代理人)资格的准入管理和退出机制。
6.3 单证签发人应接受专业技术培训并经考核合格后，可获得相应范围的签字资格。
6.4 如因工作变动、需改变、增加或撤销单证签发人的授权范围的，应以适当方式对外公布使交易相对方知悉。
6.5 对企业签单章(印模图形)、签发人签名章、企业内部签单机构或人员的名称、制单人姓名、单证标识符等，应及时更新并备案。

7 风险控制

7.1 单证签发人应熟知所应承担的所签发单证的风险。
7.2 所签发的单证，应符合业务模式和业务状态的需求。
7.3 宜采用国际公认并符合惯例的标准格式单证和条款。如需对格式条款进行变更或修改的，应进行风险评估。参照 SB/T 10798、SB/T 10799、SB/T 10800、SB/T 10801 和 SB/T 11006 的相关内容。
7.4 应对所签发单证的风险投保责任险。
7.5 应与指定代理就签发单证的相关权利、义务签订相应的代理协议，并对单证的保管、审核、签发、交接、销毁和相关印章的保管、使用进行约定。
7.6 对法律规定的其他代理人，应在相关合同中对其签发权利进行约定。

8 签发条件

8.1 应根据不同运输方式的单证性质、格式、条款、时限要求以及贸易条款、运费支付、货物表面状况、业务流程、批注、交货方式和对货物掌控状态设定不同的限定条件，而签发人应据此签发单证。
8.2 应根据不同运输方式的单证性质、格式、条款、时限要求以及贸易条款、运费支付、货物表面状况、业务流程、批注、交货方式和对货物掌控状态设定不同的限定条件，而签发人应据此进行单证更改、更正、补发或重新签发，并采取相应的风险防范措施。

9 运输单证签发流程

9.1 在实际控制托运人交付的货物之后，应向托运人签发货物接收证明。

9.2 货物装运上指定的运输工具后，应缮制运输单证样本交由托运人确认。

9.3 托运人确认后，据此签发正本运输单证。

9.4 托运人凭货物接收证明换取正本运输单证。

10 审核

10.1 单证签发前，应进行合法性审核，审核的内容应包括但不限于：

——客户要求的单证格式是否与业务模式和业务状态相符；

——是否具备签发指定单证的资格；

——指定的单证与相关保险的承保范围是否相符；

——单证显示的签发日期是否与实际装运日期相符；

——单证上显示的货物描述、起运地/港、目的地/港、运输工具、签发地点是否与业务模式和业务状态相符。

10.2 单证签发前，应进行业务性审核，审核的内容应包括但不限于：

——单证编号(标识符)在规定期间内是否是唯一的；

——托运人、收货人、通知人名称、地址及联系方式是否齐全；

——收货人是否是唯一的；

——针对某些运输模式，收货人是否为实际货物申报单位；

——运输工具名称或运输方式是否清楚、准确；

——货物描述，包括名称、数量、体积、重量等是否清楚、准确；

——起运地/港、目的地/港是否清楚、准确；

——运输条款、运费支付方式是否与业务模式和业务状态相符；

——签发日期、签发地点、正副本份数是否符合规定。

10.3 单证签发后，在交付客户前应进行一致性审核，审核的内容应包括但不限于：

——单证上载明的内容是否与客户的要求相一致；

——单证签发人是否与其在业务中所承担的角色相一致；

——实际签发的纸质正本单证份数是否与单证上显示的份数相一致；

——承运人签章是否清晰、准确；

——签章位置是否准确。

10.4 单证签发审核流程是否符合相应的规定，是否满足相应的限定条件。

10.5 单证上的批注是否准确，是否与实际情况、业务模式和业务状态相符。

10.6 单证缮制应符合 GB/T 28831 和 GB/T 28832 的规定。

10.7 应对签发的审核过程进行完整、充分地记录，包括审核的人员、内容、时间和方式等信息，使审核过程具有可追溯性。

11 签发

11.1 经审核后，签发人应及时签发单证。

11.2 如使用企业签单章(印模图形)、签发人签名章签发单证的,企业或签发人应指定专人负责企业签单章(印模图形)、签发人签名章的使用与保管。

11.3 单证签发后,应及时做好签发记录。签发记录可包括单证编号(标识符)、签发人或专门负责印章管理的人员、签发日期、业务主要信息等。

12 电子单证签发

12.1 电子单证的签发、加密等应符合相关国际公约或国家的法律、法规的规定。

12.2 电子单证的签发应符合本标准的相关规定。

12.3 具备电子单证签发和电子数据交换功能的信息系统,应满足单证唯一性、参与方身份唯一性、信息可追溯等要求。

12.4 电子单证的签发应有专人进行审核、操作。

12.5 如电子单证的持有人要求签发纸质单证,并已书面声明电子单证项下的电子数据交换程序终止,可签发纸质单证。

12.6 电子单证系统的功能要求,应符合 GB/T 30058、SB/T 11004、SB/T 11005 和 SB/T 11008 的规定。

13 更改、更正、补发

13.1 单证签发后,如客户要求更改单证的,应及时对更改要求进行评估。

13.2 如客户更改要求符合条件的,应及时通知客户,并告知相关的改单费用以及担保条件或其他规定要求。如适用,应符合 GB/T 28831 的规定。

13.3 如已签发纸质正本单证,在收回全套正本单证后,按规定及时更改或重新签发全套单证。

13.4 提/运单的更改、更正应符合 GB/T 22151 的要求。

14 单证管理

14.1 应建立规范的空白单证的印制、使用、保管和统计制度。

14.2 应统一设计、审定单证样本,指定或委托专门的厂家印制,存放于专用凭证库房(柜),并指定专门部门负责,专人保管。单证样本和暗记应妥善保管。

14.3 每套单证上应有独立的编号(标识符),并应符合 GB/T 26319 的规定。

14.4 在保管的库房(柜)内,应建立《空白单证交接登记簿》登记制度,详细记载重要空白单证的种类、数量、起止号码、出入库时间以及业务信息等内容。

14.5 领取时,应办理交接登记手续。交接登记簿应妥善保管,以备查考,至少每半年核对库存数量一次。

14.6 应实行单证与印章分管制度。

14.7 签发人或负责印章管理的人员的岗位应独立于单证缮制人员的岗位。

14.8 单证签发时,应按顺序号使用,逐份销号,单证编号应衔接,不跳号使用。

14.9 不得事先在空白单证上加盖企业签单章(印模图形)、签发人签名章。如因作为培训等样本,应在单证明显处加盖“作废”戳记。

14.10 领取单证时,如发现单证编码或单证内容出现错误,应保持原包装封签由经办人员和业务主管人员签章证明后,进行统一销毁。

14.11 单证作废时，应加盖“作废”戳记，并在《空白单证交接登记簿》上注明作废的日期、单证编号（标识符），在备注栏注明“此份作废”字样。

14.12 单证销毁时，应由指定部门派人监销，并做好相应记录。

14.13 使用计算机套打空白单证时，应在单证空格处打印。

14.14 对已签署未交付的单证，应有专人负责并妥善保管，做好交接记录，以备查考。

14.15 如因单证更改、更正、补发、退回或重新签发，原交接记录应保留，并做好相关说明。应符合GB/T 31084—2014 的规定。

ICS 03.080.01
A 20

中华人民共和国国家标准

GB/T 31086—2014

物流企业冷链服务要求与能力评估指标

Requirements and ability evaluation indicator of cold chain services for logistics enterprises

2014-12-22 发布 2015-07-01 实施

中华人民共和国国家质量监督检验检疫总局
中国国家标准化管理委员会 发布

前　言

本标准按照 GB/T 1.1—2009 给出的规则起草。

本标准由全国物流标准化技术委员会(SAC/TC 269)提出并归口。

本标准起草单位:国家农产品现代物流工程技术研究中心、中国物流与采购联合会冷链物流专业委员会、山东省物流与采购协会、夏晖物流(北京)有限公司、招商美冷(香港)控股有限公司、山东商业职业技术学院、山东荣庆物流供应链有限公司、上海郑明现代物流有限公司。

本标准主要起草人:王国利、秦玉鸣、林乐杰、杭天、张长峰、范志强、李胜、孔德磊、刘敏、郑全军、丁兆磊、黄郑明。

物流企业冷链服务要求与能力评估指标

1 范围

本标准规定了物流企业从事农产品、食品冷链服务所应满足的基本要求，以及物流企业冷链服务类型、能力级别划分及评估指标。

本标准适用于物流企业的农产品、食品冷链服务及管理。

2 规范性引用文件

下列文件对于本文件的应用是必不可少的。凡是注日期的引用文件，仅注日期的版本适用于本文件。凡是不注日期的引用文件，其最新版本(包括所有的修改单)适用于本文件。

GB/T 18354—2006 物流术语

GB/T 19680—2013 物流企业分类与评估指标

GB/T 24616 冷藏食品物流包装、标志、运输和储存

GB/T 24617 冷冻食品物流包装、标志、运输和储存

GB 50072 冷库设计规范

QC/T 449 保温车、冷藏车技术条件及试验方法

3 术语和定义

GB/T 18354—2006 界定的以及下列术语和定义适用于本文件。

3.1

冷链 cold chain

根据物品特性，为保持其品质而采用的从生产到消费的过程中始终处于低温状态的物流网络。

[GB/T 18354—2006，定义 5.21]

3.2

冷库 cold store

在人工制冷条件下，贮藏货物及为其配套的建(构)筑物。

注：包括库房、制冷机房、变配电室等。

[GB 28009—2011，定义 3.1]

3.3

气调冷藏库 CA.cold store

在人工制冷条件下，贮藏货物及为其配套的建(构)筑物。

[SBJ 16—2009，术语 2.0.1]

4 基本要求

4.1 组织

冷链物流服务应满足 GB/T 19680—2013 表 1、表 2、表 3 中所界定的 A 级物流企业的要求。

4.2 设施设备

4.2.1 冷库设计和建设应按 GB 50072 执行。农产品、食品冷库应具有完备的检验检疫手续。

4.2.2 作业时,冷库门完全开启时间大于 5 s 的,应设置冷风幕和耐低温透明门帘。

4.2.3 冷藏(冻)车(厢、箱)应符合 QC/T 449 中相关要求。

4.2.4 冷链服务车(厢、箱),应装冷链运输温度监控设备。

4.2.5 冷链各环节所配备的温度测量、记录仪器、运输监控设备应按规定定期检查和校正。

4.3 信息化

4.3.1 应有仓库管理系统或运输管理系统,管理系统应具有与温控相关的功能。

4.3.2 冷库、冷藏(冻)车(厢、箱)内应有必要的、经过计量部门计量检验合格的温度数据采集终端。采集终端应能保证冷链物品在各个环节应有准确、实时的温度数据记录。

4.3.3 服务每个环节应有记录。交接记录应包括但不局限于时间、地点、物品名称、规格、数量、温度数据、发货收货单位等信息。交接记录应能满足物品的温度数据的追溯和查询。温度数据记录应保存不低于 6 个月,且保存完整。

4.3.4 应具备对库区主通道、货物交接区的监控能力,规定时期内影像资料应保存完善可查询。

4.4 人员

4.4.1 业务管理人员结构应满足 GB/T 19680—2013 中人员素质要求。

4.4.2 操作人员应经过上岗专业培训,执证上岗率应达到 100%。

4.4.3 农产品、食品的搬运、装卸等作业人员应持有相关部门发放的健康证明。

4.5 流程管理

4.5.1 应有满足委托方服务需求的冷链服务操作规范。

4.5.2 应建立能源管理体系,有较完善的节能环保措施和制度,落实良好。

4.5.3 作业现场,冷库库容库貌应整洁,标识规范应清晰,堆码应整齐,始发冷藏(冻)车(厢、箱)辆应保持整洁卫生。

4.5.4 库内物品堆放墙距、柱距、管距、风口距、灯距、垛距应满足操作与温控的基本要求。

4.5.5 库位规划合理,通道应满足叉车等机具的作业需求。装卸、运输设备应外观整洁,设备操作规范,运行良好,器械摆放整齐。

4.5.6 仓储设施及设备、冷链运输设备、保温设备应具备全程温度管理能力。

4.5.7 应具有完善的冷链保障机制,对在途、在库物品应满足冷链通用流程关键点控制操作规范要求。

4.5.8 冷链物品包装、标志、运输和存储作业应符合 GB/T 24616 和 GB/T 24617 的相关规定。

4.5.9 责任人员应做好现场交接记录。

4.6 应急预案

4.6.1 对已出库每批次物品应具备召回及处理能力。

4.6.2 应具有针对在运输、仓储环节中,遭遇灾害(如水灾、火灾等)、突发事件(如设备故障等)时的应急制度和应急预案。

4.7 冷链物流辅助服务功能

可为委托方优化冷链业务流程,制定冷链物流综合解决方案,提供增值服务。

5 物流企业冷链服务类型、能力级别划分及评估指标

5.1 服务类型

冷链物流服务类型宜参照 GB/T 19680—2013 的第 5 章中对物流企业类型的分类。

5.2 级别划分

对具备冷链服务能力的物流企业，按照其服务能力高低，分为五星、四星、三星、二星、一星 5 个等级，五星级最高，依次降低。

5.3 评估指标

5.3.1 运输型冷链服务

运输型冷链服务要求与能力评估指标见表 1。

表 1 运输型冷链服务要求与能力评估指标

评估指标		级别				
项目	类别	五星	四星	三星	二星	一星
设施设备	1. 自有冷藏（冻）车数量*/辆(或总载重量*/t)	≥400 (≥2 000)	≥200 (≥1 000)	≥100 (≥500)	≥50 (≥250)	≥20 (≥100)
	2. 租用冷藏（冻）车数量/辆(或总载重量/t)	≥150 (≥750)	≥90 (≥450)	≥60 (≥300)	≥30 (≥150)	≥10 (≥50)
	3. 冷藏(冻)车厢(箱)*	干净整洁，符合 QC/T 449 中对冷藏(冻)车厢(箱)的要求				
	4. 数据采集终端*	冷藏(冻)车(厢、箱)内、外有必要的温度数据采集终端，并有定期检查校正记录				
信息化	5. 温度监测系统*	冷藏(冻)车(厢、箱)内测温点分布均匀，温度实时监测并记录		冷藏(冻)车(厢、箱)内测温点分布均匀，温度定时监测、记录		
	6. 温度数据*	自物品交与委托方之日起应保存不低于 6 个月的温度数据，且数据应保存完整，可查询				
	7. 运输管理系统(TMS)*	有运输管理系统及相关温控模块		—		
	8. 货物跟踪*	自有/租用车辆 100%装有冷链运输跟踪设备				
管理与服务	9. 客户投诉率(或客户满意度)	≤0.05% (≥98%)	≤0.1% (≥95%)		≤0.5% (≥90%)	
	10. 管理制度*	有健全的物品交接制度、清洁卫生制度、冷链通用流程关键点控制操作规范制度，有效运行				
	11. 应急预案*	包括但不局限于：冷机故障预案，在途车辆故障预案				
	12. 冷链操作人员：人员结构*	60%以上具有中等以上学历或专业资格	50%以上具有中等以上学历或专业资格		30%以上具有中等以上学历或专业资格	
	12. 冷链操作人员：培训	全员经过上岗专业培训，有培训计划及定期培训记录				
	12. 冷链操作人员：健康要求	农产品、食品的装卸、搬运等作业人员应持有相关部门发放的健康证明				
	12. 冷链操作人员：执证上岗率*	制冷工、叉车工、电工、驾驶员等应执证上岗，执证上岗率 100%				
	13. 冷链物流辅助服务功能	可为委托方优化冷链业务流程，制定冷链物流综合解决方案，提供增值服务			—	
注：标注 * 的指标为企业必备指标，其他为参考指标。						

5.3.2 仓储型冷链服务

仓储型冷链服务要求与能力评估指标见表 2。

表 2 仓储型冷链服务要求与能力评估指标

评估指标			级别				
项目	类别		五星	四星	三星	二星	一星
设施设备	1. 自有冷库标准及容积* /m^3		冷库建设应按 GB 50072 执行				
			≥300 000	≥120 000	≥60 000	≥30 000	≥15 000
	2. 租用冷库标准及容积/m^3		≥200 000	≥80 000	≥40 000	≥20 000	≥15 000
	3. 冷库功能区*		建有满足物品时空温度要求的功能区,包括但不限于低温穿堂或封闭月台、预冷间或复冻间				—
	4. 冷库门气密性		作业时冷库门完全开启时间大于 5 s 的应设置冷风幕和耐低温透明门帘			有必要的密封装置	
			配备有与运输车辆对接的密封装置			—	
	5. 搬运装卸设备* /台		≥15	≥8		≥3	
	6. 数据采集终端*		冷库内、外有必要的温度数据采集终端,并有定期检查校正记录				
信息化	7. 温度监测系统*		冷库内测温点分布均匀,温度实时监测并记录				
	8. 温度数据*		自物品交与委托方之日起应保存不低于 6 个月的温度数据,且数据应保存完整,可查询				
	9. 仓库管理系统(WMS)*	系统	有仓库管理系统,冷链业务进销存实现信息化管理,对库内温度数据实时掌握		库内有温度测量装置,温度记录完善		
		库区监控	具备对库区主通道、货物交接区的监控能力,影像资料保存 6 个月				
管理与服务	10. 客户投诉率(或客户满意度)		≤0.05%(≥98%)	≤0.1%(≥95%)		≤0.5%(≥90%)	
	11. 管理制度*		有健全的物品交接制度、清洁卫生制度、冷链通用流程关键点控制操作规范制度,落实到位				
	12. 节能制度		有节能降耗措施及改进计划,有效运行				
	13. 应急预案*		包括但不局限于:水灾、火灾、虫害、鼠害预案,断电应急预案,冷机故障预案;凡是用氨制冷的企业,建立液氨突发泄露的应急预案				
	14. 冷链操作人员	人员结构*	60%以上具有中等以上学历或专业资格	50%以上具有中等以上学历或专业资格		30%以上具有中等以上学历或专业资格	
		培训	全员经过上岗专业培训,有培训计划及定期培训记录				
		健康要求	农产品、食品的装卸、搬运等作业人员应持有相关部门发放的健康证明				
		执证上岗率*	制冷工、叉车工、电工、驾驶员等应执证上岗的,100%执证上岗				
	15. 冷链物流辅助服务功能		可为委托方优化冷链业务流程,制定冷链物流综合解决方案,提供增值服务			—	

注 1:标注 * 的指标为企业必备指标,其他为参考指标。

注 2:冷库包括冷藏库、冷冻库和气调冷藏库等低温仓库。

5.3.3 综合型冷链服务

综合型冷链服务要求与能力评估指标见表3。

表3 综合型冷链服务要求与能力评估指标

<table>
<tr><td colspan="3">评估指标</td><td colspan="5">级别</td></tr>
<tr><td>项目</td><td colspan="2">类别</td><td>五星</td><td>四星</td><td>三星</td><td>二星</td><td>一星</td></tr>
<tr><td rowspan="9">设施设备</td><td colspan="2" rowspan="2">1. 自有/租用冷库标准及容积*/m^3</td><td colspan="5">冷库建设应按 GB 50072 执行</td></tr>
<tr><td>≥300 000</td><td>≥150 000</td><td>≥50 000</td><td>≥20 000</td><td>≥10 000</td></tr>
<tr><td colspan="2">2. 自有/租用冷藏(冻)车数量*/台(或总载重量/t)*</td><td>≥400
(≥2 000)</td><td>≥200
(≥1 000)</td><td>≥80
(≥400)</td><td>≥50
(≥250)</td><td>≥20
(≥100)</td></tr>
<tr><td colspan="2">3. 冷库功能区*</td><td colspan="4">建有满足物品时空温度要求的功能区,包括但不限于低温穿堂或封闭月台、预冷间或复冻间</td><td>—</td></tr>
<tr><td rowspan="3">4. 气密性*</td><td rowspan="2">冷库门</td><td colspan="3">作业时冷库门完全开启时间大于5 s的,应设置冷风幕和耐低温透明门帘</td><td colspan="2">—</td></tr>
<tr><td colspan="2">配备有与运输车辆对接的密封装置</td><td colspan="3">—</td></tr>
<tr><td>冷藏(冻)车厢(箱)</td><td colspan="5">干净整洁,符合 QC/T 449 中对冷藏(冻)车厢(箱)的要求</td></tr>
<tr><td colspan="2">5. 装卸搬运设备*/台</td><td>≥12</td><td colspan="2">≥6</td><td colspan="2">≥2</td></tr>
<tr><td colspan="2">6. 数据采集终端*</td><td colspan="5">冷库、冷藏(冻)车(厢、箱)内外有必要的温度数据采集终端,并有定期检查校正记录</td></tr>
<tr><td rowspan="6">信息化</td><td colspan="2">7. 温度监测系统*</td><td colspan="3">冷库、冷藏(冻)车(厢、箱)内测温点分布均匀,温度实时监测并记录</td><td colspan="2">冷库、冷藏(冻)车(厢、箱)内测温点分布均匀,冷库内温度实时监测并记录,冷藏(冻)车(厢、箱)内温度定时监测、记录</td></tr>
<tr><td colspan="2">8. 温度数据*</td><td colspan="5">自物品交与委托方之日起应保存不低于6个月的温度数据,且数据应保存完整,可查询</td></tr>
<tr><td rowspan="2">9. 仓库管理系统(WMS)*</td><td>系统</td><td colspan="3">冷链业务进销存实现信息化管理,对库内温度数据实时掌握</td><td colspan="2">库内有温度测量装置,温度记录完善</td></tr>
<tr><td>库区监控</td><td colspan="5">具备对库区主通道、货物交接区的监控能力,影像资料保存6个月</td></tr>
<tr><td rowspan="2">10. 运输管理系统(TMS)*</td><td rowspan="2">货物跟踪</td><td colspan="2">有运输管理系统</td><td colspan="3">—</td></tr>
<tr><td colspan="5">自有涉冷车辆100%以上装有冷链运输跟踪设备</td></tr>
<tr><td rowspan="4">管理与服务</td><td colspan="2">11. 客户投诉率(或客户满意度)</td><td>≤0.05%
(≥98%)</td><td colspan="2">≤0.1%
(≥95%)</td><td colspan="2">≤0.5%
(≥90%)</td></tr>
<tr><td colspan="2">12. 节能制度</td><td colspan="5">有节能降耗措施及改进计划,有效运行</td></tr>
<tr><td colspan="2">13. 管理制度*</td><td colspan="5">有健全的物品交接制度、清洁卫生制度、冷链通用流程关键点控制操作规范制度,有效运行</td></tr>
<tr><td colspan="2">14. 应急预案*</td><td colspan="5">包括但不局限于:水灾、火灾、虫害、鼠害预案,断电应急预案,冷机故障预案,在途车辆故障预案;凡是用氨制冷的企业,建立液氨突发泄露的应急预案</td></tr>
</table>

表 3（续）

<table>
<tr><th colspan="3">评估指标</th><th colspan="5">级　　别</th></tr>
<tr><th>项目</th><th colspan="2">类别</th><th>五星</th><th>四星</th><th>三星</th><th>二星</th><th>一星</th></tr>
<tr><td rowspan="5">管理与服务</td><td rowspan="4">15. 冷链操作人员</td><td>人员结构*</td><td>60%以上具有中等以上学历或专业资格</td><td colspan="2">50%以上具有中等以上学历或专业资格</td><td colspan="2">40%以上具有中等以上学历或专业资格</td></tr>
<tr><td>培训</td><td colspan="5">全员经过上岗专业培训，有培训计划及定期培训记录</td></tr>
<tr><td>健康要求</td><td colspan="5">农产品、食品的装卸、搬运等作业人员应持有相关部门发放的健康证明</td></tr>
<tr><td>执证上岗率*</td><td colspan="5">制冷工、叉车工、电工、驾驶员等应执证上岗，执证上岗率为 100%</td></tr>
<tr><td colspan="2">16. 冷链物流辅助服务功能*</td><td colspan="3">可为委托方优化冷链业务流程，制定冷链物流综合解决方案，提供增值服务。</td><td colspan="2">—</td></tr>
<tr><td colspan="8">注 1：标注 * 的指标为企业必备指标，其他为参考指标。
注 2：冷库包括冷藏库、冷冻库和气调冷藏库等低温仓库。</td></tr>
</table>

参 考 文 献

［1］ GB 1589—2004 道路车辆外廓尺寸、轴荷及质量限值

［2］ GB/T 9829—2008 水果和蔬菜 冷库中物理条件 定义和测量

［3］ GB 14881—2013 食品安全国家标准 食品生产通用卫生规范

［4］ GB 19578—2000 乘用车燃料消耗量限值

［5］ GB/T 20799—2006 鲜、冻肉运输条件

［6］ GB/T 24359—2009 第三方物流服务质量要求

［7］ GB 28009—2011 冷库安全规程

［8］ GB/T 28577—2012 冷链物流分类与基本要求

［9］ GB/T 30335—2013 药品物流服务规范

［10］ SBJ 16—2009 气调冷藏库设计规范

ICS 73.040
D 01

中华人民共和国国家标准

GB/T 31087—2014

商品煤杂物控制技术要求

General technical requirements for impurities control of commercial coal

2014-12-22 发布　　2015-06-01 实施

中华人民共和国国家质量监督检验检疫总局
中国国家标准化管理委员会 发布

前　言

本标准按照GB/T 1.1—2009给出的规则起草。

本标准由中国煤炭工业协会提出。

本标准由全国煤炭标准化技术委员会(SAC/TC 42)归口。

本标准起草单位:煤炭科学研究总院北京煤化工研究分院、神华销售集团有限公司、贝恩讯谱光电科技(北京)有限公司、平顶山天安煤业股份有限公司、北京神华恒运能源科技有限公司、岳阳市质量技术监督局。

本标准主要起草人:涂华、梁建兵、张飒、张建国、武琳琳、王子乾、张雪薇、吕有厂、王鹤、李合群、李晓伟、郭斌、陈岳飞。

商品煤杂物控制技术要求

1 范围

本标准规定了商品煤杂物控制、清除和监管的相关要求及原则。

本标准适用于对商品煤杂物的控制、清除和监管。

2 术语和定义

下列术语和定义适用于本文件。

2.1

商品煤杂物 impurities of commericial coal

商品煤杂物指煤炭在生产、加工、堆存、流通等过程中混入的杂质，包括：

——开采过程中引爆的雷管皮(雷管头)和残留雷管；

——生产过程中废弃的杂铁(如炮线、铁丝、道钉、焊条、螺栓、焊渣及其他设备的零部件等)；

——支护用的坑木、树皮、木块、木楔等；

——大块矸石；

——塑料(如运输和贮存过程中混入的塑料包装物等)；

——纤维(如纱线、丝绵、绳线、编织袋等)；

——纸类(如炸药包装纸、纸箱及纸板等)；

——运输过程中混入的闸瓦、闸钎、沙石、杂草、草绳、草袋、生活垃圾等；

——动物尸体等动物性杂物；

——其他外来杂质。

3 商品煤杂物控制技术要求

3.1 煤炭生产与加工环节

3.1.1 井下应设置杂物桶、杂物回收袋等回收设施，从源头上防止杂物进入煤流系统，最大限度地减少杂物的混入量，回收的各类杂物交井下杂物仓库集中处理。

3.1.2 商品煤中不允许有雷管、导爆管等危险杂物。

3.1.3 在筛分破碎设备前、产品仓入口等处应架设拦杂网、拦杂挂钩等设施，有效除去煤流中杂物。

3.1.4 遇有杂物增多或特殊杂物进入煤流时，应加强拣杂力度或停机将杂物拣出。

3.1.5 煤炭生产、加工企业应尽可能采用先进、高效的除杂工艺对杂物进行有效控制。

3.2 煤炭堆存环节

3.2.1 煤堆场的地面应完全硬化，周围应有隔离设施，以防止杂物混入。对没有硬化地面的煤堆场，在取煤过程中应避免出现起底将泥土、沙石等杂物混入煤中。

3.2.2 煤场(仓)堆(进)料作业时，应及时清理堆(进)料过程中发现的杂物。

3.2.3 日常巡视煤场时发现的杂物应及时清除。

3.3 煤炭流通环节

3.3.1 在煤站、港口等煤炭中转地进行煤炭中转装车、装船过程中必须进行除杂，而且应确保煤炭在流通环节不被外来杂物污染。

3.3.2 建立完善的清扫车皮管理制度和操作规程，确保煤炭运载工具保持洁净。装车、装船作业前，应检查车厢、船舱，确保车厢、船舱洁净无杂物。

3.3.3 装车、装船取料时，应保证在线除杂设施正常运行，并及时清除取料过程中煤堆上的杂物。

3.3.4 卸车、卸船前应确保除杂设施的正常运行，全面清理车、船顶杂物，并检查卸车、卸船设备底部的滤网，如滤网有大型杂物，应清除后方可卸车、卸船。

4 商品煤杂物清除技术要求

4.1 应建立完善的除杂设施操作规程，确保除杂效果。

4.2 应配备专门巡检人员定期检查除杂设施作业情况；当除杂设施不能有效清除外来杂物或除杂设施发生故障时，应立即停止相关作业。

4.3 应设置一道或多道磁力除铁设施，确保煤中铁器、炮线、雷管等铁质杂物的高效清除。

4.4 非铁质杂物清除应符合以下原则：

a) 针对煤中非铁质杂物组成特点，选用适宜的除杂设施或进行人工除杂，确保除杂效果；

b) 应设置筛板、栅栏和蓖梳等机械除杂设施，清除木质杂物、棉纱、编织袋、橡胶塑料制品、电缆外皮和缆线等非铁质杂物，并及时清理；

c) 充分发挥其他除杂设施的除杂效果，如拦杂网、除杂钩等，遇有损坏或效果不佳时应及时修补或进行优化改造。

5 商品煤杂物监管要求

5.1 对清除的商品煤杂物应分类、称重、记录和统计。

5.2 商品煤杂物量增加时应及时反馈给相关部门，从源头控制杂物量。

5.3 加强对除杂设施的管理，确保除杂设施的正常运行。

5.4 应制定除杂管理制度，并进行检查和考核。

ICS 13.020.10
Z 04

中华人民共和国国家标准

GB/T 31088—2014

工业园区循环经济管理通则

General guideline of circular economy management for industrial parks

2014-12-22 发布　　2015-06-01 实施

中华人民共和国国家质量监督检验检疫总局
中国国家标准化管理委员会　发布

前　言

本标准按照 GB/T 1.1—2009 给出的规则起草。

本标准由国家发展和改革委员会资源节约与环境保护司提出。

本标准由中国标准化研究院归口。

本标准起草单位：中国标准化研究院、清华大学、山西省质量认证审核中心、七台河宝泰隆煤化工股份有限公司、岳阳市质量技术监督局、中国科学院过程工程研究所。

本标准起草人：付允、林翎、温宗国、刘玫、陈亮、武晋花、焦云、马庆、陈岳飞、高东峰、李会泉、吴丽丽。

工业园区循环经济管理通则

1 范围

本标准规定了工业园区循环经济管理的总则、方针、规划、实施、检查、改进等方面的要求。

工业园区不仅局限于国家级经济技术开发区、国家级高新技术产业开发区、国家级保税区、国家级进出口加工区和省级各类开发区,还包括工业集中区及以大型企业为核心的工业聚集区。

本标准适用于工业园区管委会(以下简称“管委会”)开展循环经济管理工作,以大型企业为核心的工业聚集区也可参照执行。

2 术语和定义

2.1

循环经济　circular economy

在生产、流通和消费等过程中进行的减量化、再利用、资源化活动的总称。其中,减量化,是指在生产、流通和消费等过程中减少资源消耗和废物产生;再利用,是指将废物直接作为产品或者经修复、翻新、再制造后继续作为产品使用,或者将废物的全部或者部分作为其他产品的部件予以使用;资源化,是指将废物直接作为原料进行利用或者对废物进行再生利用。

2.2

循环经济影响因素　circular economy impact factor for industrial parks

对工业园区生产、流通和消费等过程中进行的减量化、再利用、资源化活动具有或可能具有影响的要素。

2.3

循环经济方针　circular economy policy

基于循环经济相关法律法规、政策规划、技术标准和工业园区循环经济发展现状,由管委会提出的关于循环经济发展和循环经济绩效的总体意图和方向。

2.4

循环经济产业链　industrial chain for circular economy

工业园区不同企业之间依据循环经济原理,以废物(副产品)交换利用为基础形成的链条式关联产业形态。

3 总则

本标准采用 PDCA 方法(见图 1),将工业园区循环经济管理工作置于不断循环的 PDCA 运行模式中。首先,管委会应根据园区产业链特点、空间布局、基础设施以及节能减排情况,提出园区的循环经济发展方针,明确园区循环经济发展战略和方向。然后通过应用 PDCA 方法实现园区循环经济管理的持续改进。具体简述如下:

P——规划(Plan):根据工业园区的循环经济方针,识别工业园区的循环经济影响因素及其适用的法律法规、政策规划、技术标准等并进行具体的策划,制定园区循环经济发展规划和实施方案。

D——实施(Do):按照园区循环经济发展规划和实施方案,提供必要的人力资源、基础设施、技术和财力资源,开展园区循环化建设和改造,实现土地集约利用、废物交换利用、能量梯级利用、废水循环利用和污染物集中处理。

C——检查(Check):依据工业园区循环经济评价相关标准、园区制定的循环经济发展规划及实施方案,考核评价园区循环经济绩效和管理的有效性,识别存在的问题,提出改进方案。

A——改进(Act):根据评价结果采取有效措施予以纠正,从而实现循环经济管理的持续改进和园区循环经济发展水平的持续提升。

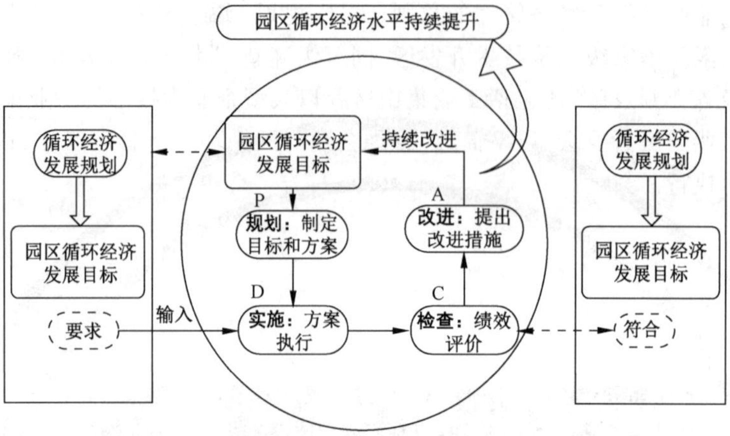

图 1　工业园区循环经济管理的 PDCA 方法

4　管理方针

管委会制定的循环经济管理方针应:

a)　结合工业园区产业基础、资源禀赋和环境状况;

b)　遵循“减量化、再利用、资源化”的循环经济基本原则;

c)　符合循环经济和环境保护相关法律法规、政策规划和技术标准的要求;

d)　充分体现政府推动、企业主体、公众参与的原则。

5　规划

5.1　概述

在系统分析园区能量流、物质流的基础上,识别影响园区循环经济发展的重要因素,收集园区发展循环经济应该遵循的法律法规、政策规划和技术标准,研究编制园区循环经济发展规划和实施方案。

5.2　循环经济影响因素识别

循环经济影响因素是进行循环经济管理的基础。按照循环经济的“3R”原则,应从以下方面识别影响园区循环经济发展的重要因素:

a)　资源能源消耗情况;

b)　污染物排放和处置情况;

c)　废物产生及交换利用情况;

d)　废水产生及循环利用情况;

e)　循环经济技术应用和资金投入情况;

f) 其他。

5.3 适用的法律法规和标准收集

应收集适用于本园区的法律法规、政策规划和技术标准，主要包括《循环经济促进法》《环境保护法》等综合性法律法规，节能、节水、节材、节地、资源综合利用、清洁生产、环境保护等领域相关的法律法规、政策规划和技术标准。

5.4 制定发展规划和实施方案

在识别工业园区循环经济影响因素和其适用的法律法规、政策规划和技术标准的基础上，应编制园区循环经济发展规划(简称“发展规划”)，将循环经济方针具体化，明确本园区的循环经济发展目标，提出切实可行的任务。

发展规划中应尽可能将循环经济目标量化，确定适用于本园区的循环经济指标，主要包括资源产出效率指标、资源循环利用指标、污染物控制指标、循环经济管理指标等；着重从循环产业链搭建、空间布局优化、产业结构调整、清洁生产、环保设施建设、组织管理创新等方面提出发展任务。

为更好地落实发展规划，应制定园区循环经济发展实施方案(简称“实施方案”)，其中应包括部门及企业的任务分工、重点任务的落实路径和时间表、具体的保障措施等。

6 实施

6.1 概述

应依据制定的发展规划和实施方案，不断优化园区空间布局和资源配置，构建循环经济产业链，推进企业间废物交换利用、能量梯级利用、废水循环利用、基础设施共享利用，形成低消耗、低排放、高效率、能循环的循环产业体系。

6.2 空间布局优化

应根据能量流、物质流和产业关联性，开展园区布局总体设计或进行布局优化，改进园区内的企业、产业和基础设施的空间布局，体现产业集聚和循环链接效应，使得一个企业的废物(副产品)能够在最短距离内被另一企业作为原材料使用，做到土地的节约集约高效利用，并依据空间布局安排和园区准入标准合理选取入园企业。

6.3 循环经济产业链构建

应遵循产业链纵向延伸和横向耦合的原则，深入调查并诊断分析现有优势产业链构成，摸清现有废物(副产品)产生及交换利用情况，识别确定欠缺链条和重点补链项目，实行补链招商和绿色招商，引入消纳上游企业废物(副产品)的项目，合理延伸产业链，集中建设废物处理设施，形成企业间、产业间首尾相连、闭路循环的循环产业体系，减少资源能源消耗和污染物排放，提高园区资源产出率。

6.4 资源能源高效利用

应遵循源头减量化的原则，推进实施清洁生产，推广应用节能、节水、节材、新能源先进适用技术。推进清洁能源替代改造，开展园区合同能源管理，实施路灯、锅炉、公共建筑和环保设施节能改造，发展热电联产、余热余压利用项目，建设和完善热网工程，实行集中供热。发展企业间串联用水系统，开展废水再生利用和中水回用。推动发展新能源，鼓励企业开展太阳能热能利用、光伏发电和生物质利用，提高新能源利用比例。

6.5 污染集中治理

应按照“社会共享、集中处理、成本最低”的原则，综合考虑园区污水排放总量和设施建设成本，建设或改造升级污水集中处理设施，改造污水收集管网，实现工业废水和生活污水的分流，提高污水收集率，实现污水的全收集全处理和达标排放；改造、建设或利用园区外垃圾处理厂、危险废物处置厂和再生资源回收网络，实现固体废物处理最优化。应积极培育第三方环境服务企业，推进实施环境污染第三方治理。

6.6 基础设施共建共享

应按照基础设施先行和适度超前的原则，推动园区内运输、供水、供电、照明、通讯、建筑和环保等基础设施的统筹建设和改造，促进基础设施共建共享和高效利用。完善园区电力、天然气网络，提高供电供气能力，建设智能电网。

6.7 运行管理效能提升

6.7.1 企业准入和退出机制

应根据国家和地方的产业政策和强制性标准，制定实施企业入园和退出管理制度，按照国家和地方产业结构调整目录、行业准入条件和相应的准入标准实行补链招商和绿色招商，依据国家淘汰落后产能相关政策及能耗限额、环境保护等相关强制性标准，淘汰落后产能。

6.7.2 统计监测和信息披露机制

应建立健全循环经济统计制度，包括规范数据来源和提交方式，明确指标的核算、评价方法，规范评价结果的发布。根据统计调查结果，编制循环经济统计年报，主要内容包括基本情况、主要经济指标、主要资源消耗指标、废物产生及循环利用情况、污染物排放指标以及实施相关循环经济制度等。

应建立循环经济信息平台以及企业循环经济统计指标数据直报系统，定期发布园区和企业的循环经济绩效水平，公布需要强制性清洁生产审核的企业名单及审核结果，发布园区循环经济统计年报，提供循环经济法律法规、政策制度、技术专利和标准信息，公布企业环境报告、社会责任报告或可持续发展报告，接受社会公众监督。对在节水、节能、节材、综合利用过程中取得突出成就或循环经济绩效水平处于园区前列的企业进行表彰和奖励。

应建立废物交换(易)平台，为园区企业提供废物交换(易)信息，使废物资源在企业间、社会间得到合理集中、配置和交换。

6.7.3 风险防控机制

应编制和落实园区综合环境应急预案，建立覆盖主要污染源的可视化监控系统和重大风险应急指挥平台，健全环境风险单位信息库，建立完善园区内环境风险防控设施，储备必要的应急物资，建设高效的环境应急救援体系。

7 检查

7.1 概述

应定期检查园区循环经济发展目标完成情况，对循环经济管理取得的成效开展定性和定量评估，识别存在的问题。

7.2 定性评估

应对园区循环经济发展是否符合国家循环经济相关法律法规、政策规划和技术标准，以及是否完成发展规划中的目标、主要指标和任务作出定性评价。

7.3 定量评估

应按照工业园区循环经济绩效评价相关标准，建立并实施本园区循环经济绩效评价体系。根据循环经济统计年报中的数据，评价计算园区循环经济绩效水平和增长幅度。

7.4 问题识别

应根据定性评估和定量评估结果，总结成功的经验，诊断园区循环经济发展规划和实施方案执行过程中存在的问题。

8 改进

应根据循环经济方针和循环经济发展目标，利用对园区循环经济定性和定量评估的结果，提出园区循环经济管理的改进措施，从而实现循环经济管理工作的持续改进。

持续改进的过程包括：

a) 根据定性评价和定量评价结果找到园区循环经济管理的漏洞；

b) 找出循环经济管理存在漏洞的根源；

c) 针对上述根源，制定并实施改进方案。

参 考 文 献

[1] GB/T 24001 环境管理体系 要求及使用指南
[2] GB/T 23331 能源管理体系 要求

ICS 73.040
D 20

中华人民共和国国家标准

GB/T 31089—2014

煤矿回采率计算方法及要求

Computation and requirement of recovery ratio of coal mine

2014-12-22 发布 2015-06-01 实施

中华人民共和国国家质量监督检验检疫总局
中国国家标准化管理委员会 发布

前　言

本标准按照 GB/T 1.1—2009 给出的规则起草。

本标准由中国煤炭工业协会提出。

本标准由全国煤炭标准化技术委员会(SAC/TC 42)归口。

本标准起草单位:中国矿业大学(北京)、煤炭科学研究总院北京煤化工研究分院。

本标准主要起草人:丁日佳、张瑞、任传鹏、姜英、信春华、郝素利、罗陨飞。

煤矿回采率计算方法及要求

1 范围

本标准规定了煤矿回采率的术语、计算方法和要求。

本标准适用于井工开采的煤矿。

2 规范性引用文件

下列文件对于本文件的应用是必不可少的。凡是注日期的引用文件，仅注日期的版本适用于本文件。凡是不注日期的引用文件，其最新版本(包括所有的修改单)适用于本文件。

生产矿井储量管理规程[(1983)煤生字第1275号]

矿井地质规程(试行)[(1984)煤生字第607号]

3 术语和定义

下列术语和定义适用于本文件。

3.1

回采率 recovery ratio

实际采出煤量占动用资源储量的比例。

按开采煤炭动用资源储量的范围，回采率可分为工作面回采率、采区回采率、矿井回采率。

3.2

工作面回采率 recovery ratio of working face

工作面实际采出煤量占工作面动用资源储量的比例。

3.3

采区回采率 recovery ratio of district

采区实际采出煤量占采区动用资源储量的比例。

3.4

矿井回采率 recovery ratio of mine

矿井实际采出煤量占矿井动用资源储量的比例。

3.5

动用资源储量 mined-out reserves；worked-out reserves

在煤矿开采过程中已开采部分的采出煤量与损失资源储量之和。

4 回采率的计算方法

4.1 工作面回采率

工作面回采率按式(1)计算：

$$R_g = \frac{W_g}{S_g} \times 100\% \qquad \cdots\cdots(1)$$

式中：

R_g ——工作面回采率，%；

W_g ——工作面采出煤量，单位为吨(t)；

S_g ——工作面动用资源储量，单位为吨(t)。

工作面动用资源储量(S_g)是指工作面采出煤量(W_g)与工作面损失煤量之和。工作面损失煤量包括发生在工作面内的面积损失量、厚度损失量和落煤损失量，计算方法按《生产矿井储量管理规程》的规定执行。

工作面采出煤量(W_g)的计算按式(2)计算：

$$W_g = S \times h \times d - R \qquad \cdots\cdots(2)$$

式中：

W_g ——工作面采出煤量，单位为吨(t)；

S ——工作面实际采空面积，单位为平方米(m^2)；

h ——平均实际采高，单位为米(m)；

d ——煤的视密度，单位为吨每立方米(t/m^3)；

R ——工作面内实际发生的落煤损失，单位为吨(t)。

4.2 采区回采率

采区回采率按式(3)计算：

$$R_c = \frac{W_c}{S_c} \times 100\% \qquad \cdots\cdots(3)$$

式中：

R_c ——采区回采率，%；

W_c ——采区采出煤量，单位为吨(t)；

S_c ——采区动用资源储量，单位为吨(t)。

采区采出煤量(W_c)是指采区内各工作面采出煤量、采区巷道掘进出煤量的总和。

采区动用资源储量(S_c)是指采区采出煤量(W_c)、采区内所有工作面损失煤量、采区巷道掘进损失量和采区内煤柱应摊销量的总和，计算方法按《生产矿井储量管理规程》的规定执行。

4.3 矿井回采率

矿井回采率按式(4)计算：

$$R_k = \frac{W_k}{S_k} \times 100\% \qquad \cdots\cdots(4)$$

式中：

R_k ——矿井回采率，%；

W_k ——矿井采出煤量，单位为吨(t)；

S_k ——矿井动用资源储量，单位为吨(t)。

矿井采出煤量(W_k)是指矿井内各采区出煤量的总和。

矿井动用资源储量(S_k)是指矿井采出煤量(W_k)、所有采区损失煤量和全矿性永久煤柱损失量的总和，计算方法按《生产矿井储量管理规程》的规定。

5 回采率要求

5.1 工作面回采率要求

不同煤层厚度、煤层倾角、顶底板分级条件下，工作面回采率要求见表1。

表1 工作面回采率要求

序号	赋存条件			工作面回采率 %
	煤层厚度	煤层倾角	顶底板分级[a]	
1	$h \leqslant 1.5$ m	$\alpha \leqslant 35°$	Ⅰ、Ⅱ	≥99
2			Ⅲ、Ⅳ	≥98
3		$\alpha > 35°$	Ⅰ、Ⅱ	≥98
4			Ⅲ、Ⅳ	≥97
5	1.5 m $< h \leqslant 4$ m	$\alpha \leqslant 35°$	Ⅰ、Ⅱ	≥97
6			Ⅲ、Ⅳ	≥96
7		$\alpha > 35°$	Ⅰ、Ⅱ	≥96
8			Ⅲ、Ⅳ	≥95
9	$h > 4$ m	$\alpha \leqslant 35°$	Ⅰ、Ⅱ	≥95
10			Ⅲ、Ⅳ	≥94
11		$\alpha > 35°$	Ⅰ、Ⅱ	≥94
12			Ⅲ、Ⅳ	≥93
[a] 顶底板分级按《矿井地质规程》[(1984)煤生字第607号]中第二章第7条的规定。				

5.2 采区回采率要求

5.2.1 不同煤层厚度、煤层倾角、顶底板分级、地质构造分级条件下，采区回采率要求见表2。

表2 采区回采率要求

序号	赋存条件				采区回采率 %
	煤层厚度	煤层倾角	顶底板分级[a]	地质构造分级[a]	
1	$h \leqslant 1.5$ m	$\alpha \leqslant 35°$	Ⅰ、Ⅱ	简单构造、中等构造	≥91
2				复杂构造	≥89
3			Ⅲ、Ⅳ	简单构造、中等构造	≥89
4				复杂构造	≥87
5		$\alpha > 35°$	Ⅰ、Ⅱ	简单构造、中等构造	≥89
6				复杂构造	≥87
7			Ⅲ、Ⅳ	简单构造、中等构造	≥87
8				复杂构造	≥85

表 2（续）

序号	赋存条件				采区回采率 %
	煤层厚度	煤层倾角	顶底板分级[a]	地质构造分级[a]	
9	1.5 m<h≤4 m	α≤35°	Ⅰ、Ⅱ	简单构造、中等构造	≥86
10				复杂构造	≥84
11			Ⅲ、Ⅳ	简单构造、中等构造	≥84
12				复杂构造	≥82
13		α>35°	Ⅰ、Ⅱ	简单构造、中等构造	≥84
14				复杂构造	≥82
15			Ⅲ、Ⅳ	简单构造、中等构造	≥82
16				复杂、极复杂构造	≥80
17	h>4 m	α≤35°	Ⅰ、Ⅱ	简单构造、中等构造	≥81
18				复杂构造	≥79
19			Ⅲ、Ⅳ	简单构造、中等构造	≥79
20				复杂构造	≥77
21		α>35°	Ⅰ、Ⅱ	简单构造、中等构造	≥79
22				复杂构造	≥77
23			Ⅲ、Ⅳ	简单构造、中等构造	≥77
24				复杂构造	≥75
[a] 顶底板分级、地质构造分级，按《矿井地质规程》[（1984）煤生字第 607 号]中第二章第 7 条的规定。					

5.2.2 对于极复杂构造的煤矿，可根据实际情况降低采区回采率要求。

5.3 矿井回采率要求

5.3.1 不同煤层厚度、地质构造分级条件下，矿井回采率要求见表 3。

表 3 矿井回采率要求

序号	煤层厚度	地质构造分级[a]	矿井回采率 %
1	h≤1.5 m	简单构造	≥70
2		中等构造	≥65
3		复杂构造	≥60
4	1.5 m<h≤4 m	简单构造	≥65
5		中等构造	≥60
6		复杂构造	≥55

表 3（续）

序号	煤层厚度	地质构造分级[a]	矿井回采率 %
7	$h>4$ m	简单构造	≥60
8		中等构造	≥55
9		复杂构造	≥50
[a] 地质构造分级，按《矿井地质规程》[(1984)煤生字第607号]中第二章第7条的规定。			

5.3.2 对于开采铁路下、水体下、建(构)筑物下和承压水体上煤层或极复杂构造的煤矿，可根据实际情况降低矿井回采率要求。

ICS 75.160.20
E 31

中华人民共和国国家标准

GB/T 31090—2014

煤炭直接液化柴油组分油

Diesel component from direct coal liquefaction

2014-12-22 发布 2015-06-01 实施

中华人民共和国国家质量监督检验检疫总局
中国国家标准化管理委员会 发布

前　　言

本标准按照 GB/T 1.1—2009 给出的规则起草。

本标准由中国煤炭工业协会提出。

本标准由全国煤炭标准化技术委员会(SAC/TC 42)归口。

本标准起草单位:神华集团有限责任公司、煤炭科学研究总院北京煤化工研究分院、中科合成油技术有限公司。

本标准主要起草人:吴秀章、梁仕普、丁华、李永旺、张继明、姜英、杨勇、史士东、舒歌平、袁根乐、李英、张惠民、李文博、张晓静。

煤炭直接液化柴油组分油

1 范围

本标准规定了煤炭直接液化制取的柴油组分油的产品分类、技术要求和试验方法、检验规则及标志、包装、运输、贮存及安全等要求。

本标准适用于煤炭直接液化工艺生产的柴油组分油。

2 规范性引用文件

下列文件对于本文件的应用是必不可少的。凡是注日期的引用文件，仅注日期的版本适用于本文件。凡是不注日期的引用文件，其最新版本(包括所有的修改单)适用于本文件。

GB 190 危险货物包装标志
GB/T 258 汽油、煤油、柴油酸度测定法
GB/T 260 石油产品水分测定法
GB/T 261 闪点的测定 宾斯基-马丁闭口杯法
GB/T 265 石油产品运动黏度测定法和动力黏度计算法
GB/T 268 石油产品残炭测定法(康氏法)
GB/T 386 柴油十六烷值测定法
GB/T 508 石油产品灰分测定法
GB/T 510 石油产品凝点测定法
GB/T 511 石油和石油产品及添加剂机械杂质测定法
GB/T 1884 原油和液体石油产品密度实验室测定法(密度计法)
GB/T 1885 石油计量表
GB/T 4756 石油液体手工取样法
GB/T 5096 石油产品铜片腐蚀试验法
GB/T 6536 石油产品常压蒸馏特性测定法
GB/T 6540 石油产品颜色测定法
GB/T 11140 石油产品硫含量的测定 波长色散X射线荧光光谱法
GB 13690 化学品分类和危险性公示 通则
GB/T 17144 石油产品残炭测定法(微量法)
GB 20581—2006 化学品分类、警示标签和警示性说明安全规范 易燃液体
SH 0164 石油产品包装、贮运及交货验收规则
SH/T 0175 馏分燃料油氧化安定性测定法(加速法)
SH/T 0248 柴油和民用取暖油冷滤点测定法
SH/T 0604 原油和石油产品密度测定法(U型振动管法)
SH/T 0606 中间馏分烃类组成测定法(质谱法)
SH/T 0689 轻质烃及发动机燃料和其他油品的总硫含量测定法(紫外荧光法)
SH/T 0765 柴油润滑性评定法(高频往复试验机法)

ASTM D7039:2007　汽油和柴油中硫含量测定法(单波长色散X-射线荧光光谱法)(Standard test method for sulfur in gasoline and diesel fuel by monochromatic wavelength dispersive X-ray fluorescence spectrometry)

3　产品分类

煤炭直接液化柴油组分油按凝点分为五个牌号：

a)　0号煤炭直接液化柴油组分油：适用于风险率为10%的最低气温在4 ℃以上的地区使用；

b)　－10号煤炭直接液化柴油组分油：适用于风险率为10%的最低气温在－5 ℃以上的地区使用；

c)　－20号煤炭直接液化柴油组分油：适用于风险率为10%的最低气温在－14 ℃以上的地区使用；

d)　－35号煤炭直接液化柴油组分油：适用于风险率为10%的最低气温在－29 ℃以上的地区使用；

e)　－50号煤炭直接液化柴油组分油：适用于风险率为10%的最低气温在－44 ℃以上的地区使用。

4　技术要求和试验方法

煤炭直接液化柴油组分油技术要求及试验方法应符合表1的规定。

表1　煤炭直接液化柴油组分油的技术要求和试验方法

项　目	0号	－10号	－20号	－35号	－50号	试验方法
色度/号	≤1.0					GB/T 6540
氧化安定性(总不溶物)/(mg/100 mL)	≤2.5					SH/T 0175
硫含量[a]/(mg/kg)	≤10.0					SH/T 0689
酸度/(mgKOH/100 mL)	≤7					GB/T 258
10%蒸余物残炭[b](质量分数)/%	≤0.1					GB/T 268
灰分(质量分数)/%	≤0.01					GB/T 508
铜片腐蚀(50 ℃,3 h)/级	≤1					GB/T 5096
水分[c](体积分数)/%	≤痕迹					GB/T 260
机械杂质[d]	无					GB/T 511
润滑性[e] 校正磨痕直径(60 ℃)/μm	≤460					SH/T 0765
多环芳烃含量 (质量分数)/%	≤1					SH/T 0606
运动黏度(20 ℃)/(mm²/s)	1.5～7.5	1.4～7.5		1.3～6.5		GB/T 265
凝点/℃	≤0	≤－10	≤－20	≤－35	≤－50	GB/T 510
冷滤点/℃	≤4	≤－5	≤－14	≤－29	≤－44	SH/T 0248

表 1（续）

项　目	0 号	−10 号	−20 号	−35 号	−50 号	试验方法
闪点（闭口）/℃	≥50			≥45		GB/T 261
着火性 十六烷值[f]	≥45			≥40		GB/T 386
馏程： 50%回收温度/℃ 90%回收温度/℃ 95%回收温度/℃	 ≤280 ≤335 ≤345					GB/T 6536
密度[g]（20℃）/（kg/m³）	800～870					GB/T 1884 GB/T 1885

[a] 也可采用 GB/T 11140 和 ASTM D7039—2007 进行测定，结果有异议时，以 SH/T0689 方法为准。

[b] 可用 GB/T 17144 方法测定。结果有异议时，以 GB/T 268 方法为准。

[c] 可用目测法，即将试样注入 100 mL 玻璃量筒中，在室温（20±5）℃下观察，应透明，没有悬浮和沉降的水分。结果有异议时，按 GB/T 260 测定。

[d] 可用目测法，即将试样注入 100 mL 玻璃量筒中，在室温（20±5）℃下观察，应透明，没有悬浮和沉降的机械杂质。结果有异议时，按 GB/T 511 测定。

[e] 添加润滑性改进剂。

[f] 添加十六烷值改进剂。

[g] 也可采用 SH/T 0604 进行测定，结果有异议争议时，以 GB/T 1884 和 GB/T 1885 方法为准。

5　检验规则

5.1　组批

在加工工艺不变的条件下，产品每生产一成品罐为一批。

5.2　取样

取样按 GB/T 4756 进行，取 4 L 作为检验和留样用。

5.3　出厂检验

出厂批次检验项目：硫含量、酸度、10%蒸余物残炭、灰分、铜片腐蚀、水分、机械杂质、运动黏度、凝点、冷滤点、闪点、十六烷值、馏程、密度、多环芳烃含量。

出厂周期检验项目：色度、氧化安定性和润滑性检验周期为一个月。

5.4　型式检验

型式检验项目为第 4 章中表 1 技术要求和试验方法所规定的全部检验项目。

在下列情况下进行型式检验：

——加工工艺条件改变及检修开工后情况；

——出厂检验结果与上次型式检验结果有较大差异时。

5.5 判定规则

出厂检验的结果全部符合表1的技术要求时，则判定该批产品合格。

5.6 复检规则

如出厂检验结果中有不符合表1技术指标的规定时，按GB/T 4756的规定重新抽取双倍样品进行复检，复检结果如仍有一项不符合本标准规定的技术指标时，则判定该产品为不合格。

6 标志、包装、运输和贮存

6.1 向用户销售的符合表1要求的煤炭直接液化柴油组分油所使用的容器都应明确标明下列标志：0号煤炭直接液化柴油组分油、-10号煤炭直接液化柴油组分油、-20号煤炭直接液化柴油组分油、-35号煤炭直接液化柴油组分油、-50号煤炭直接液化柴油组分油。

6.2 煤炭直接液化柴油组分油属于易燃液体，产品的标志、包装、运输和贮存及交货验收应按SH 0164、GB 13690和GB 190进行。

7 安全

根据GB 13690，煤炭直接液化柴油组分油属于易燃液体，其危险性警示见GB 20581—2006中第8章的警示说明。

ICS 73.040
D 01

中华人民共和国国家标准

GB/T 31091—2014

煤场管理通用技术要求

General technical requirements for management of coal yard

2014-12-22 发布　　2015-06-01 实施

中华人民共和国国家质量监督检验检疫总局
中国国家标准化管理委员会　发布

前　言

本标准按照GB/T 1.1—2009给出的规则起草。

本标准由中国煤炭工业协会提出。

本标准由全国煤炭标准化技术委员会(SAC/TC 42)归口。

本标准起草单位:煤炭科学研究总院北京煤化工研究分院、神华销售集团有限公司、中国国电集团公司、北京神华恒运能源科技有限公司、国电科学技术研究院。

本标准主要起草人:涂华、梁建兵、张顺林、罗陨飞、华夏、李春艳、王子乾、李晓伟、严巍、郭斌。

煤场管理通用技术要求

1 范围

本标准规定了煤场类型划分、堆取作业、煤质管理、盘煤作业、防自燃、防火、防爆、防雨、防汛及环保等要求。

本标准适用于煤炭生产、流通、消费等环节各种类型煤场。

2 规范性引用文件

下列文件对于本文件的应用是必不可少的。凡是注日期的引用文件,仅注日期的版本适用于本文件。凡是不注日期的引用文件,其最新版本(包括所有的修改单)适用于本文件。

GB 3095 环境空气质量标准

GB 12348 工业企业厂界环境噪声排放标准

GB 18599 一般工业固体废弃物贮存、处置场所污染控制标准

GB 20426 煤炭工业污染物排放标准

GB/T 25209 商品煤标识

GB 25960 动力配煤规范

GB 50016 建筑设计防火规范

3 术语和定义

下列术语和定义适用于本文件。

3.1

煤场 coal yard

以储存煤炭为目的,并能实现煤炭仓储、物流等功能的场所。

4 煤场类型划分

煤场可划分为开放式露天煤场、封闭式煤场和半封闭式煤场等。

5 煤场堆取要求

5.1 堆取原则

煤场应按“分类存放、先堆先取、取旧存新、按质匹配、科学管理”的原则合理堆取。

5.2 堆煤管理要求

5.2.1 根据煤场面积、煤量、堆取方式等,合理设置煤堆大小、形状、高度及倾角。煤堆间应保持合理的间隔。煤堆底边应留有防火间距,防火间距的设置应符合 GB 50016 的有关要求。

5.2.2 堆煤时一般采用分层平铺的方式,即按一定高度均匀平铺于对应煤堆,平铺高度一致、形状规

整。每堆到一定高度时，可用推煤机整形、压实，继续存煤时以此类推，堆到最后应反复进行压实。

5.2.3 宜按不同煤类、品种及煤质分堆存放，煤质相同或相近的可一处堆放：

——不同粒级煤应分别存放；

——煤质差异较大的煤应分别存放。

5.3 取煤管理要求

5.3.1 取煤时，应根据需求进行取用，按照“取旧存新”的原则，缩短煤炭存放时间，优先取用堆放时间长的煤。

5.3.2 优先取用煤堆迎风面的煤。

5.3.3 对取煤形成的陡坡、峭壁现象应及时进行消除。

6 煤场煤质管理要求

6.1 利用分析化验等手段，准确掌握煤场存储煤质量，并定期或不定期复查。

6.2 煤堆应附有标识说明，标明堆煤的数量、煤类、品种、主要煤质指标、原料煤产地等信息，具体要求按 GB/T 25209 执行。

6.3 动力配煤场的煤质管理应符合 GB 25960 的有关要求。

6.4 煤堆中的杂物应及时清理，堆放在指定地点，记录、过衡后至煤场外处理。

7 煤场盘煤管理要求

利用计量手段，定期对煤场存煤数量进行盘点，并出具盘煤报告，报告中应说明煤场堆存位置、堆存时间和存煤数量等。

8 煤场防自燃、防火、防爆管理要求

8.1 煤堆存放时间不宜过长，褐煤和长焰煤的堆存时间以不超过 1 个月为宜；不黏煤和弱黏煤的堆存时间以不超过 2 个月为宜；贫煤和无烟煤的存放时间可稍长，但以不超过 4 个月为宜。冬季存放时间可适当延长。

8.2 对于封闭式煤场(煤仓)，存放有自燃倾向的煤可向场(仓)内通入惰性气体，延长煤的存储时间；在存储高瓦斯煤时，煤仓下部应设有通风设施，以防出仓时爆燃。

8.3 对煤堆应进行定期测温。当煤堆温度过高时，应增加测温频次，并及时采取措施。

8.4 对具有强自燃倾向的煤堆，应采取防自燃措施。

8.5 在组堆或倒垛过程中，应做好煤堆温度监测，不应将火源或有自燃倾向的煤带入新煤堆。

8.6 在煤场内应设有温度、烟雾监测监控装置，根据监测结果采取相应措施。

8.7 储煤区域内应清除所有可燃、易燃品，如木片、纸张、油毡等。

8.8 储煤区域内应避免来自地下的蒸汽管道、热水管道、下水道或其他热源的热量对煤场温度的影响。

8.9 煤场应配备足够的防火设备和器材。

8.10 封闭式煤场中各种电气设备、安全监测系统及各种动力电源设备应满足防爆要求，以防止粉尘爆炸等意外情况的发生。

9 煤场防雨、防汛管理要求

9.1 煤场的建设应远离地质灾害(滑坡、泥石流)易发地。

9.2 煤场应做好雨季的防护及应急预案工作,有效避免煤炭质量和数量的损失。

9.3 在煤堆边界 2 m 外预留防洪沟。应保证煤场防汛排水通道畅通。

9.4 煤堆上坑洼不平容易积水处应及时处理,煤场内应配有雨季排水设施,以防止煤堆滑坡塌方。

10 煤场环保要求

10.1 开放式露天煤场、半封闭式煤场在设计建造时应设置抑尘设施,如建设防风抑尘网、喷淋设备等。煤场作业过程中应采取有效的除尘、抑尘措施,如喷水雾、喷洒抑尘剂、雨布覆盖等,以防止煤尘飞扬,污染环境,煤场的大气污染物排放应满足 GB 20426 或 GB 3095 的规定要求。

10.2 煤场应配有排水沟(渠)、沉淀池等附属设施。

10.3 煤场中的固体废弃物(生活垃圾、清理出的石块、金属块等杂质)应及时清除,并符合 GB 18599 的规定要求。

10.4 煤场的噪声污染应符合 GB 12348 的规定要求。

ICS 29.045
H 83

中华人民共和国国家标准

GB/T 31092—2014

蓝宝石单晶晶锭

Monocrystalline sapphire ingot

2014-12-22 发布 2015-09-01 实施

中华人民共和国国家质量监督检验检疫总局
中国国家标准化管理委员会 发布

前　言

本标准按照 GB/T 1.1—2009 给出的规则起草。

请注意本文件的某些内容可能涉及专利。本文件的发布机构不承担识别这些专利的责任。

本标准由全国半导体设备和材料标准化技术委员会(SAC/TC 203)和全国半导体设备和材料标准化技术委员会材料分会(SAC/TC 203/SC 2)共同提出并归口。

本标准起草单位:协鑫光电科技(江苏)有限公司、中国科学院上海光学精密机械研究所、常州亿晶光电科技有限公司、江苏吉星新材料有限公司、新疆紫晶光电技术有限公司。

本标准主要起草人:刘逸枫、魏明德、徐养毅、杭寅、吴剑波、蔡金荣、赵新俭。

蓝宝石单晶晶锭

1 范围

本标准规定了蓝宝石单晶晶锭的要求、检验方法、检验规则及标志、包装、运输、贮存和质量证明书、订货单(或合同)内容。

本标准适用于蓝宝石单晶晶锭,产品可用于制造氮化镓外延薄膜及其他用途的蓝宝石单晶衬底材料(以下简称晶锭)。

2 规范性引用文件

下列文件对于本文件的应用是必不可少的。凡是注日期的引用文件,仅注日期的版本适用于本文件。凡是不注日期的引用文件,其最新版本(包括所有的修改单)适用于本文件。

GB/T 1554 硅晶体完整性化学择优腐蚀检验方法

GB/T 1555 半导体单晶晶向测定方法

GB/T 2828.1 计数抽样检验程序 第1部分:按接收质量限(AQL)检索的逐批检验抽样计划

GB/T 14264 半导体材料术语

3 术语和定义

GB/T 14264 界定的以及下列术语和定义适用于本文件。

3.1

蓝宝石 sapphire

可以用来外延生长的,有确定晶向的人工生长单晶氧化铝材料。

3.2

蓝宝石晶锭 sapphire ingot

依特定轴向生长的晶体,通过机械加工后能满足切片的蓝宝石棒材。

3.3

总长度 total length

晶锭测量的实际几何长度。

3.4

有效长度 effective length

晶锭实际长度中,去除晶锭内部缺陷后的几何长度。

4 要求

4.1 化学组成

晶锭为高纯的 α-Al_2O_3,其总杂质含量应小于 100 mg/kg。

4.2 结晶质量

晶锭在有效直径范围内应都是单晶,位错密度应小于 10^4 个/cm^2,双晶摇摆曲线的半峰宽值

(FWHM)应小于 30arcsec。

4.3 生长方法

制备晶锭所使用的生长方法按双方合同的规定。

4.4 表面及参考面取向

4.4.1 蓝宝石单晶属六方晶系，六方晶系晶胞的结构如图 1 所示。

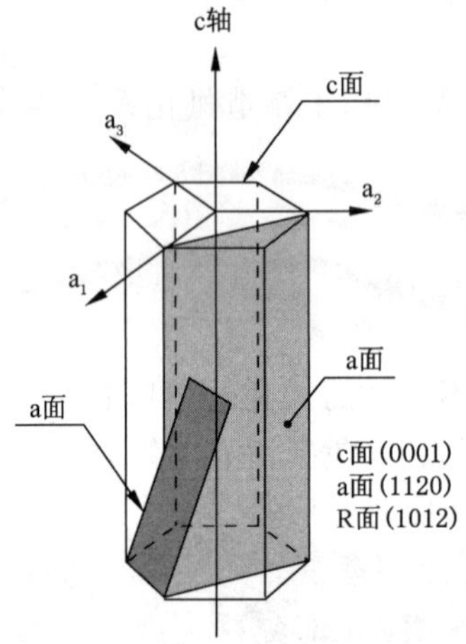

图 1 六方晶系晶胞结构图

4.4.2 晶锭的表面取向和参考面取向应符合表 1 的规定。

表 1 表面取向和参考面取向

项目	要求			
表面取向	c 面(0001)±0.15°	R 面(1 $\bar{1}$02)±0.15°	a 面(11 $\bar{2}$0)±0.15°	M 面(10 $\bar{1}$0)±0.15°
参考面取向	a 面(11 $\bar{2}$0)±0.3°或 M 面(10 $\bar{1}$0)±0.3°	c 轴在(11 $\bar{2}$0)面上的投影逆时针旋转 45°±0.3°(如图 2 所示)	c 面(0001)±0.3°或 R 面(1 $\bar{1}$02)±0.3°	c 面(0001)±0.3°

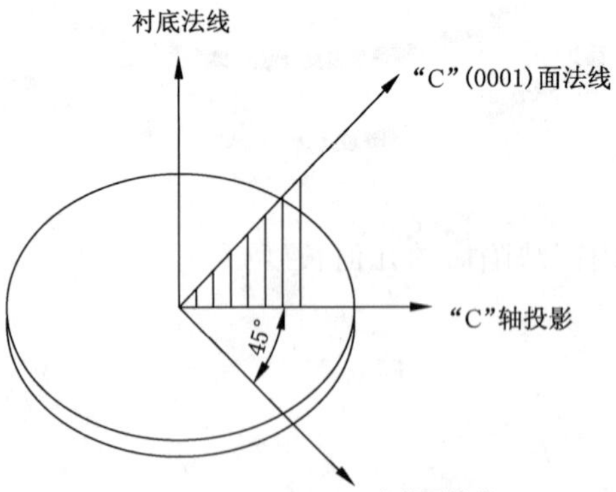

图 2 蓝宝石晶体 R 面的主参考面取向

4.5 尺寸及允许偏差

晶锭尺寸及允许偏差应符合表2的规定。如果需方对尺寸及允许偏差有其他要求,可由供需双方协商并在合同中注明。

表2 尺寸及允许偏差

单位为毫米

项目	要求		
直径	$50.9^{+0.2}_{0}$	$100.1^{+0.2}_{0}$	$150.1^{+0.2}_{0}$
椭圆度	0.05	0.05	0.05
圆柱度	0.03/100	0.05/100	0.05/100
参考面尺寸	16.0±1.0	31±1.0	47.5±1.0

4.6 缺陷

晶锭的缺陷应符合表3的规定。

表3 缺陷

项目	要求
崩边、气泡、包裹物、散射颗粒及其他	＜15% 总长度
镶嵌、孪晶	无
局部光散射体	无

4.7 透光率

晶锭在410 nm～780 nm波段的透光率应达到85%以上。

4.8 外观质量

晶锭的颜色一般呈无色。

4.9 其他

晶锭的特殊技术要求由供需双方商定,并在合同中注明。

5 检验方法

5.1 晶锭总杂质含量的测定按附录A的规定进行。

5.2 晶锭位错密度的检验按附录B的规定进行。

5.3 晶锭双晶摇摆曲线的半峰宽值(FWHM)的检验按附录C的规定进行。

5.4 晶锭的表面取向和参考面取向的检验按GB/T 1555的规定进行。

5.5 晶锭的尺寸用精度为0.01 mm的量具测量。

5.6 晶锭崩边的检验在光照度≥600 lx的环境下进行目测。

5.7 晶锭的局部光散射体、气泡、包裹物及散射颗粒的检验按附录D的规定进行。

5.8 晶锭镶嵌、孪晶的检验按附录 E 的规定进行。

5.9 晶锭透光率的检验按附录 F 的规定进行。

5.10 晶锭的外观质量通过目视检查。

6 检验规则

6.1 检查和验收

6.1.1 产品应由供方技术(质量)监督部门进行检验,保证产品质量符合本标准的规定,并填写产品质量证明书。

6.1.2 需方可对收到的产品按本标准的规定进行检验,若检验结果与本标准(或订货单)的规定不符时,应在收到产品之日起三个月内向供方提出,由供需双方协商解决。

6.2 组批

晶锭应成批提交验收,每批应由同一炉次生长、相同规格的晶锭组成。

6.3 检验项目、取样及判据

6.3.1 每批晶锭的全检项目、取样及判据应符合表 4 的规定。

表 4 全验项目、取样及判据

检验项目	要求章条号	检验方法的章条号	取样	允许不合格数
表面及参考面取向	4.4	5.4	全检	0
尺寸及允许偏差	4.5	5.5	全检	0
崩边	4.6 的表 3 中第 1 项	5.6	全检	缺陷总长度< 15% 总长度
气泡、包裹物、散射颗粒	4.6 的表 3 中第 1 项	5.7	全检	
镶嵌、孪晶	4.6 的表 3 中第 2 项	5.8	全检	0
局部光散射体	4.6 的表 3 中第 3 项	5.7	全检	0
外观质量	4.8	5.10	全检	0

6.3.2 每批晶锭总杂质含量、位错密度、双晶摇摆曲线半峰宽及透光率的检验由供需双方协商,可参考表 5 的规定进行。

表 5 抽检项目、取样及判据

检验项目	要求章条号	检验方法的章条号	取样	接收质量限
总杂质含量	4.1	5.1	1 块（指由 1 根晶锭头或尾所切的 1 块测试样块）	依照 GB/T 2828.1，采用一般检验Ⅱ级水平，AQL＝1.0
位错密度	4.2	5.2	2 片（指由 1 根晶锭头和尾所切的、进行透光率或半峰宽测试后的晶片）	
双晶摇摆曲线半峰宽	4.2	5.3	2 片（指由 1 根晶锭头和尾所切的各 1 整片晶片）	
透光率	4.7	5.9	2 片（指由 1 根晶锭头和尾所切的各 1 整片晶片）	

6.4 检验结果的判定

若表 4 中的检验项目中有任何一项检验结果不合格，则判该根晶锭不合格。若表 5 中的检验项目中有任何一项检验结果不合格，则取双倍数量的试样重复检验，如仍有检验项目不合格，判该批产品不合格。

7 标志、包装、运输、贮存和质量证明书

7.1 标志、包装

7.1.1 晶锭应逐根使用有防擦伤、防沾污、防碎裂保护的专用包装盒包装，包装盒应贴有产品标签。标签内容至少应包括：产品名称、规格、批号及日期。

7.1.2 包装盒应装入一定规格的外包装箱内，采取防震、防潮措施。

7.1.3 包装箱外侧应有“小心轻放”、“防潮”、“易碎”、“防腐”等标识，包装箱内应有装箱单，并注明：

a) 需方名称、地点；

b) 产品名称(牌号)；

c) 产品件数及重量(毛重/净重)；

d) 供方名称；

e) 本标准编号。

7.2 运输和贮存

7.2.1 晶锭应采用带篷的运输工具运输，防止雨淋。

7.2.2 运输工具及贮存的库房，应保持清洁、干燥、无腐蚀性物质和其他污染物。

7.2.3 晶锭包装件在运输、装卸过程中，应防止包装件碰撞或跌落。

7.3 质量证明书

每批晶锭应附有质量证明书，其上注明：

a) 供方名称和商标；

b) 产品名称；

c) 批号；

d） 数量；

e） 分析检验结果和技术监督部门印记；

f） 出厂日期。

7.4 其他

需方如对晶锭的标志、包装、运输和贮存有特殊要求时，由供需双方协商并在合同中注明。

8 订货单（或合同）内容

本标准所列材料的订货单（或合同）内应包括下列内容：

a） 产品名称；

b） 产品数量；

c） 表面取向、尺寸及外观质量等特殊要求；

d） 本标准编号；

e） 其他需要协商或增加的标准以外的内容。

附　录　A
（规范性附录）
总杂质含量的测定方法

A.1　范围

本方法规定了用辉光放电质谱仪测定蓝宝石单晶晶锭的总杂质含量的方法。

本方法适用于用辉光放电质谱仪对蓝宝石单晶晶锭的总杂质含量的测定。

A.2　方法提要

在辉光放电质谱仪中(GDMS)，被分析的试样在低压(～100 Pa)放电或等离子体中作阴极。氩气被用作典型的放电气体，能量从几百到几千电子伏的正的氩离子被加速到阴极(试样)表面，导致试样上层的原子被腐蚀或者雾化。在质谱仪经过质量分离后测量从溅射区域产生的分析离子，经不同元素的相对灵敏度因子(RSF)转化成浓度。

A.3　仪器

辉光放电质谱仪。

A.4　测试环境

除另有规定外，应在下列条件下进行测试：

a)　温度 23 ℃±5 ℃；

b)　相对湿度：20%～70%；

c)　大气压力：86 kPa～106 kPa；

d)　洁净度：7 级。

A.5　测试步骤

总杂质含量的测试按下列步骤进行：

a)　将待测的蓝宝石单晶晶锭加工成长度大于 20 mm，厚度大于 10μm 的样品；

b)　将样品经机械抛光处理和表面清洁处理；

c)　将试样装入辉光放电质谱仪上的样品试样夹，采用适当的仪器工作条件，先进行样品预溅射，待测元素信号稳定后进行样品分析；

d)　测量结束后，取下测试样品。

A.6　测试报告

测试报告应包括下列内容：

a)　测试项目；

b） 被测产品检验批号和序号；

c） 测试设备编号；

d） 测试条件；

e） 测试人员；

f） 测试审核人员；

g） 测试结果和测试日期。

附 录 B
（规范性附录）
位错密度测试方法

B.1 范围

本方法规定了蓝宝石单晶晶锭中位错密度的测试方法。

本方法适用于蓝宝石单晶晶锭中位错密度的测试。

B.2 方法提要

采用择优化学腐蚀技术显示位错。晶体中位错线周围的晶格发生畸变，当用某些化学腐蚀剂腐蚀晶体表面时，在晶体表面上的位错线露头处，腐蚀速度较快，因而容易形成由某些低指数面组成带棱角的具有特定形状的腐蚀坑，参照 GB/T 1554。于是用单位面积上的腐蚀坑数目标识位错密度 N_d（cm^{-2}），计算公式见式 B.1：

$$N_d = n/S \quad \cdots\cdots\cdots\cdots\cdots\cdots \text{(B.1)}$$

式中：

S——视场面积，单位为平方厘米（cm^2）；

n——穿过视场面积 S 的位错线数目。

B.3 测试仪器

金相显微镜。

B.4 测试环境

除另有规定外，应在下列条件下进行测试：

a) 温度：23 ℃±5 ℃；

b) 相对湿度：20%～70%；

c) 大气压力：86 kPa～106 kPa；

d) 洁净度：7 级。

B.5 测点选择

测点选取采用 9 点法进行测量，选取位置见图 B.1，即边缘取 4 点（见表 B.1），$R/2$ 处取 4 点，中心处取一点，以 9 点平均值取数。

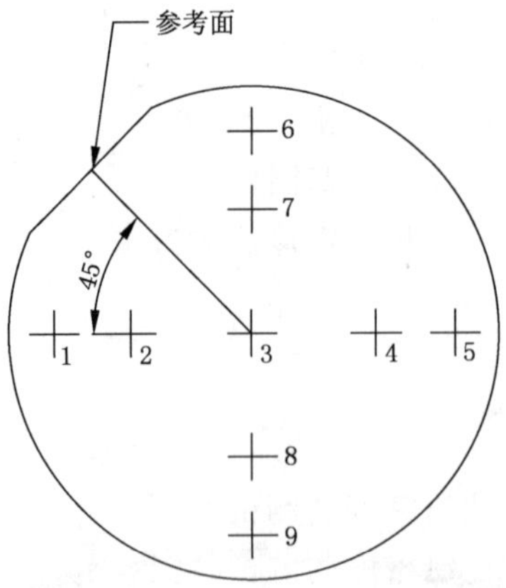

图 B.1 测试位错密度的选点位置

表 B.1 边缘选点位置表

单位为毫米

直径	距边缘（互相垂直直径上）
50.9	3.9
100.1	6.8
150.1	9.8

B.6 测试步骤

测试过程按下列步骤进行：

a) 在晶锭上截取厚约 2 mm 的试样，单面研磨抛光；

b) 在 350 ℃的氢氧化钾熔融液中腐蚀 15 min；

c) 将试样先后经稀盐酸、去离子水冲洗干净；

d) 在 100 倍金相显微镜下观察位错；

e) 根据单晶的取向和腐蚀条件，读取并记录视场内各点的位错腐蚀坑数目（位错腐蚀坑示意图见图 B.2），并将位错腐蚀坑数目除以视域面积即可得到测试点的位错密度；

f) 根据 9 点测试后的平均值即为蓝宝石晶锭的位错密度。

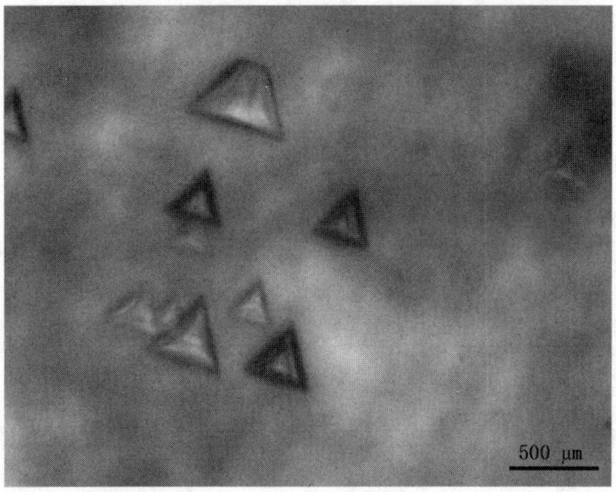

图 B.2　位错图形

B.7　测试报告

测试报告应包括下列内容：

a）测试项目；

b）被测产品检验批号和序号；

c）测试设备编号；

d）测试条件；

e）测试人员；

f）测试审核人员；

g）测试结果和测试日期。

附 录 C
（规范性附录）
双晶摇摆曲线的半峰宽值的检测方法

C.1 范围

本方法规定了蓝宝石单晶晶锭双晶摇摆曲线半峰宽值的检测方法。

本方法适用于蓝宝石单晶晶锭双晶摇摆曲线半峰宽值的检测。

C.2 测试原理

由X光源发出的X射线，经过镜面反射变成近平行X射线束，照射到参考晶体上，在特定的布拉格角 θ_B 处获得特定波长的反射束。再经过狭缝限束后获得近单色平面波，作为试样的入射束，照射到样品晶体上。将探测器固定在 $2\theta_B$ 位置上，试样在衍射位置附近以 $\Delta\theta$ 角度摇摆，衍射强度随着角度而发生变化，当 $\omega=\theta_B$ 时，衍射强度最大，记录衍射强度与 ω 的关系，就可以得到一个双晶摇摆曲线。X射线双晶衍射方法的试验布置图如图C.1所示。

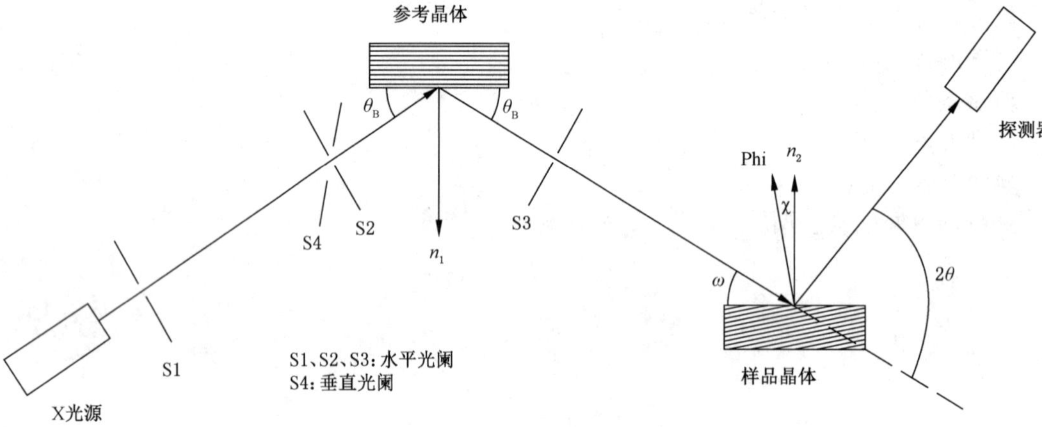

图 C.1 X射线双晶衍射方法的试验布置图

双晶摇摆曲线半峰宽值检测的符号定义如下：

a) ω——入射光和样品表面之间的角度；

b) 2θ——探测器与入射光之间的角度；

c) χ——倾斜样品的轴，由样品表面和衍射平面相交而成；

d) Phi——使样品绕样品表面法线做面内旋转的轴；

e) θ_B——布拉格角，X射线衍射时入射光线与反射面之间的角度。

产生衍射的条件为：$2d\sin\theta_B=n\lambda$，即为布拉格公式。其中，λ 为入射X射线波长，d 为晶面间距。

C.3 测试仪器

高分辨X射线衍射仪。

C.4 测试环境

除另有规定外,应在下列条件下进行测试:

a) 温度:23 ℃±5 ℃;

b) 相对湿度:20%~70%;

c) 大气压力:86 kPa~106 kPa;

d) 洁净度:7 级。

C.5 样品

测试样品表面研磨抛光,其粗糙度应小于 10 nm,并且测试前要进行表面清洁处理。

C.6 测试步骤

测试过程应按下列步骤进行:

a) 样品应垂直衍射面固定;

b) 如果样品是<0001>晶向,使得定位边或缺口位于入射光方向顺时针 90°位置,如图 C.2 所示;

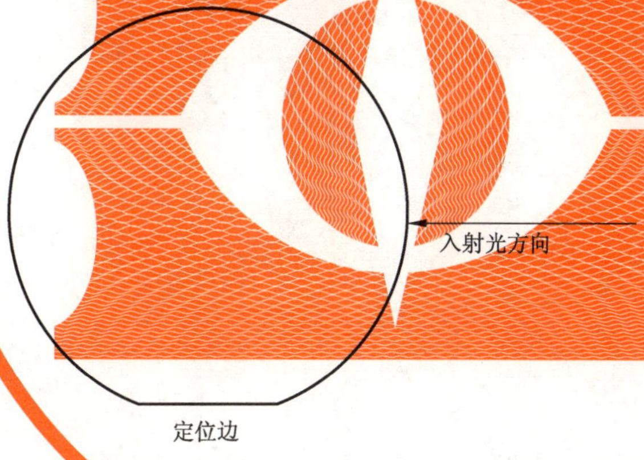

图 C.2 衬底片相对于入射光的方向

c) 将样品定位于蓝宝石衬底片布拉格衍射峰位,即调整探测器的为位置到 $2\theta_B$,样品位置到 $\omega=\theta_B$。对于对称衍射,在布拉格角所在位置小范围改变 ω,直到获得很强的衍射,优化 χ 和 ω,直到获得最强的衍射;对于斜对称衍射,若样品的衍射晶面(hkil)与表面的夹角为 φ,首先将样品倾斜旋转,即 χ 旋转一个角度 φ,然后将样品面内旋转即 Phi 旋转,寻峰,并优化 Phi 轴,直到获得最强衍射强度。优化 χ 和 ω,直到获得最强的衍射;

d) 在 c)基础上,小范围改变 ω 和 2θ,优化 ω 和 2θ,直到获得最强的衍射;

e) 探测器前不加狭缝,通过改变 ω 扫描,进行一次摇摆曲线测量;

f) 通过 a)~e)采集的扫描数据,得到摇摆曲线及其半峰宽值;

g) 测试完全结束后将衍射仪恢复到开机状态;

h) 关掉 X 光管,冷却 30 min,关掉电源。

C.7 测试报告

测试报告应包括下列内容：

a) 测试项目；

b) 被测产品检验批号和序号；

c) 测试设备编号；

d) 测试条件；

e) 测试人员；

f) 测试审核人员；

g) 测试结果和测试日期。

附 录 D
（规范性附录）
局部光散射体、气泡、包裹物及散射颗粒检测方法

D.1 范围

本方法规定了蓝宝石单晶晶锭中局部光散射体、气泡、包裹物及散射颗粒的检测方法。
本方法适用于蓝宝石单晶晶锭中局部光散射体、气泡、包裹物及散射颗粒的检测。

D.2 方法提要

利用短波长高亮度的绿色激光器照射晶锭本体，光遇到气泡、杂质等缺陷时会产生散射光，以散射光以观察内部是否存在缺陷。

D.3 测试仪器

绿光激光器。

D.4 测试环境

除另有规定外，应在半暗室内进行检验。

D.5 测试步骤

测试过程按下列步骤进行：
a) 把晶锭放置在半暗室内，保持静止；
b) 打开绿光激光器，调节电位器旋钮将绿光激光器功率调至 5 mW ～10 mW，调节光斑直径至 5 mm ～10 mm；
c) 用激光头照射晶锭一端，观察晶锭内部是否存在缺陷，判定依据如下：
  1) 完好无缺陷的晶体，经绿光激光器照射观察不到亮点、局部光散射体等，通体颜色均匀，如图 D.1 所示；

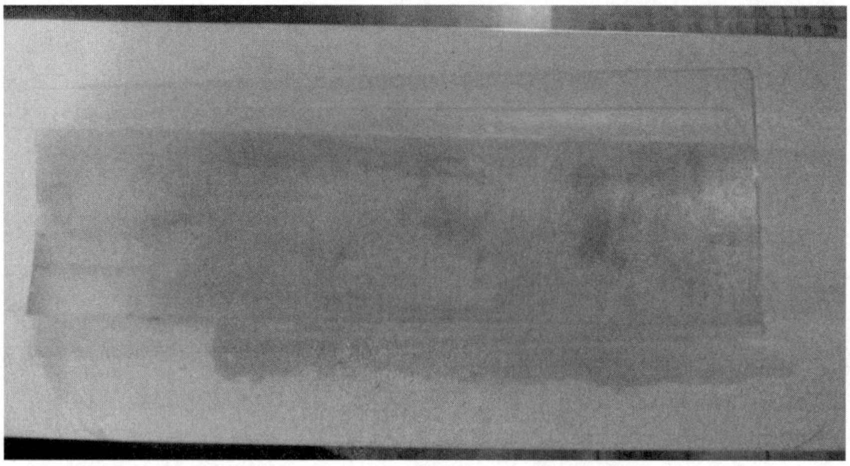

图 D.1 绿光激光器照射下完好的晶体

2) 激光束在晶体内部通过时，可找到明显的亮点，即为气泡、包裹物或散射颗粒，如图 D.2 所示；

图 D.2 绿光激光器照射下的亮点

3) 当激光束在晶体内部通过时，除光束方向有光路外，在光路附近同时还存在一定距离的光路，称为丝状光路，也称为条纹，如图 D.3 所示。

图 D.3 绿光激光器照射下的光路

d) 根据上述观察，确定缺陷的位置及尺寸，并做记录；

e) 用激光头在晶体端面上逐步移动照射晶锭，确保晶锭的所有部位都被观察到。

D.6 测试报告

测试报告应包括下列内容：

a) 测试项目；

b) 被测产品检验批号和序号；

c) 测试设备编号；

d) 测试条件；

e) 测试人员；

f) 测试审核人员；

g) 测试结果和测试日期。

附 录 E
（规范性附录）
镶嵌、孪晶的检测方法

E.1 范围

本方法规定了蓝宝石单晶晶锭中镶嵌、孪晶的检测方法。

本方法适用于蓝宝石单晶晶锭中镶嵌、孪晶的检测。

E.2 方法提要

采用偏振光干涉法。由光源发出的光束通过隔热片聚光镜反光镜和起偏镜变为平面偏振光，在通过发散镜、台面玻璃投射到被测试样上。当晶体存在镶嵌或孪晶，晶体局部规则的结构被破坏，使得该位置上的光轴方向发生改变，光束通过此位置时，所得到的锥光图中的干涉色色圈出现突变，因此可以通过观察晶体各个位置的锥光图来检测晶体的镶嵌或孪晶。

E.3 测试仪器

应力仪。

E.4 测试环境

除另有规定外，应在半暗室内进行测试。

E.5 测试步骤

测试过程按下列步骤进行：

a） 测试设备接入电源；
b） 把待测试样放在待检平台上，对于未抛光的试样，上下表面滴涂适量折射油（折射油的折射率应与蓝宝石样品折射率相近）；
c） 移动晶棒至光源中心，确定测试探头扫描晶棒表面不同的位置，若出现色泽层突变，呈条纹状（如图 E.1 所示），则可确定存在镶嵌、孪晶。

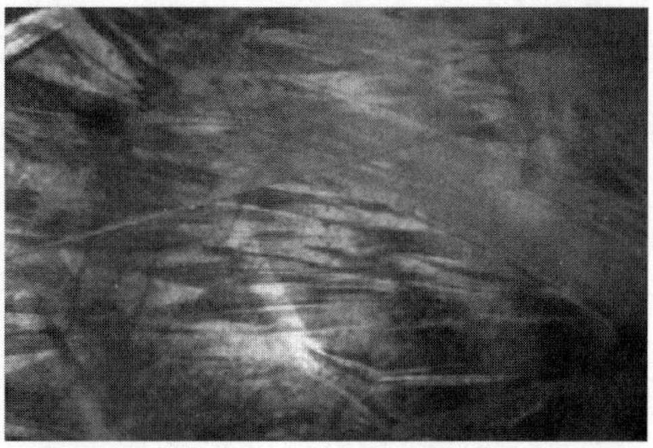

图 E.1 应力仪下的镶嵌、孪晶条纹

E.6 测试报告

测试报告应包括下列内容：

a) 测试项目；

b) 被测产品检验批号和序号；

c) 测试设备编号；

d) 测试条件；

e) 测试人员；

f) 测试审核人员；

g) 测试结果和测试日期。

附　录　F
（规范性附录）
透光率检测方法

F.1　范围

本方法规定了蓝宝石单晶晶锭透过率的检测方法。

本方法适用于测定蓝宝石单晶晶锭在 410 nm～780 nm 波段的透过率值。

F.2　方法提要

光线通过被测的蓝宝石双抛样品，测量并记录光线透过的光通量，光线透过的光通量与起始光通量的百分比即为透光率。

F.3　测试仪器

分光光度计。

F.4　测试环境

除另有规定外，应在下列条件下进行测试：

a)　温度：23 ℃±5 ℃；

b)　相对湿度：20%～70%；

c)　大气压力：86 kPa～106 kPa；

d)　洁净度：7 级。

F.5　样品

样品加工的厚度为 1 mm，双面抛光，其粗糙度应小于 10 nm，两面平行度偏差视样品的直径大小而不同，一般应小于±0.03 mm，并且测试前要进行表面清洁处理。

F.6　测试步骤

测试过程按下列步骤进行：

a)　接通电源预热 1 h；

b)　调整仪器的各项参数，使精度达到要求；

c)　调节并测出 100%线，即不放样品时透光率曲线；

d)　按需要波段范围进行记录；

e)　仪器记录的光谱透光率曲线，即代表各个波段的透光率；

f)　从透光率曲线上，在波长 410 nm～780 nm 范围内确定出透光率的最小值。

F.7 测试报告

测试报告应包括下列内容：

a） 测试项目；

b） 被测产品检验批号和序号；

c） 测试设备编号；

d） 测试条件；

e） 测试人员；

f） 测试审核人员；

g） 测试结果和测试日期。

ICS 77.040.10
H 22

中华人民共和国国家标准

GB/T 31093—2014

蓝宝石晶锭应力测试方法

Test method for stress of monocrystalline sapphire ingot

2014-12-22 发布 2015-09-01 实施

中华人民共和国国家质量监督检验检疫总局
中国国家标准化管理委员会 发布

前　言

本标准按照 GB/T 1.1—2009 给出的规则起草。

本标准由全国半导体设备和材料标准化技术委员会(SAC/TC 203)和全国半导体设备和材料标准化技术委员会材料分会(SAC/TC 203/SC 2)共同提出并归口。

本标准起草单位:协鑫光电科技(江苏)有限公司、中国科学院上海光学精密机械研究所、北京合能阳光新能源技术有限公司。

本标准主要起草人:刘逸枫、魏明德、徐养毅、杭寅、肖宗杰。

蓝宝石晶锭应力测试方法

1 范围

本标准规定了蓝宝石单晶晶锭的应力测试方法。

本标准适用于经过加工后直径为 50.8 mm～200 mm 的 c 向蓝宝石晶锭的应力测试，其他尺寸蓝宝石晶锭(以下简称晶锭)的应力测试可参照使用。

2 规范性引用文件

下列文件对于本文件的应用是必不可少的。凡是注日期的引用文件，仅注日期的版本适用于本文件。凡是不注日期的引用文件，其最新版本(包括所有的修改单)适用于本文件。

GB/T 14264 半导体材料术语

3 术语和定义

GB/T 14264 界定的术语和定义适用于本文件。

4 方法提要

蓝宝石为单轴晶体，c 轴为光轴。使用典型的会聚平面偏振光干涉试验装置，晶体的光轴与切面垂直，并且和仪器的光轴平行，在会聚光的情况下，会产生干涉，形成锥光图。锥光图由黑十字和同心圆状的干涉色圈组成，干涉色圈以黑十字交点为中心(光轴出露点)，成同心环状，干涉色圈的多少，取决于晶体的双折射率的大小及厚度。

当晶体局部规则的结构被破坏，产生的应力使得该位置上的光轴方向发生改变，光束通过此位置时，所得到的锥光图中的黑十字变形，因此可以通过观察晶体各个位置的锥光图来检测晶体的应力。

5 干扰因素

5.1 晶锭内部有气泡、包裹物等会影响应力的判断。

5.2 晶锭加工过程中引起的内部裂纹会影响应力的判断。

6 试验设备

应力仪，其典型光路如图 1 所示。仪器的光学系统由光源(1)发出的光速通过隔热片(2)、聚光镜(3)、反射镜(4)和起偏镜(5)变为平面振镜，在通过发散镜(7)、台面玻璃(8)后投射到被测试样上，最后通过检偏镜(10)将看到具有应力特征的锥光图。

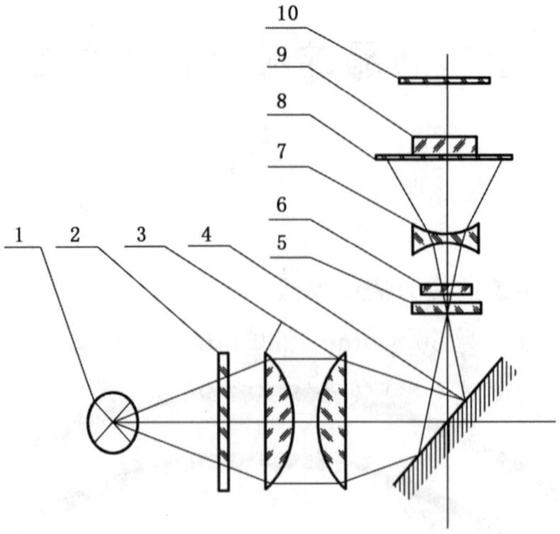

说明：

1——光源；	6——全波片；
2——隔热片；	7——发散镜；
3——聚光镜；	8——台面玻璃；
4——反光镜；	9——试样；
5——起偏镜；	10——检偏镜。

图1　应力仪示意图

7　样品

沿c向掏取的晶锭，定向精度为(0001)±0.5°，端面经磨光后，其粗糙度应小于1 μm。

8　测试条件

除另有说明外，仪器应放置在无直射性光源的半暗室中进行应力测试。

9　测量步骤

9.1　测试设备接入电源。

9.2　把待测试样放在待检平台上，对于未抛光的试样，上下端面滴折射油。

9.3　移动晶锭至光源中心，用应力仪测试探头扫描晶锭表面不同的位置并获得锥光图，进而确定应力程度以及有无镶嵌、孪晶等缺陷。晶锭内部存在不同程度应力时的锥光图如图2所示。

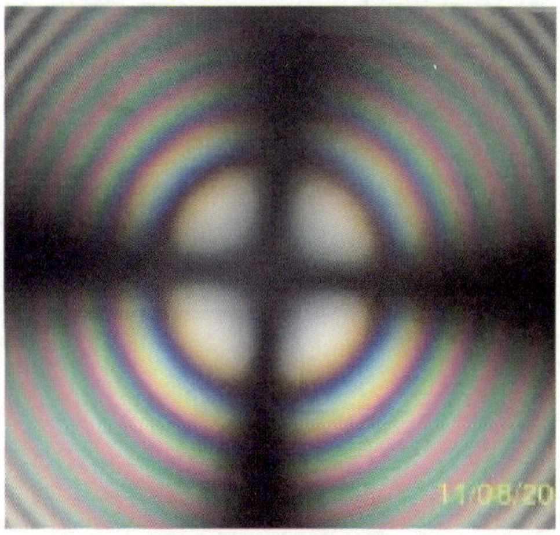

a） 无应力晶锭

b） 有轻微应力晶锭

c） 有中等应力晶锭

d） 有较大应力晶锭

e） 有严重应力晶锭

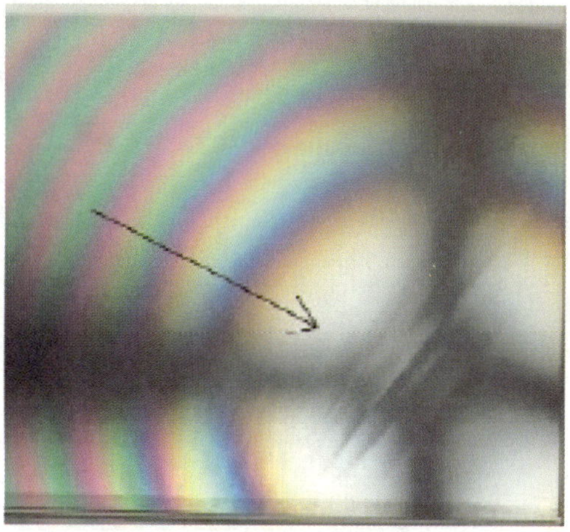

f） 镶嵌晶锭

图 2　不同程度应力对应锥光图

10 试验报告

试验报告应包含以下内容：

a) 设备名称、型号；

b) 测试条件和测试方法；

c) 已测试的晶锭数量；

d) 产品批号或者材料的其他标识；

e) 测试结果；

f) 本标准编号；

g) 测试日期；

h) 操作人姓名。

ICS 91.140.90
Q 78

中华人民共和国国家标准

GB 31094—2014

防爆电梯制造与安装安全规范

Safety rules for the construction and installation of lifts for explosive atmospheres

2014-12-22 发布　　　　2015-06-01 实施

中华人民共和国国家质量监督检验检疫总局
中国国家标准化管理委员会　发布

前　言

本标准的全部技术内容为强制性的。

本标准按照 GB/T 1.1—2009 的规则起草。

本标准由全国电梯标准化技术委员会(SAC/TC 196)提出并归口。

本标准负责起草单位:东南电梯股份有限公司。

本标准参加起草单位:上海德圣米高电梯有限公司、中国建筑科学研究院建筑机械化研究分院、上海市特种设备监督检验技术研究院、上海三菱电梯有限公司、西子奥的斯电梯有限公司、蒂森电梯有限公司、巨人通力电梯有限公司、广东省特种设备检测院、苏州帝奥电梯有限公司、苏州科达液压电梯有限公司、上海房屋设备有限公司、河北东方富达机械有限公司。

本标准主要起草人:康虹桥、马依萍、胡富民、陈凤旺、薛季爱、姚俊、甘靖戈、温爱民、叶佳芳、罗志群、沈世鸣、包卫星、周仲达、贾砚华。

本标准为首次发布。

引　　言

0.1　根据 GB/T 15706，本标准属于 C 类标准。

0.2　按本标准设计制造和安装的防爆电梯还需符合 GB 7588、GB 21240 或 GB 25194 的要求，如果本标准的规定和上述标准的要求不同时，优先考虑本标准的规定。

0.3　本标准基于以下假设：

a）建筑结构满足以下要求：

1）防止雨雪和水进入防爆电梯井道及机器空间；

2）防止有毒气体和腐蚀性气体进入防爆电梯井道和机器空间；

3）机器空间具有良好的通风；

4）建筑物具有防雷击措施；

5）建筑物的耐火等级符合建筑设计防火规范的要求。

b）业主或客户与供应商之间已就下列问题达成一致：

1）防爆电梯的用途；

2）防爆电梯的使用条件；

3）土建与工程问题；

4）井道和机器空间内配置电力设施的防爆要求；

5）与防爆电梯救援有关的事宜；

6）在防爆电梯内装卸的安全作业规范。

防爆电梯制造与安装安全规范

1 范围

1.1 本标准规定了 GB 25285.1—2010 中定义的爆炸性气体环境 1 区、2 区和可燃性粉尘环境 21 区、22 区中使用的防爆电梯制造与安装应遵守的附加安全准则。

1.2 本标准适用于额定速度不大于 1 m/s,电力驱动的曳引式、强制式防爆电梯和液压式防爆电梯的设计、制造、安装、检查和维护。

1.3 在特殊情况(如:恶劣的气候状况和地震情况等)下使用的防爆电梯,除符合本标准的要求外,应考虑特殊要求。

1.4 本标准不适用于:

a) GB 25285.1—2010 中定义的爆炸性气体环境 0 区和可燃性粉尘环境 20 区中使用的防爆电梯的制造与安装;

b) 由可燃物质与除大气中氧气外的其他氧化剂反应产生爆炸,或由其他危险反应,以及非大气条件产生爆炸的危险场所中使用的电梯;

c) 本标准实施之前制造和安装的防爆电梯。

2 规范性引用文件

下列文件对于本文件的应用是必不可少的。凡是注日期的引用文件,仅注日期的版本适用于本文件。凡是不注日期的引用文件,其最新版本(包括所有的修改单)适用于本文件。

GB 3836.1—2010 爆炸性环境 第 1 部分:设备 通用要求

GB 3836.2—2010 爆炸性环境 第 2 部分:由隔爆外壳“d”保护的设备

GB 3836.3 爆炸性环境 第 3 部分:由增安型“e”保护的设备

GB 3836.4—2010 爆炸性环境 第 4 部分:由本质安全型“i”保护的设备

GB 3836.5 爆炸性气体环境用电气设备 第 5 部分:正压外壳型“p”

GB 3836.6 爆炸性气体环境用电气设备 第 6 部分:油浸型“o”

GB 3836.8 爆炸性气体环境用电气设备 第 8 部分:“n”型电气设备

GB 3836.9 爆炸性气体环境用电气设备 第 9 部分:浇封型“m”

GB 3836.13 爆炸性环境 第 13 部分:设备的修理、检修、修复和改造

GB 3836.15—2000 爆炸性气体环境用电气设备 第 15 部分:危险场所电气安装(煤矿除外)

GB 3836.16 爆炸性气体环境用电气设备 第 16 部分:电气装置的检查和维护(煤矿除外)

GB 3836.18 爆炸性环境 第 18 部分:本质安全系统

GB/T 7024—2008 电梯、自动扶梯、自动人行道术语

GB 7588—2003 电梯制造与安装安全规范

GB 12476.1—2013 可燃性粉尘环境用电气设备 第 1 部分:通用要求

GB 12476.2 可燃性粉尘环境用电气设备 第 2 部分:选型和安装

GB 12476.4 可燃性粉尘环境用电气设备 第 4 部分:本质安全型“iD”

GB 12476.5 可燃性粉尘环境用电气设备 第 5 部分:外壳保护型“tD”

GB 12476.6 可燃性粉尘环境用电气设备 第 6 部分:浇封保护型“mD”

GB 12476.7 可燃性粉尘环境用电气设备 第7部分:正压保护型“pD”

GB/T 18775 电梯、自动扶梯和自动人行道维修规范

GB 21240—2007 液压电梯制造与安装安全规范

GB/T 24478—2009 电梯曳引机

GB 25194—2010 杂物电梯制造与安装安全规范

GB 25285.1—2010 爆炸性环境 爆炸预防和防护 第1部分:基本原则和方法

GB 25286.1—2010 爆炸性环境用非电气设备 第1部分:基本方法和要求

GB 25286.2 爆炸性环境用非电气设备 第2部分:限流外壳型“fr”

GB 25286.3 爆炸性环境用非电气设备 第3部分:隔爆外壳型“d”

GB 25286.5 爆炸性环境用非电气设备 第5部分:结构安全型“c”

GB 25286.6 爆炸性环境用非电气设备 第6部分:控制点燃源型“b”

GB 25286.8 爆炸性环境用非电气设备 第8部分:液浸型“k”

GB 50257 电气装置安装工程爆炸和火灾危险环境电气装置施工及验收规范

IEC 60079-28 爆炸性气体环境用电气设备 第28部分:用光辐射的传输系统和设备的保护(Explosive atmospheres—Part 28:Protection of equipment and transmission systems using optical radiation)

EN 13463-1:2009 潜在爆炸性气体环境中使用的非电气设备 第1部分:基本方法和要求(Non-electrical equipment for use in potentially explosive atmosphere—Part 1:Basic method and requirements)

3 术语和定义

GB 3836、GB 12476、GB 25285 和 GB 25286 系列标准,GB/T 7024—2008、GB 7588—2003、GB 21240—2007 和 GB 25194—2010 中界定的以及下列术语和定义适用于本文件。

3.1

防爆电梯 lift for explosive atmospheres

由若干电气部件和非电气部件组成,并按规定条件设计、制造和安装而不会引起周围爆炸性环境燃烧或爆炸的电梯。

注:改写 GB/T 7024—2008,定义 2.9。

3.2

电气部件 electrical element

全部或部分利用电能可达到其预定功能的电梯部件,如控制柜、驱动主机等。本标准的电气部件分为防爆电气部件和其他电气部件。

注:改写 GB 3836.1—2010 中定义 3.14。

3.3

防爆电气部件 electrical element for explosive atmospheres

按规定条件设计、制造和安装而不会引起周围爆炸性环境燃烧或爆炸的具有点燃危险的电气部件。

3.4

非电气部件 non-electrical element

不使用电能可达到其预定功能的电梯部件,如安全钳、缓冲器等。本标准的非电气部件分为防爆非电气部件和其他非电气部件。

注:改写 GB 25286.1—2010 中定义 3.7。

3.5

防爆非电气部件 non-electrical element for explosive atmospheres

按规定条件设计、制造和安装而不会引起周围爆炸性环境燃烧或爆炸的具有点燃危险的非电气部件。

3.6

可燃性物质　flammable substance

当被点燃后,会与空气发生放热反应的气体、蒸气、液体、固体状态或这些形式的混合状态的物质。

[GB 25285.1—2010,定义 3.1]

3.7

爆炸性混合物　explosive mixture

在大气条件下,气体、蒸气、薄雾、粉尘或纤维状的易燃物质与空气混合,点燃后燃烧将在整个范围内快速传播形成爆炸的混合物。

3.8

爆炸性环境　explosive atmosphere

大气条件下,可燃性物质以气体、蒸气、粉尘、纤维或飞絮的形式与空气形成的混合物,被点燃后能够保持燃烧自行传播的环境。

[GB 3836.1—2010,定义 3.22]

3.9

爆炸性气体环境　explosive gas atmosphere

大气条件下,气体、蒸气或雾状的可燃性物质与空气构成的混合物点燃后,燃烧或爆炸将传至整个未燃混合物的环境。

注:改写 GB 3836.1—2010,定义 3.24。

3.10

可燃性粉尘环境　flammable dust atmosphere

大气条件下,粉尘或纤维状的可燃性物质与空气的混合物点燃后,燃烧或爆炸将传至整个未燃混合物的环境。

注:改写 GB 12476.1—2000,定义 3.4。

3.11

最高表面温度　maximum surface temperature

防爆电梯的防爆电气部件与防爆非电气部件在规定的容许范围内最不利条件下工作时,暴露于爆炸性混合物的任何表面的任何部分不可能引起电气部件周围爆炸性混合物爆炸的最高温度。

注 1:相应的表面温度可以是内表面温度,也可以是外表面温度,视不同的防燃或防爆型式而定。

注 2:改写 GB 3836.1—2010,定义 3.30 和 GB 25286.1—2010,定义 3.5。

3.12

防爆型式　type of protection

为防止点燃周围爆炸性环境而对防爆电梯采取的各种特定措施。

注:改写 GB 3836.1—2010,定义 3.42。

3.13

点燃源　potential ignition source

可能出现在防爆电梯上的任何潜在点燃源。

注:改写 GB 25286.1—2010,定义 3.8。

3.14

正常运行　normal operation

防爆电梯在电气上和机械上符合设计规范并在制造商规定的范围内的运行状况。

注 1:制造商规定的范围包括持续运行条件。

注 2:电源电压的变化在规定范围内和任何其他运行容差都属于正常运行。

注 3:改写 GB 3836.1—2010,定义 3.31。

3.15

预期故障　expected malfunction

在正常运行中出现的防爆电梯损坏或失效。

注：改写 GB 3836.1—2010，定义 3.29.1。

3.16

罕见故障　rare malfunction

已知要发生，但仅在罕见情况下才会出现的故障类型。两个独立的预期故障，单独出现时不产生点燃危险，但共同出现时产生点燃危险，它们被视为一个罕见故障。

[GB 3836.1—2010，定义 3.29.2]

3.17

关联设备　associated apparatus

内装本质安全电路和非本质安全电路，且在结构上使非本质安全电路不能对本质安全电路产生不利影响的电气部件。

注：改写 GB 3836.1—2010，定义 3.2。

3.18

机器空间　machinery space

井道内部或外部放置整个或部分机器的空间。

4　重大危险列表

4.1　本章包括了重大危险、危险状态和事件，凡是本标准中涉及的且通过危险评定被识别为主要危险的，均应采取措施控制或减小该危险。

4.2　本标准所涉及的重大危险在表 1、表 2、表 3 和表 4 中列出。

表 1　重大危险、危险状态和事件——建筑与环境

序号	危险源	重大危险、危险状态和事件	本标准的条款号
1	气体	腐蚀性介质进入井道/机器空间对防爆电梯产生腐蚀效应(轻度)，有毒介质进入井道/机器空间对使用者造成健康危害	0.3 a)2)
2	气体、粉尘	可燃性物质改变，对防爆电梯类别、级别与温度组别的影响	5.2.2.6
3	气体、粉尘	可燃性物质释放源、积聚状态的变化引起的爆炸性环境区域的改变	5.1.3、5.2.2.6
4	易燃物、可燃物	建筑材料及制品对井道/机器空间的影响，如建筑构件采用了燃烧体材料	0.3 a)5)、5.1.1
5	易燃物、可燃物	井道/机器空间存放易燃物品，如油布、油纸等	5.1.1
6	温度、压强、氧含量	气候对爆炸性环境的影响，如风向、温度、湿度等	5.1.4

表 2 重大危险、危险状态和事件——电气部件

序号	危险源	重大危险、危险状态和事件	本标准的条款号
1	高温的物体或材料	工作电热(正常工作中电气发热),如变频器、电动机、照明电器、变压器、泄流电阻等产生的表面热量	5.2.2.8、5.3.1、5.3.4
2	高温的物体或材料	事故电热(事故状态下的发热),如接线装置接线端接触不良,电动机、电气线路设计没有余量,过载、短路时产生热量	5.3.1
3	电火花或电弧	工作火花,如继电器、接触器、断路器动作及有电感、电容的电气部件工作时产生的火花	5.3.1、5.3.4
4	电火花或电弧	事故火花,绝缘性能下降引起短路、接点松动等电路故障时的弧光放电	5.3.1
5	静电	电气部件外部静电放电	表 A.3
6	电磁辐射	周围导体可能感应电磁辐射而产生能量瞬间突变	表 A.4
7	选型错误	防爆电气部件不适用于所处的爆炸性环境	5.2.2.1、5.2.2.2、5.2.2.3、5.2.2.4、5.2.2.5
8	光辐射	电气部件光辐射能量可产生点燃	5.2.2.5、表 A.5

表 3 重大危险、危险状态和事件——非电气部件

序号	危险源	重大危险、危险状态和事件	本标准的条款号
1	机械火花	由撞击产生的火花	5.4.2、表 A.1
2	热表面	由摩擦产生的高温	5.4.2、表 A.2
3	静电	非电气部件外部静电放电	表 A.3
4	选型错误	防爆非电气部件不适用于所处的爆炸性环境	5.2.2.1、5.2.2.2、5.2.2.3、5.2.2.4、5.2.2.5

表 4 重大危险、危险状态和事件——安装与其他

序号	危险源	重大危险、危险状态和事件	本标准的条款号
1	电弧、火焰、电火花或机械火花	防爆电梯安装、检修或维护过程中的明火或火花(如焊接、钻孔等)	5.5.1.1、表 A.1 序号 2
2	机械火花	运输工具或货物进入轿厢时碰撞	表 A.1 序号 10
3	机械火花	违规作业造成火花	5.5.1.1、表 A.1 序号 2
4	机械火花	可能产生碰撞火花的物质坠落到轿底、底坑、机器空间地面	表 A.1 序号 2
5	安装不规范	未使用电缆引入装置或引入装置失效	5.5.4.1
6	电弧、电火花或高温的物体、材料	存在爆炸性混合物情况下暴露带电防爆电气部件(本质安全电路除外)进行安装或检修	5.5.1.1
7	热表面、电弧或电火花	本质安全、非本质安全电路混装	5.5.3.1
8	静电、电火花或带电电气部件	非带电裸露金属部分接地不规范或失效	5.5.5.1

4.3 本标准未涉及由于建筑物内的火灾、其他设备或容器爆炸引起的建筑物坍塌形成的危险。

5 安全要求和防护措施

5.1 建筑与环境的要求

5.1.1 机器空间、井道及底坑内使用的建筑材料应为不燃烧体或阻燃材料。机器空间和底坑内不应存放易燃物品,如油布、油纸等。

5.1.2 机器空间、井道及底坑内应采取措施防止粉尘堆积,并便于清扫。

5.1.3 当可燃性物质密度大于空气密度时,应防止底坑内可燃性物质大量积聚;当可燃性物质密度小于空气密度时,应防止井道顶部和机器空间顶部中可燃性物质大量积聚。

5.1.4 防爆电梯的工作环境:

——机器空间的环境温度为+5 ℃～+40 ℃;

——井道的环境温度为－20 ℃～+40 ℃;

——整机工作的大气压强为 80 kPa～110 kPa;

——整机工作场所的空气中标准氧含量(体积比)不大于 21%。

对超出该范围的条件下使用的防爆电梯应作特殊考虑,并可要求增加评定和试验。

5.2 防爆电梯的基本要求

5.2.1 通则

5.2.1.1 防爆电梯的低压配电系统的接地形式应为 TN-S 系统。

注:本标准中的低压是指交流 500 V 及以下的工频电压。

5.2.1.2 防爆电梯应具有在爆炸性环境中救援防爆电梯内被困人员的措施。

5.2.1.3 防爆电梯应具有在爆炸性环境中,不打开控制柜的情况下检测和排除控制柜外本质安全系统故障的功能,本质安全系统故障至少包含表 5 中列举的项目。故障检测可通过观察控制柜或设备箱外部的显示器或窥视窗实现。

表 5 本质安全系统故障表

序号	故障描述
1	本质安全型安全回路和门锁电路故障
2	本质安全型检修运行电路、紧急电动运行电路和紧急报警电路故障
3	本质安全型门系统控制电路故障
4	本质安全型操纵箱和召唤盒电路故障
5	本质安全型锁梯、消防和称重等电路故障
6	本质安全型轿厢位置信息反馈装置(如限位和门区开关等)电路故障

5.2.1.4 本质安全系统应满足 GB 3836.18 的要求。

5.2.2 防爆电梯及其防爆电气部件与防爆非电气部件的选用

5.2.2.1 防爆电梯应与使用环境的爆炸性混合物相适应。同一区域内存在两种或两种以上不同防爆要求的爆炸性混合物时,应选择与防爆要求最高的爆炸性混合物相适应的防爆电梯。

5.2.2.2 应根据可燃性物质种类确定防爆电梯的防爆类别和级别,其选用原则见表 6。

表 6　防爆电梯的防爆类别和级别及选用

防爆电梯的防爆类别和级别	适合选用的防爆类别和级别
ⅡA	ⅡA、ⅡB 和ⅡC
ⅡB	ⅡB 和ⅡC
ⅡC	ⅡC
ⅢA	ⅢA、ⅢB 和ⅢC
ⅢB	ⅢB 和ⅢC
ⅢC	ⅢC
注：本表中对防爆电梯的防爆类别和级别ⅡA、ⅡB、ⅡC、ⅢA、ⅢB、ⅢC 的分类原则见 GB 3836.1—2010 第 4 章。	

5.2.2.3　应根据可燃性物质种类确定防爆电梯的防爆温度组别，其选用原则见表 7。

表 7　防爆电梯防爆温度组别及选用

温度组别	最高表面温度 ℃	适合选用的温度组别
T1	450	T1～T6
T2	300	T2～T6
T3	200	T3～T6
T4	135	T4～T6
T5	100	T5、T6
T6	85	T6
注：本表中对防爆温度组别 T1～T6 的分组原则见 GB 3836.1—2010 中 5.3。		

5.2.2.4　应根据防爆电梯成为点燃源的可能性和爆炸性气体环境、可燃性粉尘环境所具有的不同特征而对防爆电梯规定保护级别，其选用见表 8。

表 8　防爆电梯的保护级别及选用

防爆电梯的保护级别	适用的区域
Gb	1 区和 2 区
Gc	2 区
Db	21 区和 22 区
Dc	22 区
注：本表参照 GB 3836.2—2010 中表 H.2。	

5.2.2.5　应根据不同的爆炸性环境区域确定防爆电气部件与防爆非电气部件适用的防爆型式，其选用原则见表 9。

表9 防爆电气部件与防爆非电气部件的防爆型式及选用

防爆型式	防爆电气部件保护级别				防爆非电气部件保护级别			
	气体环境		粉尘环境		气体环境		粉尘环境	
	Gb	Gc	Db	Dc	Gb	Gc	Db	Dc
本质安全型	ia、ib	ia、ib、ic	iD	iD	—	—	—	—
隔爆外壳/外壳保护型	d	d	tD	tD	d	d	d	d
增安型	e[a]	e	—	—	—	—	—	—
油/液浸型	o	o	—	—	k	k	k	k
正压型	px、py	px、py、pz	pD	pD	p	p	p	p
浇封型	ma、mb	ma、mb	mD	mD	—	—	—	—
充砂型	q	q	—	—	—	—	—	—
外壳和限制表面温度	—[b]	—	DIPA21、DIPB21	DIPA22、DIPB22	—	—	—	—
无火花型	—	n	—	—	—	—	—	—
光辐射点燃保护	op-is、op-pr、op-sh	op-is、op-pr、op-sh	—	—	—	—	—	—
控制点燃源	—	—	—	—	b	b	b	b
限制流速外壳	—	—	—	—	—	fr	—	fr
结构安全型	—	—	—	—	c	c	c	c

[a] 参见 GB 3836.15—2000,5.2.2;

[b] "—"表示不适用。

5.2.2.6 爆炸性环境发生以下变化时,应符合下列要求:

a) 爆炸性混合物改变,防爆电梯的类别及温度组别应重新确定;

b) 建筑物布局或可燃性物质释放源改变,防爆电梯安装地点应重新界定爆炸性环境区域。

5.2.2.7 出现 5.2.2.6 的情况后,必要时防爆电梯应按新的爆炸性环境改装。

5.2.2.8 防爆电气部件与防爆非电气部件工作时的最高表面温度应满足下列要求:

a) 爆炸性气体环境用防爆电气部件与防爆非电气部件测定的最高表面温度不应超过:

——防爆电梯的温度组别(见表7);或

——设计规定的防爆电气部件与防爆非电气部件最高表面温度;或

——使用环境中具体气体的点燃温度。

b) 可燃性粉尘环境用防爆电气部件与防爆非电气部件测定的最高表面温度不应超过:

——防爆电梯的温度组别(见表7);或

——设计规定的防爆电气部件与防爆非电气部件最高表面温度;或

——使用环境中具体可燃性粉尘云和沉积于其外壳的粉尘层的点燃温度。

5.3 电气部件的防爆要求

5.3.1 在正常运行和预期故障状态下可能产生火花、电弧或危险温度的电气部件应采用如下防爆措施:

a) 用于爆炸性气体环境的防爆电气部件，应按 GB 3836.1、GB 3836.2、GB 3836.4、GB 3836.5、GB 3836.6和/或 GB 3836.9 的要求采用隔爆外壳“d”、本质安全型“i”、正压外壳型“p”、油浸型“o”、浇封型“m”等；

b) 用于可燃性粉尘环境的防爆电气部件，应按 GB 12476.1、GB 12476.4、GB 12476.5、GB 12476.6和/或 GB 12476.7 的要求，采用外壳和限制表面温度保护“DIP”、本质安全型“iD”、外壳保护型“tD”、浇封保护型“mD”、正压保护型“pD”等。

5.3.2 在正常运行条件下不会产生火花、电弧或危险温度的爆炸性气体环境用防爆电气部件除采用5.3.1中规定的防爆型式外，可按 GB 3836.3 的要求采用增安型“e”。

5.3.3 仅 2 区的防爆电气部件还可采用 GB 3836.8 中规定的“n”型。

5.3.4 除本质安全型电气部件外，在爆炸性环境中打开外壳时具有点燃危险的防爆电气部件，其外壳应延迟至 GB 3836.1—2010 中 6.3 规定时间后方可打开，并应在外壳明显位置设置符合 GB 3836.1—2010 中的 29.11 a)和 29.11 b)要求的警告标志。

5.3.5 对于具有潜在静电与电磁辐射点燃源的电气部件的危险评定见表 A.3 与表 A.4。对于附录 A 中未列出的新的重大危险和危险状态，并确认具备点燃危险的电气部件，制造商应进行点燃危险评定。

5.4 非电气部件的防爆要求

5.4.1 对于具有潜在点燃源的非电气部件的危险评定见附录 A。

5.4.2 对于附录 A 中未列出的新的重大危险和危险状态，并确认具备点燃危险的非电气部件，制造商应进行点燃危险评定，并按 GB 25286.1、GB 25286.2、GB 25286.3、GB 25286.5、GB 25286.6 和/或 GB 25286.8的要求，采用限流外壳型“fr”、隔爆外壳型“d”、结构安全型“c”、控制点燃源型“b”或液浸型“k”等防爆型式，或采取其他有效的防爆/防燃措施。

5.5 安装

5.5.1 通用要求

5.5.1.1 防爆电梯的安装作业不应使安装地点的爆炸性环境具有点燃隐患，当不可避免时(如需要现场焊接或切割等)，应采取措施确保现场不形成爆炸性环境。

5.5.1.2 防爆电梯电气部件的安装除满足本标准的要求外，还应符合 GB 50257、GB 3836.15 和 GB 12476.2的规定。

5.5.2 电气配线

5.5.2.1 防爆电气部件的固定电缆可采用热塑性护套电缆、热固护套电缆、合成橡胶护套电缆或矿物绝缘金属护套电缆，且电缆应为阻燃型。移动电缆应采用加厚的氯丁橡胶或其他与之等效的合成橡胶护套电缆。

5.5.2.2 电缆的连接应采用有防松措施的螺栓固定或用压接、钎焊和熔焊的方式固定，不应采用绕接方式固定。

5.5.2.3 易受到机械或其他损伤的电缆应使用管道或电缆槽保护。

5.5.2.4 敷设电缆线路时，因电缆管道穿过不同爆炸性环境区域而在区域交界墙面开设的孔洞，应采用不燃烧体材料严密封堵。

5.5.3 对本质安全电路的附加要求

5.5.3.1 本质安全电路与非本质安全电路电缆应有效隔离，分开束扎固定。

5.5.3.2 本质安全电路的多芯电缆应符合 GB 3836.15—2000 中 12.2.2.7 的规定。

5.5.3.3 本质安全电路导线线芯的截面面积应不低于 GB 3836.4—2010 中 8.7 的要求。

5.5.3.4 本质安全电路与非本质安全电路接线端子之间应保持不小于 50 mm 的距离，或用隔离板隔离。

5.5.3.5 本质安全电路的电缆护套应有淡蓝色标识。

5.5.3.6 本质安全电路的关联设备应安装在爆炸性环境区域外，或具有隔爆外壳。

5.5.4 对非本质安全电路的附加要求

5.5.4.1 防爆电气部件上所有的电气线路都应采用电缆引入装置引入，对电缆引入装置的要求见附录 B。

5.5.4.2 电气线路的敷设不应出现中间接头，不可避免时应使用防爆分线盒或防爆接线盒连接。

5.5.4.3 电缆线芯的最小截面面积应符合 GB 3836.15—2000 中 9.3 的规定。

5.5.5 接地

5.5.5.1 防爆电气部件的金属外壳、金属构架、金属配管及其配件、电缆保护管、电缆的金属护套等非带电裸露金属部分均应有效接地，接地电阻值不应大于 4 Ω。

5.5.5.2 防爆电气部件的接地铜线不应互相串联，应分别独立与接地干线连接。接地导线连接件应符合 GB 3836.1—2010 中 15.3 的要求。

5.5.5.3 本质安全电路的电缆如果有屏蔽层，则屏蔽层的接地应符合 GB 3836.15—2000 中 12.2.2.3 的要求。

6 使用信息

6.1 防爆电梯的标志和标牌

6.1.1 防爆电梯入口处明显位置上(如召唤箱上)应设置“Ex”字符：

Ex

字符颜色采用红色，字体采用黑体，第一个字母“E”大写，第二个字母“x”小写，字体的最小高度为 15 mm。

6.1.2 在防爆电梯轿厢内明显位置应设置永久性标牌，标牌上除了标出 GB 7588—2003 中 15.2、GB 21240—2007 中 15.2 或 GB 25194—2010 中 15.2 规定的内容外，还应包括：

——防爆电梯适用的爆炸性环境区域；

——防爆电梯的防爆类别和温度组别。

6.2 表 11 中的防爆电气部件在外壳明显位置应设置防爆标记。

6.3 使用说明书

防爆电梯的使用说明书应至少包含以下内容：

——防爆电梯的主要结构、性能和特点；

——使用和救援操作说明；

——培训的要求；

——维护保养的要求；

——已知风险和防护措施；

——安全使用的特殊条件。

7 检查与维护

7.1 防爆电梯在投入使用前除按 GB 7588—2003 中 16.1、16.2,GB 21240—2007 中 16.1、16.2 或 GB 25194—2010 中 16.1、16.2 规定的项目进行检查和记录外,还应满足下列要求:

a) 应按表 10 提供附加技术文件,如果具有表 11 中的防爆电气部件则应提供其防爆合格证复制件;

b) 根据表 12 检查和验证防爆电梯的安全措施和保护措施。

表 10 附加技术文件

文件名称	说明
防爆电梯出厂合格证	防爆电梯的类别和级别(见表 6)、温度组别(见表 7)、保护级别(见表 8)和防爆电气部件与非电气部件的防爆型式(见表 9)应适用于安装地点的爆炸性环境
防爆电气部件明细表及明细表中所有防爆电气部件的防爆合格证	防爆电气部件的类别和级别、温度组别、保护级别和防爆型式(见表 9)应适用于安装地点的爆炸性环境
电气布线图、电气原理图	说明本质安全电路部位(如果有)
电缆引入装置位置图(本质安全型电气部件除外)	应有安装位置、数量和冗余量
安装维护说明书	指导防爆电梯安装、维护和保养的内容

表 11 提供防爆合格证的防爆电气部件

防爆电梯类型	防爆电气部件名称
曳引式、强制式或液压式	主控制柜、门机控制箱
	门机电动机、风扇或空调
	安全栅或本质安全电源
	照明开关或照明灯具
	接线箱、接线盒或分线盒
	动力电路和照明电路断路器
	报警装置或电话
曳引式、强制式	驱动主机电动机
	制动器
	电阻箱
	旋转编码器[a]
液压式	液压泵站
	电磁阀
[a] 如果旋转编码器设置在驱动主机电动机内,则不需要提供。	

表 12 防爆电梯防爆措施验证表

条款	目测检查[a]	设计符合性检查[b]	测量[c]	设计文件审查[d]	功能试验[e]
5.1.1	√				
5.1.2	√				
5.1.3	√		√		
5.1.4			√		√(如果需要)
5.2.1.1		√		√	
5.2.1.2		√		√	
5.2.1.3		√		√	√
5.2.1.4	√	√	√	√	
5.2.2.1、5.2.2.2、5.2.2.3、5.2.2.4、5.2.2.5		√		√	
5.2.2.6		√		√	
5.2.2.7		√		√	
5.2.2.8		√	√	√	
5.3.1、5.3.2、5.3.3		√		√	
5.3.4	√				
5.4.1		√		√	
5.4.2		√		√	

注：如果采用经过型式试验的产品，则按产品文件进行测试和检查。

[a] 目测检查的结果仅能说明其存在(如：标志、控制装置、使用手册)，所要求的标志符合标准要求，递交给业主的文件内容是与要求一致的。

[b] 设计符合性的检查结果是证实防爆电梯是按照设计进行制造的，其装置符合设计文件。

[c] 测量的结果是为了表明所规定的可测量参数已得到满足。

[d] 设计文件审查的结果是证明本标准的要求在设计文件(如：布置图、说明书)中已得到满足。

[e] 功能试验的结果是表明防爆电梯、安全装置是按预定要求工作的。该项试验可在制造商工厂内进行或委托第三方实施。

7.2 防爆电梯交付使用后的日常维护和定期检查的要求见附录 C。

7.3 防爆电梯在重大改装、事故维修或发生 5.2.2.7 的情况后，应按 GB 7588—2003 中 E.2、GB 21240—2007 中 E.2 或 GB 25194—2010 中 E.2 的规定对防爆电梯进行检验，改装和维修所涉及的防爆电气部件与防爆非电气部件应按本章要求进行检验。

附 录 A
（规范性附录）
电气部件与非电气部件点燃危险评定

A.1 总则

除采用特定防爆型式的电气部件与非电气部件已对自身危险因素有效控制外，防爆电梯在正常运行和预期故障期间，部分电气部件与非电气部件还可能存在其他点燃源。为确保这些点燃源不具备点燃危险，应对电气部件与非电气部件做点燃危险评定。

A.2 危险评定涉及的点燃源

电气部件与非电气部件除特定防爆型式已控制的点燃源外，还存在以下点燃源：

——机械火花；

——热表面（机械运动造成）；

——静电；

——电磁辐射。

——光辐射。

A.3 电气部件与非电气部件点燃危险评定

A.3.1 根据防爆电梯运行中电气部件与非电气部件的功能特性和运动方式，确认电气部件与非电气部件中是否存在可能的点燃源，这些点燃源是否是有效点燃源，并判定其成为点燃源时所处的状态（正常运行、预期故障、罕见故障或可忽略）。

A.3.2 确认可能存在点燃源的电气部件与非电气部件应按下列要求消除和降低点燃危险：

a） 正常运行和预期故障状态下存在潜在点燃源的电气部件与非电气部件应采取相应的措施，防止潜在点燃源成为有效点燃源；

b） 罕见故障状态下可能成为点燃源的电气部件与非电气部件可通过告知、设置警示标识、加强操作管理等方式降低点燃危险；

c） 可忽略状态通常不可能成为点燃源，可不考虑点燃危险。

A.4 电气部件与非电气部件点燃危险评定表

防爆电梯在使用过程中可能存在点燃源的电气部件与非电气部件和点燃源出现时所处的状态见表 A.1、表 A.2、表 A.3、表 A.4 和表 A.5，但不限于表中所列的项目，对这些电气部件与非电气部件进行点燃危险评定，并采取相应的防爆防燃措施提高防爆电梯的安全性。

表 A.1 非电气部件机械火花危险评定表

序号	点燃源类别	说明/基本原因	正常运行	预期故障	罕见故障	可忽略	评定依据	防爆防燃措施
1	机械火花	门锁闭合时的撞击				√	锁钩锁合时运动元件撞击可能产生火花	根据 EN 13463-1:2009 中6.4,该撞击不会成为有效点燃源
2	机械火花	检修工作中产生的碰撞和摩擦		√			维修人员在检修时,使用工具可能产生火花	根据 GB 25285.1—2010 附录 A,禁止使用切割或磨削过程中产生火花簇射的工具
3	机械火花	门刀撞击地坎等固定部位			√		门刀过度接近层门地坎等固定部位,可能因摩擦或撞击产生火花	日常维护和定期检查时查看运动部件与固定部件之间的距离,过度接近时及时调整。即使产生火花,根据 EN 13463-1:2009 中 6.4,该火花不会成为有效点燃源
4	机械火花	轿厢内风扇的扇叶碰撞			√		异物坠入轿厢风扇内产生火花	风扇向上的开口采用防护罩防护
5	机械火花	安全钳与导轨之间碰撞摩擦			√		安全钳动作时,钳块与导轨之间碰撞摩擦产生火花	楔块表面采用无火花、易导热材料,并限制防爆电梯的额定速度不大于 1 m/s
6	机械火花	制动器松闸凸块转动撞击		√			手柄扳动时,制动器内旋转元件撞击可能产生火花	根据 EN 13463-1:2009 中 6.4,该撞击不会成为有效点燃源
7	机械火花	轿厢/对重蹾底时与缓冲器撞击			√		轿厢/对重蹾底时撞板与缓冲器撞击可能产生火花	撞击面采用非金属材料,如聚氨酯
8	机械火花	钢丝绳的断丝端与绳轮槽撞击			√		钢丝绳如果有断丝,且断丝尖锐部位以一定角度触碰绳槽壁可能产生火花	根据 EN 13463-1:2009 中 6.4,该撞击不会成为有效点燃源。并规范钢丝绳检查制度,及时更换不适用的钢丝绳
9	机械火花	层门/轿门闭合时产生的撞击和摩擦				√	层门/轿门闭合时门扇碰撞可能产生火花	根据 EN 13463-1:2009 中 6.4,该撞击不会成为有效点燃源
10	机械火花	运输工具或货物撞击轿厢地面或轿壁			√		运输工具或货物撞击轿厢地面或轿壁产生火花	制定防爆电梯内装卸的安全作业规范

表 A.1（续）

序号	点燃源类别	说明/基本原因	正常运行	预期故障	罕见故障	可忽略	评定依据	防爆防燃措施
11	机械火花	限速器棘爪和棘轮撞击				√	限速器动作时，棘爪与棘轮撞击产生火花	根据 EN 13463-1:2009 中 6.4，该撞击不会成为有效点燃源
12	机械火花	补偿装置（如补偿链）与支架碰撞摩擦或断裂			√		补偿装置与支架或其他固定部件碰撞摩擦产生火花	采取措施限制补偿装置的运动位置，可能撞击速度不大于 1.5 m/s，如果产生火花也不可能成为点燃源
13	机械火花	曳引轮与防跳装置之间的摩擦			√		曳引轮与防跳装置之间的摩擦产生火花	控制间隙，不小于 2 mm，防跳装置应采用符合 GB 25286.5 有关规定的不发火花的材料
14	机械火花	曳引绳与楼板孔洞边缘的摩擦			√		曳引绳与楼板孔洞边缘的摩擦产生火花	孔洞内壁应采用符合 GB 25286.5 有关规定的不发火花的材料
15	机械火花	门系统连杆机构之间的摩擦			√		门系统连杆机构之间的摩擦产生火花	门系统连杆机构相对运动速度远小于 1 m/s 不可能成为点燃源
16	机械火花	滑动导靴磨损后与导轨之间的摩擦			√		滑动导靴磨损后与导轨之间的摩擦产生火花	采用不可脱落式靴衬，或加强对靴衬磨损程度的检查

表 A.2　非电气部件热表面危险评定表

序号	点燃源类别	说明/基本原因	正常运行	预期故障	罕见故障	可忽略	评定依据	防爆防燃措施
1	热表面	钢丝绳与曳引轮摩擦（紧急制动时）		√			紧急制动时钢丝绳与绳轮滑动摩擦可能产生火花和热量	限制防爆电梯的额定速度不大于 1 m/s
2	热表面	钢丝绳与曳引轮摩擦（滞留工况时）			√		轿厢或对重运动受阻或蹾底等情况下钢丝绳与曳引轮滑动摩擦可能产生火花和热量	限制电动机运转时间（限制曳引机运转时间应符合 GB 7588—2003 中 12.10 的要求，不可能点燃）
3	热表面	制动轮（盘）和制动衬摩擦	√		√		正常减速和紧急制动时旋转元件制动轮（盘）与制动衬摩擦发热	限制制动轮（盘）转动线速度，并通过试验确认温升在安全范围内。依据 GB/T 24478—2009 中 4.2.2.2 检测每组制动器机械部件的工作情况

表 A.2（续）

序号	点燃源类别	说明/基本原因	正常运行	预期故障	罕见故障	可忽略	评定依据	防爆防燃措施
4	热表面	限速器钢丝绳与限速器轮或夹绳机构之间摩擦			√		限速器动作时限速器钢丝绳与限速器绳轮和/或压绳舌因滑动摩擦而发热	限制防爆电梯额定速度不大于 1 m/s
5	热表面	导轨和导靴的摩擦	√				滑动导靴与导轨之间因滑动摩擦而发热	定期检查导靴和导轨之间的润滑
6	热表面	轴承部位的异常摩擦			√		轴承间隙过大、冷热变形、润滑不良等原因造成的旋转元件摩擦发热	定期检查轴承部位的润滑
7	热表面	钢丝绳与防跳装置摩擦			√		钢丝绳与防跳装置接触摩擦并发热	控制间隙，不小于 2 mm，防跳装置应采用符合 GB 25286.5 有关规定的不发火花的材料
8	热表面	钢丝绳与机器空间绳孔摩擦			√		钢丝绳与机器空间绳孔边缘摩擦发热	控制钢丝绳与绳孔内壁的间隙

表 A.3　电气部件与非电气部件静电危险评定表

序号	点燃源类别	说明/基本原因	正常运行	预期故障	罕见故障	可忽略	评定依据	防爆防燃措施
1	静电	轿厢内的操作面板及按钮等非金属材料静电放电		√			可由乘坐人员导致轿厢内的操作面板及按钮等非金属绝缘材料带电造成静电放电	用导电材料替换或控制绝缘材料的最大表面积不大于 10 cm×10 cm
2	静电	轿底铺设的非导电材料静电放电		√			人员或货物经常接触携带静电引起静电放电	采用绝缘电阻小于 1 GΩ的材料，如防静电 PVC 地板
3	静电	金属外层覆盖的有机层		√			金属外层的有机涂层、有机保护膜等易产生刷形放电	采用防静电有机层
4	静电	轿厢缓冲垫等		√			轿厢反绳轮和轿架之间有橡胶缓冲垫且导靴是高密度低压聚乙烯，轿厢和轿架之间有缓冲橡胶，这样就有两个被绝缘体分开的部件，接地不良就可能产生静电	控制绝缘材料的最大表面积不大于 10 cm×10 cm，如果超过该面积，产生绝缘效应，则应加跨接线

表 A.3（续）

序号	点燃源类别	说明/基本原因	正常运行	预期故障	罕见故障	可忽略	评定依据	防爆防燃措施
5	静电	电气部件外壳静电放电		√			电气部件外壳带静电，且外壳接地不良时，可能产生静电放电	遵守使用说明书的规定；外壳如果采用导电材料，则外壳应有效接地

表 A.4 电气部件电磁辐射危险评定表

序号	点燃源类别	说明/基本原因	正常运行	预期故障	罕见故障	可忽略	评定依据	防爆防燃措施
1	电磁辐射	变频器产生的电磁辐射	√			√	变频器工作时产生的电磁辐射	变频器应置于金属隔爆控制柜中，并应可靠接地
2	电磁辐射	无线控制、感应和通话装置	√				接收装置或周围导体吸收无线发射装置的辐射能量而产生发热或感应电火花	防爆电梯不允许使用基于电磁传输方式工作的遥控装置和通话装置（防爆无线对讲机、防爆移动电话除外）

表 A.5 电气部件光辐射危险评定表

序号	点燃源类别	说明/基本原因	正常运行	预期故障	罕见故障	可忽略	评定依据	防爆防燃措施
1	光辐射	基于存在光辐射能量的电气设备	√	√			见 IEC 60079-28 的有关规定	见 IEC 60079-28 的有关规定

附 录 B
（规范性附录）
防爆电气部件电缆引入装置

B.1 总则

B.1.1 本附录规定了电缆引入装置结构的基本要求。

B.1.2 电缆引入装置不应引起其安装的防爆电气部件性能失效。

B.1.3 选用的引入装置应适用于电缆引入装置制造商规定的全部电缆尺寸范围。

B.2 结构要求

B.2.1 电缆密封

保证电缆和电缆引入装置密封性可用下列方法：

——弹性密封圈[见图 B.1a)]；或

——填料[见图 B.1b)]。

B.2.2 弹性密封圈的最小非压缩轴密封长度应为：

——对直径不大于 20 mm 圆形电缆或周长不大于 60 mm 的非圆形电缆为 20 mm；

——对直径大于 20 mm 圆形电缆或周长大于 60 mm 的非圆形电缆为 25 mm。

B.2.3 安装密封填料最小长度应为 20 mm，而且应保证在 20 mm 间电缆芯线上任何一点至少应有 20％横截面积被填料充填，而且填料凝固后应不透水、不收缩并且不受爆炸性环境中化学物质的影响。

B.2.4 电缆引入装置应能夹紧电缆，以防止电缆受到的拉力或扭矩传到连接件上。这种夹紧措施可通过夹紧组件、密封圈或填料来实现。

B.2.5 防爆电气部件的电缆引入装置应设置在：

——外壳壁上(整体式)；或

——装配在外壳壁内或外壳上连接板上的光孔或螺孔(分开式)。

B.2.6 对于安装在隔爆型防爆电气部件外壳壁内的螺纹引入装置应符合 GB 3836.2—2010 中 C.2.2 的要求。

B.2.7 对于安装在增安型防爆电气部件外壳壁上的螺纹引入装置，应使电缆与增安型防爆电气部件有效连接，并能保持增安型防爆电气部件与螺纹引入装置均达到 IP54 的要求。

B.2.8 螺纹引入装置的螺纹形式应在防爆电气部件引入口旁标明或应在说明书中说明。

B.2.9 电缆引入装置不应有损伤电缆的尖锐棱角。

B.2.10 可弯曲电缆进线口应有一个至少为 75°的圆弧，半径 R 至少为允许使用电缆最大直径的四分之一，但不必超过 3 mm，见图 B.2。

B.2.11 电缆引入装置安装后，应仅通过工具才能拆卸。

B.2.12 冗余电缆引入口应采用符合相应专用防爆型式要求的封堵件严密封堵或采用与 B.2.6 相对应的螺纹实体有效啮合 5 个螺距以上。

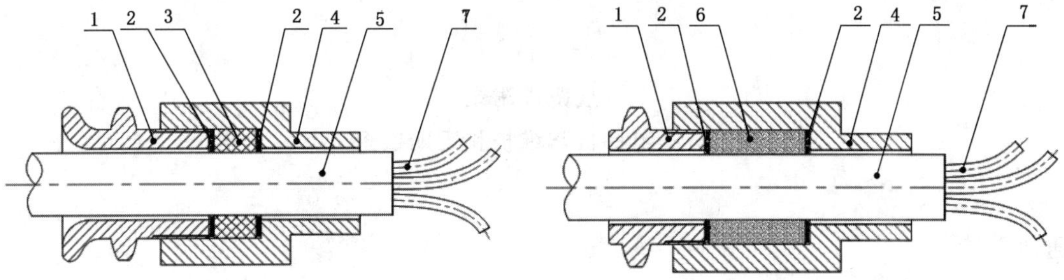

a）密封圈式电缆引入装置　　　　b）填料式电缆引入装置

说明：

1——压紧螺母；

2——金属垫圈；

3——弹性密封圈；

4——联通节；

5——电缆；

6——填料；

7——导线。

图 B.1　电缆引入装置示意图

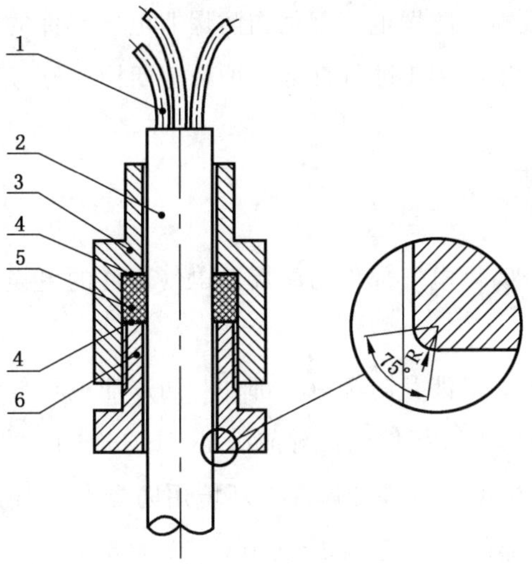

说明：

1——导线；

2——电缆；

3——联通节；

4——金属垫圈；

5——弹性密封圈；

6——压紧螺母。

图 B.2　可弯曲电缆进线口圆角

附 录 C
（规范性附录）
防爆电梯日常维护和定期检查

C.1 通则

C.1.1 本附录中有关维护的要求同样适用于防爆电梯故障后的检修活动。

C.1.2 防爆电梯维护和检查工作应由胜任人员进行。

C.1.3 日常维护和检查前，应由使用单位确认防爆电梯是否仍处于爆炸性环境。

C.1.4 除本质安全电路外，在爆炸性环境中需进行暴露带电防爆电气部件的维护和检查活动时要求该防爆电气部件断电，并确保内部元件的表面温度和/或储存的能量不能引起点燃后，方可打开外壳，除非安全评估证明维护和检查过程不具有点燃危险。

C.1.5 处于可燃性粉尘环境的防爆电气部件与防爆非电气部件，应采取措施防止维护和检查过程中粉尘大量进入其内部。

C.1.6 维护和检查所使用的工具和仪器设备应能满足使用场所的防爆要求。

C.1.7 维护和检查不能降低或损坏防爆电气部件与防爆非电气部件的防爆性能。

C.1.8 防爆电梯除应按照 GB/T 18775 进行日常维护和定期检查外，还应符合 C.2、C.3 和 C.4 的要求。

C.2 防爆电梯日常维护的要求

C.2.1 日常维护活动如果涉及防爆电气部件与防爆非电气部件的更换，应不低于原防爆电气部件与防爆非电气部件的性能。

C.2.2 在维护防爆电梯过程中如果涉及防爆电气部件与防爆非电气部件修理，则应满足下列要求：

a) 爆炸性气体环境用防爆电气部件的修理应满足 GB 3836.13 的要求；

b) 可燃性粉尘环境用防爆电气部件和爆炸性环境用防爆非电气部件的修理，如果仅涉及防爆电气部件与防爆非电气部件的更换，则应满足 C.2.1 的要求。

C.3 防爆电梯定期检查的要求

定期检查的内容应涉及防爆电气部件与防爆非电气部件的外部完整性和防爆性能，可采用目测或使用检测仪器对防爆电气部件与防爆非电气部件做定期检查，必要时在防爆电梯停用后可拆下防爆电气部件与防爆非电气部件进行试验以确认防爆性能的保持性。对爆炸性气体环境用防爆电气部件检查时，还应符合 GB 3836.16 中的相关规定。

防爆电梯定期检查的内容和要求见表 C.1。

表 C.1 防爆电梯定期检查表

项目	内容	要 求
环境、作业记录	环境的改变	易燃物质是否发生改变； 释放源位置和/或泄露量是否发生变化； 防爆区域等级是否有变更
	作业记录的规范性	防爆电气部件与防爆非电气部件修理、更换记录是否符合要求； 环境改变后能否符合整体防爆要求
接地装置	接地干线	接地干线跨越建筑物伸缩缝、沉降缝处的补偿措施有无异常； 接地干线搭接焊处的焊缝是否出现锈蚀、裂纹等异常状况
	接地线	螺栓连接的接线端子处有无腐蚀、锈蚀，防松装置是否正常； 防静电接地线、跨接线等的接地状况是否良好
	接地电阻	测量接地电阻(应不大于 4 Ω)
电缆布线	电缆	电缆绝缘护套不应有开裂、老化和机械损伤等异常情况； 电缆的敷设方式、路径不应改变原有布局； 为避免电缆受到机械损伤而采取的防护措施是否出现异常
	电缆引入装置	有电缆引入的进线口处线缆的密封是否良好，密封圈不应开裂老化； 进线口是否有多股电缆合并接入的情况； 无引入电缆的冗余进线口的堵头是否处于有效密封状态； 永久性停用的防爆电气部件，有关布线是否已经彻底拆除
	电缆连接	电缆线路不应在防爆接线盒(或分线盒)外直接连接； 增安型电气部件电缆芯线与接线端子应接触良好且防松措施有效
防爆电气部件与防爆非电气部件	外观与表面	应有“Ex”标志，防爆类别级别、温度组别等标识完好； 隔爆外壳应无异常变形、损伤； 隔爆透明件不应出现裂纹、损伤情况； 隔爆密封衬垫应齐全、完好； 隔爆密封垫片不应出现老化、裂纹现象； 充油型部件的油面高度应在油标线范围内，油温不超过规定值； 浇封型部件的表面不应出现裂缝、膨胀、软化、过热等现象
	安装固定	紧固螺栓不应出现腐蚀、锈蚀现象，防松措施有效； 垂直安装的充油型部件，其倾斜度不应超过规定值
	相对运动处	相对运动不应出现碰撞和摩擦，其间隙应符合规定值； 防止外部固体坠落物体垂直进入旋转空间的防护措施应完好、有效； 运动密封端盖发热处的温度不应超过规定值； 滚动轴承不应发出异常声响； 轴承端盖或表面不应出现异常温升
	制动器	制动器的各制动元件的动作应同步； 制动器的制动弹簧可调整时，应符合规定； 制动器各制动衬的磨损不应出现明显差异

表 C.1（续）

项目	内容	要求
本质安全电路及关联电路	安全电源	安全栅输入端应可靠接地； 独立供电的本安设备，更换电池的型号、规格应与要求一致
	标记标识	本质安全电路布线中的电线电缆应有明显、规范的颜色标识； 安全栅(或安全电源)输出端应有明显标识
	电线电缆	电线电缆的型号、规格和长度应符合规定要求； 如果变更电线电缆的型号、规格或长度，应确认其分布电容、电感不超过设计规定的要求； 多芯线电缆启用备用芯线时，电路的连接应按照设计规定

C.4 日常维护与定期检查记录

C.4.1 日常维护记录的内容为维护情况说明，如果涉及防爆电气部件与防爆非电气部件的修理或更换则需包含：

——修理或更换防爆电气部件与防爆非电气部件的目录；

——修理或更换防爆电气部件与防爆非电气部件后的检测结果；

——更换防爆电气部件的防爆合格证号。

C.4.2 定期检查记录包括：

——定期检查的项目；

——定期检查的结果；

——定期检查后的整改说明。

参 考 文 献

［1］ GB/T 15706 机械安全 设计通则 风险评估与风险

ICS 91.140.90
Q 78

中华人民共和国国家标准

GB/T 31095—2014

地震情况下的电梯要求

Lifts subject to seismic conditions

2014-12-22 发布　　2015-06-01 实施

中华人民共和国国家质量监督检验检疫总局
中国国家标准化管理委员会　发布

前　言

本标准按照 GB/T 1.1—2009 给出的规则起草。

本标准由全国电梯标准化技术委员会(SAC/TC 196)提出和归口。

本标准负责起草单位：日立电梯(中国)有限公司。

本标准参加起草单位：中国建筑科学研究院建筑机械化研究分院、上海三菱电梯有限公司、奥的斯电梯(中国)投资有限公司、蒂森电梯有限公司、华升富士达电梯有限公司、永大电梯设备(中国)有限公司、通力电梯有限公司、东南电梯股份有限公司、上海市特种设备监督检验技术研究院、迅达(中国)电梯有限公司、东芝电梯(中国)有限公司、西子奥的斯电梯有限公司、江南嘉捷电梯股份有限公司、巨人通力电梯有限公司、广州广日电梯工业有限公司、上海现代电梯制造有限公司、上海新时达电气股份有限公司、苏州通润驱动设备股份有限公司、秦皇岛开发区前景光电技术有限公司。

本标准主要起草人：鲁国雄、王泽伟、陈凤旺、常达、夏英姿、郑武、金春、杨宗霖、李忠铭、马依萍、任陇锋、张玉祺、赵文刚、温爱民、赵碧涛、沈国华、苏国明、李海峰、王鹏、房文娜、侯永捷。

引　言

本标准指出了地震情况下电梯所涉及的危险、危险状态和事件的范围。

本标准为了保护地震情况下的人员和货物，防止产生与电梯使用、维护、检验和紧急操作相关的危险，制定了与乘客电梯和载货电梯相关的附加安全规范。

制定本标准的目的在于：

——避免致命伤害和降低伤害程度；

——避免电梯困人；

——避免损失；

——避免油泄漏带来的环境问题；

——减少退出服务电梯的数量。

假设客户与电梯供应商签订的合同中已经对需考虑的设计加速度(a_d)、S 波地震探测系统(如果有)和 P 波探测系统(如果有)设置的最有效位置进行了协商，建筑设计者或电梯业主需提供设计加速度(a_d)并明确列入制造商提供给业主的相关信息中。

本标准仅考虑地震的影响，不研究地震本身的特性。

地震情况下的电梯要求

1 范围

本标准规定了永久安装在符合 GB 50011—2010 建筑物中的乘客电梯和载货电梯地震情况下的特殊要求。

本标准规定了 GB 7588—2003 和 GB 21240—2007 的附加要求。

本标准适用于新安装的乘客电梯和载货电梯，同时也可作为提高在用乘客电梯和载货电梯安全性的依据。

本标准不适用于表 A.1 所定义的抗震电梯等级为 0 级的电梯。

本标准不涉及地震造成的其他风险，例如火灾、洪水或爆炸等。

2 规范性引用文件

下列文件对于本文件的应用是必不可少的。凡是注日期的引用文件，仅注日期的版本适用于本文件。凡是不注日期的引用文件，其最新版本(包括所有的修改单)适用于本文件。

GB 7588—2003 电梯制造与安装安全规范

GB/T 15706—2012 机械安全 设计通则 风险评估与风险减小(ISO 12100:2010,IDT)

GB 18306 中国地震动参数区划图

GB 21240—2007 液压电梯制造与安装安全规范

GB/T 22562—2008 电梯 T 型导轨(ISO 7465:2007,IDT)

GB 26465—2011 消防电梯制造与安装安全规范

GB 50011—2010 建筑抗震设计规范

3 术语和定义

GB 7588、GB 21240 界定的以及下列术语和定义适用于本文件。

3.1

勾挂点 snag point

导轨支架、导轨压板螺栓、导轨连接板、感应板或类似装置与柔性元件(如绳、链或随行电缆等)可能发生勾挂的位置。

3.2

设计加速度 design acceleration

a_d

用于计算地震发生时作用于电梯系统上的力(力矩)的水平加速度，其计算参见附录 B。

3.3

抗震电梯等级 seismic lift categories

根据设计加速度(a_d)，将抗震电梯分成不同的等级。

注：表 A.1 给出了抗震电梯等级。

3.4

P 波 primary wave

地震产生的一种压缩纵波，也称为初至波。

注：非破坏性的P波比起破坏性的S波能更快地穿过地壳，通过探测P波就有可能发出地震预警，预警时间取决于P波与其他破坏性波到达的时间差。

3.5

S波　secondary wave

地震产生的一种剪切横波。

注：不同于面波，S波穿过地壳内部，振动方向垂直于波的传播方向。S波是破坏性波，迟于P波到达。

3.6

地震触发阈值　seismic trigger level

触发S波地震探测系统的地震加速度。

3.7

地震运行模式　seismic mode

探测到地震触发阈值后，电梯运行的特殊模式。

3.8

地震待机模式　seismic stand-by mode

探测到P波后，未触发S波地震探测系统时电梯运行的特殊模式。

注：地震待机模式参见附录C。

3.9

正常模式　normal mode

除了地震运行模式和地震待机模式外，电梯所处的运行模式。

3.10

保持装置　retaining devices

可靠固定在轿厢或对重(或平衡重)架的结构件上，地震时使轿厢或对重(或平衡重)架保持在导轨上的机械装置。

3.11

伸缩缝　expansion joint

为了安全地吸收各种建筑材料的热膨胀和收缩、吸收振动、允许地面沉降或地震引起的移动而设计的一个组件。

4　重大危险列表

本章包含所有重大危险、危险状态和事件；对于涉及本标准包含的这些危害、危险情况和事件的这类电梯，按照风险评定为重大的风险类别，要求采取消除或降低风险的措施/行动(参见表1)。

表1　重大危险列表

序号	重大危险	相关条款
1	加速度、减速度	5.4.1，5.5，5.8.2
	有角的部件	5.2
	运动部件向固定部件移动的通道	5.4.2，5.5
	机器的移动	5.3，5.9
	运动部件	5.4.1，5.4.3
	旋转部件	5.6.1，5.6.2，5.9
2	电源故障	5.10.2，5.10.3.6

表 1（续）

序号	重大危险	相关条款
8	人为因素	第 6 章，第 7 章
9	污染	5.7，5.9
	控制回路故障	5.10.3.4，5.10.3.6
注："序号"和"重大危险"源自 GB/T 15706—2012 的附录 B。		

5 安全要求和/或防护措施

5.1 通则

适用于本标准的电梯应符合本章的相关安全要求和/或防护措施。此外，对于本标准未涉及的相关非重大危险，应根据 GB/T 15706 的原则设计。

如果没有特别说明，下列要求适用于抗震电梯等级为 1 级、2 级和 3 级的电梯。

5.2 电梯井道

为了防止悬挂钢丝绳、限速器钢丝绳、随行电缆、补偿绳和补偿链在井道内晃动时与固定设备、勾挂点（如由支架、地坎、装置或安装在电梯井道中的其他设备形成的突出物）产生勾挂，应根据表 2 采取相应的防护措施，例如图 1 所示。

表 2 勾挂点的防护

井道高度	与勾挂点的水平距离	防护对象	防护措施	设置范围
≤20 m			建筑物的晃动（变形）很小，不必采取措施	
>20 m 且 ≤60 m	<900 mm	随行电缆	采取防护措施，例如在靠近随行电缆侧的导轨支架边角处或其他勾挂点设置一根防护线。[示例见图 1 b)、f)、g)]	随行电缆的任何部分离勾挂点的距离小于 900 mm的任何位置
	<750 mm	补偿链、补偿绳、对重限速器绳	采取防护措施，例如导轨支架边角处或其他勾挂点设置一根防护线。[示例见图 1 f)、g)]	有补偿链、补偿绳或对重限速器绳时，整个行程
	<500 mm	轿厢限速器绳、选层器钢带	设置导向件和防护装置，或采用防护线。[示例见图 1 c)、d)、e)]	整个行程
	<300 mm	悬挂绳	设置导向件和防护装置，或采用防护线。[示例见图 1 f)、g)]	整个行程
>60 m	无论水平距离如何，需防护所有勾挂点	随行电缆、补偿链、补偿绳、对重限速器绳、轿厢限速器绳、选层器钢带、悬挂绳	同上述防护对象对应的防护措施。[示例见图 1 b)、c)、d)、e)、f)、g)、h)]	整个行程

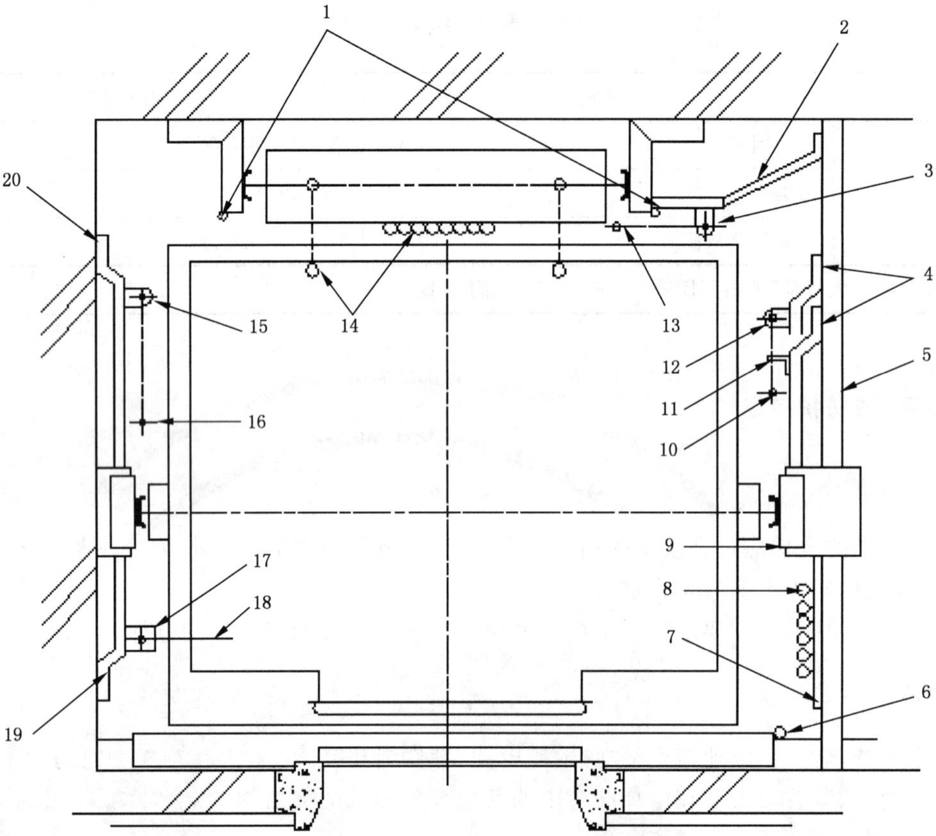

说明：

1 ——对重导轨支架防护线；
2 ——防护装置或防护线；
3 ——限速器绳导向装置；
4 ——防护装置或防护线；
5 ——中间隔梁；
6 ——防护装置或防护线；
7 ——随行电缆防护网或防护装置；
8 ——随行电缆；
9 ——轿厢导轨支架防护线；
10——轿厢限速器绳；
11——感应板；
12——限速器绳导向装置；
13——对重限速器绳；
14——补偿绳或补偿链；
15——限速器绳导向装置；
16——轿厢限速器绳；
17——选层器钢带导向装置；
18——选层器钢带；
19——防护装置或防护线；
20——防护装置或防护线。

a） 勾挂点的防护措施示例

图 1 勾挂点的防护措施示例

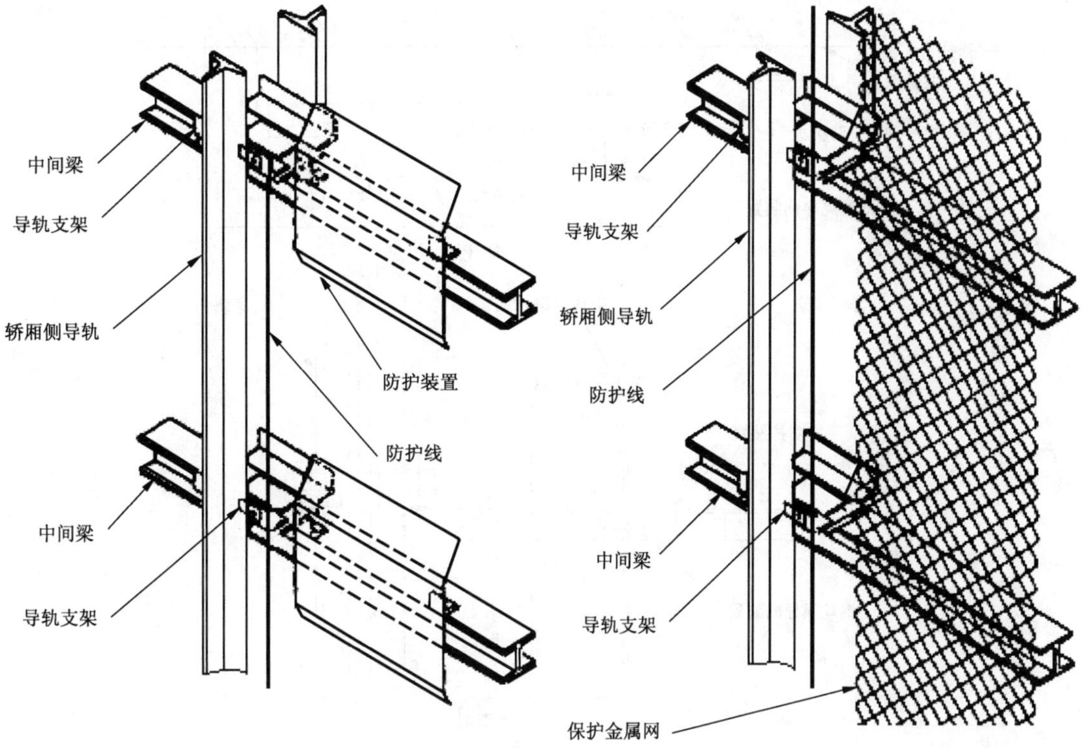

b） 针对轿厢侧导轨支架、中间隔梁的防护措施示例

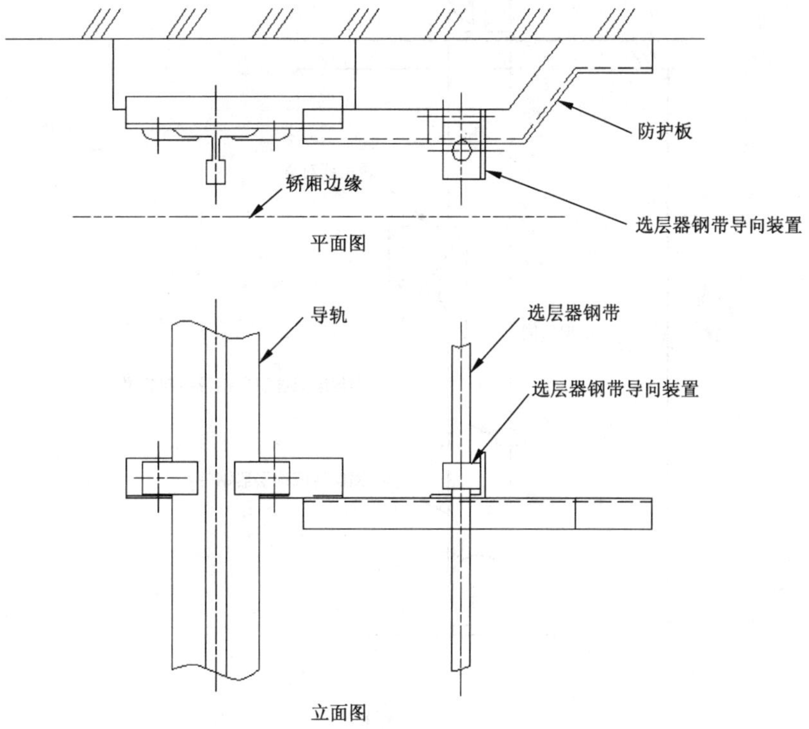

c） 针对选层器钢带导向装置的防护措施示例

图 1（续）

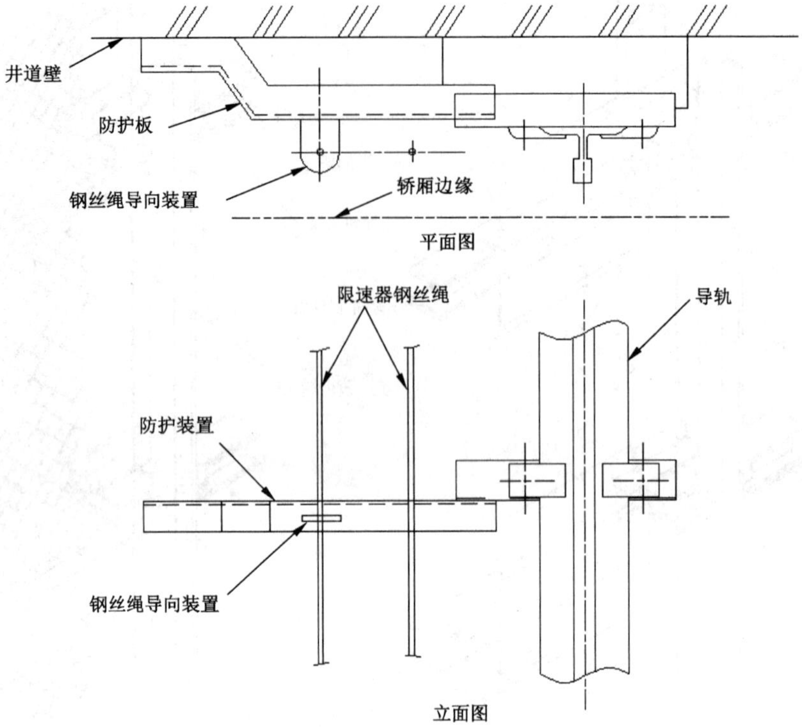

d） 针对限速器绳导向装置的防护装置示例

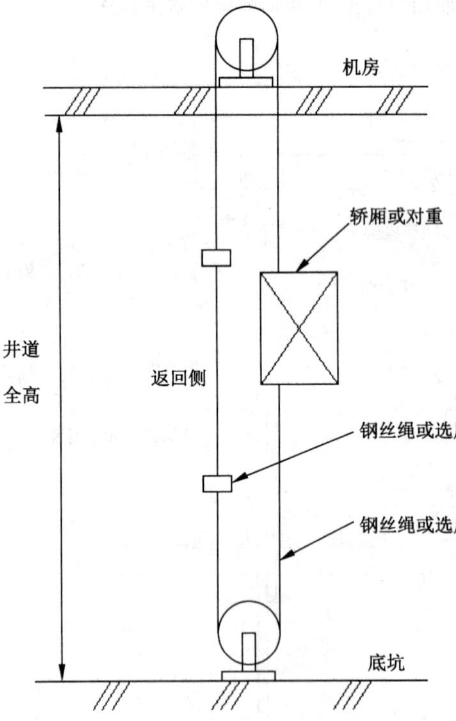

e） 限速器绳、选层器钢带导向装置示例

图 1（续）

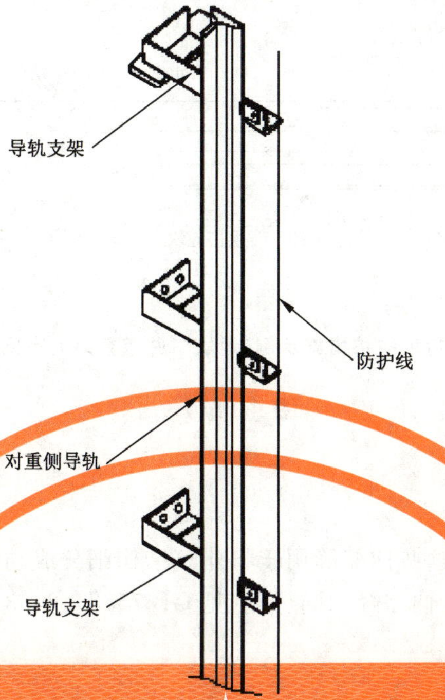

f） 对重侧导轨支架角部防护线示例

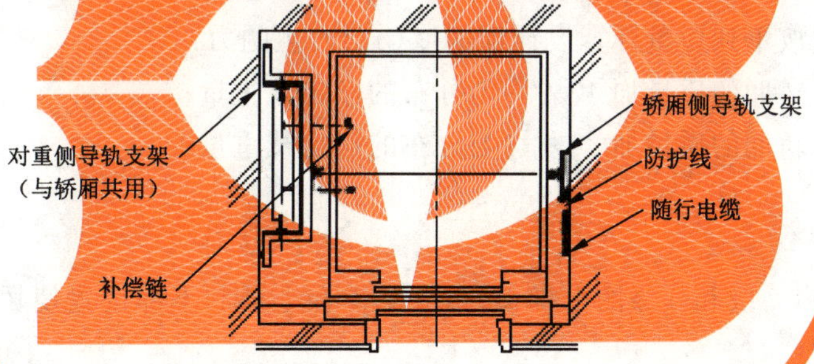

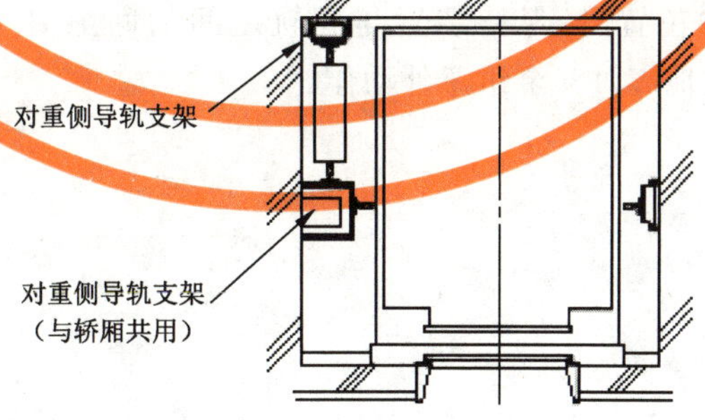

g） 对重侧导轨支架角部不需采取措施示例

图 1（续）

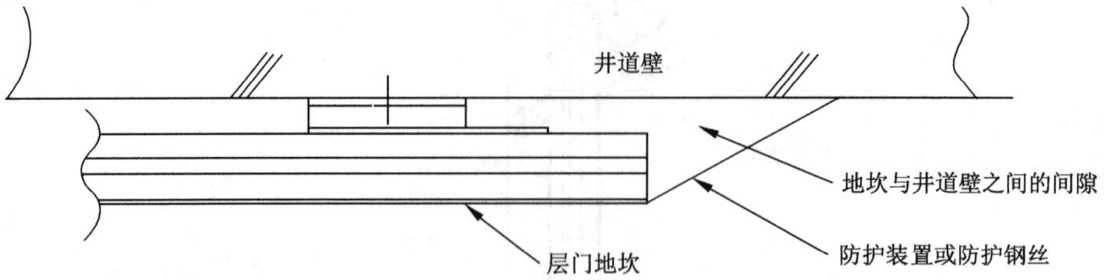

h） 层门地坎防护措施示例（地坎与井道壁之间有间隙时）

图 1（续）

5.3 机器设备与滑轮间

如果建筑物设计有伸缩缝，且这些伸缩缝用于将建筑结构细分成动态独立的单元，则电梯的所有机器设备包括层站入口和井道应位于伸缩缝的同一侧（见 GB 7588—2003 中 0.2.5 和 GB 21240—2007 中 0.2.5）。

5.4 轿厢

5.4.1 设计计算用轿厢总质量

电梯设计计算时，应按下列质量计算设计加速度（a_d）产生的力：

1） 对于乘客电梯，轿厢的质量加 40％均匀分布的额定载重量；

2） 对于载货电梯，轿厢的质量加 80％均匀分布的额定载重量。

5.4.2 轿厢保持装置

对于抗震电梯等级为 2 级和 3 级的电梯，轿架应至少在上部和下部设置使轿架保持在导轨上的保持装置。

这些保持装置应按与导靴类似的分布载荷方式安装。保持装置应与导靴是一体式的或靠近导靴安装。

当轿厢在导轨之间居中位置时，保持装置与导轨之间的间隙 d_1、d_2 和 d_3［见图 2a)］应不超过 5 mm。所选的尺寸不应导致地震时安全钳意外动作。

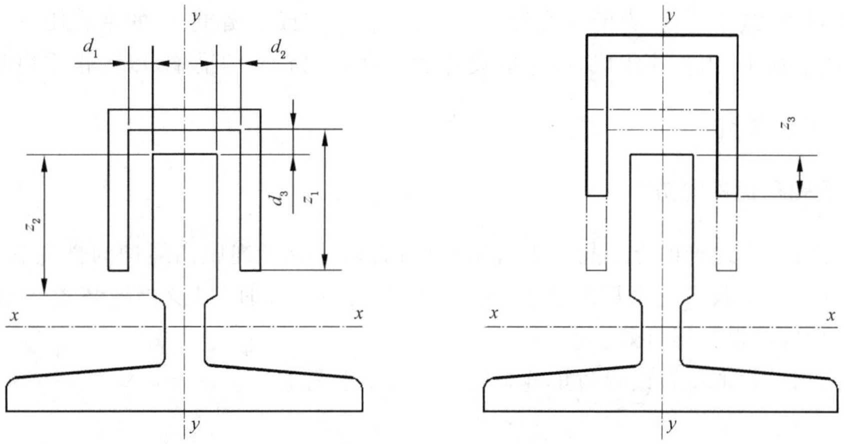

a) 保持装置的正常位置和间隙

b) 地震情况下保持装置的重叠长度

说明：

d_1——保持装置与导轨之间的间隙；

d_2——保持装置与导轨之间的间隙；

d_3——保持装置与导轨之间的间隙；

x ——导轨的 x 轴；

y ——导轨的 y 轴；

z_1——保持装置的深度；

z_2——导向面高度；

z_3——地震时保持装置与导轨导向面之间的重叠长度(≥5 mm)。

图 2 保持装置

为了避免保持装置与导轨附件或其他固定装置发生碰撞，应限制保持装置的深度 z_1，但是保持装置应有足够的深度，以保证地震期间保持装置与导轨侧导向面之间所需要的最小重叠长度。保持装置的深度也应与所选用导轨的许用挠度相匹配(见 5.8.2)。

地震发生时，保持装置与导轨侧导向面之间应保证最小 5 mm 的重叠长度[见图 2b)]。

轿厢结构和保持装置应足以承受施加在其上的载荷和力，包括由设计加速度(a_d)产生的力，且无永久变形。

5.4.3 轿门门锁装置

对于抗震电梯等级为 2 级和 3 级电梯，为防止轿门打开，轿门应设置一个轿门门锁装置，其设计和操作与 GB 7588—2003 和 GB 21240—2007 中 7.7.3.1、7.7.3.3 所述层门锁装置相类似。

5.5 对重(或平衡重)

对重(或平衡重)应在上部和下部设置使其框架保持在导轨上的保持装置。

这些保持装置应按与导靴类似的分布载荷方式安装，保持装置应与导靴是一体式的或靠近导靴安装。

保持装置与导轨之间的间隙 d_1、d_2 和 d_3[见图 2a)]不应超过 5 mm。d_1、d_2 和 d_3 所选的尺寸不应导致地震时安全钳(如果有)意外动作。

地震发生时，保持装置与导轨侧导向面之间应保证最小 5 mm 的重叠长度[见图 2b)]。

对重(或平衡重)结构和保持装置应足以承受施加在其上的载荷和力，包括由设计加速度(a_d)产生的力，且无永久变形。

保持装置和对重(或平衡重)架的强度计算应考虑其对重(或平衡重)块的垂直质量分布。

如果对重(或平衡重)由重块组成,应考虑设计加速度采取必要的措施,以防止重块脱离框架。

5.6 悬挂装置和补偿装置

5.6.1 曳引轮、滑轮和链轮的防护

应在离钢丝绳进、出绳槽的点不超过15°的位置设置防止钢丝绳脱离绳槽的挡绳装置,并且在包角范围内每间隔90°应至少设置一个挡绳装置。挡绳装置的强度、刚度以及挡绳装置与滑轮之间的间隙与钢丝绳直径相比应确保挡绳有效。

应在链条进、出链轮的位置设置防止链条脱离链轮的装置。

5.6.2 补偿链

在底坑中应设置补偿链或类似装置的导向装置,以限制其摆动,防止触及勾挂点。

5.7 防止液压油泄漏污染环境

液压电梯应设置符合GB 21240—2007中12.5.5要求的破裂阀。

安装液压泵站的位置和底坑应设计成防渗漏的,以防止设备泄漏或溢出的液压油造成污染。

5.8 导轨系统

5.8.1 总则

导轨、导轨接头和附件应符合GB 7588—2003和GB 21240—2007的要求,且应能承受设计加速度(a_d)产生的载荷和力。

如果设置了保持装置,则在导轨的验算时应以轿厢、对重(或平衡重)的保持装置作为支撑点。

注:附录D给出了导轨选择方法的实例。

5.8.2 地震发生时的许用应力和挠度

5.8.2.1 无保持装置

如果没有设置保持装置,考虑电梯系统施加的载荷和力,包括由设计加速度(a_d)产生的力,轿厢导轨系统的许用挠度应符合GB 7588—2003和GB 21240—2007的要求。

5.8.2.2 有保持装置

如果设置了保持装置,应满足下列要求:

导轨的安全系数应符合表3的规定。

表3 导轨的安全系数

延伸率(A_5)	安全系数
$A_5 \geqslant 12\%$	1.8
$8\% \leqslant A_5 < 12\%$	3.0

对于符合GB/T 22562的导轨,应采用表4中的数值。

表 4 许用应力 σ_{perm}

R_m(导轨的抗拉强度)/(N/mm²)	370	440	520
σ_{perm}(许用应力)/(N/mm²)	205	244	290

轿厢或对重(或平衡重)导轨沿 Y 方向的许用挠度应确保导轨侧导向面与保持装置之间的重叠长度不小于 5 mm[见图 2b)]。

轿厢或对重(或平衡重)导轨沿 X 方向(见图 3)的许用挠度应与 Y 方向的相同。

许用挠度应包括导轨及其固定支架和隔梁(如果有)的变形。

对于 T 型导轨,许用挠度(mm)(见图 2)按下式计算:

$$\delta_{perm} = z_1 - 2d_3 - 5$$

但不应大于 40 mm。

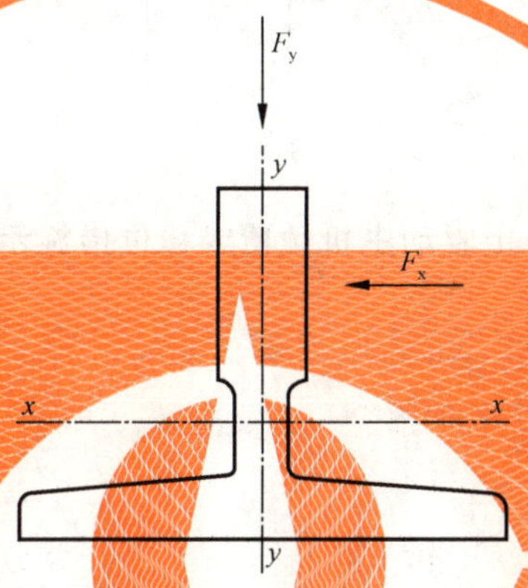

说明:

F_x ——在 x 轴方向上,导靴或保持装置作用在导轨上的力,N;

F_y ——在 y 轴方向上,导靴或保持装置作用在导轨上的力,N;

x ——导轨的 x 轴;

y ——导轨的 y 轴。

图 3 导轨的受力简图

5.9 机器设备

机器设备(包括控制柜和驱动系统、驱动主机、主开关、油缸和柱塞、紧急操作装置、滑轮、顶部梁及其支撑、绳端接装置、限速器、张紧轮以及补偿绳张紧装置)的设计和固定应能防止作用于其上的力[包括设计加速度(a_d)产生的力]使其倾覆或移位。

对于关键部件如驱动主机、控制柜的防倾覆或移位措施的示例见图 4、图 5。

液压电梯应优先采用软管,如果需要使用硬管,则应在每根硬管的端部使用软管连接。

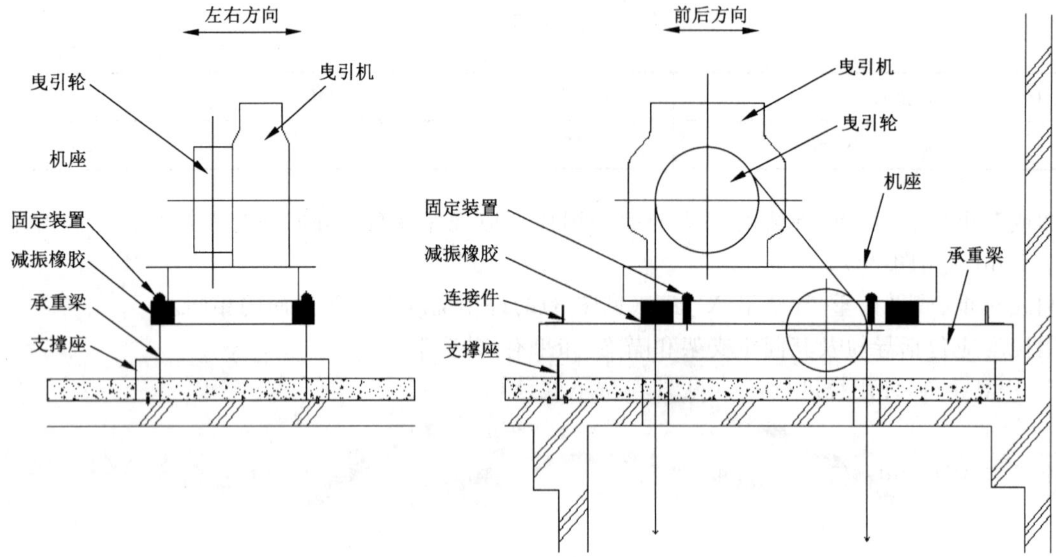

图 4　防止驱动主机倾覆或移位措施示例

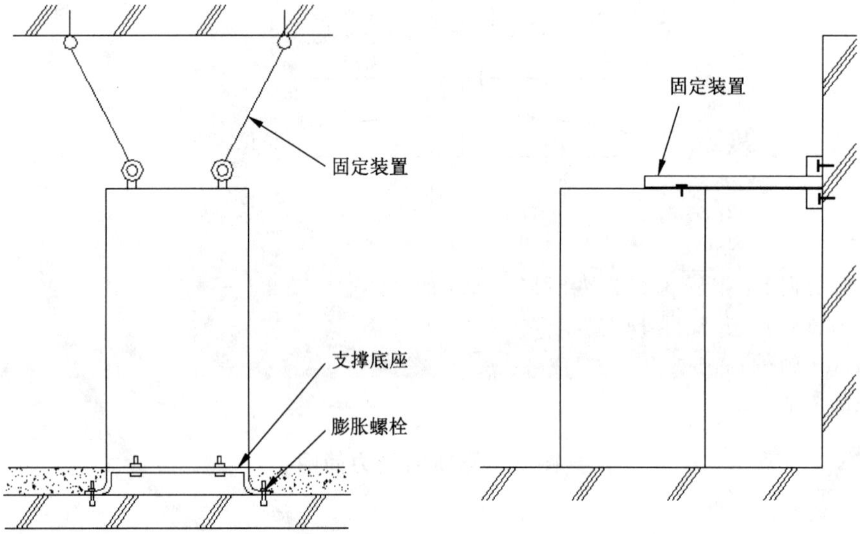

a）　利用上部楼板固定　　　　b）　利用墙壁固定

图 5　防止控制柜倾覆或移位措施示例

5.10　电气安装与电气设备

5.10.1　电梯井道中的电气安装

对于固定在井道中的平层开关装置或极限开关、感应板或类似装置，其设计和安装应确保它们能承受作用在其上的载荷和力，包括设计加速度(a_d)产生的力。此外，应设置上述装置的防护装置，防止井道内的绳和电缆摆动造成损坏。

5.10.2　正常电源发生故障时的电梯特性

对于抗震电梯等级为 2 级和 3 级的电梯，如果发生地震，正常电源发生故障时为了避免乘客被困在轿厢中,电梯应能使轿厢自动向上或向下移动至下一层站。

电梯在层站时应按下列方式操作:

a) 具有动力驱动的自动门的电梯,当停靠在层站时,应开门,退出服务并保持开门状态。

b) 具有手动门的电梯,当到达指定层站时,应使门解锁并退出正常服务。

GB 21240—2007 中 14.2.1.5 b)规定的电梯自动返回最低层站的功能应无效。

电梯在正常电源发生故障时,不应使下列任何装置失效:

——电气安全装置;

——检修运行控制(见 GB 7588—2003 和 GB 21240—2007 中 14.2.1.3);

——紧急电动运行控制(见 GB 7588—2003 中 14.2.1.4);

——消防电梯开关(见 GB 26465—2011 中 5.7)。

5.10.3 S 波地震探测系统

5.10.3.1 对于具有对重(或平衡重)的抗震电梯等级为 3 级的电梯,应设置 S 波地震探测系统。

5.10.3.2 如果 S 波地震探测系统专门用于向电梯传递地震信息则可设置在建筑物中最低的电梯底坑中、电梯机房内或无机房电梯的井道顶部。如果预期的设置位置有其他震动源,可选择设置在 S 波地震探测系统允许的其他位置(见引言的假定)。

5.10.3.3 S 波地震探测系统应符合下列要求:

a) 至少为水平方向两轴向的加速度探测;

b) 沿探测的任何方向(包括矢量)的地震触发阈值 $\leqslant 1.00\ m/s^2$;

c) 响应频率介于 0.5 Hz~10 Hz 之间;

d) 系统响应时间 $\leqslant$ 3 s(5.10.3.5);

e) 需要电源探测或输出的 S 波地震探测系统应进行周期性的自动测试,系统自动测试周期 $\leqslant$24 h(5.10.3.4);

f) 需要电源探测或输出的 S 波地震探测系统应设置紧急电源,紧急电源持续时间 $\geqslant$ 24 h (5.10.3.6);

g) 报警触发装置手动复位(5.10.3.7)。

5.10.3.4 有效性和诊断

电梯交付用户使用后,S 波地震探测系统应能持续有效。

如果 S 波地震探测系统的探测和输出需要电源,S 波地震探测系统和电梯控制装置之间的接口应每 24 h 进行一次自动测试。当检测到故障或 S 波地震探测系统与电梯控制装置之间的接口断开时,电梯应在下一次停靠层站后开门,退出服务并保持开门状态。

如果 S 波地震探测系统的探测和输出不需要电源,应提供 S 波地震探测系统的测试方法并每年至少进行一次测试。如果 S 波地震探测系统和电梯控制装置之间的接口断开,电梯应按 5.10.4 的方式操作。

5.10.3.5 系统响应时间

系统响应时间不应超过 3 s。系统响应时间是指地震波第一次超过设定的地震触发阈值与电梯切换到 5.10.4 中规定的地震模式之间所允许的最大时间。

5.10.3.6 紧急电源

即使电梯电源切换或发生故障,S 波地震探测系统的操作也不应失效。当使用紧急电源时,应能持续供电至少 24 h。

5.10.3.7 S 波地震探测系统的复位

应只有通过操纵手动复位装置,才能使 S 波地震探测系统复位并使电梯恢复到正常运行状态。

手动复位装置应设置在井道外,标记清晰。只有授权的人员(维修、检验和救援人员)才能操作,例如:设置在锁住的柜子内。

5.10.4 地震运行模式下的电梯特性

5.10.4.1 S波地震探测系统动作后，电梯应按下列方式操作：

a) 取消所有登记的轿厢和层站召唤指令，且不响应新的召唤指令；

b) 运行中的电梯应降低速度或停止后以不超过 0.3 m/s 的速度向远离对重(或平衡重)的方向继续运行到最近的层站；

c) 如果电梯在层站：

1) 具有动力驱动的自动门的电梯，应开门，退出服务并保持开门状态；

2) 具有手动门或动力操作的非自动门的电梯，应保持原状态，退出服务并使门保持在开锁状态。

电梯地震管制流程示例参见附录 E。

5.10.4.2 如果正常电源发生故障，电梯应按 5.10.2 的规定操作。

5.10.4.3 地震运行模式不应使下列任何装置失效：

a) 电气安全装置；

b) 检修运行控制(GB 7588—2003 和 GB 21240—2007 中 14.2.1.3)；

c) 紧急电动运行控制(GB 7588—2003 中 14.2.1.4)；

d) 消防电梯开关(GB 26465—2011 中 5.7)。

5.10.5 P 波探测系统

对于具有对重(或平衡重)的抗震电梯等级为 3 级的电梯，可按附录 C 设置 P 波探测系统。

6 安全要求和/或防护措施的验证

本章包含为验证第 5 章要求的安全措施是否存在和有效的方法。

表 5 验证表

条款	要求	抗震电梯等级	目测检验[a]	设计文件检查[b]	功能测试[c]	测量[d]
5.2	勾挂点的防护	1,2,3	×	×		×
5.3	位于伸缩缝同一侧的机械设备间和井道	1,2,3	×			
5.4.2	轿厢保持装置	2,3	×	×		×
5.4.3	轿门门锁装置	2,3	×	×	×	
5.5	对重(或平衡重)保持装置	1,2,3	×	×		×
5.6.1	曳引轮、滑轮和链轮的防护	1,2,3	×			×
5.6.2	补偿链	1,2,3	×			
5.7	防止液压油泄漏污染环境	1,2,3	×			
5.8	导轨系统	1,2,3	×	×		×
5.9	机器设备	1,2,3	×	×		
5.10.1	电梯井道中的电气安装	1,2,3	×	×		
5.10.2	正常电源发生故障时的电梯特性	2,3	×	×	×	

表 5（续）

条款	要求	抗震电梯等级	目测检验[a]	设计文件检查[b]	功能测试[c]	测量[d]
5.10.3	S 波地震探测系统	3	×	×	×	
5.10.4	地震运行模式下的电梯特性	3	×	×	×	
5.10.5	P 波探测系统(可选)	3	×	×	×	
第 7 章	使用信息	1,2,3	×	×		
附录 C(资料性附录)	P 波探测系统(可选)	3	×	×	×	

[a] 目测是通过对所提供的零部件进行目视检查以验证其必要的性能。
[b] 图纸或计算的检查验证所提供零部件的设计特性是否满足要求。
[c] 功能测试用于验证其功能是否满足要求。
[d] 测量检查是使用测量仪器验证特定限制条件下是否满足要求。相应的测量方法应与所应用的测试标准一起使用。

7 使用信息

制造商所提供的维护说明书应告知维护人员如何正确地对电梯进行定期检查的信息,尤其是抗震相关设备(如轿厢和对重架保持装置、S 波地震探测系统、勾挂点的防护)。

制造商所提供的维护说明书还应告知维护人员如何安全检查地震后电梯运行情况的信息,包括井道情况(如在复位 S 波地震探测系统并使电梯恢复正常运行前清理坠落物等)。

交付给建筑物业主的使用手册(用户文件)应说明地震发生时的电梯运行特性,以及维护和定期测试确保抗震设备正常工作的必要性。

制造商提供给业主的用户文件中应包括设计加速度(a_d)的信息。

附 录 A
（规范性附录）
抗震电梯等级

根据设计加速度(a_d)，将抗震电梯分成不同的等级。表 A.1 给出了抗震电梯等级。

表 A.1 抗震电梯等级

设计加速度 m/s^2	抗震电梯等级	备注
$a_d<1$	0	适用 GB 7588—2003 及 GB 21240—2007，不需要采取任何额外的防护措施
$1\leqslant a_d<2.5$	1	需要采取较少的防护措施
$2.5\leqslant a_d<4$	2	需要采取中等的防护措施
$a_d\geqslant 4$	3	需要采取充分的防护措施

附　录　B
（资料性附录）
设计加速度的计算

B.1　概述

设计加速度（a_d）是地面加速度、土层情况、非结构件的重要性系数和其他参数的函数。

电梯是非结构件。

设计加速度（a_d）可用下列公式计算：

$$a_d = S_a \left(\frac{\gamma_a}{q_a}\right) g_n$$

$$S_a = \alpha \cdot S \cdot \left[\frac{3\left(1+\frac{z}{H}\right)}{1+\left(1-\frac{T_a}{T_1}\right)^2} - 0.5\right]$$

公式中使用的符号：

a_d ——设计加速度，m/s^2；

g_n ——标准重力加速度 9.81 m/s^2；

S_a ——适用于非结构件的地震系数，无量纲；

γ_a ——非结构件的重要性系数（取值为 1；对于特殊安全用途的电梯，应增大该值，比如可取 1.5。特殊安全用途的电梯是指医院的电梯和类似应急服务的电梯），无量纲；

q_a ——非结构件的性能系数（取值为 2），无量纲；

α ——A 类土层的设计地面加速度（a_g）与重力加速度（g_n）的比值（$\alpha = a_g/g_n$，a_g 为根据GB 18306 查得当地的地震动峰值加速度），无量纲；

S ——土层放大系数。除非 GB 18306 或国家另有规定，土层放大系数（S）可按表 B.1 取值，无量纲；

T_a ——非结构件的固有振动周期（如果电梯不影响建筑物的固有振动周期，那么 $T_a = 0$；其他情况下，该值应根据计算增大），s；

T_1 ——建筑物沿相应方向的固有振动周期，s；

z ——高于地震作用面的非结构件的高度（基础或刚性地下室的顶部），m；

H ——从基础的顶部开始测量的建筑物高度，地面取值为 0，m；

地震系数（S_a）的数值不应取小于 $\alpha \cdot S$ 的值。

表 B.1　土层放大系数（*S*）

土层类别	土层剖面描述	S
A	岩石或岩石类的地质结构，包括上部不大于 5 m 的软土覆盖层	1.0
B	由非常密实的砂土、砂砾或非常硬的黏土组成的至少数十米厚的沉积层，其力学特性随深度逐渐增加	1.2
C	密实或中等密实的砂土、砂砾或硬黏土的深层沉积层，其厚度从数十米到几百米	1.15
D	从松散到中等密实的非黏土（有或没有软土层）或主要由软到硬的黏性土组成的沉积层	1.35
E	其上层是厚度为 5 m～20 m 剪切波速小于 360 m/s 的表面冲积层，其下层为剪切波速大于 800 m/s 的刚性材料	1.4

B.2 实例

本实例是为了演示设计加速度(a_d)的计算方法(见 B.1)。确定地震系数(S_a)和设计加速度(a_d)的公式参照 B.1。

表 B.2 参数取值示例

符号	数值	单位	描述
a_g	3.2	m/s^2	查得的地面加速度
α	0.326 2	—	a_g/g_n 的值,A 类土层的设计地面加速度(a_g)与重力加速度(g_n)的比值($\alpha=a_g/g_n$,a_g 为根据 GB 18306 查得当地的地震动峰值加速度),无量纲
S	1.15	—	土层放大系数
z	20	m	高于地震作用面(地基或坚固的基底)的电梯部分的高度
H	20	m	从基础或刚性基底的顶部测量的建筑物高度,取地基为 0
T_a	0	s	电梯部件固有振动周期的最大值
T_1	1	s	建筑物沿相应方向的固有振动周期
γ_a	1	—	非结构件的重要性系数
q_a	2	—	非结构件的性能系数
g_n	9.81	m/s^2	标准重力加速度

表 B.2 给出了典型的强震(a_g)区域的一幢中等高度(H)的建筑物的参数值。其结构件和非结构件的高度相同($z=H$),在该电梯不影响建筑物的固有振动周期($T_a=0$)的情况下,选择重要性系数(γ_a)和性能系数(q_a)。

利用上述取值计算得出的地震系数(S_a)和设计加速度(a_d)的最终结果是:

$S_a=0.937\ 8$

$a_d=4.6\ m/s^2$

查表 A.1,得出的抗震电梯等级是 3 级。

附 录 C
（资料性附录）
P 波探测系统

在抗震电梯等级为 3 级的电梯中，除 S 波地震探测系统外还可设置符合下列要求的 P 波探测系统：

——P 波触发阈值 ≤ 0.10 m/s^2；

——探测方向：铅垂方向；

——响应频率：1 Hz～10 Hz。

如果 P 波探测系统专门用于向电梯传递地震信息，则可设置在建筑物中最低的电梯底坑中。如果预期的设置位置有其他震动源，可选择设置在 P 波探测系统允许的其他位置（见引言的假定）。

如果设置了 P 波探测系统，则在触发了 P 波探测系统但未触发 S 波地震探测系统时，电梯应按下列方式操作：

a） 停靠在层站的电梯应保持原状态 60 s。在此期间，如果 S 波地震探测系统被地震信号触发，电梯应进入地震运行模式（见 5.10.4），否则电梯应自动切换到正常模式；

b） 运行中的电梯应降低速度或停止后以不大于 0.3 m/s 的速度向上或向下继续运行到最近的层站。到达层站后，具有动力操作的自动门的电梯应开门，并在启动地震待机模式后再持续 60 s；具有手动门或动力操作的非自动门的电梯应保持在开锁状态，并在启动地震待机模式后再持续 60 s。在此期间，如果 S 波地震探测系统被地震信号触发，电梯应进入地震运行模式（见 5.10.4），否则电梯应自动切换到正常模式。

P 波探测系统的触发不应使下列任何装置失效：

——电气安全装置；

——检修运行控制（GB 7588—2003 和 GB 21240—2007 中 14.2.1.3）；

——紧急电动运行控制（GB 7588—2003 中 14.2.1.4）；

——消防电梯开关（GB 26465—2011 中 5.7）。

附 录 D
（资料性附录）
导轨验算

D.1 概述

考虑轿厢和对重（或平衡重）设计加速度产生的冲击，本附录对 GB 7588—2003 和 GB 21240—2007 附录 G 导轨系统的计算的变化进行了说明。

D.2 额定载荷计算质量

在地震情况下，额定载荷计算质量应按以下公式计算：

$$Q_{SE}=k_{SE}\cdot Q$$

式中：

k_{SE} ——地震载荷系数（乘客电梯 $k_{SE}=0.4$；载货电梯 $k_{SE}=0.8$）；

Q ——额定载重量 kg；

Q_{SE}——地震情况下的额定载荷计算质量 kg。

D.3 地震力

D.3.1 基于设计加速度（a_d）的轿厢质量产生的地震力应按以下公式计算：

$$F_{SE}=a_d\cdot(P+k_{SE}\cdot Q)$$

式中：

a_d ——设计加速度，m/s^2；

P ——空轿厢以及由轿厢支撑的部件质量，如：部分随行电缆、补偿绳或补偿链（如果有）等，kg；

k_{SE} ——地震载荷系数（乘客电梯 $k_{SE}=0.4$；载货电梯 $k_{SE}=0.8$）；

Q ——额定载重量，kg；

F_{SE}——基于设计加速度（a_d）的轿厢质量产生的地震力，N。

D.3.2 基于设计加速度（a_d）的对重（或平衡重）产生的地震力应按以下公式计算：

$$F'_{SE}=a_d\cdot(P+q\cdot Q)$$

式中：

a_d ——设计加速度，m/s^2；

q ——平衡系数；

P ——空轿厢以及由轿厢支撑的部件质量，如：部分随行电缆、补偿绳或补偿链（如果有）等，kg；

F'_{SE} ——基于设计加速度（a_d）的对重或平衡重产生的地震力，N。

D.4 工况

应考虑表 D.1 所列的载荷、外力和工况。在地震条件下，可以仅考虑正常使用的运行工况。

表 D.1 不同工况下需考虑的载荷和外力

工况	载荷和外力	P	Q	G	F_S	F_K或F_C	M	WL	F_{SE}或F'_{SE}
正常使用	运行	+	+	+	—	—	+	+	+
	装卸载	+	—	—	+	—	+	+	—
安全装置动作	安全钳或类似装置	+	+	+	—	+	+	—	—
	破裂阀	+	+	—	—	—	+	—	—
注：M 是附加装置作用于一根导轨上的力，N。									

对于安装于建筑物外面且井道部分封闭的电梯，还应考虑风载荷（WL），其值可与建筑设计师商定。

对于对重或平衡重的导向力（G）的计算应考虑：

a） 质量产生的力的作用点；

b） 悬挂情况；和

c） 补偿绳或链（如果有）产生的力，及其是否张紧。

对于中心悬挂和导向的对重或平衡重，重力的作用点应考虑相对于其重心的偏差，水平断面上的偏心在宽度方向至少为5%，深度方向为10%。

D.5 冲击系数

在地震情况下，轿厢总质量（$P+Q_{SE}$）应乘以冲击系数 $k_2=1.2$。

D.6 加速度

加速度应按表 D.2 确定。

表 D.2 在地震情况下的加速度

y 轴的弯曲应力	$a_x=a_d$	$a_y=0$
x 轴的弯曲应力	$a_x=0$	$a_y=a_d$

D.7 质量的垂直分布

应考虑轿厢和对重（或平衡重）的质量的垂直分布。应采用以下公式计算导靴或保持装置的载荷率。

$$X_{SE}=\max\left[\frac{Z_{SE}}{h},\frac{(h-Z_{SE})}{h}\right]$$

式中：

Z_{SE}——地震力 F_{SE}或 F'_{SE}的作用点与底部保持装置在 Z 方向上的距离，地震力 F_{SE}或 F'_{SE}的作用点是指轿厢（含载荷 Q_{SE}）、对重或平衡重的重心，m；

h ——导靴或保持装置之间的距离，m；

X_{SE}——导靴或保持装置的载荷率。

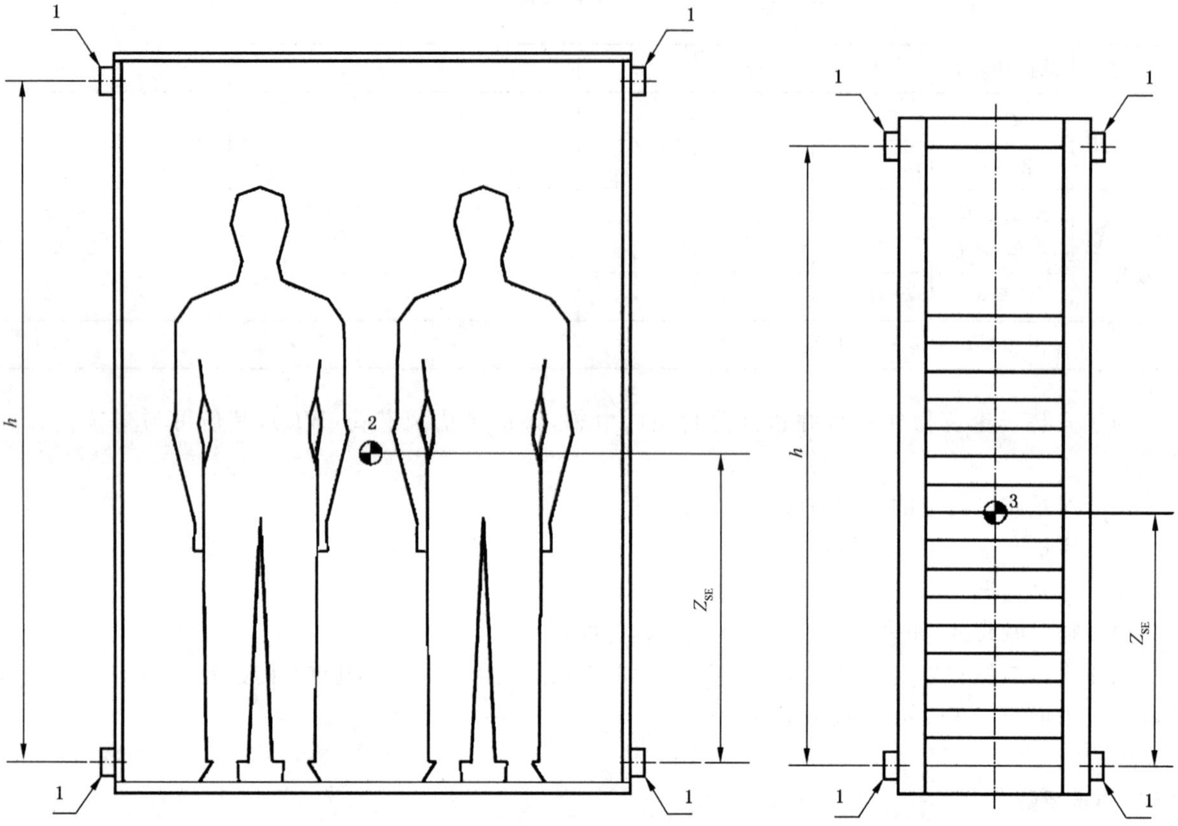

说明：

1 ——导靴或保持装置；

2 ——轿厢重心(根据质量 Q_{SE} 计算确定)；

3 ——对重或平衡重的重心；

h ——导靴或保持装置之间的距离；

Z_{SE}——保持装置到重心的距离。

图 D.1 参数示意图

D.8 轿厢导轨弯曲力

在地震情况下，轿厢导轨的弯曲力应按以下公式计算：

a) 导轨 y 轴的弯曲力：

$$F_x=\frac{k_2 \cdot g_n[Q_{SE}(x_Q-x_S)+P \cdot (x_P-x_S)]}{n \cdot h}+\frac{a_x \cdot (P+Q_{SE}) \cdot X_{SE}}{n}$$

b) 导轨 x 轴的弯曲力：

$$F_y=\frac{k_2 \cdot g_n[Q_{SE}(y_Q-y_S)+P \cdot (y_P-y_S)]}{\frac{n}{2} \cdot h}+\frac{a_y \cdot (P+Q_{SE}) \cdot X_{SE}}{\frac{n}{2}}$$

D.9 对重(或平衡重)导轨的弯曲力

在地震情况下，对重(或平衡重)导轨的弯曲力应按以下公式计算：

a） 导轨 y 轴的弯曲力：

$$F_x=\frac{k_2 \cdot g_n(P+q \cdot Q) \cdot e_x \cdot D_x}{n \cdot h}+\frac{a_x \cdot (P+qQ) \cdot X_{SE}}{n}$$

b） 导轨 x 轴的弯曲力：

$$F_y=\frac{k_2 \cdot g_n(P+q \cdot Q) \cdot e_y \cdot D_y}{\frac{n}{2} \cdot h}+\frac{a_y \cdot (P+qQ) \cdot X_{SE}}{\frac{n}{2}}$$

式中：

e_x ——在 x 轴方向上重力作用点的偏心率为 10%；

e_y ——在 y 轴方向上重力作用点的偏心率为 5%；

D_x ——对重(或平衡重)x 轴方向的尺寸；

D_y ——对重(或平衡重)y 轴方向的尺寸；

n ——导轨的数量。

附 录 E
(资料性附录)
电梯地震管制流程示例

S 波地震探测系统动作后,一般电梯与消防电梯地震管制流程的示例分别如图 E.1 和图 E.2 所示。根据功能需求和所使用的 S 波地震探测系统,可在符合 5.10.4 的前提下设置不同的地震管制流程。

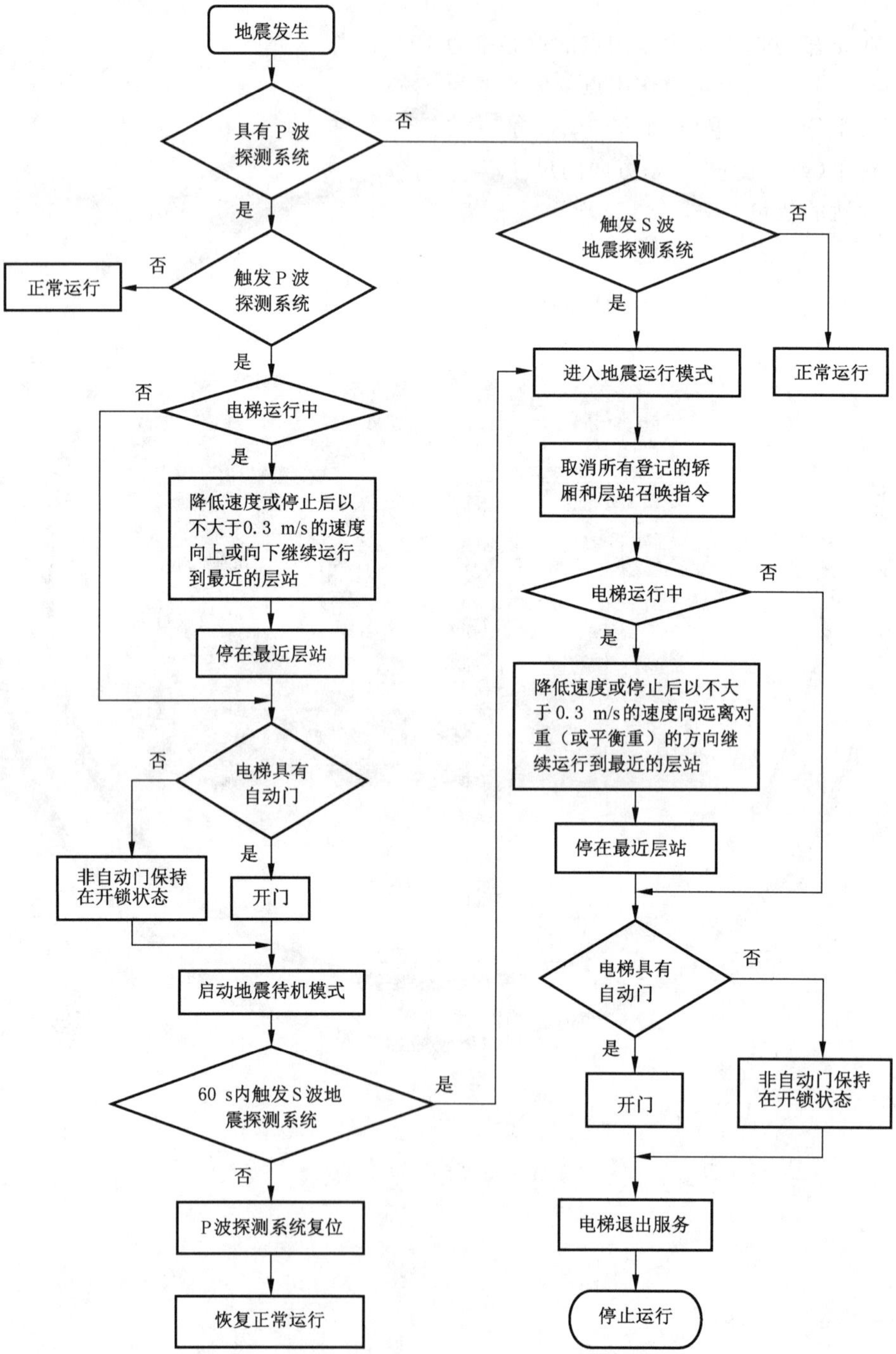

图 E.1 一般电梯地震管制流程图示例

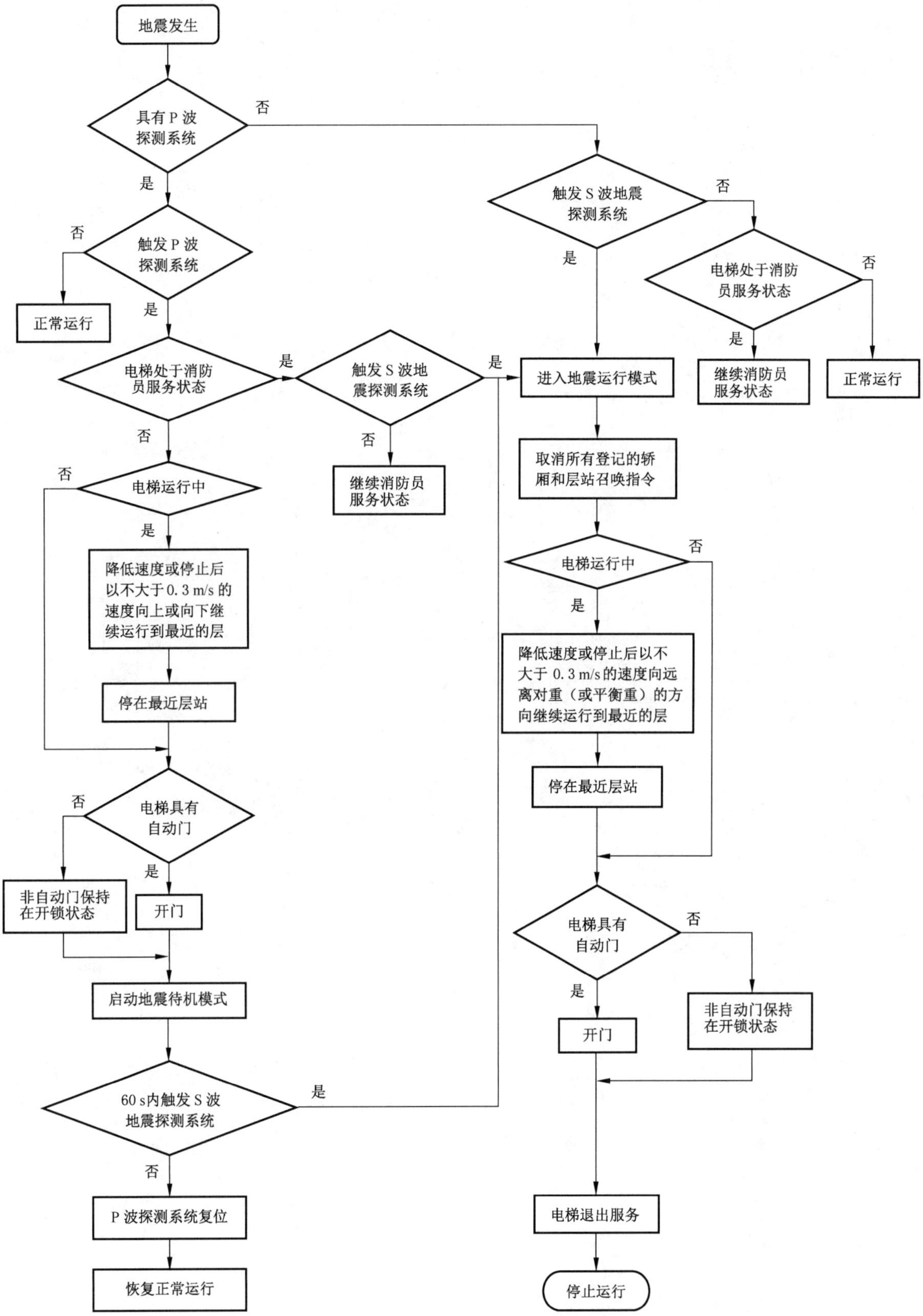

图 E.2 消防电梯地震管制流程图示例

ICS 73.040
D 20

中华人民共和国国家标准

GB/T 31096—2014

燃煤助燃剂技术条件

Specifications of coal combustion-aid additives

2014-12-22 发布　　2015-06-01 实施

中华人民共和国国家质量监督检验检疫总局
中国国家标准化管理委员会　发布

前　言

本标准按照 GB/T 1.1—2009 给出的规则起草。

本标准由中国煤炭工业协会提出。

本标准由全国煤炭标准化技术委员会(SAC/TC 42)归口。

本标准起草单位:煤炭科学研究总院北京煤化工研究分院、煤炭工业节能技术服务中心。

本标准主要起草人:连进京、朱川、刘明锐。

燃煤助燃剂技术条件

1 范围

本标准规定了燃煤助燃剂的性能要求、试验方法、检验规则和运输及贮存等要求。

本标准适用于各类燃煤助燃剂产品。

2 规范性引用文件

下列文件对于本文件的应用是必不可少的。凡是注日期的引用文件，仅注日期的版本适用于本文件。凡是不注日期的引用文件，其最新版本(包括所有的修改单)适用于本文件。

GB/T 6679 固体化工产品采样通则

GB/T 6680 液体化工产品采样通则

GB/T 31097 燃煤助燃剂助燃效果评价方法

SH 0164 石油产品包装、贮运及交货验收规则

3 术语和定义

下列术语和定义适用于本文件。

3.1

残碳率 rate of residual carbon

煤在燃烧后残留在残渣中的碳的质量分数，以%表示。

3.2

燃煤助燃剂 coal combustion-supporting additives

能够改善煤燃烧性能，降低残碳率，不带来新污染源的一类添加物质。

3.3

残碳差值 carbon residual difference

煤在相同燃烧条件下添加助燃剂前后残碳率的差值。

4 产品技术要求和试验方法

4.1 产品形态

燃煤助燃剂产品形态主要分固态、液态(含水溶性和油性)。

4.2 技术要求和试验方法

燃煤助燃剂产品性能评价的技术要求和试验方法应符合表1的规定。

表 1　产品性能评价的技术要求和试验方法

项目	符号	单位	级别	技术要求	试验方法
残碳差值	ΔC_{T1}	%	Ⅰ级	$\Delta C_{T1} \geqslant 4.00$	GB/T 31097
			Ⅱ级	$2.00 \leqslant \Delta C_{T1} < 4.00$	
			Ⅲ级	$\Delta C_{T1} < 2.00$	
	ΔC_{T2}	%	Ⅰ级	$\Delta C_{T2} \geqslant 4.00$	
			Ⅱ级	$2.00 \leqslant \Delta C_{T2} < 4.00$	
			Ⅲ级	$\Delta C_{T2} < 2.00$	
	ΔC_{T3}	%	Ⅰ级	$\Delta C_{T3} \geqslant 4.00$	
			Ⅱ级	$2.00 \leqslant \Delta C_{T3} < 4.00$	
			Ⅲ级	$\Delta C_{T3} < 2.00$	
	ΔC_{T4}	%	Ⅰ级	$\Delta C_{T4} \geqslant 4.00$	
			Ⅱ级	$2.00 \leqslant \Delta C_{T4} < 4.00$	
			Ⅲ级	$\Delta C_{T4} < 2.00$	

注：$T1$、$T2$、$T3$、$T4$ 分别为所评价煤种的第一、第二、第三、第四燃烧终温温度值。

4.3　其他要求

添加燃煤助燃剂后的煤样应符合相应的用煤质量要求。

5　质量检验和验收

5.1　燃煤助燃剂样品的采取

固体助燃剂样品按 GB/T 6679 的规定采取。水溶性助燃剂、油性助燃剂按 GB/T 6680 的规定采取。

5.2　样品制备

燃煤助燃剂的添加量及添加方式按产品说明书进行，添加燃煤助燃剂的试验样品按 GB/T 31097 的规定制备。

5.3　出厂检验

产品出厂前应由质量检验部门检验，在检验合格并出具合格证后，方可出厂。

5.4　产品验收

产品的验收按买卖双方合同约定。发生质量争议时，应由依法设立和授权的质量检验部门对产品进行检验。

6　标识、包装、运输和贮存

燃煤助燃剂的标识、包装、运输和贮存应满足以下要求：

a) 燃煤助燃剂的生产、运输、贮存和使用应符合国家安全生产相关规定；
b) 固态产品需密封包装，水溶性、油性产品应依据 SH 0164 要求进行包装；
c) 每件包装物上应有包含生产厂名称、产品名称、批号、级别和净重等标识；
d) 包装好的每批产品均应附质量合格证；
e) 产品在运输和贮存过程中应防止雨淋和粉尘污染，远离热源。

ICS 73.040
D 20

中华人民共和国国家标准

GB/T 31097—2014

燃煤助燃剂助燃效果评价方法

Performance evaluation of coal combustion-aid additives for coal

2014-12-22 发布 2015-06-01 实施

中华人民共和国国家质量监督检验检疫总局
中国国家标准化管理委员会 发布

前　言

本标准按照 GB/T 1.1—2009 给出的规则起草。

本标准由中国煤炭工业协会提出。

本标准由全国煤炭标准化技术委员会(SAC/TC 42)归口。

本标准起草单位：煤炭科学研究总院北京煤化工研究分院、煤炭工业节能技术服务中心。

本标准主要起草人：朱川、姜英、邵徇、连进京、丁华、盛明。

燃煤助燃剂助燃效果评价方法

1 范围

本标准规定了燃煤助燃剂助燃效果评价方法的原理、试剂和材料、仪器设备、试验步骤、评价指标、结果计算及重复性等。

本标准适用于褐煤、烟煤和无烟煤添加助燃剂后助燃效果的评价。

2 规范性引用文件

下列文件对于本文件的应用是必不可少的。凡是注日期的引用文件，仅注日期的版本适用于本文件。凡是不注日期的引用文件，其最新版本（包括所有的修改单）适用于本文件。

GB/T 212 煤的工业分析方法

GB 474 煤样的制备方法

GB/T 476 煤中碳和氢的测定方法

GB/T 6425—2008 热分析术语

3 术语和定义

下列术语和定义适用于本文件。

3.1

残碳率 rate of residual carbon

煤在燃烧后残留在残渣中的碳的质量分数，以%表示。

3.2

燃煤助燃剂 coal combustion-aid additives

能够改善燃煤燃烧性能，降低残碳率，不带来新污染源的一类添加物质。

3.3

助燃效果 combustion-aid effect

添加助燃剂的煤燃烧后，残碳产率值的降低程度。

3.4

燃烧终温 terminal temperature of combustion

煤在程序升温实验条件下设定的最高燃烧温度。

3.5

残碳差值 carbon residual difference

煤在相同燃烧条件下添加助燃剂前后残碳率的差值。

3.6

基线 baseline

无试样存在时产生的信号测量轨迹。

[GB/T 6425—2008，定义 3.5.3.1]

4 方法提要

煤样在低于完全燃烧温度的高温下燃烧，在同一燃烧终温下，根据添加助燃剂前后煤样燃烧的残碳率计算残碳差值，并以残碳差值作为评价助燃剂助燃效果的指标。其中，燃烧试验在热重分析仪上进行，煤样燃烧的残碳率由元素分析仪测定。

5 试剂

5.1 氩气：纯度为 99.9%，含氧量小于 0.01%。

5.2 空气：纯度为 99.9%，含氩量小于 1%。

6 仪器设备

6.1 热重分析仪(TA)，称量精度 0.000 1 g；程序升温速率 β 能达到 5 ℃/min～50 ℃/min 的范围；温度 25 ℃～1 400 ℃，控温精度为±2 ℃。

6.2 元素分析仪，碳的检测范围 1%～100%，精度为±0.5%。

6.3 石英坩埚，直径 20 mm，高 6 mm。

6.4 铁盘，400 mm×600 mm。

6.5 样品勺。

6.6 喷壶，体积 6 mL。

6.7 注射器：体积 1 mL；针头：5 号。

7 试验步骤

7.1 试样准备

7.1.1 煤样的制备

按 GB 474 将试验用煤逐级破碎制备粒度小于 3 mm 样品，使其达到空气干燥状态。取其中(4±0.1)kg 采用二分器平分为两份，平铺于铁盘中，编号待用。

7.1.2 助燃剂掺混

按照助燃剂产品使用说明或用户要求确定助燃剂添加比例。

7.1.2.1 固体助燃剂

使用样品勺使经研磨的固体助燃剂均匀分散在 7.1.1 中一份平铺煤样的表面上，待空气平衡后装袋并持续摇晃 10 min；7.1.1 中另一份煤样作为对照组装袋。

7.1.2.2 水溶性助燃剂

使用喷壶使经蒸馏水溶解、稀释 5 倍的助燃剂均匀喷洒在 7.1.1 中一份平铺煤样的表面上，待空气平衡后装袋并持续摇晃 10 min；7.1.1 中另一份原煤样喷洒等体积量的水分作为对照组装袋。

7.1.2.3 油性助燃剂

使用注射器使油性类助燃剂液滴均匀分散在7.1.1中一份平铺煤样的表面上，分散同时使用样品勺不停地搅拌，待煤样空气平衡后装袋并持续摇晃10 min;7.1.1中另一份煤样作为对照组装袋。

7.1.3 评价用样品的制备

将7.1.2中添加助燃剂前后的两份样品均破碎至粒度小于1 mm，使其达到空气干燥状态。缩分(100±1)g制成小于0.2 mm的分析样，装袋编号待用。

7.2 试验步骤

7.2.1 确定燃烧终温

7.2.1.1 设定热重分析仪(见6.1)的升温程序：初始温度：30 ℃；升温速率：30 ℃/min；进气流量：氩气(Ar)10 mL/min，空气150 mL/min；终温：1 300 ℃。

7.2.1.2 在空坩埚条件下按仪器的操作规程启动仪器，完成试验用基线。

7.2.1.3 待仪器温度下降至30 ℃以下时，调取7.2.1.2中的基线，并称取7.1.3中未添加助燃剂的煤样(0.250±0.001)g，称准至0.000 02 g平摊在坩埚中。

7.2.1.4 按仪器的操作规程启动仪器，完成终温为1 300 ℃的样品燃烧试验，保存燃烧曲线。

7.2.1.5 按照附录A的方法，根据7.2.1.4中的燃烧曲线确定燃煤助燃剂评价用燃烧终温 $T1$、$T2$、$T3$、$T4$。

7.2.2 原煤残碳测试

7.2.2.1 设定热重分析仪的升温程序：初始温度：30 ℃；升温速率：30 ℃/min；进气流量：氩气(Ar)10 mL/min，空气150 mL/min；终温：$T1$。降温过程切换空气流量为氩气(Ar)20 mL/min以保护残渣至常温。

7.2.2.2 在空坩埚条件下按仪器的操作规程启动仪器，完成试验用基线。

7.2.2.3 待仪器温度下降到30 ℃以下时，调取7.2.2.2中的基线，称取7.1.3中未添加助燃剂的煤样(0.250±0.001)g，称准至0.000 02 g平摊在坩埚中。

7.2.2.4 按仪器的操作规程启动仪器，完成终温为 $T1$ 的原煤燃烧试验。

7.2.2.5 待仪器温度下降到30 ℃以下时，收集原煤残渣。

7.2.2.6 按照GB/T 476测定7.2.2.5中原煤残渣碳含量，记为 $C_{\mathrm{d},T1(\text{原煤残渣})}$。

7.2.2.7 按照7.2.2的试验步骤继续完成 $C_{\mathrm{d},T2(\text{原煤残渣})}$、$C_{\mathrm{d},T3(\text{原煤残渣})}$、$C_{\mathrm{d},T4(\text{原煤残渣})}$ 的测试试验。

7.2.3 煤样添加助燃剂后的残碳测试

7.2.3.1 待仪器温度下降到30 ℃以下时，调取7.2.2.2中的基线，称取7.1.3中添加助燃剂后的煤样(0.250±0.001)g，称准至0.000 02 g平摊在坩埚中。

7.2.3.2 按仪器的操作规程启动仪器，完成终温为 $T1$ 的添加助燃剂后煤样的燃烧试验。

7.2.3.3 待仪器温度下降到30 ℃以下时，收集添加助燃剂后煤样燃烧的残渣。

7.2.3.4 按照GB/T 476测定7.2.3.3中残渣碳含量，记为 $C_{\mathrm{d},T1(\text{助燃剂残渣})}$。

7.2.3.5 按照7.2.3的试验步骤继续完成 $C_{\mathrm{d},T2(\text{助燃剂残渣})}$、$C_{\mathrm{d},T3(\text{助燃剂残渣})}$ 和 $C_{\mathrm{d},T4(\text{助燃剂残渣})}$ 的测试试验。

8 效果助燃评价指标与结果计算

8.1 评价指标

以不同燃烧终温下的残碳差值作为助燃剂效果评价指标，符号记为 ΔC_{Ti}，$i=1,2,3,4$。

8.2 结果计算

残碳差值的计算，见式(1)：

$$\Delta C_{Ti} = C_{d,Ti(原煤残渣)} - C_{d,Ti(助燃剂残渣)} \qquad (1)$$

式中：

Ti ——样品燃烧终温，单位为摄氏度(℃)；$i=1,2,3,4$；

ΔC_{Ti} ——终温为 Ti 时的残碳差值，%；

$C_{d,Ti(原煤残渣)}$ ——终温为 Ti 时的原煤残渣中碳元素含量，%；

$C_{d,Ti(助燃剂残渣)}$ ——终温为 Ti 时的添加助燃剂后残渣碳元素含量，%。

9 精密度

燃煤助燃剂效果评价的精密度如表1规定。

表1 燃煤助燃剂效果评价的精密度

指标/%	重复性限/%
$C_{d,T}$	0.50
ΔC_T	1.00

10 试验报告

燃煤助燃剂效果评价试验报告具体形式参见附录B。

附 录 A
(资料性附录)
终温温度值确定方法

A.1 燃烧曲线图绘制

按照7.2.1的规定进行完成1 300 ℃下样品的燃烧实验,保存生成的燃烧曲线,样品A的燃烧曲线如图A.1所示,从图A.1中可读出样品燃烧剩余百分数(α_T)与温度 T 的关系。

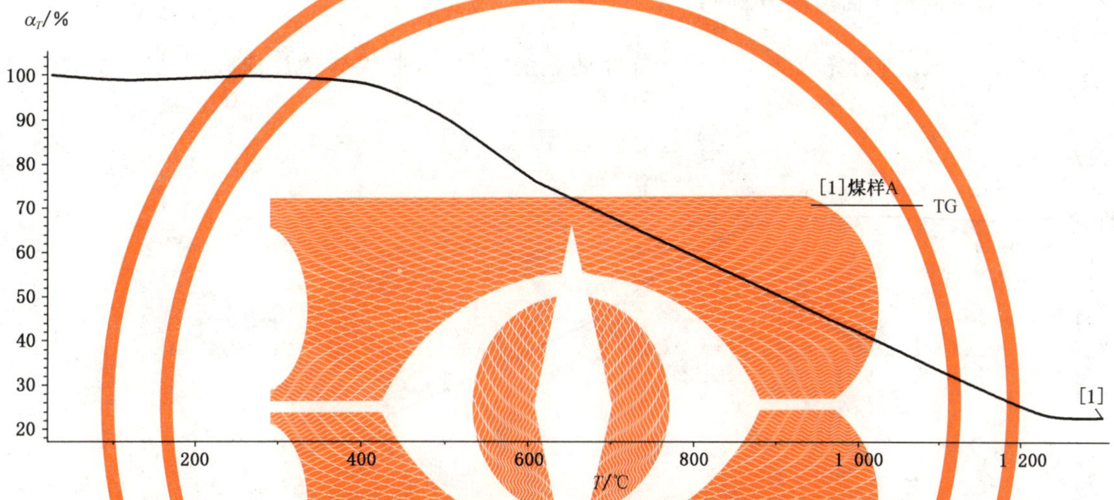

图 A.1 1 300 ℃下样品燃烧曲线

A.2 燃烧终温参考值(Tb)计算

以空干基灰分(A_d)的1.11倍作为确定燃烧温度的剩余百分数参考值,计算公式见式(A.1):

$$\alpha_{Tb} = 1.11A_{ad} \tag{A.1}$$

式中:

α_{Tb}——温度为 Tb 时的样品燃烧剩余百分数,%;

A_{ad}——试验煤样灰分空干基值。

根据图A.1中 α_T 与温度的关系,由计算出的 α_{Tb} 值读取对应温度点 Tb。

A.3 燃烧终温计算

根据 Tb 确定燃烧终温,接近 Tb 且为50整数倍的温度点作为第一个燃烧终温温度点($T1$):

当 $T1$ 大于850 ℃,依次递减50 ℃作为第二($T2$)、第三($T3$)、第四($T4$)燃烧终温温度点;

当 $T1$ 小于850 ℃,依次递减20 ℃作为第二($T2$)、第三($T3$)、第四($T4$)燃烧终温温度点。

A.4 示例

A.4.1 灰分(A_d)测试

将试验煤样A、B、C按照GB/T 212的规定进行灰分测试,结果见表A.1。

表 A.1 试验煤样灰分(A_d)测试结果

试验煤样	煤样 A	煤样 B	煤样 C
灰分(A_d)/%	22.72	38.36	36.21

A.4.2 1 300 ℃下的燃烧曲线图绘制

按照7.2.1的规定进行完成1 300 ℃下样品的燃烧实验,试验煤样燃烧曲线图见图A.2、图A.3、图A.4。

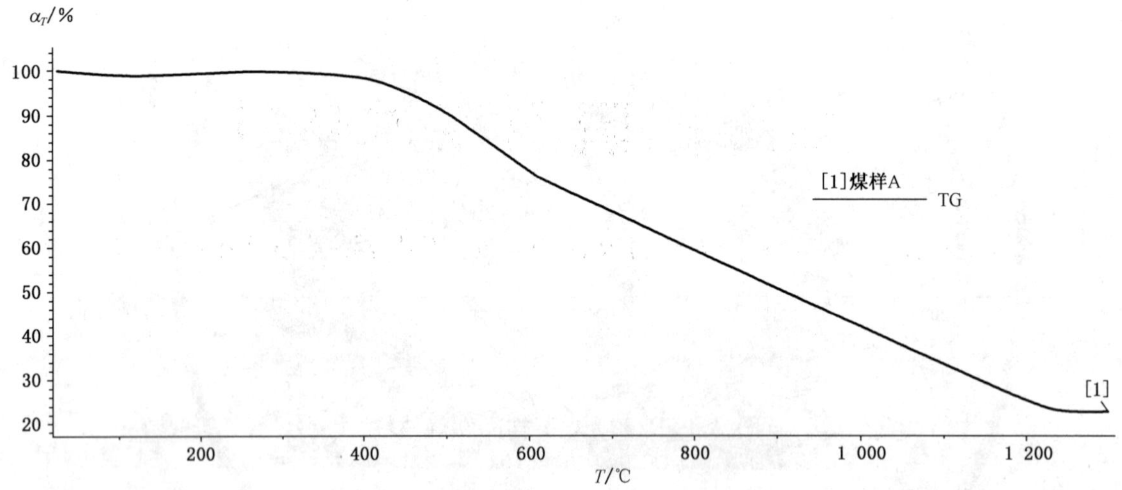

图 A.2 煤样 A 在 1 300 ℃燃烧曲线

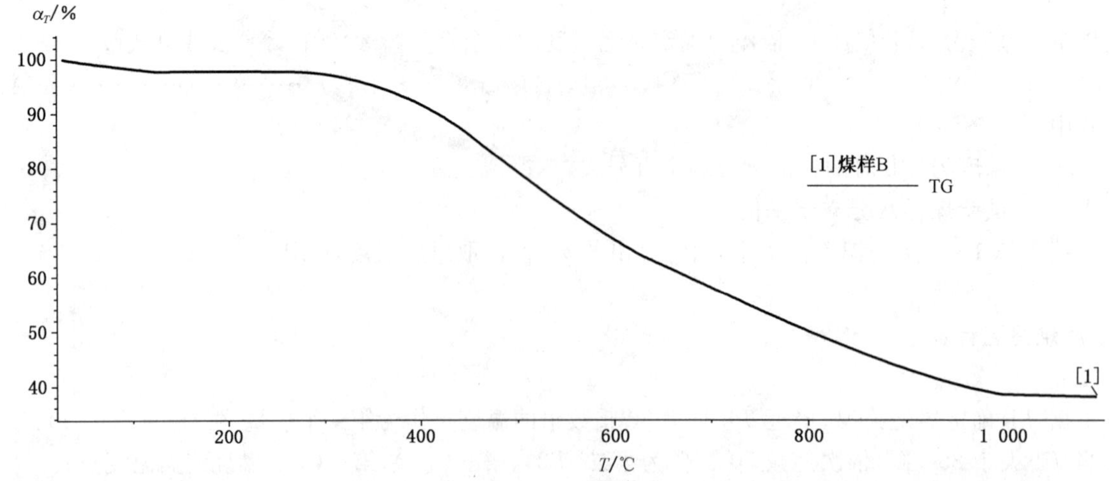

图 A.3 煤样 B 在 1 300 ℃燃烧曲线

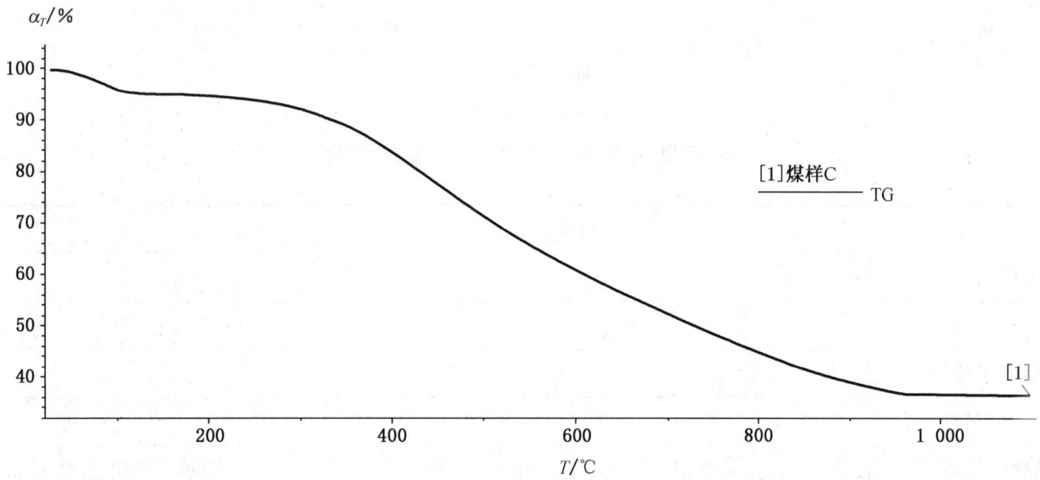

图 A.4 煤样 C 在 1 300 ℃燃烧曲线

A.4.3 燃烧终温确定

A.4.3.1 煤样 A

煤样 A 的 A_{ad} 为 22.72%，乘以 1.11 后 α_{Tb} 为 25.22%，从图 A.3 中可读出 Tb 为 1 214.6 ℃，因此 1 200 ℃ 作为煤样 A 的第一燃烧终温温度值($T1$)，1 150 ℃、1 100 ℃、1 050 ℃分别为第二($T2$)、第三($T3$)、第四($T4$)燃烧终温温度值点。

A.4.3.2 煤样 B

煤样 B 的 A_{ad} 为 38.36%，乘以 1.11 后 α_{Tb} 为 42.58%，从图 A.4 中可读出 Tb 为 934.5 ℃，因此 950 ℃ 作为煤样 B 的第一燃烧终温温度值($T1$)，900 ℃、850 ℃、800 ℃分别作为第二($T2$)、第三($T3$)、第四($T4$)燃烧终温温度值点。

A.4.3.3 煤样 C

煤样 C 的 A_{ad} 为 36.21%，乘以 1.11 后 α_{Tb} 为 40.19%，从图 A.5 中可读出 Tb 为 861.3 ℃，因此 850 ℃ 作为煤样 C 的第一燃烧终温温度值($T1$)，830 ℃、810 ℃、790 ℃分别作为第二($T2$)、第三($T3$)、第四($T4$)燃烧终温温度值点。

附　录　B
（资料性附录）
燃煤助燃剂效果评价试验报告示例

<table>
<tr><td colspan="5">检测基本信息</td></tr>
<tr><td>送样日期</td><td colspan="4"></td></tr>
<tr><td>委托单位</td><td colspan="4"></td></tr>
<tr><td>检测单位</td><td colspan="4"></td></tr>
<tr><td>助燃剂名称</td><td></td><td colspan="2">助燃剂主要成分</td><td></td></tr>
<tr><td>助燃剂类型</td><td>□固体助燃剂</td><td colspan="2">□油性助燃剂</td><td>□水溶性助燃剂</td></tr>
<tr><td>检测仪器型号</td><td>STA 449 F3</td><td colspan="2">坩埚类型</td><td>石英坩埚</td></tr>
<tr><td>试验煤种</td><td></td><td colspan="2">试验煤种产地</td><td></td></tr>
<tr><td colspan="5">燃煤助燃剂效果评价指标</td></tr>
<tr><td>燃烧终温/℃</td><td>$T1$</td><td>$T2$</td><td>$T3$</td><td>$T4$</td></tr>
<tr><td>$C_{d,T(原煤残渣)}$/%</td><td></td><td></td><td></td><td></td></tr>
<tr><td>$C_{d,T(助燃剂残渣)}$/%</td><td></td><td></td><td></td><td></td></tr>
<tr><td></td><td></td><td></td><td></td><td></td></tr>
</table>

试验时间：　　　　　　　　试验：　　　　　　　　审核：

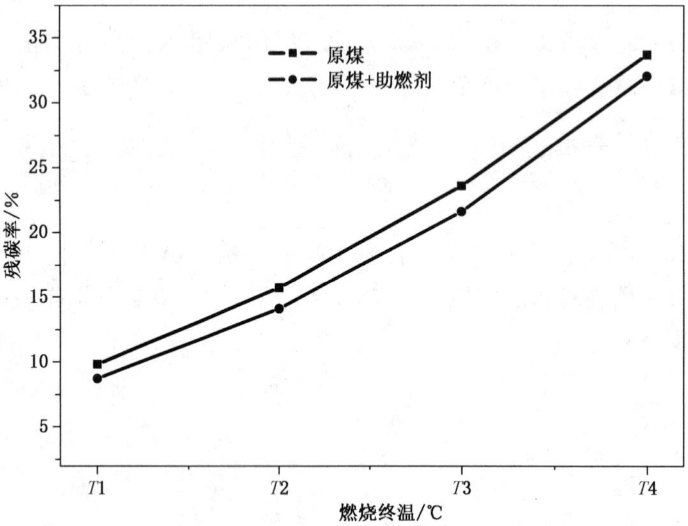

图 B.1　原煤、添加助燃剂后煤样残碳率变化图示例

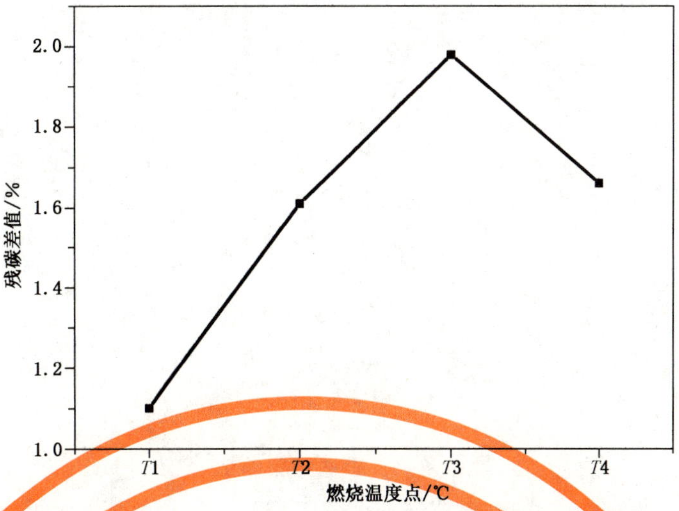

图 B.2　残碳差值变化图示例

ICS 73.040
D 20

中华人民共和国国家标准

GB/T 31098—2014

燃煤固硫效果评价方法

Evaluation on the effect of sulfur fixation during coal combustion

2014-12-22 发布　　2015-06-01 实施

中华人民共和国国家质量监督检验检疫总局
中国国家标准化管理委员会　发布

前　言

本标准按照 GB/T 1.1—2009 给出的规则起草。

本标准由中国煤炭工业协会提出。

本标准由全国煤炭标准化技术委员会(SAC/TC 42)归口。

本标准起草单位:煤炭科学研究总院北京煤化工研究分院、煤炭工业节能技术服务中心。

本标准主要起草人:张凝凝、邵徇、姜英、丁华、张景。

燃煤固硫效果评价方法

1 范围

本标准规定了燃煤固硫效果评价方法的原理、试剂和材料、仪器设备、试验步骤、评价指标、结果计算及重复性等。

本标准适用于褐煤、烟煤和无烟煤添加固硫剂后燃煤固硫效果的评价。

2 规范性引用文件

下列文件对于本文件的应用是必不可少的。凡是注日期的引用文件,仅注日期的版本适用于本文件。凡是不注日期的引用文件,其最新版本(包括所有的修改单)适用于本文件。

GB/T 212 煤的工业分析方法

GB/T 214 煤中全硫的测定方法

GB 474 煤样的制备方法

GB/T 483 煤炭分析试验方法一般规定

3 术语和定义

下列术语和定义适用于本文件。

3.1

燃煤固硫剂 sulfur fixation agent during coal combustion

能与煤中硫在燃烧过程中发生化学反应形成稳定的固态残渣而留在煤灰中,不带来新污染源的一类添加物质。

3.2

排放硫 emitted sulfur

煤样在一定温度下完全燃烧时释放出硫的质量。

3.3

有效固硫率 effective sulfur fixation rate

固硫剂本身所具有的固硫能力,试样添加固硫剂前后排放硫质量之差占原煤排放硫质量的百分比。

4 方法提要

试验样品在空气流中燃烧,样品中硫生成硫氧化物,被过氧化氢溶液吸收形成硫酸,用氢氧化钠溶液滴定生成的硫酸,根据氢氧化钠标准溶液参与反应的体积,计算样品中排放硫的含量。以不同温度下添加固硫剂前后样品的排放硫曲线、固硫剂有效固硫率曲线评价固硫剂的固硫效果。

5 试剂和材料

除非另有说明,在分析中仅使用确认为分析纯的试剂和蒸馏水或去离子水或相当纯度的水。

5.1 混合指示剂

将 0.125 g 甲基红(HG/T 3-958)溶于 100 mL 乙醇(GB/T 679)中;另将 0.083 g 亚甲基蓝(HGB 3364)溶于 100 mL 乙醇中,分别贮于深色瓶中,使用前等体积混合。混合指示剂使用时间不超过 1 周。

5.2 过氧化氢溶液(体积分数为 10%)

取 10 mL 质量分数为 30%的过氧化氢(GB/T 6684)加入 90 mL 蒸馏水,加 2 滴混合指示剂,用稀氢氧化钠(GB/T 629)溶液中和至溶液呈钢灰色。此溶液应当天使用当天中和。

5.3 氢氧化钠标准溶液[$c(NaOH)=0.06$ mol/L]

5.3.1 氢氧化钠标准溶液的配制

称取优级纯氢氧化钠(GB/T 629)12.00 g,溶于 5 000 mL 经煮沸并冷却后的蒸馏水中,混合均匀后的溶液装入瓶中,用橡皮塞塞紧。

5.3.2 氢氧化钠标准溶液的标定

按 GB/T 214 中所规定的方法对配制的氢氧化钠标准溶液进行标定,计算其浓度。

6 仪器设备

6.1 管式高温炉:内径约 55 mm,可在 700 ℃~1 200 ℃之间设定温度,并有 100 mm~150 mm 长的(设定温度±5 ℃)恒温区,附有铂铑-铂热电偶测温和温控装置。

6.2 异径燃烧管:耐温 1 200 ℃以上,总长约 900 mm;一端外径约 50 mm,内径约 47 mm,长约 800 mm;另一端外径约 12 mm,内径约 9 mm,长约 50 mm;两端之间变径长约 50 mm。

6.3 空气流量计:测量范围 0~5 L/min。

6.4 吸收瓶:进气管出口位于液面 50 mm 以下,出气管入口位于液面 50 mm 以上。

6.5 锥形瓶:500 mL。

6.6 缓冲瓶:200 mL~300 mL。

6.7 镍铬丝推棒:直径约 2 mm,长约 700 mm,末端呈钩状。

6.8 硅橡胶塞:10 号或 11 号。

6.9 玻璃管:内径约 6 mm,长 50 mm~80 mm。

6.10 碱式滴定管:50 mL。

6.11 燃烧舟:石英或陶瓷制品,耐热 1 200 ℃以上,长 80 mm~100 mm,上宽 20 mm~25 mm,高 10 mm~15 mm,横截面呈梯形或圆弧型。

6.12 空气泵:输出气量 0~10 L/min。

7 试验步骤

7.1 试验准备

7.1.1 样品准备

按 GB 474 中的要求将试验用煤制备为小于 3 mm 的试验样品并进行空气干燥。从中缩分出不少于 0.7 kg 的试验样品并制备为小于 1 mm 的试样。从上述试样中缩分出两个子样,每个子样质量在 0.06 kg~0.12 kg 之间。

按固硫剂使用说明中的添加比例向其中一个子样中添加固硫剂。

将原煤子样及添加固硫剂后的子样均制备为粒度小于0.2 mm的空气干燥试验样品。

添加固硫剂后的子样应一次性全部进入制样机进行制样。

7.1.2 恒温区测定

将异径燃烧管插入高温炉，使细径管端伸出炉口约100 mm。将高温炉稳定在测试温度，分别测定燃烧管内高温恒温区及500 ℃温度区域部位和长度。

测试温度分别为800 ℃、850 ℃、900 ℃、950 ℃、1 000 ℃。

7.1.3 气密性检查

按图1所示用硅胶管连接各设备，将硅橡胶塞塞入异径燃烧管后打开空气泵，依次检查系统中各部分的气密性，直到每一部分不漏气以后，关闭空气泵并开始通电升温。

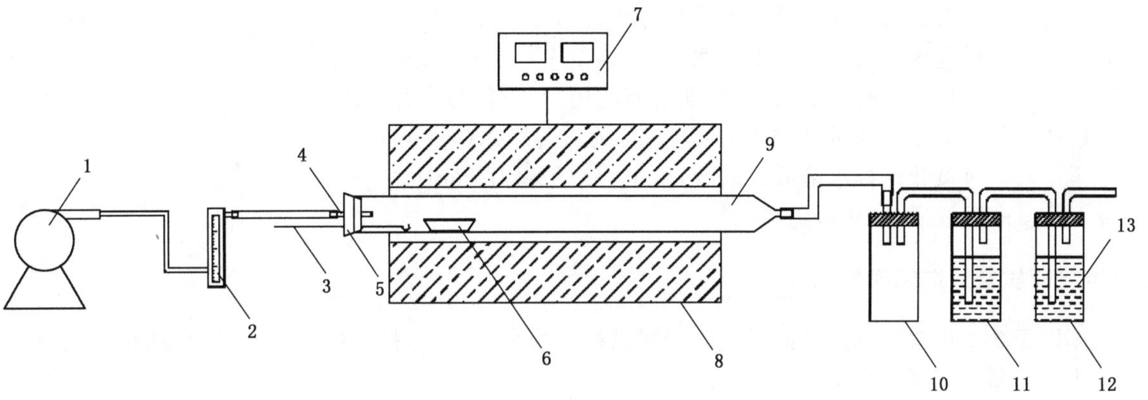

说明：

1——空气泵；
2——空气流量计；
3——镍铬丝推棒；
4——玻璃管；
5——硅橡胶塞；
6——石英舟；
7——控制器；
8——管式高温炉；
9——异径燃烧管；
10——缓冲瓶；
11,12——吸收瓶；
13——吸收溶液。

图1 连接示意图

7.2 测定步骤

7.2.1 将管式高温炉(见6.1)加热至测试温度。

7.2.2 用量筒分别量取100 mL已中和的过氧化氢溶液(见5.2)，倒入2个吸收瓶中，连接到缓冲瓶后，再次检查其气密性。

7.2.3 称量待测试验样品(1.0±0.01)g(称准至0.000 2 g)平铺于燃烧舟中。

7.2.4 将装有试验样品的燃烧舟放在燃烧管入口端，随即用带玻璃管、镍铬丝推棒的硅橡胶塞塞紧，然后以3 L/min的流量通入空气。用镍铬丝推棒将燃烧舟推入燃烧管中500 ℃预热区并保持5 min，再将燃烧舟推至高温区，立即撤回推棒，使煤样在该区停留35 min。

7.2.5 停止通入空气，先取下靠近燃烧管的吸收瓶，再取下另一个吸收瓶。

7.2.6 取下硅橡胶塞，用镍铬丝钩取出燃烧舟。

7.2.7 用蒸馏水清洗吸收瓶2次~3次,清洗后洗液倒入锥形瓶中。

7.2.8 向锥形瓶内加入2滴~3滴混合指示剂,用氢氧化钠标准溶液滴定至溶液由桃红色变为钢灰色,记下氢氧化钠溶液的用量。

7.2.9 调节管式高温炉终温至下一组测试温度,重复7.2.2~7.2.8操作步骤。试验温度应包括800 ℃、850 ℃、900 ℃、950 ℃、1 000 ℃。

8 结果计算

8.1 试样排放硫质量分数的计算

排放硫质量分数按式(1)计算:

$$S_{e,ad}=\frac{\alpha V\times c\times M(\mathrm{S})}{1\,000\times m}\times 100 \quad\cdots\cdots(1)$$

式中:

$S_{e,ad}$ ——一般分析试样中排放硫质量分数,%;

α ——反应中硫与氢氧化钠的摩尔比值,以1∶2=0.5计;

V ——试样测定时,氢氧化钠标准溶液的用量,单位为毫升(mL);

$M(\mathrm{S})$ ——硫的摩尔质量,以32.06计,单位为克每摩尔(g/mol);

c ——氢氧化钠标准溶液的浓度,单位为摩尔每升(mol/L);

m ——试样质量,单位为克(g)。

8.2 排放硫质量分数的换算

按GB/T 212中规定的方法测试空气干燥试样的水分含量后,按式(2)将空气干燥基排放硫质量分数换算为干基排放硫质量分数。

$$S_{e,d}=S_{e,ad}\times\frac{100}{100-M_{ad}} \quad\cdots\cdots(2)$$

式中:

$S_{e,d}$——干燥基试样中排放硫质量分数,%;

M_{ad}——空气干燥试样的水分含量,%。

9 精密度

排放硫测定的精密度如表1规定。

表1 排放硫重复性

排放硫质量分数 $S_{e,d}$/%	重复性限 $S_{e,d}$/%
<3	0.10
≥3	0.15

10 数据处理及结果报告

10.1 燃煤有效固硫率的计算

有效固硫率按式(3)计算:

$$\eta_e = \frac{S_{e,d} - S'_{e,d}}{S_{e,d}} \times 100 \qquad \cdots\cdots (3)$$

式中：

η_e ——有效固硫率，%；

$S_{e,d}$ ——煤样未添加固硫剂时排放硫的质量分数，%；

$S'_{e,d}$ ——煤样添加固硫剂后排放硫的质量分数，%。

10.2 结果报告

每个试样进行 2 次重复性测定，并按 GB/T 483 规定的数据修约规则，将计算得到的排放硫、有效固硫率修约到小数点后 2 位。以温度为横坐标，干燥基排放硫为纵坐标的图上，绘制原煤、添加固硫剂后试样排放硫曲线。以温度为横坐标，有效固硫率为纵坐标的图上绘制温度-有效固硫率曲线。将测试结果和上述曲线一并报出。

附 录 A
(资料性附录)
燃煤固硫剂固硫效果评价测定报告示例

表 A.1 燃煤固硫剂固硫效果评价试验报告

<table>
<tr><td colspan="6">主要测试条件</td></tr>
<tr><td colspan="2">单次试样测试时间/min</td><td>40</td><td>测试样品量/g</td><td colspan="2">1.00</td></tr>
<tr><td colspan="6">固硫剂固硫效果评价指标</td></tr>
<tr><td>测试温度/℃</td><td>800</td><td>850</td><td>900</td><td>950</td><td>1 000</td></tr>
<tr><td>原煤排放硫($S_{e,d}$)/%</td><td>1.35</td><td>1.49</td><td>1.53</td><td>1.52</td><td>1.60</td></tr>
<tr><td>原煤添加固硫剂后排放硫($S_{e,d}$)/%</td><td>0.88</td><td>0.91</td><td>1.17</td><td>1.26</td><td>1.40</td></tr>
<tr><td>有效固硫率/%</td><td>34.60</td><td>38.85</td><td>23.25</td><td>17.15</td><td>12.61</td></tr>
</table>

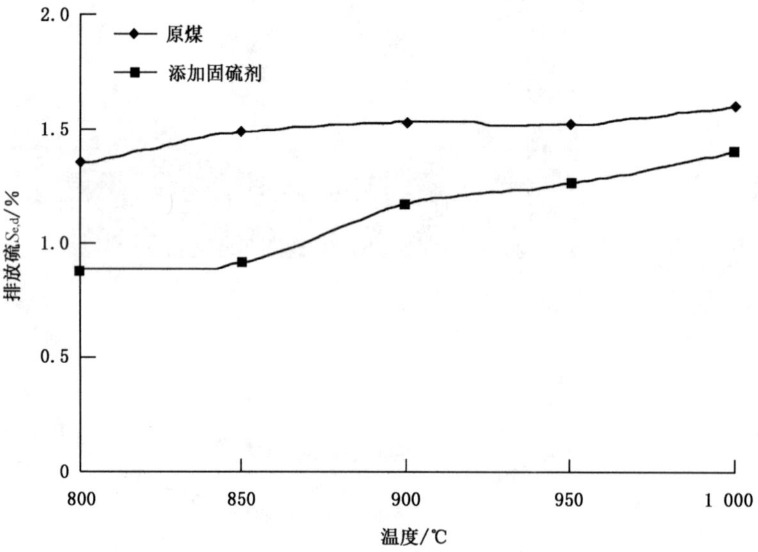

图 A.1 原煤、添加固硫剂后煤样排放硫曲线图示例

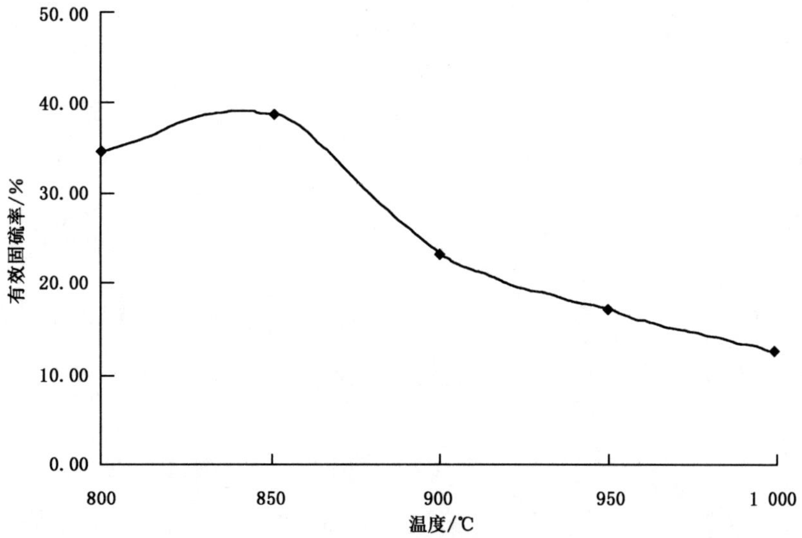

图 A.2　温度-有效固硫率曲线图示例

ICS 73.040
D 20

中华人民共和国国家标准

GB/T 31099—2014

燃煤固硫剂技术条件

Specifications of sulfur fixation agent during coal combustion

2014-12-22 发布　　2015-06-01 实施

中华人民共和国国家质量监督检验检疫总局
中国国家标准化管理委员会　发布

前　言

本标准按照GB/T 1.1—2009给出的规则起草。

本标准由中国煤炭工业协会提出。

本标准由全国煤炭标准化技术委员会(SAC/TC 42)归口。

本标准起草单位:煤炭科学研究总院北京煤化工研究分院、煤炭工业节能技术服务中心。

本标准主要起草人:邵徇、张凝凝、王东升。

燃煤固硫剂技术条件

1 范围

本标准规定了燃煤固硫剂产品的产品性能要求、试验方法、检验规则和运输及贮存等要求。

本标准适用于各类燃煤固硫剂产品。

2 规范性引用文件

下列文件对于本文件的应用是必不可少的。凡是注日期的引用文件，仅注日期的版本适用于本文件。凡是不注日期的引用文件，其最新版本(包括所有的修改单)适用于本文件。

GB/T 213 煤的发热量测定方法

GB/T 4756 石油液体手工取样法

GB/T 6679 固体化工产品采样通则

GB/T 6680 液体化工产品采样通则

GB 6944 危险货物分类与品名编号

GB/T 21618 危险品 易燃固体燃烧速率试验方法

GB/T 21621 危险品 金属腐蚀性试验方法

GB/T 31098 燃煤固硫效果评价方法

SH 0164 石油产品包装、贮运及交货验收规则

SN/T 2299 爆炸性物质的测定方法

3 术语和定义

下列术语和定义适用于本文件。

3.1

燃煤固硫剂 sulfur fixation agent during coal combustion

能与煤中硫在燃烧过程中发生化学反应形成稳定的固态残渣而留在煤灰中，不带来新污染源的一类添加物质。

3.2

排放硫 emitted sulfur

煤样在一定温度下完全燃烧时释放出硫的质量。

3.3

有效固硫率 effective sulfur fixation rate

固硫剂本身所具有的固硫能力，试样添加固硫剂前后排放硫质量之差占原煤排放硫质量的百分比。

4 产品技术要求和试验方法

4.1 燃煤固硫剂主要为固态或液态物质。

4.2 燃煤固硫剂应不属于GB 6944中规定的易燃固体类别，易燃性测定按照GB/T 21618的规定

进行。

4.3 燃煤固硫剂应不属于 GB 6944 中规定的爆炸品类别，爆炸性测试按照 SN/T 2299 的规定进行。

4.4 燃煤固硫剂应不属于 GB 6944 中规定的腐蚀性物质类别，腐蚀性测试按照 GB/T 21621 的规定进行。

4.5 燃煤固硫剂产品性能评价的技术要求和试验方法应符合表 1 的规定。

表 1 产品性能评价的技术要求和试验方法

温度 ℃	级别	有效固硫率 η_{se} %	试验方法
800	Ⅰ级 Ⅱ级 Ⅲ级	$\eta_{se} \geqslant 40$ $15 \leqslant \eta_{se} < 40$ $\eta_{se} < 15$	GB/T 31098
850	Ⅰ级 Ⅱ级 Ⅲ级	$\eta_{se} \geqslant 40$ $15 \leqslant \eta_{se} < 40$ $\eta_{se} < 15$	GB/T 31098
900	Ⅰ级 Ⅱ级 Ⅲ级	$\eta_{se} \geqslant 40$ $10 \leqslant \eta_{se} < 40$ $\eta_{se} < 10$	GB/T 31098
950	Ⅰ级 Ⅱ级 Ⅲ级	$\eta_{se} \geqslant 40$ $10 \leqslant \eta_{se} < 40$ $\eta_{se} < 10$	GB/T 31098
1 000	Ⅰ级 Ⅱ级 Ⅲ级	$\eta_{se} \geqslant 30$ $10 \leqslant \eta_{se} < 30$ $\eta_{se} < 10$	GB/T 31098

4.6 添加固硫剂后的燃煤应符合相应用煤质量要求。

4.7 按产品说明书的添加量添加固硫剂后，煤样发热量减少率的技术要求和试验方法应符合表 2 的要求。

表 2 发热量减少率技术要求

级别	发热量减少率 $\Delta Q_{gr,d}$	试验方法
Ⅰ级 Ⅱ级 Ⅲ级 Ⅳ级	$\Delta Q_{gr,d} < 2\%$ $2\% \leqslant \Delta Q_{gr,d} < 4\%$ $4 \leqslant \Delta Q_{gr,d} < 6\%$ $\Delta Q_{gr,d} \geqslant 6\%$	GB/T 213

注：发热量减少率的计算方法为：

$$\Delta = (Q_{gr,d1} - Q_{gr,d2}) / Q_{gr,d1}$$

式中：

Δ ——干基煤的高位发热量减少率，%；

$Q_{gr,d1}$——添加固硫剂前，干基煤的高位发热量，单位为兆焦每千克(MJ/kg)；

$Q_{gr,d2}$——添加固硫剂后，干基煤的高位发热量，单位为兆焦每千克(MJ/kg)。

5 质量检验和验收

5.1 燃煤固硫剂样品的采取

固体燃煤固硫剂样品按 GB/T 6679 的规定采取。液体燃煤固硫剂按 GB/T 4756 或 GB/T 6680 的规定采取。

5.2 样品制备

燃煤固硫剂的添加量及添加方式按产品说明书进行，添加燃煤固硫剂的试验样品按 GB/T 31098 的规定制备。

5.3 出厂检验

产品出厂前应由质量检验部门检验，在检验合格并出具合格证后，方可出厂。

5.4 产品验收

产品的验收按买卖双方合同约定。发生质量争议时，应由依法设立和授权的质量检验部门对产品进行检验。

6 标识、包装、运输和贮存

6.1 固态产品应采用密封包装。液态产品应依据 SH 0164 的要求进行包装。每件包装物上应有下列标识：

——生产厂名称；

——产品名称；

——批号；

——级别；

——净重。

6.2 包装好的每批产品均应附质量合格证。

6.3 产品在运输和贮存过程中应防止雨淋和粉尘污染，远离热源。

ICS 35.200
L 65

中华人民共和国国家标准

GB/T 31100.201—2014

信息技术　家用电子系统(HES)体系结构　第2-1部分:导言和设备模块化

Information technology—home electronic system (HES) architecture—Part 2-1:Introduction and device modularity

(ISO/IEC 14543-2-1:2006,MOD)

2014-09-03 发布　　2015-02-01 实施

中华人民共和国国家质量监督检验检疫总局
中国国家标准化管理委员会　发布

前　　言

GB/T 301100《信息技术　家用电子系统(HES)体系结构》分为以下几部分：

——第 2-1 部分:导言和设备模块化

——第 3-1 部分:通信层-基于 1 类 HES 控制的网络应用层

——第 3-2 部分:通信层-基于 1 类 HES 控制的网络运输层、网络层和数据链路层的通用部分

——第 3-3 部分:基于 1 类 HES 控制的网络管理规程

——第 3-4 部分:系统管理-基于 1 类 HES 控制的网络管理规程

——第 3-5 部分:媒体和媒体依赖层-基于 1 类 HES 控制的电力线

——第 3-6 部分:媒体和媒体依赖层-基于 1 类 HES 控制的网络的双绞线

——第 3-7 部分:媒体和媒体依赖层-基于 1 类 HES 控制的网络的射频

——第 4-1 部分:通信层　第 1 类 HES 网络增强控制设备的应用层

——第 4-2 部分:通信层　第 1 类 HES 网络增强控制设备的运输层、网络层和数据链路层的通用部分

——第 5-1 部分:第 2 类和 3 类的资源共享和协同服务　基础协议

——第 5-21 部分:第 2 类和 3 类的资源共享和协同服务　应用框架　AV 框架

——第 5-22 部分:第 2 类和 3 类的资源共享和协同服务　应用轮廓　文件轮廓

——第 5-3 部分:第 2 类和 3 类的资源共享和协同服务　基础应用

——第 5-4 部分:第 2 类和 3 类的资源共享和协同服务　设备验证

——第 5-5 部分:第 2 类和 3 类的资源共享和协同服务　设备类型

——第 5-6 部分:第 2 类和 3 类的资源共享和协同服务　服务类型

本部分为 GB/T 301100 的第 2-1 部分。

本部分按照 GB/T 1.1—2009 给出的规则起草。

本部分采用重新起草法修改采用 ISO/IEC 14543-2-1:2006《信息技术　家用电子系统(HES)体系结构　第 2-1 部分:导言和设备模块化》。

与本部分中规范性引用的国际文件有一致性对应关系的我国文件如下：

——GB/T 9387.1—1998　信息技术　开放系统互连　基本参考模型　第 1 部分:基本模型(ISO/IEC 7498-1:1994,IDT)。

本部分做了下列编辑性修改：

——去掉了原文中 3.2.3“应用进程”,该条与原文中 3.1.2“应用进程”重复；

——去掉了 3.1、3.2 的引导语,按照国标的引导语书写；

——3.3“缩略语”调整到第 4 章；

——规范性引用文件中增加了 GB/T 29269—2012《信息技术　住宅通用布缆》。

本部分由全国信息技术标准化技术委员会(SAC/TC 28)提出并归口。

本部分起草单位:中国电子技术标准化研究院、北京市闪联信息产业协会、闪联信息技术工程中心有限公司。

本部分主要起草人:卓兰、杨宏、徐全平、孙育宁、皇晓琳、张维华、孙志勇。

引　言

在家庭和类似环境中针对不同应用采用各种不同的电控设备，用在照明、取暖、烹饪、洗衣、能耗管理、用水控制、火情报警、窗帘控制以及各种形式的安全控制和娱乐活动（音视频）等方面。

当其中一些设备通过公共内部网络（本部分中称为"家庭网"）能够联网时，所组成的总系统称为家用控制系统。而当家庭控制系统符合 ISO/IEC HES 系列标准的规范时，就称为家用电子系统（Home Electronic System; HES）。

本部分定义了三种类别的家用电子系统。第一类具有运输能力，仅用于遥控；第二类包括第一类，但还支持交换式媒体带宽数据信道；第三类又包括第一类和第二类，并支持高带宽交换式数据信道。

一个家庭网可基于一种或不止一种不同媒体（例如电力线、对称线缆、红外或无线电），也可连接到外部网络（例如电话网、有线电视网、电网或报警网）。

特定家用电子系统的实现，通常单一应用开始，由消费者一次增加一种应用，例如照明控制、安全控制或音视频控制，逐步开发成综合的多应用系统。增加一种应用的费用，取决于是否需要对住所重新布线以及现有的电缆、预设的管道或其他媒体能否利用。因此家用电子系统标准和补充技术报告将就如何共享这些资源向体系结构师、构建者和用户给出指南。

信息技术　家用电子系统(HES)体系结构
第2-1部分:导言和设备模块化

1　范围

GB/T 301100 的本部分给出了家用电子系统的总体特性。

其目标是:

a)　定义了在使用 GB/T 301100 系列标准时新的术语;

b)　给出了总说明,对必需的 HES 特性和体系结构给出了总体信息和建议;

c)　规定了 HES 模型;

d)　规定了 HES 接口的基本的功能结构。

2　规范性引用文件

下列文件对于本文件的应用是必不可少的。凡是注日期的引用文件,仅注日期的版本适用于本文件。凡是不注日期的引用文件,其最新版本(包括所有的修改单)适用于本文件。

GB/T 29269—2012　信息技术　住宅通用布缆(ISO/IEC 15018:2004,IDT)

ISO/IEC 7498-1　信息技术　开放系统互连　基本参考模型　第1部分:基本模型(Information technology—Open systems interconnection—Basic Reference Model—Part 1:The Basic Model)

ISO/IEC 10192-1　信息技术　家用电子系统(HES)接口　第1部分:通用接口(UI)类1(Information technology—Home electronic system (HES) interfaces—Part 1:Universal interface class 1)

3　术语和定义

ISO/IEC 7498-1 界定的以及下列术语和定义适用于本文件。

3.1

应用实体　application entity

应用进程中的活动元素,内含与 OSI 有关,且为应用层定义的一组能力,对应于特定的应用实体类型(不包括正在使用的多余能力)。

[ISO/IEC 7498-1,定义 7.1.1.1]

3.2

应用进程　application process

在开放实系统中,为具体应用执行信息处理的元素。

[ISO/IEC 7498-1,定义 4.1.4]

3.3

连接模式传输　connection-mode transmission

在(N)连接上下文中的(N)数据传输。

[ISO/IEC 7498-1,定义 5.3.1.17]

3.4

无连接模式传输　connectionless-mode transmission

(N)连接上下文中，且不需要维护(N)服务数据单元的逻辑关系的(N)数据传输。

[ISO/IEC 7498-1，定义 5.3.1.18]

3.5

(N)服务数据单元　(N)-service-data-unit

在对等(N+1)实体之间传送时保持一致性且支持的(N)实体对其不加解释的一组数据。

[ISO/IEC 7498-1，定义 5.6.1.4]

3.6

流控制　flow control

控制一层之内或相邻层之间的数量流量的功能。

[ISO/IEC 7498-1，定义 5.8.1.8]

3.7

OSI 环境　OSI environment

由 OSI 参考模型的概念、元素、功能、服务、协议等派生出的用于在开放系统之间通信的特定标准的抽象表示。

[ISO/IEC 7498-1，定义 4.1.5]

3.8

分段　segmenting

(N)实体把一个(N)服务数据单元映射到多个(N)协议数据单元所执行的功能。

[ISO/IEC 7498-1，定义 5.8.1.9]

3.9

(N)服务接入点　(N)-service access point

(N)实体向(N+1)实体提供(N)服务的那一点。

[ISO/IEC 7498-1，定义 5.2.1.8]

3.10

应用　application

采用 HES 的领域。

注：一个 HES 可支持多个应用。

3.11

应用对象　application object

位于 HES 设备应用进程之内的 HES 对象。

3.12

应用协议　application protocol

用于在 HES 中应用进程之间交换信息的标准化的协议。在传送时家庭网资源不对其进行解释。

3.13

连接　connection

为在单元间进行通信，而跨网络(或其一部分)传输数据的功能单元之间建立的关联。这种关联在某一时间点以显式建立，并保持直到以显式结束为止。

注：在此语境中，数据传输包括音频、视频以及数字或模拟形式的其他信息。

3.14

控制信道　control channel

在两个或两个以上实体之间，主要为交互 HES 监控消息而建立的通信信道。

3.15

设备　device

属于一个或多个功能分组，直接向最终用户提供服务的功能的物理实现。

3.16

设备应用进程　device application process

在一个设备之内，为特指应用进行信息处理的元素。设备应用进程能表示手动的、自动的、计算机化的或物理的进程。

3.17

设备模块化　device modularity

对于设备，规定其已经由分隔开来的各部分(称为模块)组成的范围的性质。

3.18

域　domain

有效性的适用范围。

注：将这一术语用于更加特定的概念时，宜予以限定。例如应用域(其范围包括 OSI 第 7 层及其以上各层)和用户域(其范围为 OSI 第 7 层以上各层)。

3.19

HES 应用　HES-application

采用 HES 的领域。

注：一个 HES 可支持多个应用。

3.20

HES 应用对象　HES application object

位于 HES 设备应用进程内的 HES 对象。

3.21

设备应用进程　device application process

在某一设备中，对特指应用进行信息处理的元素。该进程能表示手动的、自动的、计算机化的或物理的进程。

3.22

第 1 类 HES　HES class 1

对遥控应用具有运输能力的 HES。此种应用的例子有：

——控制；

——监视；

——测量；

——报警；

——低速数据传送。

注：这些功能通常由包模式低带宽的单一信道以数字传输方式提供。

3.23

第 2 类 HES　HES class 2

具有交换式话音或对类似带宽的其他信息传送的能力的 HES。

注：这些能力通常由第 1 类系统提供，但以多交换式媒体带宽信道、以模拟或数字传输或者同时以这两种手段予以增强。原则上，单一第 2 类信道可支持所有的第 2 类能力。

然而实际上，第 2 类 HES 可包含一条隔开的信道，或使用一种隔开的媒体来支持第 1 类能力。

3.24

第 3 类 HES　HES class 3

具有交换式高质量音视频传送和高速数据传送两种能力的 HES。

注：这些功能通常由第 2 类系统提供，但以多交换式媒体带宽信道进行扩展、以模拟或数字传输同时以这两种手段

予以增强。

原则上,单一第3类信道可支持所有的第3类能力。然而实际上,第3类HES可包含一条隔开的信道,或者使用一种隔开的媒体来支持第1类和第2类中的能力。

3.25

HES设备应用进程　HES device application process

在设备应用进程中,可通过HES通信网访问的部分。

注1:HES设备应用进程由应用对象建立。

注2:HES设备应用进程的功能体系由本系列标准或适当的产品标准中定义。

3.26

HES对象　HES-object

具有关联的适用功能的数据的集合。

注:HES对象能以各种不同的方式来实现。

3.27

HES用户进程　HES user process

在HES设备应用进程中,属于HES用户域的部分。

3.28

家用电子系统　home electronic system

用于家庭、建筑物和类似环境(包含其紧邻周边),提供与家庭和(或)建筑物有关的应用的各类电子设备。

注:术语"家用电子系统(HES)"含盖通过数字传输网链接的电子设备的任何一种组合。HES包括这一通信网的规范,根据传输吞吐量能力的不同,界定了三种类别的HES。

3.29

家庭网　home network

在家庭或类似环境的商务处所中,以任何拓扑、使用一个或多个媒体提供界定的接入点,来运输数字和模拟信息的内部网。

3.30

信息信道　information channel

在两个或两个以上实体之间,主要为交换除HES控制和监视消息以外的信息而建立的通信信道。

注:此类信息的例子有:音视频数据,传真数据和模拟语音信号。

3.31

接口　interface

在属于一个或多个功能性分组的两个功能的实现之间的共享边界。

3.32

互操作性　interoperability

设备之间通过较高各层以有意义的动作交换信息的能力。这包括应用域的各个方面,而据定义,这种应用域不属于OSI域。

3.33

本地应用进程　local application process

在一种设备之内的应用进程中,位于用户域内,不能通过HES通信网访问的部分。

3.34

网络接入单元　network access unit

为HES连接提供机械、电气和通信功能的单件设备。

注:该NAU对应于一个网络服务接入点(NSAP),并能以一个或多个网络地址唯一性地标识。

3.35

网段 network segment

在 HES 网络中，处于单个链路层实例的域内的部分。

3.36

参考模型 reference model

描述系统中互连的总则以及由这些总则得到的网络体系结构的模型。

3.37

转发器 repeater

在媒体的连接点之间，为扩展传送范围，或为将采用相同协议的两个网段互连，而对信号进行再生或放大的单元。

3.38

拓扑 topology

在媒体的连接点之间的通信路径的结构。

注：拓扑的例子包括：总线状、环状、星状、树状。

3.39

用户进程 user process

在设备应用进程中，属于实系统环境（也就是用户域）的部分。

3.40

传输媒体 transmission medium

输运信号的物理媒体。

注：通常简称为“媒体”。

3.41

单元 unit

单件设备。

3.42

通用接口 universal interface

置于网络层的顶部，介于家庭网和与之相连的设备之间的标准化接口。UI 的规范包括该接口所必要的机械的、电气的、功能的和规程的特性。

3.43

用户域 user domain

HES 中第 7 层以上的部分。

4 缩略语

下列缩略语适用于本文件。

AME：应用管理实体（Application Management Entity）

CX：同轴电缆（Coax）

FO：光纤（Optical Fiber ）

HES：家用电子系统（Home Electronic System）

HES/RM：HES 参考模型（HES/reference model）

LME：层管理实体（Layer Management Entity）

IR：红外线（Infra-red）

NAU：网络接入单元（Network Access Unit）

NSAP：网络服务接入点（Network Service Access Point）

OSIE：OSI 环境（OSI Environment）

OSI/RM：OSI/参考模型（OSI/reference Model）
PL：电力线（Power Line）
RF：射频（Radio Frequency）
RSE：实系统环境（Real System Environment）
SME：系统管理实体（System Management Entity）
TP：双绞线（平衡线缆）[Twisted Pair (Balanced Cable)]
UI：通用接口（Universal Interface）

5 符合性

如果有可用文档声明第 5 章、第 6 章的所有要素均已实现时，则运行交换的实体符合本部分。

6 HES 参考模型

6.1 体系结构

HES 应按 OSI 参考模型（OSI/RM）进行设计。OSI/RM 功能体系是很通用的，并且所有功能并非都需要。出于这一原因，以及协议效率的原因，HES 的某些实现中这些层可以是空的。特别是，在网络层、运输层、会话层和表示层中，一层或不止一层的功能很少或完全没有功能。当一层没有自己的功能体系时，其出现仅仅是在下一层和上一层之间进行映射。这对任何实现都无开销。图 1 绘出 HES/RM 的总体结构。馈电服务未在此图中示出。

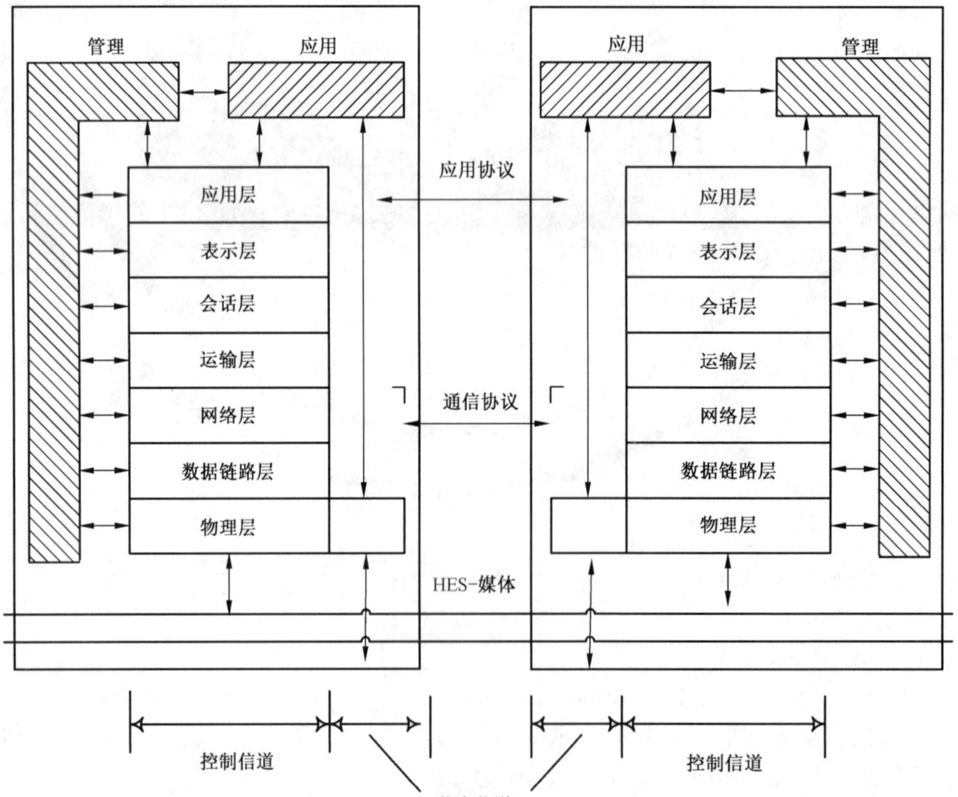

注：控制信道和信息信道可以在相同或不同媒体（类型可以不同）上。

图 1 家用电子系统参考模型

在一些实现中，所有层都包含在单件设备之内。也可将实现拆分，使之跨两件（或两件以上）设备。为方便起见，标准化的接口在本部分的后部进行定义。两个标准化的接口点是媒体接口和通用接口（在网络层和运输层之间）。

整个 HES/RM 由以下三部分组成，见 5.2～5.4 中的描述：

——通信；

——应用；

——管理。

6.2 通信

6.2.1 概述

HES/RM 定义了对应于通用 OSI 参考模型的各层并增加了管理功能。

HES/RM 在信息信道和控制信道之间作出区分。这是从应用观点分清。对于控制信道，在 HES/RM 的通信部分之内标识的每一层都有标准化的功能体系，而对于信息信道，仅物理层可以有标准化的功能体系。

对于 HES，需要对连接到不同媒体上的实体规定馈电的方法。

在可采用一种或多种传输媒体的意义上，HES 是一种多媒体系统。因为不同的传输媒体有不同的特性，所以物理层和数据链路层的服务对不同媒体的优化能有所不同。数据链路层之上的服务独立于媒体。根据所用媒体，性能特性可以不同。例如，电力线的传送能力低于比双绞线的传送能力。

下面给出了每一层的功能概述。ISO/IEC 14543 系列标准的其余部分将对每层更详细定义。

6.2.2 物理层

物理层为数据链路实体间的物理通信提供机械、电气、功能和规程这 4 方面的手段。网络可包括转发器。物理层实体借助物理媒体互连。

6.2.3 数据链路层

数据链路层为无连接方式的服务提供功能和规程两方面的手段。该层在网络实体间传送信息，并在网络实体间可选地建立、维持和释放数据链路连接。一个数据链路连接采用一个或多个物理连接。预期所有的数据链路层实现都将是无连接的。

数据链路层应检错并应提供纠错功能。无纠错时可向网络层报告。数据链路层提供访问媒体的手段，并于必要时处理对访问的争用。

数据链路层也可以实现流控制去管理信息传输速率和顺序编号去管理数据链路服务数据单元的排序。

数据链路层应提供对数据链路地址的识别手段，并可向网络层提供对其请求的服务是否成功的确认。

为提供数据链路服务，数据链路层实现可利用网桥以透明串接方式链接几个数据链路。

6.2.4 网络层

网络层为无连接方式服务提供功能和规程方面的手段。它给出了独立于路由和网段的拓扑。这包括几个网段串联或并联的情况。

它使运输实体看不见怎样使用主要的资源（例如数据链路连接）来提供网络服务。网路层可以向传输层的错误提供通告，这些错误被数据链路层报告并且也在网络层可以产生协议错误。

为了控制网络服务数据单元网络层也可以对管理信息传输速率和序列编号实现流控制。

网络层应提供网络地址的识别并且也可由传输层提供成功或不成功服务请求的确认。

网络层服务是可选的。

6.2.5 运输层

运输层在会话实体之间提供数据的透明传送，并将这些实体从完成可靠数据传送的繁复方式中释放出来。

在运输层定义的所有的协议均有端到端的重要性，这些协议跨所在网络透明运载。

运输层具有双重目的：

a) 在无连接网络服务上提供连接模式运输服务；

b) 提供数据分段。

运输层服务都是可选的。

6.2.6 会话层

在 HES 中，会话层的功能一般是空的。

6.2.7 表示层

在 HES 中，表示层的功能一般是空的。

6.2.8 应用层

应用层为 HES 设备应用进程提供一种存取 HES 通信资源的手段。每一个 HES 设备应用进程都由应用实体对其对等实体表示出来。应用实体包含了用户进程和应用服务接入点的集合。应用服务接入点可相互调用并可调用表示服务以完成这些接入点的功能。

6.2.9 媒体方面

媒体可以是开放的，允许电磁波自由传播，或由导电体、波导、光纤等来传播。选定以下媒体供 HES 使用：

——双绞线(TP)；

——电力线(PL)；

——同轴电缆(CX)；

——红外(IR)；

——射频(RF)；

——光纤(FO)。

但是，这个清单并不是排他性的。媒体的物理特性将在 ISO/IEC 14543 系列标准的另一部分(媒体依赖层)定义。该另一部分含盖安装、管控因素、拓扑、距离和信号限制、连接器、电磁兼容性(EMC)等。

注：平衡铜缆的物理特性在 GB/T 29269—2012 中规定。

双绞线和电力线均可提供馈电服务，允许设备从媒体得到电源电流。而对其他适当的媒体，馈电服务则是可选的。每种媒体规范都将定义馈电服务(如果可用)。

6.3 应用

HES 的主要特性之一是应用进程的大多是分布式的。为使图示简明起见，图 2 仅示出了一个应用进程。当然，各设备均可属于多个应用进程。

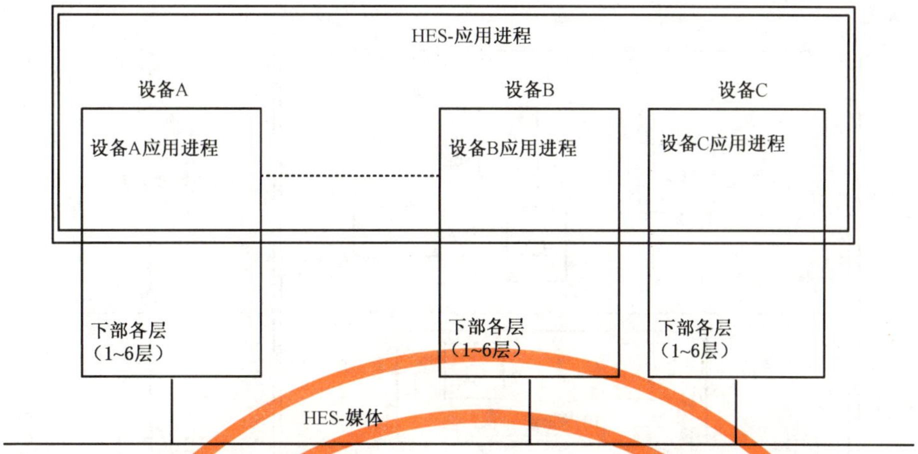

图 2　HES 应用进程

图 3 所示的应用进程,其结构由该 HES 设备应用进程和一个可选的逻辑应用进程组成。属于实系统环境(RSE,即用户域)的部分称为用户进程。用户进程可由用户程序、物理进程或用户交互组成。HES 设备应用进程仅部分属于 OSI 环境(OSIE)。这部分就是应用层。属于 RSE 的其他部分称为 HES 用户进程。这意味着用户进程和应用进程彼此重叠。OSIE 对 RES 的接口经由位于应用层之内的用户进程。

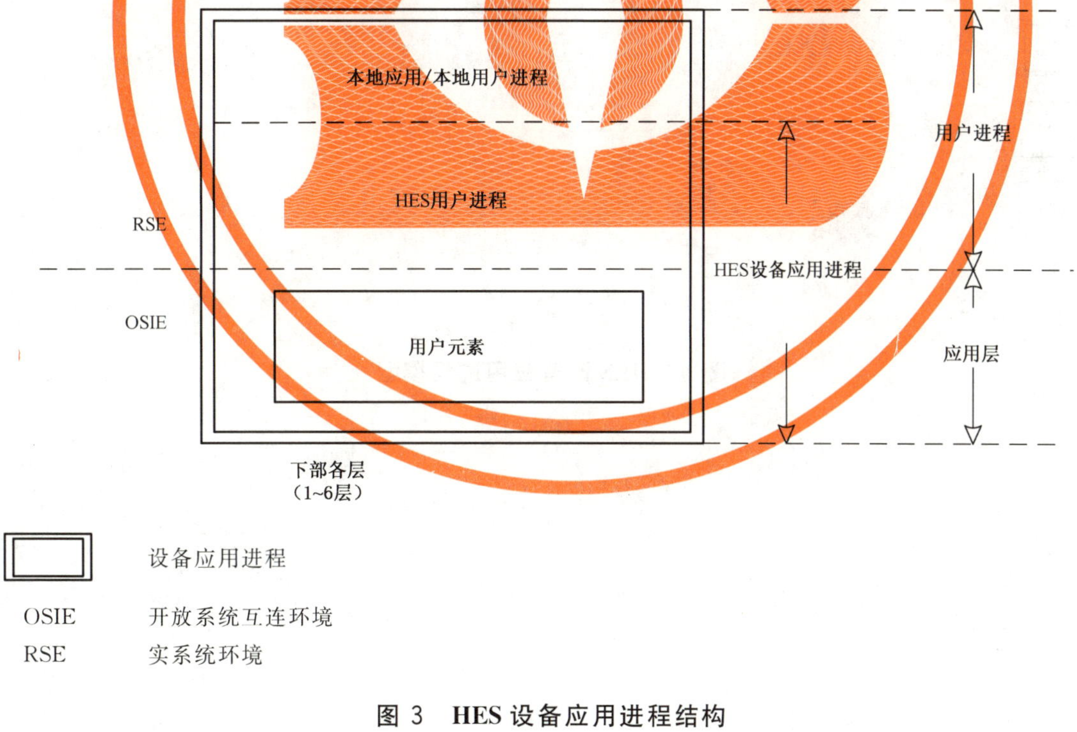

图 3　HES 设备应用进程结构

如图 4 所示,HES 设备应用进程由应用对象构成。用户进程和关联的应用服务点(AL-SAPs)允许 HES 用户进程经由 HES 通信系统(见图 5)进行通信。一个 HES 用户进程为了通信可使用多个应用层服务接入点。

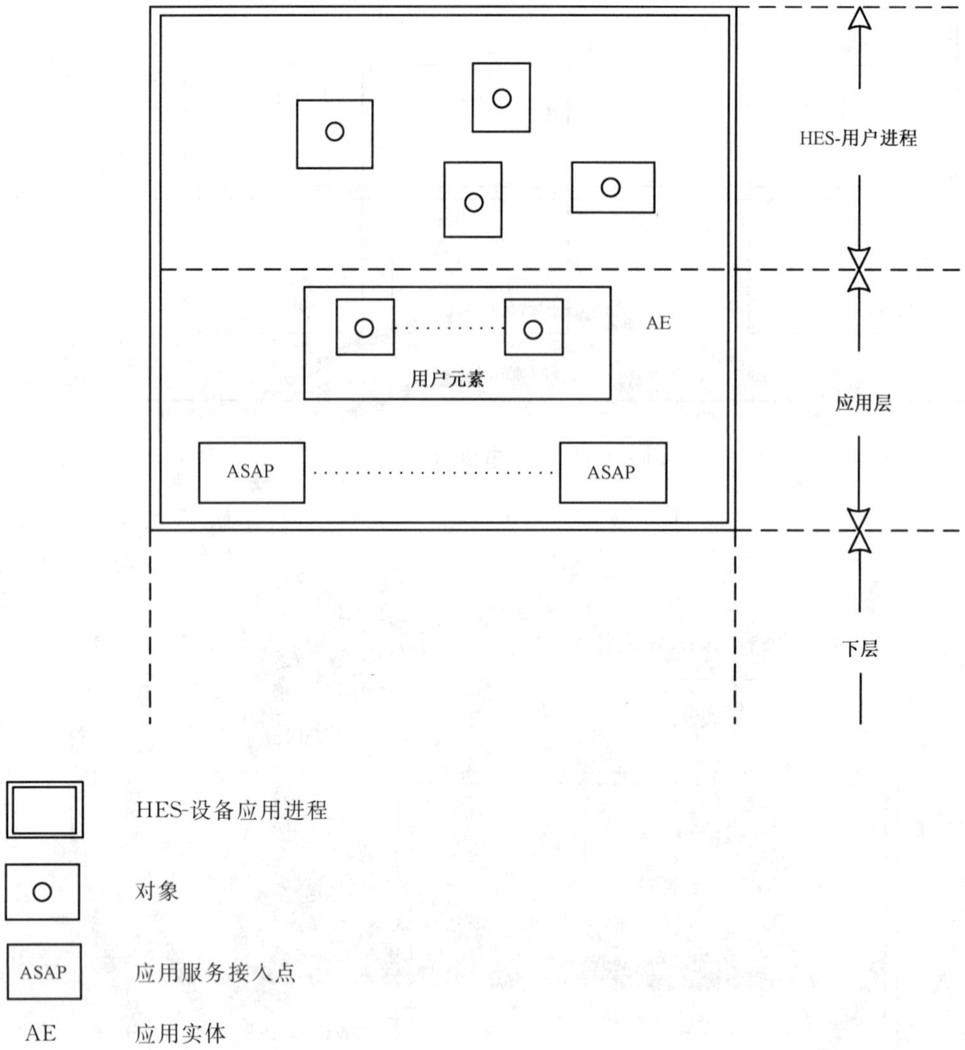

图 4 **HES 设备应用进程模型**

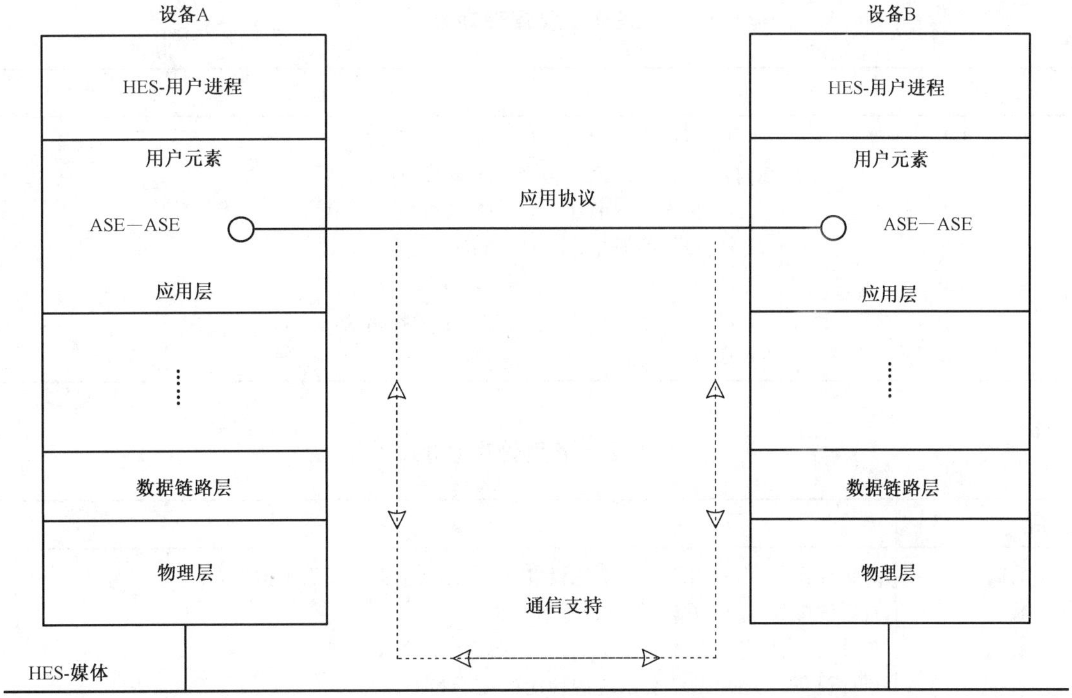

图 5 用户进程链接

6.4 管理

6.4.1 概述

HES 的管理方面涉及的问题包括：初始化、测试、终止和监视 HES 活动并辅助这些活动的协调操作，以及处理反常条件。

典型的管理活动有：

a) 激活与去激活
   1) 激活、维持和终止；
   2) 参数的初始化和修改。
b) 监视
   1) 状态和状态变更注册；
   2) 统计注册和通告。
c) 错误控制
   1) 检错；
   2) 诊断功能；
   3) 再配置和再启动。

从功能的角度看，能将 HES 的管理方面划分为两大部分：

a) 系统管理：关注于对通信资源的管理；
b) 应用管理：关注于对应用进程的管理。

6.4.2 系统管理

系统管理实体(SME)负责对通信资源进行管理。

在这一系统管理之内，层管理实体(LME)接口到每一层。

系统管理实体(SME)活动的例子见表 1 和表 2。

表 1　层管理功能

活　动	例　　子
1.1	对(N)层操作的控制(能、不能、复位等)
1.2	对特定的(N)层操作类型通用参数的修改
2.1	(N)层操作状态的注册:向 SME 报告
2.2	(N)层操作的质量(每时间单位成功传输的数目)
3.1	(N)层操作检错,以选定控错要求
3.2	(N)层操作错情诊断,以选定所需的控错活动
3.3	(N)层操作复位

表 2　通用管理功能

活　动	例　　子
1.1	对单件设备、设备组与整套系统设置操作模式(正常、测试、维护等)
1.2	对系统参数(通信联系)的初始化和修改
2.1	单件设备、设备组与整套系统的状态,向用户远程指示错误
2.2	单件设备、设备组与整套系统的性能的注册和报告
3.1	对单件设备、设备组与整套系统的检错,以选定对控错的要求
3.2	对单件设备、设备组与整套系统的错情诊断,以选定所需的控错活动
3.3	单件设备、设备组与整套系统的复位

对一个设备的通信资源的通用管理结构如图 6 所示。

SME 采用第 7 层服务边界上可用的服务。

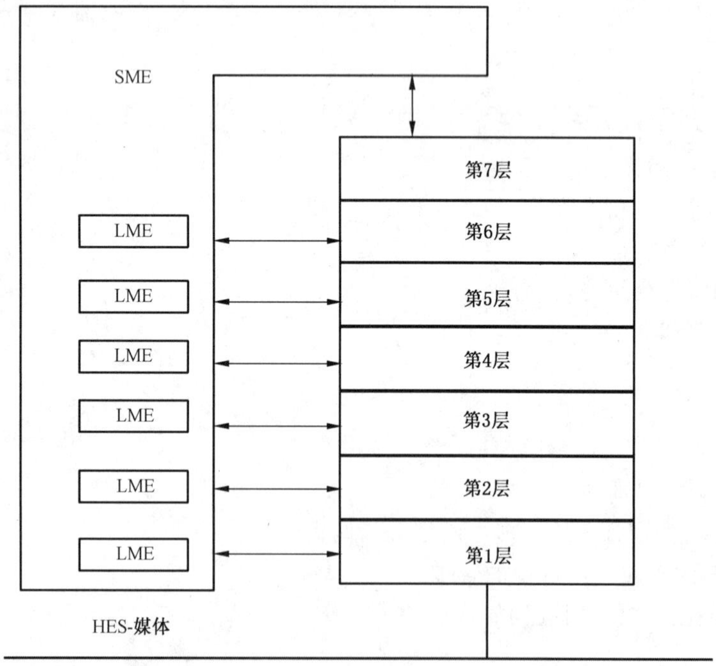

SME 系统管理实体 (System management entity)
LME 层管理实体 (Layer management entity)

图 6　通信资源管理

通信资源的用户(可以指人)有到用户进程以及到系统管理的接口。用户也可提供给一些系统范围的管理能力。如图7所示。

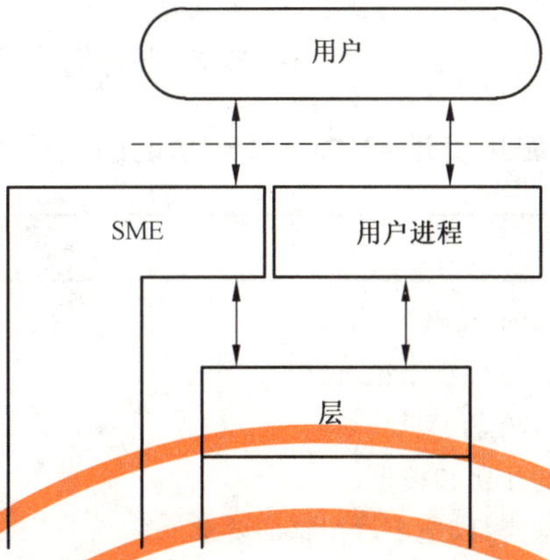

图7 通信资源的用户接口

由层管理实体(LME)管理的通信资源严格说是一种层功能。LME没有直接的人或用户的接入。

所有的HES设备均应具有SME的界定的最低限度功能体系。

一个或多个设备可具有附加的管理功能体系,以辅助人或用户。

HES规范允许实现采用如下方式:下部各层在与上部各层隔开的一个网络接入单元中实现。这特别涉及ISO/IEC 10192-1中定义的通用接口。在这一情况中,上层单元需要低层的功能体系以及用于本身管理的精简的HES/SME功能体系。图8给出了UI置于第3层和第4层之间的例子。

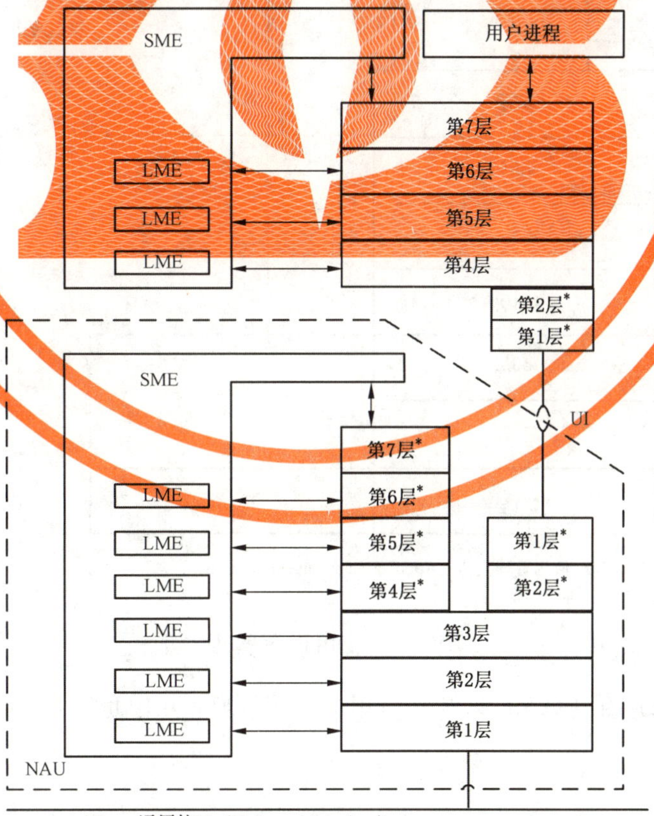

UI　通用接口(Universal interface)
NAU　网络接入单元(Network access unit)
*　功能体系可加以精简

图8 采用通用接口的设备的管理功能例子

6.4.3 应用管理

对应用进程的管理负责管理应用进程之间的优先级和同步，包括正确初启以及对应用进程的监视和终止。为此定义了应用管理实体。应用管理实体(AME)功能的例子见表3。

表3 应用管理实体(AME)功能的例子

活动	例子
1.1	对应用进程操作的控制
1.2	对应用进程参数的初始化和修改
2.1	应用进程操作的状态
2.2	应用进程性能的注册和报告
3.1	应用进程操作检错，以选定对控错的要求
3.2	应用进程操作错情诊断，以选定所需的控制活动
3.3	应用进程操作复位

HES设备应用进程的通用管理结构如图9所示。设备应用进程可使用控制信道(OSI的第7层)以及一个或多个信息信道(至少是OSI第1层)。

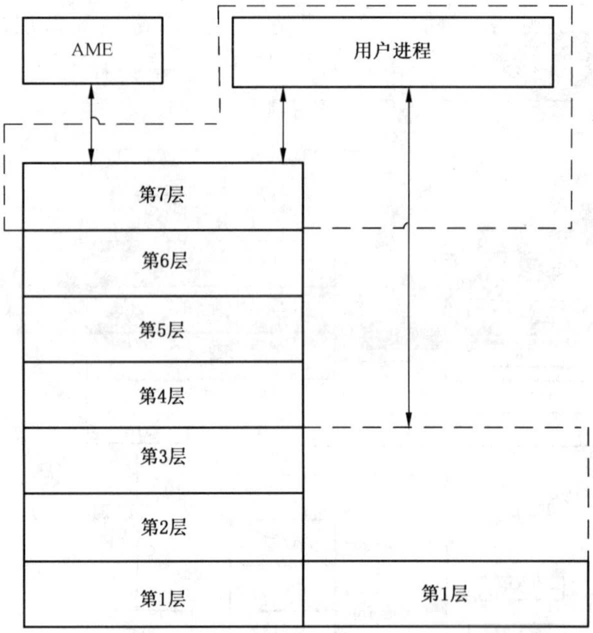

AME 应用管理实体(Application management entity)

图9 应用进程管理

应用进程资源的用户有到AME以及到应用进程的接口。用户也可提供某种系统范围的管理能力。如图10所示。

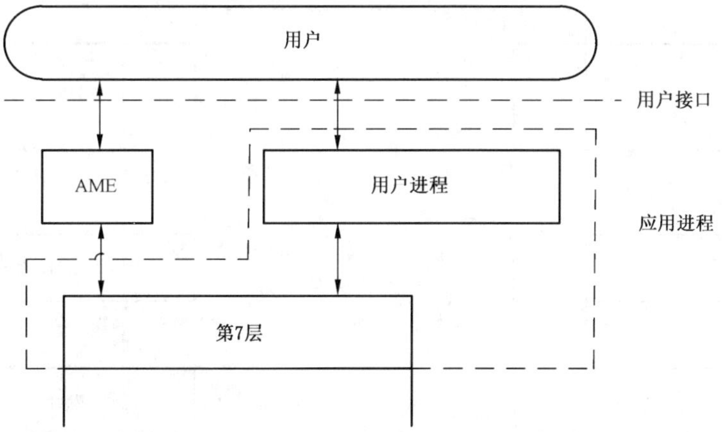

图 10　应用进程资源的用户接口

所有的 HES 设备均应具有界定的 AME 最低限度功能体系。

一个或多个设备可具有附加的管理功能体系，以辅助用户。

7　系统方面

7.1　总则

通信发生在设备、应用实体、系统和子系统之间。依靠不同类别的用户、安装人员、计划维护工程师的观点，一些系统方面要比其他方面更为重要。对这些方面的描述适合于澄清这些不同观点，并可作为本标准以后各部分的参考。所应对的有以下几方面：

- 网络拓扑；
- 交互应用；
- 分组；
- 系统接入。

此清单并非排他性的。

7.2　网络拓扑

可连接到不同媒体的不同设备，其间的互操作独立于网络拓扑。不同的媒体、子系统或 HES 网段通过网关在物理上连接。在 HES 网段互连的情况，网关应包括第 1 层～第 3 层。与其他网段相比，网段相对于其已实现的层次位置不应有特殊限制。当把网关连接到外部网络时，连接的位置对系统总体性能的影响可以很大，这一点宜考虑在内。有关各别的媒体特性，功能上可以有所约束。

对于基础媒体、双绞线和电力线，在布线一级，所有拓扑，像总线状、树状、星状、环状以及以上各种形状的任何组合，均应是可能的。

7.3　交互应用

HES 旨在得到广泛应用。这些应用能按应用域加以分类。应用域可以是分布式或集中式的。这取决于实际实现。当设备属于多个应用域时，可能需要额外的交互应用支持，以协调系统的活动。因此，HES 应允许交互应用的协调。

图 11 将 HES 域图示为总家庭应用域。HES 允许专用的域功能，像“所有灯灭”。

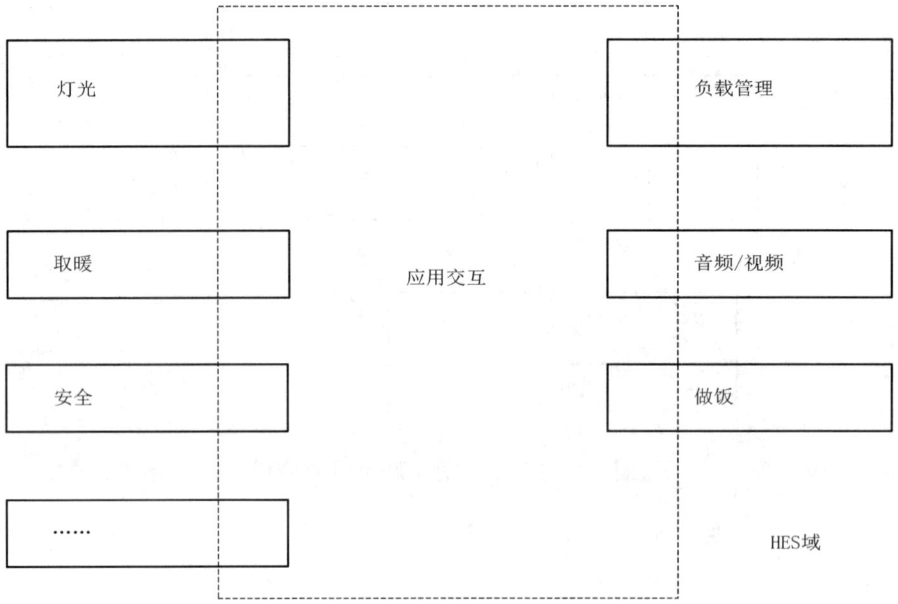

图 11 HES 交互应用

7.4 成组

“组”是按一定准则选出的单元、设备和功能的汇集。于是整个组能通过一条消息寻址，这条消息可以让所有灯灭或将音量控制全部置零。HES 应支撑这一组寻址特征。

用于组创建的准则示例：

- 应用(像取暖、通风、音频、安全)；
- 设备类型(像灯光、取暖设备、门锁、电视)；
- 功能(像音量控制、时间控制)；
- 地理区域(见图 12)。

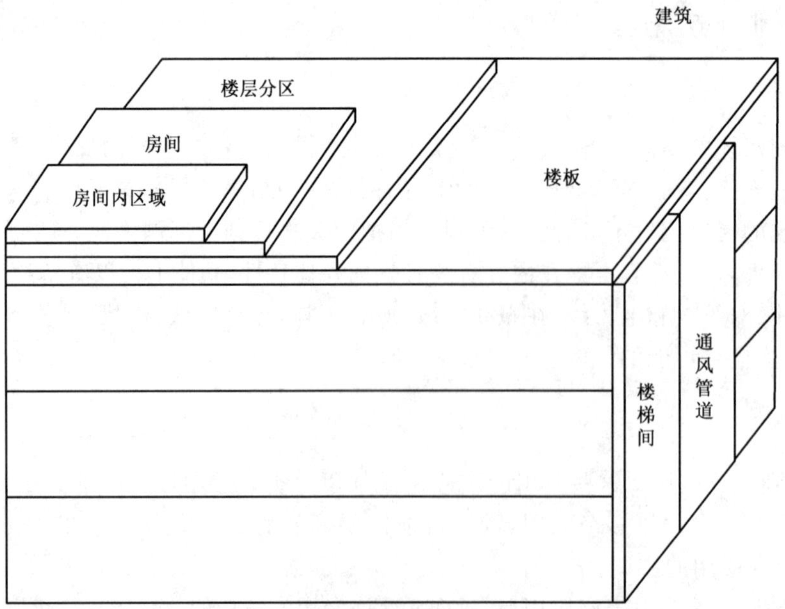

图 12 在建筑物中的地理区域

使用组地址或网段就能完成成组。对于单元与设备，其功能属于一组或不止一组的应是可能的。能将组加以组合(例如第2层所有灯灭)。

7.5 接入

HES接入方面涉及安全与便利设施之间的冲突。可通过以下两个例子阐明：

- 为使HES可靠又安全，只有精选出的人员方可接入，例如要害的应用参数；
- 最终用户与HES应有易用的交互。

这要求对接入HES有清晰定义的规则。

不同的接入条件，以及由此所需的限制，均取决于连接到HES的类型和用户的类别。

连接的类型与特定的接入方法有密切联系。

例如，连接类型能分成表4所列的类别。每类都附有有关物理接入方法的例子。

表4 连接分类

连　　接	物理方法
1) 特殊连接	特殊工具
2) 直接连接	手工激活、有线局部激活(例如RS-232)
3) 无线远程连接	IR、RF等
4) 有线远程连接	有专线的公共数据网
5) 包交换远程连接	包交换公共数据网、LAN、WAN
6) 公共交换远程连接	公共交换电话网

作为这些类别的一种扩展，物理位置也能作为接入限制的一个参数。物理位置的例子可以是“家庭或建筑物之内或之外”。

用户的类别按其需求和(或)对与HES交互的经验来规定。特殊需求可能是：

- 高可靠性；
- 高灵活性；
- 快速响应。

能将用户分组为：

可能的用户组	指派给用户组的功能
a) 具有代码控制经验的有技能人员	变更指令代码
b) 具有通信管理经验的有技能的人员	变更通信参数
c) 具有高级应用管理经验的有技能的人员	变更要害的应用进程参数
d) 具有高级控制经验、受过专门培训的人员	变更关键性的应用进程(例如安全)变量
e) 具有简单应用管理经验、受过培训的人员	变更非要害应用进程参数
f) 具有简单控制要求的人员	变更非关键性的应用进程(例如灯光)变量
g) 具有阅读要求的人员	阅读应用进程变量

每组人员都可能有授权的层次以便分配职责。例如下列层级可以对d)组建立：

场景：

- 安装了防盗报警器的办公楼。有公司雇员无意中将报警器设置为关闭。
- 雇员(最低授权)仅允许将自己办公室的报警铃停用。该雇员而后可将报警铃停用的理由通知安全值班警卫。
- 允许安全警卫(中等授权)将楼内报警信号复位(并转告警方)。

- 只允许安全主管(最高授权)在系统终端上从“加亮报警日志报告”(保持对所有主要事件最新)中移除警报信号。

对每组人员都有对 HES 的接入级别。

“连接类别”和“用户类别”的组合描述了对 HES 所有可能接入级别类型的例子。

对实现的详细描述和对接入限制的支持由 GB/T 31100.201 的其他部分提供。

参 考 文 献

[1] GB/T 18233—2008 信息技术 用户建筑群的通用布缆 (ISO/IEC 11801:2002,IDT)

[2] GB/T 29269 信息技术 住宅通用布缆(ISO/IEC 15018,IDT)

[3] ISO/IEC 10192-1 信息技术 家用电子系统(HES)接口 第1部分:通用接口(UI)类1

[4] ISO/IEC 14543-3-1:2006 通信层 基于1类HES控制的网络应用层

[5] ISO/IEC 14543-3-2:2006 通信层 基于1类HES控制的网络运输层、网络层和数据链路层的通用部分

[6] ISO/IEC 18010:2002 信息技术 用户建筑群布缆的路径和间隔

ICS 35.040
L 70

中华人民共和国国家标准

GB/T 31101—2014

信息技术 自动识别和数据采集技术 实时定位系统性能测试方法

Information technology—Automatic identification and data capture techniques—Real-time locating system performance test methods

2014-09-03 发布　　2015-02-01 实施

中华人民共和国国家质量监督检验检疫总局
中国国家标准化管理委员会　发布

前　言

本标准按照GB/T 1.1—2009给出的规则起草。

请注意本文件的某些内容可能涉及专利。本文件的发布机构不承担识别这些专利的责任。

本标准由全国信息技术标准化技术委员会(SAC/TC 28)提出并归口。

本标准起草单位：中国电子技术标准化研究院、中国物品编码中心、北京航空航天大学、西安电子科技大学、中兴长天信息技术(南昌)有限公司、中国科学院计算技术研究所、中国科学院自动化研究所、西安优势物联网科技公司、北京烽火联拓科技有限公司、苏州工业园区优频科技有限公司、移动通信国家工程研究中心、深圳市阿艾夫通讯有限公司。

本标准主要起草人：曹国顺、杨东凯、王文峰、冯敬、高林、刘乃安、金倩、耿力、夏娣娜、宋继伟、乔申杰、罗海勇、孙长征、王晓磊、王宏刚、雷地球、谭杰、赵红胜、张波、宋伟宁、廖应成、张革军、朱宇红、陈传红、蓝海盛、杨田荣、王毅、鄢若韫、林强。

信息技术　自动识别和数据采集技术 实时定位系统性能测试方法

1　范围

本标准规定了实时定位系统性能的测试要求和测试方法。

本标准适用于实时定位系统的设计、测试和使用。

2　规范性引用文件

下列文件对于本文件的应用是必不可少的。凡是注日期的引用文件，仅注日期的版本适用于本文件。凡是不注日期的引用文件，其最新版本(包括所有的修改单)适用于本文件。

GB/T 29261.3—2012　信息技术　自动识别和数据采集技术　词汇　第3部分：射频识别(ISO/IEC 19762-3:2008，NEQ)

GB/T 29261.4—2012　信息技术　自动识别和数据采集技术　词汇　第4部分：无线电通信(ISO/IEC 19762-4:2008，NEQ)

GB/T 29261.5—2014　信息技术　自动识别和数据采集技术　词汇　第5部分：定位系统(ISO/IEC 19762-5:2008，IDT)

3　术语和定义

GB/T 29261.5—2014、GB/T 29261.3—2012 和 GB/T 29261.4—2012 中界定的以及下列术语和定义适用于本文件。

3.1

定位误差指标　locating error index

系统期望的定位系统标准差的阈值。

4　符号

下列符号适用于本文件。

x_i：标签第 i 次定位横坐标；

y_i：标签第 i 次定位纵坐标；

$\overline{x}$：标签多次定位横坐标均值；

$\overline{y}$：标签多次定位纵坐标均值；

σ_x：标签定位横坐标标准差；

σ_y：标签定位纵坐标标准差；

σ_r：标签定位精确度；

$\sigma_{r,\max}$：σ_r 的最大值；

Δx：标签定位横坐标误差；

Δy：标签定位纵坐标误差；

Δr：标签定位距离误差；

Δr_{max}：Δr 的最大值；

$T_{i1,m}$：标签在位置 m 时，对被动标签为系统发送定位指令时的时间，对主动标签为标签开始发送定位信号时的时间；

$T_{i2,m}$：标签在位置 m 时，系统给出标签位置时的时间；

$\Delta T_{i,m}$：标签在位置 m 时的定位延时；

$\Delta T_{i,m,max}$：$\Delta T_{i,m}$ 的最大值。

5 缩略语

下列缩略语适用于本文件。

RTLS：实时定位系统(Real Time Locating System)

6 测试要求

6.1 测试对象

测试对象应为一个完整的实时定位系统，一般由定位标签、读写器、天线和定位软件等组成。

6.2 测试环境

6.2.1 一般要求

测试宜在符合 6.2.2 和 6.2.3 要求的实验室环境进行，也可根据用户要求在被测系统实际应用场所进行。

6.2.2 气候环境

除非另有规定，测试应在下列标准大气条件下进行：

a) 温度：15 ℃～35 ℃；

b) 相对湿度(RH)：25%～75%；

c) 大气压：86 kPa～106 kPa。

6.2.3 射频环境

测试应在可控的射频环境中进行。测试前应对射频环境进行测量。被测系统工作频段内的噪声水平应低于−80 dBm。

6.3 测试布置

按照被测系统实际应用时的配置进行测试场景的布置，如果系统没有具体要求，按照图 1 进行布置。

将 4 个读写器天线分别布置在矩形的 4 个角，读写器天线的高度以及天线之间的距离应根据被测系统的标称值或性能进行布置。标签应安装在对电磁信号影响较小的材料上(例如，木板、泡沫、塑料等)，也可单独放置。

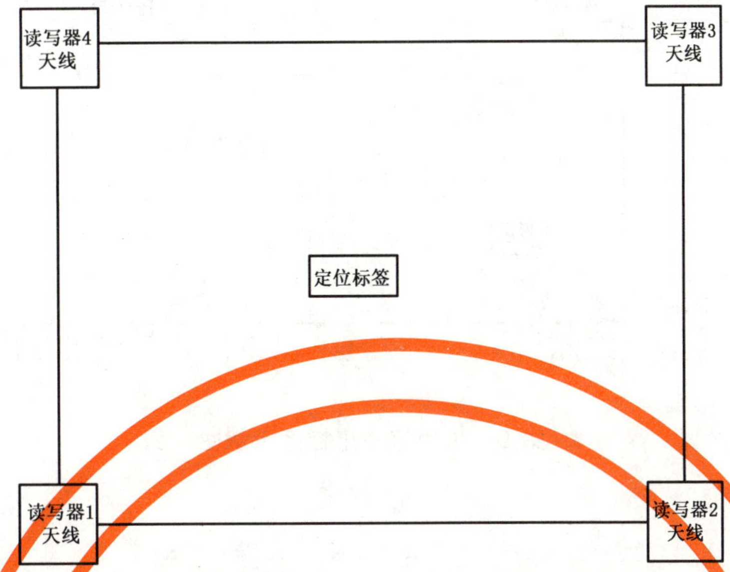

图1 实时定位系统性能测试设备布置示意图

6.4 测试设备

为测出读写器天线和定位标签的实际坐标值，测距装置（如测距仪）的精度应高于被测系统定位精度至少一个数量级（例如被测系统的定位精度为10 m，则测距装置的精度应高于1 m）。

6.5 默认允差

除非另作说明，系统默认允差（根据测试设备和测试方法确定）为±5%。

7 测试方法

7.1 定位精确度

7.1.1 测试目的

本项用于测试RTLS系统给出的定位标签坐标的标准差。

7.1.2 测试布置

系统测试时按图1的测试场景进行布置，以四个读写器天线中的某一个作为坐标原点，以正北方向作为y轴，正东方向作为x轴，建立平面直角坐标系，四个读写器天线成矩形分布，标签应置于被测系统工作范围内5个不同的位置，各位置彼此间距应不小于系统标称定位精确度，5个位置宜均匀分布，如图2所示A、B、C、D、E五点。

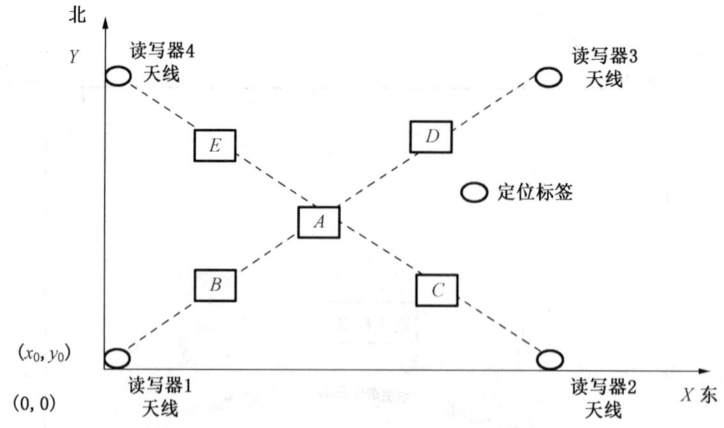

图 2　平面直角坐标系示意图

7.1.3　测试步骤

定位精确度测试步骤如下：

a)　如图 2 所示，布置读写器和天线，记录读写器天线坐标；

b)　启动定位系统；

c)　将标签放置在如图 2 所示 5 个位置的某个位置(例如位置 A)；

d)　设置定位系统采集时间间隔为 30 s，采集标签的 10 个坐标，记为 (x_i, y_i) ($i=1,2,\cdots,10$，为执行定位的次数)；

e)　根据式(1)计算该位置定位坐标的均值；

$$\overline{x}=\frac{1}{N}\times\sum_{i=1}^{N}x_i,\ \overline{y}=\frac{1}{N}\times\sum_{i=1}^{N}y_i \quad\cdots\cdots(1)$$

f)　根据式(2)计算该位置定位坐标的标准差；

$$\sigma_x=\sqrt{[\sum_{i=1}^{N}(x_i-\overline{x})^2]/N},\sigma_y=\sqrt{[\sum_{i=1}^{N}(y_i-\overline{y})^2]/N} \quad\cdots\cdots(2)$$

g)　根据式(3)计算该位置的定位精确度；

$$\sigma_r=\sqrt{\sigma_x^2+\sigma_y^2} \quad\cdots\cdots(3)$$

h)　更改标签位置，重复步骤 d)～f)，完成如图 2 所示 5 个位置的坐标采集；

i)　以 σ_r 的最大值 $\sigma_{r,\max}$ 为系统的定位精确度。

7.1.4　测试报告

测试报告中应至少包括如下信息：

a)　测试环境条件：温度、湿度、测试场地尺寸、电磁噪声；

b)　标签基本信息：型号、标识符、协议、标签方向；

c)　读写器基本信息：型号、出厂序号、协议、天线数量、天线接口数、发射功率；

d)　天线基本信息：型号、出厂序号、增益；

e)　采集时间间隔、每个位置采集点数；

f)　读写器天线坐标；

g)　测试位置序号、标签实测坐标；

h)　计算结果：$\overline{x}$、$\overline{y}$、σ_x、σ_y、σ_r、$\sigma_{r,\max}$。

7.2 定位准确度

7.2.1 测试目的

本项用于测试 RTLS 系统定位准确度，即定位实测值和实际位置之间的距离。

7.2.2 测试布置

读写器和天线布置，如图 2 所示。

7.2.3 测试步骤

定位准确度测试步骤如下：

a) 按图 2 布置读写器和天线，记录读写器天线的坐标；
b) 启动定位系统；
c) 将标签放置在如图 2 所示 5 个位置的某个位置（例如位置 A），记录标签实际坐标 (x, y)；
d) 设置定位系统采集时间间隔为 30 s，采集 10 个标签坐标，记为 (x_i, y_i)（$i = 1, 2, \cdots, 10$，为采集序号）；
e) 根据式(1)计算该位置定位坐标的均值；
f) 根据式(4)计算该位置定位坐标的误差；

$$\begin{aligned} \Delta x &= \overline{x} - x \\ \Delta y &= \overline{y} - y \end{aligned} \qquad \cdots\cdots(4)$$

g) 根据式(5)计算该位置定位结果和实际位置之间的距离。

$$\Delta r = \sqrt{\Delta x^2 + \Delta y^2} \qquad \cdots\cdots(5)$$

h) 更改标签位置，记录标签实际坐标 (x, y)，重复步骤 d)～g)，完成如图 2 所示 5 个位置的坐标采集；
i) 以 Δr 的最大值 $\Delta r_{\max}$ 为系统的定位准确度。

7.2.4 测试报告

测试报告中应至少包括如下信息：

a) 测试环境条件：温度、湿度、测试场地尺寸、电磁噪声；
b) 标签基本信息：型号、标识符、协议、标签方向；
c) 读写器基本信息：型号、出厂序号、协议、天线数量、天线接口数、发射功率；
d) 天线基本信息：型号、出厂序号、增益；
e) 采集时间间隔、每个位置采集点数；
f) 读写器天线坐标；
g) 测试位置序号、标签实际坐标、标签实测坐标；
h) 计算结果：$\overline{x}$、$\overline{y}$、Δx、Δy、Δr、$\Delta r_{\max}$。

7.3 定位延时

7.3.1 测试目的

对于标签被动发送信号的 RTLS 系统，本项用于测试从系统发出定位请求到获得指定标签位置信息之间的时间差；对于标签主动发送信号的 RTLS 系统，本项用于测试从标签发送定位信号时刻开始至 RTLS 系统提供标签位置之间的时间差。

7.3.2 测试布置

见6.3。

7.3.3 标签被动发送测试步骤

标签被动发送测试步骤如下：

a) 如图1布置读写器和天线；
b) 将标签置于系统覆盖范围内 M 个位置(M 宜大于10)的一个位置，M 个不同位置的彼此间距不小于系统或者应用所能接受的定位误差；
c) 系统发出定位指令，记录发送时间 $T_{i1,m}$；
d) 记录系统给出标签位置时的时间 $T_{i2,m}$；
e) 根据式(6)计算时间差 $\Delta T_{i,m}$；

$$\Delta T_{i,m} = T_{i2,m} - T_{i1,m} \qquad \cdots\cdots(6)$$

f) 重复步骤c)～e) N 次($N \geqslant 5$)；
g) 更改标签位置，重复步骤c)～f)，完成所有 M 个位置的测试；
h) 以 $\Delta T_{i,m}$ 的最大值 $\Delta T_{i,m,\max}$ 为系统定位延时。

7.3.4 标签主动发送测试步骤

标签主动发送测试步骤如下：

a) 如图1布置读写器和天线；
b) 将标签置于系统覆盖范围内 M 个位置(M 宜大于10)的一个位置，M 个不同位置的彼此间距不小于系统或者应用所能接受的定位误差；
c) 记录标签进入定位系统工作范围的时间 $T_{i1,m}$；
d) 记录获得标签位置时的时间，记为 $T_{i2,m}$；
e) 根据式(6)计算时间差 $\Delta T_{i,m}$；
f) 重复步骤c)～e) N 次($N \geqslant 5$)；
g) 更改标签位置，重复步骤c)～f)，完成所有 M 个位置的测试；
h) 以 $\Delta T_{i,m}$ 的最大值 $\Delta T_{i,m,\max}$ 为系统定位延时。

7.3.5 测试报告

测试报告中应至少包括如下信息：

a) 测试环境条件：温度、湿度、测试场地尺寸、电磁噪声；
b) 标签基本信息：型号、标识符、协议、标签方向；
c) 读写器基本信息：型号、出厂序号、协议、天线数量、天线接口数、发射功率；
d) 天线基本信息：型号、出厂序号、增益；
e) 标签信号发送模式；
f) 测试结果：$T_{i1,m}$、$T_{i2,m}$；
g) 计算结果：$\Delta T_{i,m}$、$\Delta T_{i,m,\max}$。

7.4 标签容量

7.4.1 测试目的

本项用于测试RTLS系统在给定时间内能定位的标签最大数量。

注：给定时间按照用户要求设置。

7.4.2 测试布置

在系统所覆盖区域中均匀放置 N 个标签,如图 3 所示。

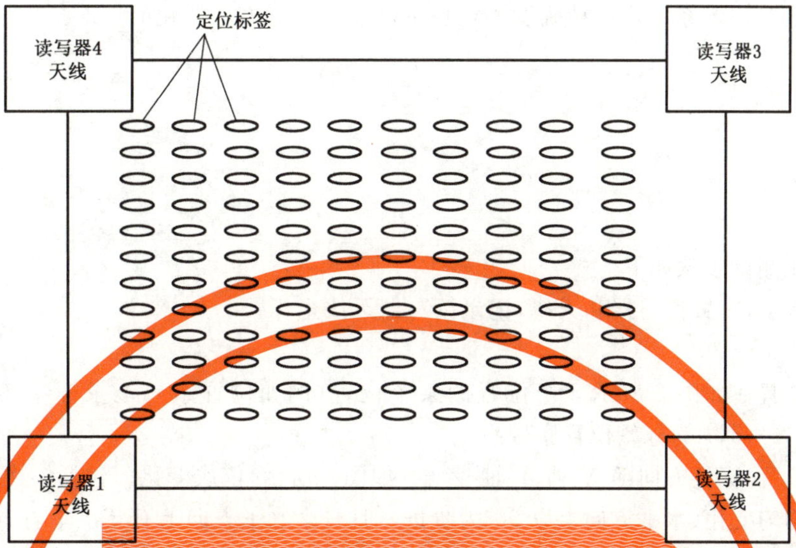

图 3 标签容量测试示意图

7.4.3 测试步骤

标签容量测试步骤如下:

a) 如图 3 所示,布置读写器、天线和标签;

b) 启动定位系统;

c) 设置标签发送信息的时间间隔;

d) 开始定位测试,记录单位时间内标签定位的结果后,结束本轮定位测试;

e) 利用式(5)计算标签定位准确度 Δr ,并记录 Δr 的最大值 Δr_{max} ;

f) 将 Δr_{max} 与系统给出的定位准确度标称值进行比较;

g) 如果 Δr_{max} 符合要求,则增大标签数量,转到步骤 a);

h) 如果不能定位出所有标签,或者 Δr_{max} 不符合要求,则减少标签数量,转到步骤 a);

i) Δr_{max} 符合要求的最大标签数即为标签容量。

7.4.4 测试报告

测试报告中应至少包括如下信息:

a) 测试环境条件:温度、湿度、测试场地尺寸、电磁噪声;

b) 标签基本信息:型号、标识符、协议、标签方向;

c) 读写器基本信息:型号、出厂序号、协议、天线数量、天线接口数、发射功率;

d) 天线基本信息:型号、出厂序号、增益;

e) 给定时间、定位准确度标称值;

f) 读写器天线坐标;

g) 标签坐标实测结果:测试序号、标签实际坐标、标签实测坐标;

h) 测试结果:标签发射时间间隔、标签实际个数、定位出标签个数;

i) 计算结果:Δr_{max}、标签容量。

7.5 标签方向变化

7.5.1 测试目的

本项用于测试RTLS系统定位精确度和定位准确度随标签方向变化的情况。

7.5.2 测试布置

见7.1.2。

7.5.3 测试步骤

标签方向变化测试步骤如下：

a) 如图2所示，布置读写器和天线，记录读写器天线坐标；
b) 启动定位系统；
c) 将标签放置在如图2所示5个位置的某个位置（例如位置A），记录标签实际坐标(x_j, y_j) $(j=1,2,\cdots,5, j$ 为标签位置序号$)$；
d) 在同一位置，标签方向随X轴、Y轴、Z轴（如图4所示）依次变化。包括4次水平方向沿Z轴旋转的均匀变化（水平方向上以90°为步进），且每个水平方向上有3次垂直方向（0°，45°，90°）沿X轴旋转和沿Y轴旋转的均匀变化，共计36次方向变化。每次变化后记录一段时间内的定位数据，以标签方向为（0°，0°，0°）为例，记为$(x_i, y_i)_{0°,0°,0°}$ $(i=1,2,\cdots,N, N$ 取10，为执行定位的次数$)$；
e) 更改标签位置，记录标签实际坐标，重复步骤d)，完成如图2所示5个位置的坐标采集；
f) 根据式(1)计算定位结果的均值；
g) 根据式(2)计算定位结果的标准差；
h) 根据式(3)计算定位精确度；
i) 根据式(4)计算定位结果的坐标误差；
j) 根据式(5)计算标签实测值和实际位置之间的距离。

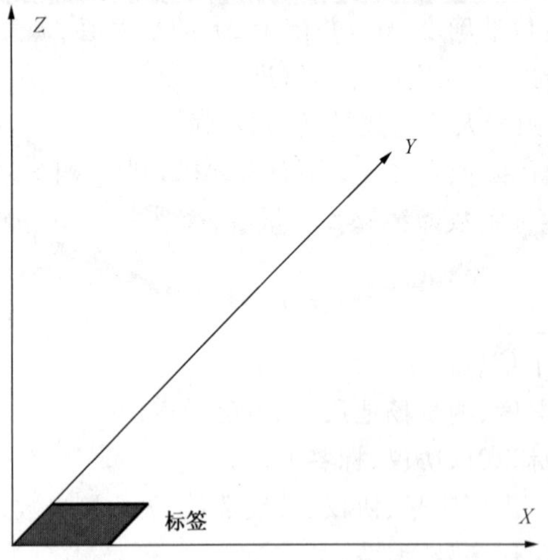

图4 标签方向坐标系

7.5.4 测试报告

测试报告中应至少包括如下信息：

a) 测试环境条件:温度、湿度、测试场地尺寸、电磁噪声;
b) 标签基本信息:型号、标识符、协议;
c) 读写器基本信息:型号、出厂序号、协议、天线数量、天线接口数、发射功率;
d) 天线基本信息:型号、出厂序号、增益;
e) 读写器天线坐标;
f) 标签坐标:实际值、实测值;
g) 标签方向;
h) 计算结果:$\overline{x}$、$\overline{y}$、Δx、Δy、Δr、σ_x、σ_y、σ_r。

参 考 文 献

［1］ GB/T 30996.1—2014 信息技术 实时定位系统 第1部分:应用程序接口

［2］ ISO/IEC 15963 Information technology—Radio frequency identification for item management—Unique identification for RF tags

［3］ ISO/IEC TR 24770:2008(E) Information technology—Real-time locating system (RTLS) device performance test methods—Test methods for air interface communication at 2.4 GHz